戰爭論

下 運用之書

Vom Kriege

CARL von CLAUSEWITZ

卡爾·馮·克勞塞維茨◎著

楊南芳等◎譯校

Contents
目　錄

解構戰爭巨獸後，最深沉處永存的核心　滕昕雲　7

第六篇　**防禦**

第一章　**進攻和防禦** 15

第二章　**進攻和防禦在戰術領域的關係** 18

第三章　**進攻和防禦在戰略領域的關係** 21

第四章　**進攻的向心性和防禦的離心性** 25

第五章　**戰略防禦的特點** 28

第六章　**防禦的手段** 30

第七章　**進攻和防禦的相互作用** 36

第八章　**抵抗的方式** 38

第九章　**防禦會戰** 51

第十章　**要塞（上）** 55

第十一章　**要塞（下）** 64

第十二章　**防禦陣地** 69

第十三章　**堅固的陣地和營壘** 74

第十四章　**側面陣地** 81

第十五章　**山地防禦（上）** 84

第十六章　山地防禦（中）91

第十七章　山地防禦（下）99

第十八章　江河防禦（上）104

第十九章　江河防禦（下）118

第二十章　沼澤地防禦和氾濫地防禦 120

第二十一章　森林地防禦 126

第二十二章　單線式防禦 128

第二十三章　國土的鎖鑰 132

第二十四章　側翼行動 136

第二十五章　向本國腹地撤退 147

第二十六章　民兵 158

第二十七章　戰區防禦（一）164

第二十八章　戰區防禦（二）168

第二十九章　戰區防禦（三）：逐次抵抗 181

第三十章　戰區防禦（四）：不求決戰的戰區防禦 183

第七篇　進攻

第一章　與防禦相關的進攻 205

第二章　戰略進攻的特點 206

第三章　戰略進攻的目標 208

第四章　進攻力量的削弱 209

第五章　進攻的頂點 210

第六章　消滅敵人軍隊 211

第七章　進攻性會戰 212

第八章　渡河 214

第九章　進攻防禦陣地 217

第十章　進攻壕溝陣地 219

第十一章　進攻山地 221

第十二章　進攻警戒線 224

第十三章　機動調度 225

第十四章　進攻沼澤區、洪氾區和林地 228

第十五章　進攻戰區：尋求決戰 230

第十六章　進攻戰區：不尋求決戰 233

第十七章　進攻要塞 236

第十八章　進攻運輸部隊 241

第十九章　進攻舍營的敵人軍隊 243

第二十章　牽制性進攻 248

第二十一章　入侵 251

第二十二章　勝利的頂點 252

第八篇　**戰爭計畫**

第一章　引言 263

第二章　絕對戰爭與現實戰爭 265

第三章　戰爭的內在聯繫與目的 268

第四章　明確的戰爭目標（一）：打垮敵人 282

第五章　明確的戰爭目標（二）：有限目標 290

第六章　政治與戰爭目標 292

第七章　有限目標的進攻戰 300

第八章　有限目標的防禦戰 303

第九章　以打垮敵人為目標的戰爭計畫 307

別　冊　**戰爭原則**

一、　呈高迪將軍閣下批閱的授課提綱 335

二、　最重要的作戰原則 338

三、　關於軍隊內部的機構分類 371

四、　戰術或戰鬥學講授計畫的提綱 376

五、　戰術或戰鬥學講授的主題思想 380

附錄

人名解釋 451

地名解釋 456

克勞塞維茨與拿破崙戰爭年表 459

解構戰爭巨獸後，最深沉處永存的核心

滕昕雲博士（老戰友軍事文粹主編／中華戰略前瞻協會研究員）

　　克勞塞維茨在動筆撰寫《戰爭論》（Vom Kriege）時，曾這麼說道；「要寫一本在三、五年內不會被人遺忘的書。」他實在太客氣了，這本《戰爭論》不但成為傳世之作，其重要性甚至影響到數代人千百萬身家性命。一直至今日，《戰爭論》仍為戰略研究者必讀之經典著作，許多名句至今仍朗朗上口，其中最常為人引用者，莫過於「戰爭不過是政治以另外一種形式的延續！」（Der Krieg ist eine bloße Fortsetzung der Politik mit anderen Mitteln）《戰爭論》能夠受到後世軍事家與戰略學者如是的尊崇，這點可能是克勞塞維茨始料未及的事。

　　西方撰寫戰爭的著作所在多有，何以克氏的這本《戰爭論》會受到廣泛的重視，成為戰略學界的經典名著。其原因就在於，克勞塞維茨引用了當代的哲學思考方法，來做為檢視分析戰爭的途徑，這點使他的這本《戰爭論》的價值，從一本表面上評述拿破崙戰爭的著作，提升為對恆常戰爭行為精闢分析的曠世經典。在《戰爭論》的首章中，克氏從戰爭的本質著手，去探究戰爭最深沉、最核心的構成。因此，《戰爭論》可以說就是對於戰爭這個人類活動的一種本體論建構。

　　所謂的本體論（Ontology），又稱存在論，主要探討事物存在的形式，亦即一切事物的基本特徵。本體論不但分析事物究竟是什麼，同時也講求觀察者自身看待這個事物的立場與態度。也就是說，對於事物本質的界定，通常和觀察者自身的理解相關，而這又會左右後續對該事物研究的思維與方向，甚至影響到觀察者在相關事務上的行為模式。所以說，本體論被認為是學術界在研究方法論上的根本議題，也就在此。於是乎，戰爭的本體論，就是在釐清一個問題：戰爭是什麼？戰爭的本質是什麼？

　　克勞塞維茨說，戰爭就是一種暴力行為（ein Akt der Gewalt），戰爭的本質即為「暴力的無限行使」（Äußerste Anwendung der Gewalt）。這個定論來自克氏對其所親身參加的拿破崙戰爭的觀察。拿破崙戰爭在世界戰爭史上，對於戰爭形貌的改變，有著重大的意義。與此前那種小規模皇室軍隊之間叫陣的君主戰爭不同，法國革命戰爭與拿破崙戰爭，出現了大規模流血的殲滅戰。首先是徵兵制的出現，供給了法軍廣大的兵源，而動員舉國之力投入生產，使得軍備的數量獲得擴充。如此一來，法國軍隊不畏懼消耗，因此不怕打硬仗；加上革命意識型態在部隊兵員精神上的狂熱動員，均使得戰爭的內涵與本質，日趨向於猛烈而殘酷。至此，戰爭又回歸到以殲滅敵軍主力為本的戰爭型態。

　　拿破崙承繼了法國革命戰爭的遺產，以其軍事天才運用快捷的兵力分合，將殲滅戰爭予以發揚光大，而陸續擊敗了墨守舊式戰術戰法的各國封建軍隊，橫掃歐陸。各國軍隊在遭到拿破崙打敗之後，莫不痛定思痛，開始思索軍隊轉型與改革之道。他們觀察、模仿法軍的軍制與軍事準則，追隨拿翁的用兵藝術，於是才能夠在各國聯盟作戰下，合力將拿破崙打敗。在這波軍事改革浪潮中，成效最大者，當屬克氏所在的普魯士軍隊。

　　克勞塞維茨親身參與了拿破崙戰爭猛烈而血腥的大規模戰事，根據他長時間在戰場上的現地觀察，並研究歷代一百三十餘次大戰役，得出了戰爭的本質乃是「暴力無限行使」的結論。戰爭暴力論，可以說是戰爭論的核心思想。克勞塞維茨從此出發點，建構出了「絕對戰爭」（absoluter Krieg）與「現實戰爭」（wirklicher Krieg）的觀念，作為其後續延伸觀點的立論基礎。

　　所謂的「絕對戰爭」，係指一種「理想」的戰爭，這種理想戰爭無論就投入之資源與遂行之範疇均無任何人為限制，戰爭的發展係按照其自身的邏輯而將暴力發揮至極致。換言之，「絕對戰爭」是克勞塞維茨心目中所認為的終極戰爭形式。不過，克氏也承認，「絕對戰爭」僅只存在於抽象的概念之中，現實生活中，絕少有「絕對戰爭」形成的主客觀條件。任何戰爭均會受到人為因素或其社會條件的影響與限制，而限縮了戰爭的規模與範圍。所以真實世界中的戰爭，克氏創造出了「現實戰爭」（wirklicher Krieg）一詞，

用以作為和「絕對戰爭」相對應的概念。

「絕對戰爭」與「現實戰爭」觀念的建構，來自當代哲學大師康德（Immanuel Kant, 1724-1804）思想的影響，而克勞塞維茨正身處於這樣的思潮之中。康德認為凡事萬物均有兩種存在的模式，亦即「物自身」（das Ding an sich）與「現象」（Phänomen）。物自身就是物體本身，係以自外於人類的感官認知的形式獨立存在；現象，則為人類經驗感知所塑造出的世界中的事物。

戰爭固然是人類所產製的高端複雜行為，由交戰雙方的意志與行為所主導。然而克氏觀察到，戰爭確有其自主的生命與規律性，假如去除掉人為與社會因素的影響與限制，讓戰爭隨興自由發展，最終所呈現的形式就會是「絕對戰爭」。因此若論戰爭的「物自身」，就是以「絕對戰爭」的方式存在；而戰爭的「現象」，則是表現於歷史上所記載的各次「現實戰爭」之上。克勞塞維茨認為，在戰爭指導與遂行時，誰人能將「現實戰爭」導向於越趨近「絕對戰爭」，則穩操勝券。

「絕對戰爭」與「現實戰爭」的理論建構，構成了克氏《戰爭論》立論的根本。「絕對戰爭」由於是獨立於人的意志與認知以外的「理想戰爭」，因此戰爭研究就必須以這個具備一切戰爭性格的「絕對戰爭」為分析的標的，「絕對戰爭」不受政治與摩擦（Friktion）的影響，因果關係可以清楚辨識，在這種純粹邏輯性的領域中，戰爭原則始有產生的條件。所以「絕對戰爭」就是戰爭與戰略「理論」（Theorie）的產出所在。

克勞塞維茨建構了「絕對戰爭觀」，以其作為拿破崙戰爭老兵的資歷，他自然也不可能忽視現實條件下所進行的真實戰爭。對於「現實戰爭」，克氏在《戰爭論》中是這樣說的：

> 戰爭的形式不只是純粹由概念決定，也是由戰爭中包含及夾雜的所有因素決定。這些因素包括戰爭中各方面的自然惰性和摩擦，以及作戰人員行動不徹底、知識不完備和沮喪怯懦的情況。我們必須知道，戰爭及其形式是從當時具有主導作用的想法、感覺和具體情況產生的。我們不得不承認，就算拿破崙所指揮的絕對戰爭也是如此。（《戰爭論》第八篇第二章）

　　克勞塞維茨對於「絕對戰爭」與「現實戰爭」之間的作用，在《戰爭論》第八篇第三章〈戰爭的內在關聯〉（Innere Zusammenhang des Kriegs）中，有以下的闡述：

　　　　第一種看法（絕對戰爭）是基本觀點，一切應以它為基礎，而第二種看法（現實戰爭）是在具體情況下對第一種看法的修正。

　　「絕對戰爭」的觀念建構，讓《戰爭論》對戰爭的分析從一般現象描述，提升至哲學層次的探討。克勞塞維茨將「絕對戰爭」視作為一種「極致」（Ideal），這種「極致」係作為一種範本，一種調節的觀念，以使各種時代不同類型的戰爭中之各種現象，在研究分析時，因有所對照而具有一致性與客觀性。這個卓越的觀念建構，即決定了《戰爭論》必然成為一本不受時空影響之經典著作。

　　克氏「絕對戰爭」與「現實戰爭」觀的建構，解決了長久以來的一個爭辯，那就是究竟戰略是一門科學還是藝術。近來軍事家與戰略學者已經形成了一個共識，那就是戰略「既是科學也是藝術」。已故國內戰略大師鈕先鍾對此即指出，「戰略家／軍事家是在戰爭的科學基礎上，去進行藝術性的操作與發揚。」克氏早在十九世紀上半葉即以學術理論解答了這個問題。在克氏的觀念中，「絕對戰爭觀」確認了戰略是一門科學；從「絕對戰爭」中產出了戰爭的理論與原則，此等理論與原則即透過學術的分析與檢證，使戰略成為一體適用的學科。而「現實戰爭觀」卻供給了戰略藝術性發揚的溫床，戰略決策者必須依照當下時空環境而對戰爭理論做彈性與創新的調整，而其運用則存乎一心。

　　這就是克勞塞維茨在《戰爭論》中所欲闡述的道理：構成戰爭型態的必要條件，終會因為時代所具有的主客觀條件而有所變異，故戰略理論必須隨時做好準備，以面對任何可能發生的各種變化。而理論則必須要有充分的彈性與開放性，以將這些難以測量與預測的「真實」考量進去，是以理論要有未來發展的潛力。這就是《戰爭論》成為經典戰略名著的主因，克勞塞維茨運用哲學的思考，將原本僅僅描述、探討拿破崙戰爭的論述，提升為對戰爭恆久現象的解析。

　　克勞塞維茨《戰爭論》的論點歷經十九世紀下半葉、第一、第二次世界大戰的考驗，獲得了戰略實務上的驗證，證實了克氏觀念的宏觀與適切性。德國統一戰爭中首相俾斯麥（Otto von Bismark, 1815-1898）與參謀總長毛奇元帥（GFM Helmuth von Moltke, 1800-1891）之間的完滿配合，軍事始終服膺於政治之下，以配合國家目標為用兵之依歸，將克氏的「戰爭是政策的延續」的格言予以實踐；而第一次世界大戰則適反之，歐戰西線的僵局，正是軍事作戰過分凌駕於政治指導之上的惡果，所以法國老虎總理克里蒙梭（Georges Clemenceau, 1841-1929）才會感嘆道：「戰爭這種事太過於嚴肅，並無法委託給軍人！」

　　到了第二次世界大戰，出現了總體戰爭（totaler Krieg）的形式。國家除了投入其全般軍事武力外，還將國家之人力、社會與天然資源進行了全方位的動員，並發揮其工業產能之全部，來打一場全面性的戰爭。總體戰的遂行，已經讓戰爭的形貌，趨近於克氏所稱的「絕對戰爭」。最終由美國挾其超越參戰各國的雄厚工業實力，帶領盟國打敗了軸心國，贏得了二次大戰的勝利。美國實具有舉世無雙的國力，比其他參戰各國家更能夠支持這場趨近於「絕對戰爭」的全球大戰。

　　固然《戰爭論》具有了如是不凡的價值與意義，然而事實上，對於克勞塞維茨《戰爭論》的批判之聲，仍時而可聞，各個時代皆有之，尤其克氏「戰爭暴力論」的論述，更是所有批判的焦點。自十九世紀中葉以降，普魯士軍隊便將《戰爭論》作為其兵學研究與軍事教育的聖經，並努力於克氏的戰爭思想與主張的實踐。其中對於「殲滅戰爭」之奉行，成為普德軍隊軍事準則發展的核心觀念。爾後至二次大戰即由納粹德軍以裝甲／機械化部隊實施閃擊戰（Blitzkrieg），成就了大包圍殲滅會戰，在戰場上予以大規模的實踐。

　　於是即有另外一系的戰略學派跳出來批判克勞塞維茨的戰爭暴力論，指稱克氏誤導了他的普德軍隊信徒，使他們走上了以大規模殺傷為本的殲滅戰略之歧途，造成了世人大量的流血傷亡。克勞塞維茨因此也被謔稱之為「嗜血的普魯士人」！做此批判者，主要以強調「間接路線」（indirect approach）

為主的盎格魯薩克遜戰略學派，也就是英國的戰略學者，如富勒、李德哈特諸氏。他們認為德國人不懂得技巧與慎密的計算要優於單純的武力，而間接路線要較直接行動更為有效。

不過，批評克勞塞維茨戰爭暴力論者，均是對《戰爭論》的論點採取了斷章取義的理解，並且刻意放大了他們批判的部分，而忽略以整體的架構去檢視《戰爭論》的全般意義。不可忽視，英國作為孤懸於歐陸外海的島國，使英國人得以運用海權，以更為彈性的手段與時機，去介入歐陸上各強權間的競合。然而位於中歐的陸權國家德國則未能獲有如是有利的地位，兩面作戰始終成為其戰略安全隱患，迫使其必須使用立即直接的手段以顛覆腹背受敵的不利態勢。

另一個對於克勞塞維茨《戰爭論》的批判，則偏向於探討《戰爭論》的若干論點已然過時，而失去了對當前國際局勢與最新型態戰爭進行詮釋與解釋的作用。第二次世界大戰以後，意識形態尖銳對立所形塑的冷戰格局，由於大規模毀滅武器（核武）的出現，而使得戰略的重心從傳統戰爭移往核戰略。在全面熱核戰的陰影下，傳統軍事武力竟一時間無用武之地，戰略僅剩下核嚇阻當道。冷戰的格局致使克勞塞維茨那種以主權國家為單元，以戰爭作為政治工具的論述被束之高閣。即便在冷戰結束以後，非國家恐怖主義的興起、反恐戰爭的遂行，以及第四代戰爭（Fourth Generation Warfare, 4GF）主張的出現，在在都挑戰了克氏《戰爭論》論述的適切性。

是否克勞塞維茨的《戰爭論》已無法適應日新月異的國際局勢與全新戰爭，只能將之歸類為一份曾經輝煌的「歷史性」戰略經典？答案當然是否定的。前已述及，《戰爭論》早已經預測到了會有這樣一天的到來，所以警示戰略家要隨時面對如是的挑戰。克勞塞維茨所詮釋界定的戰爭及其內涵，並沒有隨著時代巨輪的滾進而走入歷史，戰爭的範疇只是擴大了，並隨著時代的精進而越趨複雜多樣。然而將這頭戰爭巨獸進行層層解構，我們會赫然發現，在其最深沉處的核心，仍然還是克氏在其鉅著中所陳述的真切道理。

第六篇
防禦

第一章
進攻和防禦

一、防禦的概念

防禦的概念是什麼？是抵擋敵人的進攻。防禦的特徵又是什麼？是等待敵人進攻。具有這一特徵的軍事行動就是防禦行動，只有根據這一特徵才能區別防禦與進攻。但是，純粹的防守與戰爭的概念是完全矛盾的（因為純粹的防守就只有一方在進行戰爭），在戰爭中防守只能是相對的。因此，等待只是說明防禦的基本概念，並非所有防禦的組成元素都是等待。等待敵人攻擊，等待敵人衝鋒，那是防禦性的戰鬥。等待敵人進攻，即等待敵人出現在我們的陣地前面，進入我們的火力範圍，那就是防禦性的會戰。等待敵人進入我們的戰區，那就是防禦性的戰役。在上述各種情況下，等待和抵擋這些特徵都與防禦的基本概念相關，並不與戰爭的概念矛盾，因為等待敵人向我們衝鋒，向我們的陣地進攻或者向我們的戰區開進對我們是有利的。但是，我方要想正式投入戰爭，就必須對敵人進行還擊，而這種進攻行動也是在防禦的基本概念下進行的。也就是說，我們的進攻行動是在陣地或戰區內進行的。這樣，在防禦戰役中有進攻性的會戰，在防禦會戰中可派出幾個師進攻，而那些在陣地上等待敵人衝鋒的部隊，也可以開槍迎擊敵人。因此，防禦這種作戰形式絕不是單純的防守，而是穿插巧妙的攻擊行動。

二、防禦的優點

防禦的目的是什麼？是據守。據守比奪取容易。因此對同一支軍隊而言，防禦就比進攻容易。但是，為什麼據守或者防禦比較容易呢？因為防禦者可以利用的時間較多，可以坐享其成。進攻者由於錯誤的估計、恐懼或遲

鈍而錯失的時機，都是防禦者的利益。在七年戰爭中，防禦的這個優點不止一次地使普魯士免遭覆滅。防禦的概念和目的造就的這個優點，也包含在所有的防禦行動中。在生活的其他領域中也同樣成立，特別是在與戰爭非常近似的法律訴訟。拉丁諺語「後發制人」便是這個道理。另一個優點純粹來自於戰爭本身，就是防禦者可以占有地利之便。

說明了這些一般概念以後，現在我們就來談談防禦本身。

在戰術領域，凡是將主動權讓與敵人，等待他們來到我們陣地前面戰鬥，那麼不論戰鬥是大是小，都是防禦戰鬥。從敵人來到我們陣前這一時刻起，我們就可以採用一切進攻的手段而不失去上面提到的兩個優點，即後發制人和地利之便。在戰略範圍，戰鬥提升到戰役，陣地提升到戰區；然後戰役變成了整個戰爭，戰區變成了全國國土。這兩種情況就像在戰術領域一樣，採用進攻手段仍然不會失去防禦的上述優點。

防禦比進攻容易，這一點我們已經談過了。防禦的消極目的──據守，進攻的積極目的──占領，後者有助於增加作戰的籌碼，前者卻不能。所以，確切來說：防禦是比進攻更強的作戰形式。這就是我們努力要證明的。這個結論完全隱含在事物的真理中，歷史也證明了千百次。但流行的說法卻完全與這個結論相反。這就證明那些膚淺的著作家危害不淺，造成許多混淆的觀念。

既然防禦是一種更強但帶有消極目的的作戰形式，那麼不言而喻，只有在力量較弱而情況需要時，才不得不選擇這種形式。一旦力量強大到足以達到積極的目的時，就應該立即放棄它。在防禦中取得了勝利，通常防禦方的戰力也會大增，因此，以防禦開始而以進攻結束，這是戰爭的自然進程。把防禦作為最終目的，是與戰爭的概念相矛盾的。同樣，雖然整體看來防禦的本質是消極的，但不能因此把防禦的各個部分都看作是消極的。不利用防禦所取得的優勢，不發動反擊，就如同在會戰中只進行純粹的防守，只採取消極性的行動，這些是十分荒謬的。

有人會舉出許多歷史上許多戰役來否定上述的看法。在這些例子中，防禦者一直採取防禦，並不考慮反擊。但這種反駁不能成立，因為他們忽略了

某些概念，稍後我們將會加以說明。在那些用來反駁的例子中，反攻的時機只是尚未到來。

至少在七年戰爭的最後三年，腓特烈大帝並沒有想要進攻。在這段期間，他只不過把進攻當成比較好的防禦手段。他的整個處境迫使他不得不這樣做，這對統帥而言是十分自然的。儘管如此，反擊奧地利應該是他整個行動的基礎，只是時機還沒有到來。如果我們不承認，反攻的時機只是尚未來到，那麼我們就無法全面地考察這一個與防禦相關的實例。後來雙方締結和約就能證明我的看法。奧地利體認到，僅僅以自己的力量是不能與腓特烈的才華相抗衡的，無論他們做出多大的努力，只要它稍稍放鬆，就可能再度喪失領土。這些想法才促使奧地利與腓特烈締結和約。實際上，如果腓特烈大帝的兵力沒有被俄國、瑞典和帝國的軍隊牽制住，他就會力圖在波希米亞和摩拉維亞再次擊敗奧軍，這是毫無疑問的。

在戰爭中，我們只能以上述的觀念理解防禦。澄清了防禦的概念和釐清了防禦的範圍以後，現在我們再回過頭來說明防禦為何是更強的作戰形式。

仔細考察和比較進攻和防禦以後，這一點就十分清楚了。現在我們只想指出，與此相反的論點是自相矛盾並且與經驗相牴觸的。如果說進攻是更強的作戰形式，那麼根本就沒有理由採取防禦，因為防禦的目的終究是消極的；這樣，雙方只會想要進攻，因為防禦是毫無意義的。但是，想追求較高的目的就要付出較大的代價，誰認為自己實力堅強，足以採取進攻這種較弱的作戰形式，誰就可以追求較大的目標。目的較小的那一方，就可以採取防禦這種更強的作戰形式，取得優勢。從以往的經驗中，在兩個戰區內，從來沒有聽說過較弱的軍隊發起進攻，而較強的軍隊實施防禦。但自古以來的情形都恰恰相反，這就充分證明了，即使是最喜歡進攻的統帥，也仍然認為防禦是更強的作戰形式。

在談到具體問題以前，我們在以下幾章裡還必須先說明幾個問題。

第二章
進攻和防禦在戰術領域的關係

首先我們探討一下在戰鬥中克敵制勝的因素。

這裡不談軍隊的優勢、勇敢、訓練或其他素質，這一切通常不包括在目前所談的軍事藝術範疇之內，而且它們在進攻和防禦的作用是相同的。甚至連數量優勢也暫時不考慮，因為軍隊的數量是一個既定的事實，不是根據統帥的意願決定的。這些因素與進攻和防禦沒有特別的關聯。除此以外，只有三個要素能取得絕對優勢，即出敵不意、地形優勢和多面攻擊。

出敵不意的效果是，使敵人在某一地點面臨遠遠出乎他意料的優勢兵力。這種數量上的優勢與全體兵力的優勢十分不同，它是軍事藝術中最具威力的手段。至於地形優勢如何引向勝利，這是很容易理解的，不過有一點需要加以說明。這裡所說的地形優勢，不僅僅是指進攻者在前進時所遇到的種種障礙，如峭壁懸崖、高山峻嶺、泥濘的河岸、叢生的荊棘等等，還包括那些有助於掩護我方軍隊的地形。甚至再怎麼普通的地形，只要熟悉它，就能取得優勢。多面攻擊包括戰術上所有大大小小的夾擊，它的優勢在於一方面從多方開砲構成火網，另一方面敵人也會恐懼被切斷退路。

那麼，從這些要素來看，進攻和防禦的關係又是怎樣的呢？

分析上述三個要素，我們得出的答案是：進攻者只能部分運用第一個和第三個要素。防禦者能大量運用第一和第三個要素，而且在第二個要素有絕對的優勢。

進攻者的唯一優勢是，他能自由選擇對方防守線上的任一點，派出全部兵力奇襲。而防禦者卻能夠在戰鬥過程中，不斷地從各個方向，用各種規模的兵力反擊。

進攻者比防禦者容易包圍對方的全部軍隊和切斷它們的退路，因為防禦

者處於靜止狀態，對進攻者而言目標很明確，但是這只是就整個陣地而言。至於在戰鬥過程中，防禦者比較容易對進攻者的各個部分發動多面攻擊，因為，正如上面說過的那樣，防禦者比進攻者更容易從各方向、用各種規模突襲。

防禦者可以充分地利用地形優勢，這是很顯然的道理。防禦者之所以能夠用不同規模和方式發動突襲，是因為進攻者必須在道路上行進，一舉一動很容易就被偵察出來。而防禦者卻可以部署在隱蔽的地方，在決定性時刻到來以前，進攻者幾乎無法發現他們。自從防禦方法大幅改善，原先的偵察方式已經過時，也甚至毫無用處。少數人仍採取舊的偵察方式，但一如既往地無甚收獲。防禦者可以先選好地形，接著部署軍隊，這樣就能在戰鬥前熟悉地形。他隱蔽在這種地形中必然比進攻者更能出敵不意。儘管如此，人們現在仍然不能擺脫陳舊的觀念，似乎出戰就等於輸了一半。這種觀念在二十年前相當流行，在七年戰爭中也很常見。當時人們期望從地形方面獲得的優勢，僅僅是占有一個難以跨越正前方的地勢（比如陡坡）。當時軍隊的部署沒有縱深，兩翼調度不便，這便削弱了軍隊的戰力，因此敵我雙方經常隔著山頭部署軍隊，以致情況越來越糟糕。這時若軍隊的補給穩定，它就會像一塊繃緊在刺繡架上的布帛一樣，任何一點被突破都會潰散。守禦的土地被視為本身是有價值的，因此每一點都必須緊密防守。這樣一來，會戰中雙方就不會頻繁地運動，也談不上出敵不意了。這與理想的防禦方式（事實上在最近已出現）是背道而馳的。

實際上，人們之所以輕視某種防禦方式，是因為它過時了，我們上面所談的防禦方法也是這樣，它在某一個時期確實優於進攻。

我們不妨研究一下現代軍事藝術的發展過程。最初，也就是在三十年戰爭和西班牙王位繼承戰爭期間，軍隊的開展和部署是會戰的最主要的任務，是會戰計畫最主要的內容。這種情況通常對防禦者有利，因為他的部隊已經部署和開展完畢。軍隊的機動性增加後，這個有利條件立刻不復存在，於是進攻者取得了優勢。之後，防禦者設法以河流、深谷和山嶺作掩護，重新取得了決定性的優勢。進攻者於是變得更加機動靈活，甚至敢分成幾個縱隊，

深入這些複雜的地區夾擊對方。防禦者因此不得不排成橫隊，而且越排越寬。這必然使進攻者想出了另一個辦法，即把兵力集中在幾個點上，以突破對方縱深不大的陣地。於是進攻者再次取得優勢，而防禦者則不得不再次改變自己的防禦體系。在最近幾次戰爭中，防禦者已經改變了方法。他們把兵力集結成幾個大的集團，通常不預先展開，而是盡可能部署在隱密的地方，只做好行動的準備，等到進攻者有進一步的動靜後再採取行動。

這種防禦方法也包括在部分地區進行消極防禦，這種消極防禦的優點很多，在一場戰役中經常會被使用。但是在一般情況下，這種扼守地區的防禦方式已不再具關鍵作用，我們要指出的正是這一點。

如果進攻者再發明某種新的有效方法（但現在一切都趨向簡單，都以事物的必然性為依據，恐怕難以出現什麼新的方法），防禦者也就必須改變自己的方法。但是地形有利於防禦卻是不變的真理，而且時至今日，地形對軍事行動的影響比過去任何時候都大，所以一般情況下可以確保防禦所固有的優勢。

第三章
進攻和防禦在戰略領域的關係

首先我們要提出一個問題：哪些因素有助於取得戰略上的成功？

先前提過，與戰術層次不同，在戰略領域是不存在所謂勝利的。戰略上的成功一方面是指為戰術勝利做好的及時準備。這種準備越充分，就越有把握在戰鬥中取得勝利。另一方面是指運用戰術上已取得的勝利。戰略上越能充分地運用勝利的會戰，從已在會戰中動搖基礎的敵軍那裡，就越能夠奪取更多；也越能夠從費盡氣力換來的勝利中，完整地收穫果實；於是，就有更大的戰略成功。能夠帶來這種成功或有利於這種成功的主要因素，也就是戰略上有效的主要因素，有下述幾個：

第一，地形優勢；

第二，出敵不意（發動奇襲，或者在某一地點機密地部署大量軍隊）；

第三，多面攻擊（以上三個因素在戰術上也成立）；

第四，透過要塞及其一切附屬設施來強化戰局；

第五，民眾的支持；

第六，巨大的精神力量。[1]

---

1 作者原注：學習比羅先生戰略的人可能無法理解，我們為什麼略去了比羅的戰略學問。比羅先生談的盡是不重要的事情，這不是我們的過錯。一個學生瀏覽過全部算術書的目錄之後，既沒有看到三分法，也沒有看到五分法，可能同樣會感到詫異。而比羅先生的見解，卻連三分法和五分法這樣的實際規則都不如，雖然這個比喻不是為了說明它是否有實際用處。

那麼，從這些因素來看，進攻和防禦的關係又是怎樣的呢？就第一個因素來看，防禦者占有地形優勢，而進攻者可以率先攻擊。這在戰略領域和在戰術領域完全相同。但是在第二個因素，出敵不意這個手段在戰略領域比在戰術領域有效和重要。在戰術領域，出敵不意很少能進一步帶來更大的成果，而在戰略領域，出敵不意一舉結束整個戰爭的情況卻不少見。但採用這個手段的前提是敵人犯了重大、決定性、少有的錯誤。因此，出敵不意並不能大大加強進攻的效果。

為了出敵不意而在特定地點部署優勢兵力，這又可與戰術上的情況相類比。如果防禦者把兵力分散部署在自己戰區的若干通道上，那麼就容易使進攻者以全部兵力打擊某一點。

但是，新的防禦體系已經以新的行動方法確定了不同的防禦原則。防禦者不必擔心敵人利用未設防的道路進攻重要的倉庫、補給站、未作準備的要塞或首都，也就沒有任何理由分散部署兵力。即使防禦者有這種顧慮，他也應該到進攻者選定的道路上去迎擊敵人，否則就會失去退路。即使進攻者選擇的道路刻意要避開防禦者，後者在幾天之後還是可以用全部兵力找到他。在大多數情況下，防禦者甚至可以確信，進攻者最後也不得不主動迎向他。如果進攻者因為補給問題不得不分散部署兵力，不得不分頭前進，那麼，防禦者還是處於有利地位，能夠以自己的全部兵力迎擊敵軍的部分兵力。

第三個因素是多面攻擊。在戰略領域，對於戰區的翼側攻擊和背後攻擊，其性質產生了顯著的改變：

第一，無法構成火網，不可能從戰區的一端射擊到另一端；
第二，被夾擊的一方比較不會擔心失去退路，因為在戰略領域空間較大，不像在戰術領域那樣容易被封鎖；
第三，在戰略領域，由於空間較大，內線（即較短的路線）的效果增大，這特別有助於抗衡多面攻擊；
第四，交通線變得非常脆弱，因為一旦被切斷影響就很大。

在戰略領域內，由於空間較大，只有掌握主動的一方（即進攻的一方）才能進行包圍（即多面攻擊）。防禦者不能像在戰術領域那樣，在行動過程中對包圍者進行反包圍，因為他無法加大部隊的縱深範圍，也不能完全保障軍隊的隱密。但是，既然包圍不能帶來什麼利益，那麼，它對進攻者來說又有什麼好處呢？如果包圍不能影響交通線的話，也許我們就不會在戰略上把它看成致勝因素了。在進攻者和防禦者剛剛接觸、雙方還保持原來陣式的時候，攻擊交通線的功用並不大。隨著戰役的發展，當進攻者在敵國國土上逐漸成了防禦者，它的功用才變大。這時，新防禦者的交通線脆弱，原來的防禦者轉守為攻後便可以利用這個弱點。但顯而易見的，這不能算是防禦者自己的功勞，而是防禦本身具有的優勢。

第四個因素，即戰區內的有利設施，這些自然是防禦者受惠。進攻的軍隊發動戰役，就等於離開了自己的戰區，戰力自然減弱，因為要塞和各種倉庫留在後方。他們需要的作戰地區越大，戰力就越受影響（因為要行軍和派出駐防部隊）。而防禦者的軍隊則仍然保持與各方面緊密聯繫，也就是說，他們可以利用自己的要塞，戰力不會受影響，而且離自己的補給基地較近。

第五個因素，民眾的支持並不是在每一次防禦中都能得到，因為有的防禦戰役是在敵人的國土上進行。但這一因素終究與防禦本身息息相關，而且在大多數情況下還是可以得到民眾的支持。此外，這裡所說的民眾支持主要是指後備軍和民兵。同時也包含民眾的抵抗較小、各類補給基地都離得比較近，物資來源比較豐富等情況。

一八一二年的戰役是一個非常好的案例，我們可以從中清楚地看出第三個和第四個因素的影響：渡過尼曼河的是五十萬人，而參加博羅迪諾會戰的只有十二萬人，到達莫斯科的就更少了。

這次大會戰的效果很大，俄國人即使不接著發起反攻，在長時期內也不致遭受新的侵略。當然，除瑞典以外沒有一個歐洲國家和俄國的情況相似，但是這些因素仍然很重要，只不過效果的大小有所不同罷了。

關於第四個和第五個因素，我們還需要補充說明：這兩種防禦因素在本國境內防禦時才能發揮作用。在敵國國土上進行防禦，而且與進攻行動交織

在一起時，它們的影響就會變小，就像第三個因素一樣，反而成為進攻的不利因素。防禦不是單純由被動的元素構成，進攻也不全是主動的行動。一切進攻行動若不能直接逼迫對方談判，雙方都只好進入防禦狀態。

在進攻中出現的防禦行動都具有進攻的性質，因此防禦成分都會減弱。這是進攻的弱點。

這並不是無謂的文字遊戲。進攻行動的主要弱點正在這裡。因此在制定戰略進攻計畫時就得特別注意進攻後接著進行的防禦。關於這一點我們將在第八篇「戰爭計畫」中詳細研究。

巨大的精神力量，有時像發酵似的滲透在戰爭要素中，在某些情況下統帥能夠利用它們鼓舞士氣。防禦者和進攻者都擁有這些精神力量。有些精神力量在進攻時特別能發揮效力，造成敵軍的混亂和恐懼，但通常只在決定性勝利以後才出現，對攻擊行動本身很少有重大影響。

防禦是比進攻更強的一種作戰形式，這一論點目前已得到充分的論證。但是還剩下一個一直沒有談到的較小因素，那就是勇氣，即軍隊由於意識到自己是進攻者的優越感。這種感覺確實存在，但是，它很快就會湮沒。戰場上的勝利或失敗、指揮官的才幹或無能，這些要素在精神的影響層面更大。

第四章
進攻的向心性和防禦的離心性

　　進攻的向心性和防禦的離心性，這兩個概念在理論和實踐中經常出現。這兩種運用軍隊的概念在進攻和防禦時都會出現。但我們不知不覺地形成一種印象，以為它們分別是進攻和防禦固有的形式。但稍加思索就知道事實並非如此。因此，我們想盡早地研究它們，得出一勞永逸的明確結論，以便今後進一步考察進攻和防禦的關係時，不會經常受到它們所造成的表面上好像有利或有弊的錯誤觀念影響。我們在這裡先把它們看作是抽象的概念，像提煉酒精似的把它們萃取出來，至於這些概念對具體事物的影響，則留待以後再研究。

　　無論在戰術層面還是在戰略層面，都可以把防禦者看成是處於等待狀態，即處於靜止狀態；相對的，進攻者則處於運動狀態。由此必然得出，只要進攻者一直在運動，防禦者一直保持靜止狀態，那就只有進攻者可以隨意進行包抄和圍攻。進攻者可以根據利弊得失決定是否採取向心進攻，這是進攻者的主要優點。然而，進攻者只是在戰術層面才有這種選擇的自由，在戰略層面並不總是如此。在戰術層面，防禦者兩翼的據點無法絕對安全無虞。而在戰略領域，當防線的兩端都是海岸或中立國時，兩翼比較安全，在這種情況下，選擇的自由就受限，對方就無法進行圍攻。當敵方不得不進行向心進攻時，就更沒有選擇的自由了。如果俄國和法國要進攻德國，它們只能形成包圍態勢，而不能事先集結在一起。在大多數情況下，向心進攻比較不容易發揮戰力。進攻者若被迫採用這種形式，那麼他先前有選擇自由而獲得的利益就會完全被抵銷掉。

　　現在我們想進一步考察這兩種形式在戰術領域和戰略領域的作用。

　　從圓周向圓心運動時，軍隊越來越集中，人們常認為這是第一大優點。

軍隊越來越集中固然是事實，但不是什麼優點，因為雙方兵力都在集中，雙方的優勢相同。從圓心向圓周運動時，雙方的離心效果也是一樣。

而另一個優點，也可以說是真正的優點，那便是軍隊的向心運動時，所有單位都朝向同一個目標，而離心運動則不是這樣。可是向心運動能產生哪些效果呢？我們必須分別從戰術和戰略兩個方面來談這個問題。我們不做過於詳盡的分析，下列幾點是向心運動的正面效果：

第一，當各單位相互接近到某種程度時，火力的效果會有所增強，甚至增加一倍；

第二，可以多面攻擊敵人的某一部分；

第三，可以切斷敵人的退路。

切斷退路在戰略上是可能的，不過顯然要困難得多，因為廣大的戰略空間不容易受到封鎖。至於對某一部分進行多面攻擊，一般說來，準備攻擊的目標越小（最好是個別的士兵），這種攻擊就越有效，就越能引發決定性作用。一個兵團完全可以同時多方面作戰，一個師要做到這一點就困難一些，而一個營只有集結在一起才能做到這一點，至於單個士兵，就根本不可能多方面作戰。在戰略層面上，有大量的軍隊、廣闊的空間和較長的時間，而在戰術領域則恰恰相反。由此可見，多面攻擊在戰略領域和戰術領域不可能取得一樣的效果。

如何構築有效的火力不屬於戰略領域的問題，它的重要性被另一個「背後受敵」的要素取代。當敵人在背後取得勝利時，任何軍隊多少都會覺得受到威脅。

因此可以肯定，向心運動的優點是，它對A發揮作用時，也同時對B發揮作用，而且對A的作用並不因此減弱；對B發揮作用時，又同時對A發揮作用。因此，總成果不是對A和B產生的效果之和，而是更大一些。這一優點在戰術領域和戰略領域雖然有所不同，但都成立。

軍隊在離心運動時，相應的優點是什麼呢？顯然是軍隊集結在一起和在

內線運動這兩點。這兩點能成倍地增加力量，沒有巨大的優勢，進攻者不敢面對這種不利的情況。但目前沒有必要對此展開論述。

防禦者只要一開始運動（儘管比進攻者開始得晚，但總可以及時地擺脫停滯的被動狀態），就可以發揮軍隊集中和內線運動這兩個優勢，取得更具決定性的勝利，而遠勝於向心進攻。要取得成果必須以取得勝利為前提，在切斷敵人退路以前，必須先戰勝敵人。簡而言之，向心運動和離心運動的關係大體上與進攻和防禦的關係類似。向心運動能帶來輝煌的戰果，離心運動能保障取得成果，前者具有積極目的，但效率比較低；而後者具有消極目的，效率比較高。因此，這兩種形式各有長短，不相上下。現在只需補充一點，軍隊進行防禦時，並非不可能向心運動（因為不是任何情況下都是純粹的防禦）。我們沒有理由認為，單是向心運動就足以使進攻比防禦具有優勢。我們應擺脫這一看法，避免時時刻刻影響我們的判斷。

以上所說的，既適用於戰術層面，也適用於戰略層面。接著必須指出只與戰略有關的極為重要的一點。內線的優勢是隨著內線空間的擴大而增加。在幾千步或者幾里所贏得的時間，當然不像在幾天行程乃至數百里所贏得的時間。在前一種情況下，空間較小，屬於戰術範圍，後一種情況空間較大，屬於戰略範圍。雖然要達到戰略目的比在戰術目的需要更多的時間，戰勝一個兵團比戰勝一個營還要久。但是在戰略上能增加的時間也有一定的限度，只能增加到一次會戰結束，或者拖延幾天，在這段時間裡不進行會戰也不會損失太多。此外，先敵行動帶來的優勢在戰略與在戰術層面也有很大的差別。在戰術範圍，空間比較小，會戰時，一方幾乎是在另一方的眼皮底下運動，處於外線的一方多半可以迅速發覺敵人的動靜。可是在戰略範圍的空間比較大，我們很容易就瞞過敵人至少一天。如果只是一部分軍隊在運動，而且是被派遣到很遠的地方去，幾個星期不被發現也是常有的事。如果一方處於適於隱蔽的地方，他能夠從中得到多麼大的優勢是一目瞭然的。

關於向心和離心運動的效果，以及它們與進攻和防禦的關係，我們就研究到這裡，以後在談到進攻和防禦時，我們再進一步研究。

第五章
戰略防禦的特點

我們已在前面談了防禦究竟是什麼。防禦無非是一種更為有效的作戰形式，利用它贏得勝利、取得優勢後轉入進攻，也就是轉向戰爭的積極目的。

即使戰爭的意圖只是保持現狀，單純的抵抗也與戰爭的概念相矛盾，因為作戰絕對不是單方面忍受攻擊。當防禦者取得顯著的優勢時，防禦就已完成了它的使命，如果防禦者不想自取滅亡，就必須利用這一優勢進行反攻。理智告訴我們必須趁熱打鐵，要利用已經取得的優勢防止敵人第二次進攻。至於應該在何時何地開始反攻，當然要根據許多條件來決定，這些問題將在以後加以闡述。我們這裡只想指出，反攻是防禦發展的必然趨勢，是防禦的一個基本元素；不論在什麼情況下，如果透過防禦所取得的勝利不加以利用，而聽任它像花朵一樣枯萎凋謝，那就是重大的錯誤。

迅速而猛烈地轉入進攻（這是閃閃發光的復仇利劍）是防禦最輝煌的部分。誰要是在防禦時不考慮這一部分，或者更確切地說，不把它看作是防禦的一部分，他就永遠不會理解防禦的優越性，就永遠只會想到透過進攻來摧毀敵人或取得對方的物資。但是，重點不在於目標，而是達成目標的各個階段。如果認為進攻總是出敵不意的攻擊，因而把防禦設想成無非是處境困難和陷於混亂，那就完全歪曲事實了。

征服者自然比被蒙在鼓裡的防禦者更早決定發動戰爭。如果征服者善於保密，他就可以出敵不意地攻擊防禦者。但這不是戰爭中必然的現象，實際情況不應該如此。戰爭更有助於實現防禦者而不是征服者的目標。入侵引起了防禦，而有了防禦才引發戰爭。征服者總是愛好和平（拿破崙總是如此宣稱），他寧可不遭抵抗就占領我們國家。但是為了使征服者不能得逞，我們就必須進行戰爭，因而就得準備戰爭。換句話說，那些被迫進行防禦的弱小

國家，應該時刻做好戰爭的準備，以免遭到突然入侵。這正是軍事藝術存在的必要性。

至於誰先出現在戰場上，這在多數情況下並不取決於他抱有進攻意圖還是抱有防禦意圖，而完全取決於其他因素。所以進攻和防禦意圖不是原因，而往往是結果。突襲能取得優勢，那麼誰先做好準備，誰就能發動攻擊；而準備較遲的一方，只好利用防禦的優點，多少彌補準備較遲所造成的劣勢。

能夠有效地提早做好準備，一般說來是進攻的優勢（這在第三篇「戰略概論」中已經提過），但並非在任何情況下都會出現此優勢。

防禦應該是什麼？盡可能做好一切準備，有一支能征善戰的軍隊，有一位主動、沉著的統帥（不會提心吊膽地等待敵人），有不怕圍攻的要塞，最後，還有不怕敵人而使敵人害怕的勇敢人民。具備了這些條件以後，防禦與進攻比較起來，就不再是莫可奈何的狀態，而進攻也不會像某些人所認為的那樣輕而易舉和萬無一失了。在那些人看來，進攻意謂著勇敢、意志力和運動，而防禦卻意謂著軟弱和癱瘓。

第六章
防禦的手段

在防禦中，除了軍隊的數量和素質以外，決定戰術和戰略成果的還有地形優勢、出敵不意、多面攻擊、戰區優勢、民眾支持和巨大的精神力量等因素。防禦者在這些方面所具有的自然優勢，我們在本篇第二章、第三章裡已經談過了。我們認為，再談一談防禦者可以依靠的各種資源，它們主要是為防禦所用，支撐起防禦的重責大任。

一、後備軍

在現代，後備軍已不僅在本土守禦，也會出國對敵作戰，而且在有些國家（例如普魯士），後備軍幾乎已屬於常備軍體系的一部分。各國在一八一三、一八一四和一八一五年就廣泛利用後備軍，但一開始還是先派他們進行防禦任務。只有極少數國家的後備軍是像普魯士那樣組織的，而那些組織不完善的後備軍，比較適合從事防禦工作。我們談到後備軍的概念時，總是意味著全體民眾以他們的體力、財產和精神積極非凡且大規模地志願協助作戰。偏離這種性質而編成的部隊就成為另一種常備軍，雖然具有常備軍的優點，但也缺乏後備軍的優點。後備軍的優點是，人員分布廣、機動性較高，而且非常容易因精神和信念大大增強戰力，這些也是後備軍的本質。後備軍這一組織，就是要讓全體民眾能投入協助戰爭，否則後備軍也不可能有什麼特別的成就。

這些後備軍的基本特點與防禦的概念有非常密切的關係，因此後備軍用於防禦比用於進攻更為合適，他們打擊侵略者的效果主要也出現在防禦中。

二、要塞

進攻者所能利用的要塞僅限於邊境附近，因而要塞對他的幫助不大。防禦者卻能夠利用全國的要塞，因而很多要塞都能發揮作用，功效也更大。一個要塞最好要能夠吸引敵人圍攻而又固若金湯。反之，若它只能打消敵人占領的念頭，也不能牽制和消滅敵人，那就就沒什麼作用。

三、民眾

儘管戰區內少數居民對戰爭的影響，像一滴水在整個河流中那樣微不足道，但是就算不是民眾暴動，全國居民對於戰爭的整體影響也絕非無足輕重。若民眾服從政府，那麼我們軍事上進行一切活動都比較容易。敵人要使居民盡任何大小義務，除非使用暴力及強制手段才有可能，這必須動用軍隊，敵人因此得消耗大量兵力和增加許多負擔。這方面防禦者就占優勢，即使民眾並非心甘情願犧牲，長期養成的公民服從也會使他們貢獻一切（這已成為公民的第二天性，政府透過一些與軍隊毫無關係的威嚇和強制手段確保公民服從）。而且，民眾出於忠誠志願協助，是最有價值的，只要不必流血犧牲，他們一定隨時待命。接著再提到一件對作戰具有重大意義的事情，那就是情報。這裡不是指透過偵察獲取的重大情報，而是指軍隊在日常勤務中遇到的無數細小情況，與居民的良好關係使防禦者在這方面占有優勢。最小的巡邏隊、每一個警衛和崗哨以及每一個外派的軍官都需要向當地居民了解關於敵人和友軍的情報。

我們考察了這種一般而且經常發生的情況以後，再研究一下特殊的情況。當國民開始參加戰鬥，甚至完全投入戰役，最後發展成像在西班牙那樣主要以民眾為主力的戰爭。[1] 在這種情況下，新增的因素不單只是民眾支持，

1　一八〇八年拿破崙將西班牙國王斐迪南七世誘騙到法國並加以囚禁，立約瑟夫（拿破崙之兄）為西班牙國王，並派軍隊占領西班牙。西班牙人民群起而攻之，起義遍及全國，起義軍和英國派遣的遠征軍一起與法軍作戰，最後終於趕走了法國侵略者。

而是出現了新的戰力。因此我們提出：

四、民兵或國民兵是一種獨特的防禦手段

五、防禦者的最後支柱是盟國

這裡指的並非進攻者也有的那種鬆散的盟友，而是要討論的是與某個國家的存亡有著切身利害關係的盟友。看一看目前歐洲各國的情況就會發現，國家和民族大大小小的利益都複雜交織在一起（各國的勢力和利益一直無法有系統地取得均勢，這種系統維持的均勢實際上並不存在，因此理所當然地被否定掉了）。每一個交叉點都是一個和平穩定的結，在這個結上，一個勢力牽制著另一個勢力。所有的結又聯繫成較大的整體，任何變化都必然牽動到整體。因此，各國相互間的關係多半有助於維持整體的現狀，而不是使它發生變化，也就是說，一般說來存在著維持現狀的傾向。

因此，政治上的均勢應該作上述這樣的理解。凡是許多文明國家多方交錯的地區，都自然會產生上述的政治均勢。

為了共同利益而維持現狀能維持多久，這是另外一個問題。當然，個別國家的關係會發生變化，有時會強化現狀，有時會破壞均衡。前一種情況下是去完善政治均勢，因為它們的共同利益建立在這上面，所以它們也會努力維繫大多數國家的共同利益。可是在後一種情況下是偏離常軌，個別國家會積極活動其實是一種病態。在一個由規模不等的許多國家結成的鬆散整體中，出現這種病態是不足為奇的。畢竟，即使是在完美運作的有機整體內，也一樣會出現這種病態。

有人指出，歷史上有些國家為了自己的利益而徹底改變均衡的態勢，而其餘的國家卻完全不嘗試阻止，讓個別國家能夠高踞其他各國之上，成了所有國家的獨裁統治者。但這絕不能證明各國不會為了共同利益而要求維持現狀，只能證明這個共同需求還不夠強大。朝向某一目標的引力並不等於真的向目標運動，也絕不能說這種引力並不存在，這個道理我們在天體力學上看得再清楚不過了。

有保持均勢的意圖就會維持現狀，前提是現狀是平靜的（即均勢）。一旦這種狀態被破壞，出現了緊張局面，保持均勢的意圖當然也會動搖。但是從本質上來看，這種變化只能影響少數幾個國家，永遠不會涉及大多數國家。由此可以肯定，大多數國家的生存始終是由各國的共同利益來維持。同時也可以肯定，若一個國家沒有與整體處於緊張狀態，它在進行自衛時，支持它的國家比反對它的國家要多。

嘲笑這些是烏托邦式的夢想，就是拋棄了哲學上的真理。儘管哲學上的真理使我們認識了事物的基本要素與其相互關係，但如果不考慮一切偶然現象，只是一味想推論出支配每一個具體情況的法則，當然也是不妥當的。不過，正如一位偉大的著作家所說，若只限於軼事趣聞，只用這些東西來編纂歷史，處處著眼於個別的現象，只看枝節問題，只尋找最直接的原因，從來不深刻地探討根本上具有支配作用的一般關係，那麼我們的見解就只對個別事件有效，哲學所涉及的普遍現象，自然是一個夢想了。

假如追求平靜和維持現狀不是普遍的常態，那麼許多文明國家就不可能長時期地共同存在，而必然會合併成一個國家。既然現在的歐洲已存在了一千多年，一定是因為各國出於共同利益而努力維持現狀。如果整體的安全穩定不總是足以維護每一個國家的獨立，那也只是這一整體生活中的不正常現象，這種不正常現象並沒有破壞整體，反而被整體消除了。

若均勢嚴重被破壞，其他國家多少會出面阻止，只要瀏覽一下歷史就可以明白，羅列大量事實來加以證明完全是多餘的。我們在這裡只想談一個事件，那些嘲笑政治均勢思想的人經常提到它，而且在這裡談談一個無辜的防禦者因沒有得到任何外援而遭到滅亡，可能是十分合適的。我們說的是波蘭。一個擁有八百萬人口的國家滅亡了，被另外三個國家瓜分了，而其他國家中卻無一拔刀相助。這一事實初看起來似乎充分地證明了政治均勢通常不具有作用，或者在實際情況下不管用。這樣一個幅員遼闊的國家會滅亡，成為幾個最強大國家（俄國和奧地利）的掠奪物，看上去是一種極為特殊的情況。既然這個事件不能影響各國的共同利益，那麼人們會說，共同利益根本就無法維護各個國家的獨立完整。然而，我們仍然堅持，個別事件無論多麼

突出，它都不能否定一般情況。其次，波蘭滅亡並不像表面上看來那樣難以
理解。波蘭真的是一個歐洲國家，與其他各國的地位相等嗎？答案是否定
的。它是一個韃靼國，不過它不是像克里米亞的韃靼人那樣位於黑海之濱、
位於歐洲國家的邊緣地區，而是位於歐洲各國之間的維斯杜拉河流域。[2] 這
樣說不是蔑視波蘭人民，也不是想證明這個國家應該被瓜分，而只是指出事
實。近百年來，這個國家基本上沒有再引發什麼政治作用，對其他國家來
說，它只不過是一個引起紛爭的金蘋果。[3] 就其本身的條件和國家結構來說，
波蘭不可能長期維持獨立。即使波蘭的領袖下定決心，要根本改變韃靼國的
特質，也需要半個世紀甚至一個世紀才能完成。何況這些領袖本身的韃靼習
氣濃厚，很難下定這種決心。他們習於動蕩的生活，個性又極易輕舉妄動，
這兩點使他們跟跟蹌蹌地墜入深淵。早在波蘭被瓜分以前，俄國人在那裡就
如同在自己家裡一樣，獨立自主的國家這個概念根本就不存在。即使波蘭
不被瓜分，也一定會變成俄國的一個省。如果波蘭是個有自衛能力的國家，
那麼三個強國就不會這樣輕而易舉地瓜分掉它。那些與波蘭存亡有著切身利
害關係的強國，如法國、瑞典和土耳其應該會以完全不同的態度協力維護波
蘭。但是，當一個國家的生存完全依靠外國來維持，這種要求自然就太遙不
可及了。[4]

　　一百多年以來，波蘭將被瓜分就時有所聞，人們不把這個國家看作門禁
森嚴的住宅，而是一條外國軍隊經常來來往往的公共大道。制止這一切是其
他各國的義務嗎？其他國家應該拔出利劍來維護波蘭在政治上的尊嚴嗎？我
們無法以道德之名如此要求。在這個時期，波蘭從政治上看就像是一片荒無
人煙的草原，它始終無法保護這片沒有防守的草原不受周邊國家侵犯，同樣

....

2　韃靼人本來指說突厥語的民族，十三世紀後，歐洲人用以泛指蒙古帝國所屬的各個民族。
3　古希臘神話中，紛爭女神將象徵最美麗之神的金蘋果拋向眾神，引起阿芙羅狄特、帕拉斯和
　　赫拉等三位女神的爭端。後人用金蘋果代指引起不和與爭端的事物。
4　十七、十八世紀，波蘭由於封建貴族的腐朽統治，其經濟、政治、軍事受到嚴重破壞，這種
　　狀況被其鄰國利用，分別於一七七二、一七九三和一七九五年三次被俄國、奧地利和普魯士
　　這三個封建帝國瓜分。

也不能保障這個國家的獨立完整。根據這些理由，波蘭會無聲無息地滅亡，並不令人意外，克里米亞韃靼國也是。[5] 波蘭獨立與否，土耳其比任何一個歐洲國家有更大的利害關係，但它發現保護一個毫無抵抗能力的草原只是浪費精力。

　　再回到我們討論的問題上來。我們已經證明，防禦者一般比進攻者更能指望得到外國的援助。防禦者的存在對於其他國家越重要，也就是說它的政治、軍事狀況越是健全，它就越有把握得到援助。

　　我們在這裡提出來的主要防禦手段並不是每一次防禦都能具備，有時缺少這幾種，有時缺少那幾種，但是，它們全都屬於防禦的總體概念。

5　克里米亞韃靼國是十四世紀末欽察汗國解體時在克里米亞半島上建立的汗國。這個國家為土耳其和俄國爭奪的對象，在第一次俄土戰爭（一七七四年）以前臣服於土耳其，第一次俄土戰爭後名義上獨立，不久便為俄國所吞併。

第七章
進攻和防禦的相互作用

　　進攻和防禦是可以區別開的兩個概念，現在我們準備對二者加以特別考察。由於下列原因，我們將從防禦開始。防禦的原則以進攻的原則為根據，而進攻的原則又以防禦的原則為根據，這是自然和必要的。但是，這一系列概念要有個開端，也就是說，這些概念要能夠成立的話，必須從進攻和防禦之中找出一個起點。也就是現在要談的第一個問題。

　　從觀念上來看，戰爭的概念是隨著防禦一起出現，而不是進攻。進攻的目的是占領，而不是戰鬥。另一方面，防禦的目的是進行戰鬥，因為抵擋和戰鬥是一回事。抵擋的目的是反抗敵人進攻，因而必然以對方的進攻為前提。進攻的主要目的卻不是針對對方的抵禦，而是為了要占領，因而不必以對方的抵禦為前提。因此，防禦者首次將戰爭的要素帶入雙方的關係之中，並從自己的觀點去形塑雙方的敵對，為戰爭制定最初法則。這裡談的不是個別情況，而是一般、抽象的情況，進入相關理論之前，要先有以上理解。

　　由此我們可以知道，進攻和防禦相互作用的起點在哪裡，那就是防禦。

　　如果上述結論是正確的，那麼即使防禦者對進攻者的行動還一無所知，他也一定有明確的根據來籌畫行動，而且進一步決定兵力的部署。相反，倘若進攻者不了解敵情，也就沒有明確的行動根據（包括如何部署兵力）。除了派出兵力去占領對方領土之外，進攻者就沒有別的行動方針了。而且，派出兵力還不等於使用兵力。派出兵力是基於一般的考量，即進攻者可能要用軍隊來占領，來替代派遣官員談判或是發表宣言的方式，但實際上這還不能說是積極的軍事行動。防禦者不僅先集結好部隊，而且還根據自己的作戰目標部署了兵力，他的行動才是真正符合戰爭概念。

　　第二個問題是，就理論上來看，在進攻出現之前，促使防禦發生的根本

因素是什麼呢？那就是敵方為了占領而前進，這種前進應該是戰爭以外的東西，但是軍事行動最初的步驟卻是以它為根據。防禦者要阻止敵方前進，因此必然要考慮到己方領土，於是就產生了最初、最一般的防禦方法。這些方法確定後，進攻者就針對它們採取對策。防禦者研究了進攻者的計畫後，就又產生新的防禦原則。這就是兩者的相互作用，只要不斷產生值得考量的新結果，理論就可以繼續不斷地發展。

　　為了使我們今後的一切考察更為透徹和更有根據，這一簡短的分析是必要的。這不是為了在戰場上應用，也不是為了未來的統帥，而是為了一群至今還過分輕率地對待這些問題的理論家。

第八章
抵抗的方式

　　防禦的本質就是抵禦敵人攻擊，當中包含等待，它是防禦的主要特徵，同時也是防禦的主要優點。

　　但是，戰爭中的防禦不是單純的忍受，所以等待不是絕對的，只是相對的。同等待有關係的因素，就空間來說，是國土、戰區與陣地，就時間來說，是戰爭、戰役或者會戰。它們不是一成不變的單位，只是某些縱橫交錯的範疇的中心。可是在實際生活中，我們往往不得不滿足於原有的分類，而不再嚴格地加以區分。而且這些概念在實際生活中已經十分明確。因此，我們可以很方便地根據它們來區分其餘的觀念。

　　因此，國土防禦只不過是等待敵人進攻國土，戰區防禦只不過是等待敵人進攻戰區，陣地防禦只不過是等待敵人進攻陣地。敵人發動攻擊以後，防禦者實施任何積極、多少帶有進攻性質的行動，都不會改變防禦的性質，因為防禦的主要特徵和主要優點——等待，已經實現了。

　　從時間範疇來區分的戰爭、戰役和會戰同國土、戰區和陣地是相應的概念，因此以上的論述對於戰爭、戰役和會戰也是適用的。

　　所以，防禦是由「等待」和「行動」這兩個性質不同的元素組成。當我們有一定的對象，並在採取行動之前先等待，我們就能把這兩個元素結合成一個整體。但是，一次防禦行動，特別是一次大的防禦行動，如戰役或者整個戰爭，從時間上說，卻不能劃分為兩個階段，即第一個階段是等待，第二個階段是行動。防禦行動是由等待和行動這兩種狀態交織構成。等待像一條連綿不斷的長線貫穿於整個防禦行動之中。

　　我們所以這樣重視等待，是由事物本身的性質所決定的。迄今為止，任何理論都沒有把等待當作一個獨立的概念，但是在實際生活中它已經成為

行動的根據了，雖然往往我們並不自覺。等待是軍事行動的基本元素，沒有等待，軍事行動幾乎就不可能存在了。因此，以後談到兵力對抗的相互作用時，我們還會再提等待的效果。

現在我們想談一談，等待這個因素如何貫穿在整個防禦行動之中，以及由此可以產生哪些程度不同的防禦方式。

為了簡單說明我們的觀念，先把國土防禦留待第八篇「戰爭計畫」中討論。因為在國土防禦中，政治關係非常複雜，影響也比較大。另一方面，陣地上和會戰中的防禦行動是戰術問題，只有完整的防禦行動才能作為戰略行動的起點。因此最能說明防禦情況的是戰區防禦。

我們說過，等待和行動（常常是還擊，也就是回應）是防禦兩個十分重要的部分，沒有等待就沒有防禦，沒有行動就沒有戰爭。我們在前面就已經得出這個觀念：防禦是一種更強的戰爭形式，能更有把握地戰勝敵人。我們之所以必須堅持這一觀念，一方面是因為它能使我們避免犯錯，另一方面是因為我們越強調，就越能加深印象，就越能使整個防禦行動強而有力。

有些人會細分防禦的第二個元素，只把狹義的抵禦（守衛國土、戰區和陣地）看作必要的部分（足以保障地區的安全），而認為進一步的戰略進攻與防禦無關。這種看法與我們上述觀念相違背。這種細分毫無意義。我們堅持報復思想是防禦的基礎，否則，不論防禦者最初的反擊能使敵人受到多大損失，仍然不能達到進攻和防禦必要的均衡。

因此，防禦是更強的戰爭形式，可以容易地戰勝敵人，可是成果能否超過防禦最初的目的，則要看具體情況而定。

防禦和等待是分不開的，所以戰勝敵人這一目的，只有在出現了進攻的條件後才能達成。因此，如果沒有進攻，就只能滿足於保持原有的東西，這是防禦在等待狀態中的目的，也是最直接的目的。同時，只有在滿足於這一較低的目的時，防禦才能實現它的優點，成為更強的戰爭形式。

我們現在設想一支軍隊奉命防守它的戰區，防禦可以如此進行：

第一，敵人一進入戰區，就立即向他進攻（如莫爾維茨會戰、霍亨弗

里德堡會戰）。

第二，在戰區邊緣布陣，等待進攻的敵人出現在陣地前面，然後進攻
敵人（如恰斯勞會戰、索爾會戰和羅斯巴赫會戰[1]）。這種情況
比較被動，等待的時間較長。與前一種方式相比，敵人發動攻
擊時，這種防禦方式所能贏得的時間不多，或者等於零。在前
一種情況下，肯定會發生會戰。而在這種情況下，則不一定會
發生會戰，敵人可能沒有足夠的決心進攻，因此等待的成效也
就更大了。

第三，在戰區邊緣的陣地上等待敵人下決心進行會戰（即等待敵人出
現在我們陣地前面），而且等待敵人發動攻擊（以邦策爾維茨
陣地為例）。在這種情況下，人們將進行一次真正的防禦會
戰。然而，正如我們前面說過的，這種防禦會戰還是可以包括
部分軍隊的進攻行動。像第二種情況下一樣，這時贏得的時間
是無足輕重的，但是敵人的決心卻要受到新的考驗。有的進攻
者在發起進攻以後，發現對方的陣地過於堅固，在最後時刻或
者在進行了第一次嘗試以後便放棄了進攻的決心。

第四，軍隊退入本國腹地進行抵抗。這一撤退的目的，是減弱進攻者
的戰力，直到他們不得不停止前進，或者在兩軍終於交會時，
可以守得住對方的攻擊。

如果防禦者能夠在撤退中留下幾個要塞，誘使進攻者去圍攻或者包抄，
那麼上述幾種防禦的過程與效果會更明顯。在這種情況下，進攻者的戰力會
受到嚴重影響，防禦者能夠有更多機會以優勢兵力在某地猛烈反擊進攻者。

但是，即使沒有要塞，向本國腹地撤退也能使防禦者逐漸取得優勢，那
是他在戰區邊緣無法得到的。在戰略上，任何進攻行動都必然會影響戰力，

1　恰斯勞會戰又稱查圖西茨會戰。一七四二年五月十七日，腓特烈大帝率領普軍與卡爾親王指
　揮的奧軍在恰斯勞和查圖西茨之間進行戰鬥，這是第一次西里西亞戰爭中最後一次會戰。

一方面是前進本身引起的，另一方面是必要的兵力分割所造成的。關於這一點，我們在研究進攻時再進一步的闡述。在這裡我們先提出，因為這是歷次戰爭充分證明的事實。

在這第四種情況下，贏得的時間是最主要的利益。如果進攻者圍攻我們的要塞，在要塞陷落前，我們還能贏得一段時間，這段時間可能長達幾個星期，甚至長達幾個月。如果進攻者力量的削弱，他進攻動能的耗竭，只是因為前進和占領必要的地點，也就是說，由於路程過於漫長的關係，那麼，我們贏得的時間還會更多，我們轉入行動的時機就有一定的自由。

進攻者抵達進攻路程的終點時，雙方兵力對比會有進一步的變化。除此之外，防禦者因等待還會增加更多優勢。即使進攻者並沒有由於前進影響太多戰力，以致無法在我軍駐守的地方發動進攻，他也可能下不了決心進攻，因為在這裡比在戰區邊緣需要更大的決心。這一方面是因為他的戰力已受影響，不再是新銳的軍隊了，面臨的威脅也增加了。另一方面，對於一些優柔寡斷的統帥來說，占領目標地區以後，他們可能會找藉口，宣稱已沒有進行會戰的必要，進而完全放棄進行會戰的想法。這樣，防禦者固然不能像在戰區邊緣那樣充分取得消極結果，也還是贏得了許多時間。

顯而易見，在上述四種情況下，防禦者都可以擁有地形優勢。同樣十分明顯的是，他還能利用要塞和得到民眾的幫助。這些因素的效用是按上述四種防禦方式的次序依次遞增，在第四種防禦方式中，主要是這些因素削弱敵人戰力。等待的效益也是依次遞增，因此，整體的防禦力量依次增強。也就是說，作戰方式越是與進攻不同，它的力量就越強大。我們並不害怕人們責難我們，我們確實認為最消極的防禦是最強的，因為抵抗行動並不會依次減弱，只是會延遲進行而已。人們可以借助堅固的防禦工事進行更有力的抵抗，而且當敵人的兵力因此損失一半的時候，就可以對他進行更有效的還擊。這絕不是無稽之談。如果道恩沒有利用科林附近的有利陣地，他恐怕就不能取得那次勝利。[2]

2　參見上冊第三篇第八章〈數量上的優勢〉的注釋5。

腓特烈大帝率領超過一萬八千人的軍隊撤離戰場時，假如道恩進行更猛烈的追擊，這次會戰就可能成為戰史上最輝煌的勝利之一。

因此，防禦者的優勢與它所具有的抵抗能力，將會按上述四種方式的次序依次遞增，而防禦者的還擊力量也會隨之增強。

但是，這幾種遞增的防禦優勢能夠憑空得到嗎？不能。付出的代價也相應地增加。

在自己的戰區內等待敵人，即使決戰的地點靠近邊境，敵人軍隊總要侵入我方領土，這就不可能不給我方帶來損失，除非我們採取進攻，才能造成敵方重大損失。如果我們不一開始就迎向敵人發起攻擊，損失將會更大。敵人所占領的空間越大，接近我們陣地時所用的時間越長，我們的損失就越大。如果我們打算進行防禦戰，並讓敵人決定會戰的時刻，那麼敵人將長期占領他所打下的地區。我們由此贏得的時間，是以我們的損失為代價。如果我們向本國腹地撤退，損失將更大。

防禦者所遭受的一切損失，多半是戰力方面的減弱。這種損失只是間接地（不是立即）影響到軍隊，以致很難感覺到這種影響。可見，防禦者是在犧牲將來的利益換得當前的優勢，也就是說像窮人那樣借貸維生。

要考察這些不同抵抗方式的效果，那麼我們就必須看一看進攻的目的。敵人進攻的目的是占領我們的戰區，至少要占領大部分戰區，這樣才有全面意義，占領幾里的地方在戰略上通常沒有獨立且重要的意義。只要進攻者還沒有占領我們的戰區，只要他懼怕我們的軍隊，根本沒有進攻我們的戰區或陣地，或者在我們打算會戰時，他卻迴避會戰，這就算達到了防禦的目的，並充分發揮了各種防禦措施的作用。當然，這種成果是消極的，不能直接增加反擊的力量，但還是能夠間接給予幫助，並為還擊做好準備。因為進攻者正在喪失時間，而時間上的任何損失於他都是不利，都必然會削弱他的優勢。

因此，在採用前三種防禦方式時，也就是說，當防禦在戰區邊緣進行時，雙方沒有進行決戰，就代表防禦成功了。

但是在採用第四種防禦方式時，情況卻不是這樣。

　　如果敵人圍攻我們的要塞，我們就必須適時去解圍，也就是得以積極行動決定勝負。

　　如果敵人不圍攻我們的任何要塞而尾隨我們進入腹地，情況也是這樣。在這種情況下，雖然我們有較充裕的時間，可以等待到敵人戰力變弱再行動，但最終要轉入進攻行動。敵人也許成功占領了他的進攻目標，但是，這只不過是暫時的，緊張狀態仍未解除，決戰還沒到來。只要防禦者的力量日益增強，進攻者的力量日益削弱，拖延決戰就對防禦者有利。但是，只要必然的決勝點一出現（防禦者的拖延與犧牲終於產生最後的優勢），防禦者就應該採取行動進行決戰，這時，等待的優勢已經利用殆盡了。

　　當然，這個時刻並沒有一定的標準，因為它取決於很多的情況和條件，但是冬季的來臨通常可以看作是自然的轉折點。如果我們無法阻止敵人在他占據的地方過冬，那麼通常就代表我們已經放棄這個地方。不過，只要想一想托里斯—費德拉斯的例子就可以知道，這個規律並不具有普遍的意義。[3]

　　那麼，一般說來決戰到底是什麼樣的呢？

　　我們一直把決戰想像為會戰的形式，當然這不是絕對的，它可以是分散的部隊所進行的一系列戰鬥行動，透過真正的血戰，或者透過戰鬥產生的效果迫使敵人不得不撤退，從而導致局勢逆轉。

　　在戰場上不可能出現別種決戰方式。根據我們的戰爭觀點，這個結論是必然的。即使敵人軍隊因為缺乏糧食而撤退，也是我們的武力限制了他們的補給。假如我們的軍隊根本不存在，敵人軍隊肯定會設法解決糧食問題。

　　敵人進軍我方領土，在與我軍正面交鋒前，已經被進攻的種種困難弄得疲憊不堪，兵力分散、饑餓和疾病都大大影響戰力。但促使他們撤退並放棄已得到的一切的，卻是對我們武力的畏懼。當然這樣的決戰與在戰區邊緣進行的決戰有很大區別。

3　一八一〇年，拿破崙派馬塞納率法軍侵入葡萄牙，企圖將威靈頓率領的英普聯軍逐出葡萄牙。九月，法軍在布薩科會戰中受創。爾後英普聯軍退入托里斯—費德拉斯營壘，法軍屢攻不下，因糧食缺乏和軍隊中疾病流行，不得不自行撤退。

在戰區邊緣進行決戰時，雙方的武力互相遭遇，這時我們只能以純粹的武力去制服或是摧毀敵人的武力。但敵人進入我方領土後，勞累就消耗了一半戰力，我們的武力在此時所具有的作用就完全不同了。因此，我們的軍隊雖然是決定勝負的最終因素，但卻不再是唯一的因素了。敵人的軍隊在前進中的損失會影響最終的勝負，影響的程度之大，以致只要我們有反攻的可能性就可以促使敵人撤退，並進而扭轉戰況。在這種情況下，決定勝負的真正原因是敵人行軍時的勞累。當然，防禦者的戰力在任何情況下都是不可或缺的。但是在實際分析問題時，重要的是區別兩個因素中哪一個是主要作用。

因此，在防禦中，進攻者是被防禦者的利劍所消滅，還是由於自己的勞累而潰敗，存在著兩種決定勝負的方式，也就是說，有兩種對付進攻的方式。

第一種決定勝負的方式主要用於前三種防禦方式。第二種決定勝負的方式主要用於第四種防禦方式，而且我軍必須往本國腹地的深處撤退，正因這種方式能夠決定勝負，人們才願意這樣犧牲。

這樣就有兩種不同的抵抗方式。有一些戰例可以十分清楚地把這兩個原則區別開，就像生活中的基本概念那樣清楚。一七四五年，當腓特烈大帝在霍亨弗里德堡進攻奧地利軍隊時，奧軍正好從西里西亞山區下來，這時奧軍的兵力既沒有分散，也沒有因勞累而影響戰力。完全不同的例子是，威靈頓在托里斯—費德拉斯的築壘陣地上，一直等待到馬塞納的軍隊由於饑寒交迫而不得不自行撤退。在這種情況下，削弱進攻者的並不是防禦者的武力。在另一些戰例中，這兩種抵抗方式錯綜複雜地交織在一起，但肯定有一種是主要的。一八一二年的情況便是如此。在這一著名戰役中，雙方儘管發生了許多的流血戰鬥（在其他情況下，這麼多流血戰鬥就可以是徹底用武力決定勝負了），但仍然沒有一個戰例比它更能清楚地說明，進攻者怎樣由於自己的勞累而遭到覆滅。三十萬人編成的法國中央兵團到達莫斯科時只剩下九萬人左右，而能派出作戰的只有一萬三千人左右，法軍總共損失了十九萬七千人，因戰鬥喪生的肯定不超過三分之一。

在所有以拖延致勝著稱的戰役中，以「拖延者」費邊最為著名，他經常

等待敵人的戰力被勞累拖垮。[4]

　　總之，這一抵抗方式在很多戰役中都奏效，可是並沒有得到應有的重視。只有拋開歷史學家們想出的牽強原因，深入地研究事件本身，才能找到決定許多勝負的真正原因。

　　說到這裡，我們已經充分闡明了防禦的一些基本觀念，清楚地指出了各種防禦方式和兩種主要的抵抗方式，並且說明了等待這個因素是如何貫穿於整個防禦概念之中，是如何與積極行動密切結合。積極的行動遲早要出現，而當它出現時，等待的優勢就消失了。

　　我們已經從整體方面分析並研究了防禦的問題。當然，防禦中還有一些十分重要的問題，即要塞、營壘、山地防禦、江河防禦和側翼行動等問題，它們可以構成專門的章節，可以成為獨立的思想體系。我們準備在以下各章加以論述。但是，所有這些問題並沒有超出上述一系列觀念的範圍，只不過是將這些觀念進一步運用在具體情況上。我們從上述一系列觀念得出了防禦的概念和防禦與進攻的關係。我們把這些簡單的觀念與實際情況聯繫起來，才能從實際情況再回到那些簡單的觀念上來，也就是能夠找到可靠的根據，以免在討論問題時求助於那些本身毫無根據的論據。

　　然而，戰鬥的組合複雜多樣，有時實際上並沒有發生戰鬥，而只是有可能發生，這時武力抵抗在形式和特點上都有很大的差別，很容易使人們認為，一定還有另外一種發揮作用的因素。有時我們以純粹的武力反擊，有時我們利用整體戰略以避免戰事擴大，這兩者的效果是有很大差別的。因而人們必然推想還存在著一種新的力量，就像天文學家根據火星和木星之間的廣大空間而推論出還有其他行星存在。

　　有的進攻者認為自己無法攻下一個堅固的陣地，認為無法渡涉屏障對方

4　費邊（約公元前二七五至公元前二〇三年），古羅馬政治家、統帥。公元前二一七年，在第二次布匿戰爭期間受民眾的擁護而成為古羅馬的獨裁者。他率領羅馬軍隊與入侵的迦太基將軍漢尼拔作戰，在戰爭中他採取拖延戰術，乘有利時機襲擾漢尼拔軍隊的兩翼，盡量避免與敵軍正面決戰，以贏得時間來壯大自己的力量。他由於這種拖延戰術而獲得「拖延者」這個姓。

陣地的大河，甚至擔心繼續前進的話會得不到補給。其實能造成威脅的始終只有防禦者的武力。進攻者之所以被迫停止行動，是害怕在戰鬥中或者在一些特別重要的地點上被防禦者擊敗，只不過他根本不願意坦白地說出這一點罷了。

　　即使人們承認，在未經流血戰鬥而決定勝負的場合，最終有決定作用的還是那些最後沒有進行而只是做了部署的戰鬥，他們仍然會認為，在這種場合，應該被看作有效因素的是這些戰鬥的戰略部署，而並非戰術上的勝負。而且當他們談到使用武力以外的其他防禦手段時，他們所指的只是戰略部署的突出作用。我們承認這種說法，但是這正是我們想要討論的問題。如果說一切戰略必須以戰鬥中的戰術成果為基礎，那麼進攻者一定會採取有效的措施反制，先力求贏得戰術成果，以便隨後徹底粉碎防禦者的戰略部署，這始終是防禦者所擔心的。因此，絕不能把戰略部署看作是獨立的，當人們有足夠的根據確保戰術成果時，戰略部署才能發揮作用。為了簡單地說明這一點，我們稍微提一下，像拿破崙這樣的統帥能不顧一切地衝破敵人的戰略部署而尋求戰鬥，是因為他對戰鬥的結局從不懷疑。因此，只要對方在戰略上還沒有傾其全力以優勢兵力壓倒拿破崙，而去玩弄比較精巧（卻無效的）計謀，戰略部署就會像蜘蛛網般被撕破。像道恩這樣的統帥就容易受制於對方的戰略部署。但企圖以七年戰爭中普魯士軍隊對付道恩及其軍隊的辦法來對付拿破崙和他的軍隊是愚蠢的。為什麼呢？因為拿破崙非常清楚地知道，一切都取決於戰術成果，並且自信能夠取得戰術成果，而道恩卻不是如此。因此，任何戰略部署都只能以戰術成果為基礎，不管過程是否包含流血戰鬥，戰術成果都是決定勝負的根本原因。只有在不必害怕戰鬥結果時（不論是由於敵人的特點或情況，還是由於雙方軍隊精神和物質的均勢，甚至是由於我軍占有優勢的緣故），才可以指望從戰略部署本身就能得到優勢。

　　從戰史中我們可以看到，在很多戰役中，進攻者沒有進行決戰就放棄了進攻，這是戰略部署發揮了很大的作用。這可能使人認為戰略部署本身有巨大的力量，當進攻者在戰術成果方面沒有決定性的優勢時，戰略部署就可以單獨解決問題。即使這些現象確實存在於戰場上，屬於戰爭本身的一部分，

但這一觀點也是錯誤的。許多進攻所以沒有發揮作用,其原因在於戰爭的整體關係,即存在於戰爭上的政治關係中。

形成戰爭基礎的整體關係也決定著戰爭的特點,這一點我們在以後研究戰爭計畫時還要詳細闡述。這些條件使大多數戰爭變成複雜的事務,在各種利益衝突下,彼此的敵意最後變得極其微弱,這一點在採取積極行動的一方(即進攻的)更為明顯。因此只要稍加壓力,軟弱無力的進攻就會停止下來,這自然是不足為奇。對付一個脆弱、為重重顧慮所牽絆、幾乎快消失決心的進攻者,往往只要做出抵抗的樣子就夠了。

因此,防禦者所以能用不流血的方法多次取得成功,並不是由於在各處都構築起了堅不可摧的陣地,並不是橫貫戰區的林木茂密的山脈和穿過戰區的寬闊江河,也不是透過某些戰鬥部署瓦解敵人巧妙的進攻。成功的原因不在那些因素,而在於進攻者意志薄弱,躊躇不前。

我們必須考慮上述這些牽制的力量,但是應該恰如其分地認識它們的作用,而不應該歸之於這裡所談的其他事物。再次強調,如果我們的學者不改變錯誤的觀點,那麼就很容易編出不真實和虛假的戰史。

現在讓我們來簡單地考察一下許多沒有進行流血戰鬥的進攻戰役是怎樣失敗的。

進攻者侵入他國,迫使對方後退一段距離,但不敢貿然進行決定性會戰。於是他占領了一個地方,在敵人面前停下來,好像除了占據這個地方以外就沒有什麼其他任務了,好像尋求會戰應該是敵人的事情,好像他每天都在等待進行會戰似的。這一切都是統帥藉以欺騙他的部下、宮廷、世界、甚至他自己的藉口。真正的原因是他發現敵人過於強大。有時進攻者放棄進攻是因為取得勝利也沒有益處,有時是因為前進到目的地時已經沒有足夠的力量來展開一輪新的進攻。但我們談的不是那種情況,而是進攻者已經成功取得一次勝利,也占領對方的領土,卻在還沒有達到預定的目標時就停頓不前。

這時進攻者以為等待就會出現有利的時機,但通常是不可能出現的,因為從預定的進攻計畫看來,不遠的將來並不比現在有更大的希望。因此,這

也是一個虛偽的藉口。如果這次行動像常見的那樣，與同時進行的其他行動有關聯，那麼，人們就會把自己不願意承擔的任務推到其他單位，藉口支援不足和協同不夠來為自己的一事無成辯護。他會訴說種種不可克服的困難，並在各種複雜微妙的關係中尋找理由。進攻者的力量就這樣消耗在無所作為之中，或者更確切地說，消耗在半途而廢的行動之中。防禦者因此贏得了非常重要的時間，惡劣的季節臨近了，進攻者退回自己的戰區過冬，進攻亦隨之結束。

這一整套虛假說詞都被載入了史冊，它掩蓋了簡單而真實的原因。進攻者沒有取得成果，就是畏懼敵人的武力。如果我們從史書研究這些戰役，就會被許多相互矛盾的原因攪得頭昏腦脹而無法得出有說服力的結論，因為這些原因都是沒有根據的，而人們又沒有去探索事情的真實面目。

但是，這種欺騙不僅僅是一種劣習，而且還深植於事物的本質之中。國家的政治關係和政治企圖會削弱戰爭的影響力、牽制進攻的力量，人們總是把這些關係和企圖隱蔽起來，把世界、本國人民和軍隊都蒙在鼓裡，甚至連統帥都蒙在鼓裡。任何人都不會承認，他放棄行動的原因是擔心自己的力量不足以堅持到底，或者怕招致新的敵人，或是不願讓自己的盟國變得過於強大等等。人們長期保守著祕密，不願坦承。但是，統帥要採取任何行動，都必須向世人解釋清楚其來龍去脈，為了他自己、為他的政府著想，只好編造出一套虛假的理由。在軍事討論上，這種反覆出現的欺騙手法在理論上已經僵化成一些體系，裡面當然不會包含什麼真理。只有像我們這樣盡力研究，沿著事物內在聯繫進行探索，才能弄清事情的真相。

如果用懷疑的眼光來觀察戰史，那麼，種種關於進攻和防禦的空洞理論就會不攻自破，而我們提出的簡單觀念就會自然而然地顯現出來。因此我們認為，這個簡單觀念適用於整個防禦領域；人們只有完全依靠它，才能夠十分清楚地掌握大量事件的真相。

現在我們還要研究一下各種防禦方式的使用問題。

這些防禦方式一個比一個更有力，代價也一個比一個更高。因此，如果沒有其他條件的影響，僅僅這一點就足以決定統帥的選擇，他會選擇適當

的防禦方式，既能使他的軍隊具有所需的抵抗力，又不至於退得過遠，造成不必要的損失。但是，選擇防禦方式又會受到很多限制，防禦中出現的一些重要環節必然會影響統帥的選擇。向本國腹地撤退需要有遼闊的疆域，或者像一八一〇年的葡萄牙那樣，有同盟國（英國）作它的後盾，而另一同盟國（西班牙）則以它的遼闊的疆域大大地削弱了敵人的攻擊力量。[5] 要塞是多處於邊境，還是多處於本國腹地，同樣可以影響要採取何種計畫，而國家的地理和地形狀況、居民的特性、習俗和信念則具有更大的作用。選擇進攻還是防禦，則應根據敵人的計畫、雙方軍隊和統帥的特點來決定。最後，是否占有特別有利的陣地或防線也會影響防禦方式。總之，上述列舉的條件足以說明，防禦方式的選擇在很多情況下受到這些條件影響，而不單是取決於兵力對比。這些重要的條件我們還要進一步探討，再更明確地闡述它們對防禦方式的影響，在第八篇「戰爭計畫」裡，我們再把這一切總括起來探討。

　　但是，這些影響多半只在兵力對比不太懸殊的情況下才具有決定性作用，在兵力對比懸殊的情況下，也就是在一般情況下，兵力是主要作用。戰史充分證明，我們在這裡闡述的一系列觀念，一般人並不會採用，在大多數情況下，他們只會依據自己的判斷來選擇防禦方式。同一個統帥，同一支軍隊，在同一個戰區，這一次挑起了霍亨弗里德堡會戰，那一次卻在邦策爾維茨紮營。至於說到會戰，就連統帥中最喜好進攻的腓特烈大帝，在兵力十分懸殊時，才終於體認到必須據守堅實的防禦陣地。拿破崙以往像野豬似的衝向自己的敵人，可是一八一三年八至九月間，當兵力的對比於他不利時，他就像被困在欄中的野獸那樣東碰西撞，不再不顧一切地向某一個敵人開火了，這一點難道我們沒有看到嗎？而在同年十月，當兵力懸殊達到極點時，

5　拿破崙於一八〇六年對英國實行封鎖政策，禁止歐洲大陸與英國通商。葡萄牙受到英國的支持，拒不執行這項政策。一八〇七年拿破崙派兵占領葡萄牙，一八〇八年又進軍馬德里。一八〇八年英軍在葡萄牙登陸逐走駐葡法軍，西班牙也爆發了全國性的反法鬥爭。拿破崙親征西班牙，並於一八〇九年再次派兵攻入葡萄牙。一八一〇年專門組織了一個兵團，由馬塞納率領在葡萄牙與葡英聯軍作戰，法軍在西班牙已經失利，最後也沒有戰勝葡英聯軍，被迫於一八一一年退出葡萄牙。

他就像縮在房間角落裡那樣，在萊比錫附近的帕爾特河、埃爾斯特爾河和普來塞河所構成的角落裡尋找掩護並等待敵人，這種情況難道我們沒有看到嗎？[6]

　　本章比本篇其他任何一章都更清楚地表明，我們的目的不是要提出作戰的新原則和新方法，而在於探討久已存在的東西，並弄清其內在關係與基本要素。

6　一八一三年秋季戰役開始時，反法聯盟的軍隊約為四十九萬，拿破崙的法軍為四十四萬，雙
　　方兵力相差不大。十月中旬法軍退過易北河，據守萊比錫附近的帕爾特河、普來塞河和埃爾
　　斯特爾河地區，當時的兵力約為十六萬人，而聯軍則有二十八萬左右，兵力對比已很懸殊。

第九章
防禦會戰

我們在前一章中已經說過，如果防禦者在敵人一進入其戰區後就迎擊敵人，那麼他就可以發動戰術上的進攻會戰。他也可以等敵人來到自己的陣地前面再轉入進攻，在這種情況下進行的會戰，儘管受到一定的限制，但從戰術上來看仍然是進攻會戰。最後，防禦者還可以在自己的陣地上等待敵人進攻，以一部分兵力進行防禦，又以一部分兵力準備反擊敵人。在防禦中，隨著反擊因素的減少和地區防禦因素的增加，防禦的程度和等級也不同。我們在這裡無法說明防禦到底可以分成多少等級，也不可能說明這兩個因素成何種比例最有利於取得決定性的勝利。但是，我們仍然堅持，要想取得決定性的勝利，在防禦會戰中絕不能完全沒有攻擊行動；我們確信，攻擊像戰術上的進攻會戰一樣，必然會帶來決定勝利的一切效果。

從戰略上來看，戰場僅僅是一個點，一次會戰的時間不過是一瞬間，在戰略上引發作用的不是會戰的過程，而是會戰的結局和成果。

防禦會戰中含有攻擊要素確實可以帶來徹底的勝利。從戰略部署的角度來看，進攻會戰和防禦會戰之間，基本上沒有什麼差別。當然，從表面上來看並非如此。為了弄清這一問題，為了闡明我們的觀點，消除表面上的假象，我們不妨簡略地描繪一下防禦會戰的情景。

防禦者在陣地上等待進攻者，他選擇了適當的陣地，並做了種種準備。他仔細地研究了地形，在幾個最重要的地點構築了堅固的工事，開闢並修整了交通線，架設了火砲，在村莊構築了防禦工事，還為部隊找好了隱蔽的駐地等等。還可以在陣地的正面築幾道平行的壕溝，設下障礙物，並找到可以控制周圍地區的制高點，讓敵人因而難以接近。這樣一來，在爭奪核心陣地以前的各個抵禦階段，雙方在一些地點上相互消耗兵力時，防禦者就可以利

用這種陣地以少量兵力殺傷敵人大量兵力。防禦者兩翼的支援單位，可以保障他不致受到多方面的襲擊。防禦者為部署部隊所選擇的隱蔽地形，能使進攻者小心翼翼，甚至畏縮不前，而他自己卻可以透過多次成功的小規模攻擊，減緩部隊向核心陣地後撤的速度。於是，防禦者就能夠以滿意的目光注視著在他面前徐徐燃燒的戰火。當然，防禦者不可認為其正面部隊的抵抗力是無窮無盡的，不可相信自己的翼側是牢不可破的。同時，也不可指望幾個步兵營或者騎兵連的成功攻擊就會扭轉整個會戰。在他的縱深陣地中，戰鬥隊形中的每一單位，從師一直到營，都有應付意外情況和恢復戰鬥用的預備隊。他還把占總兵力四分之一到三分之一的強大部隊遠遠地部署在會戰地區以外，使它完全不受到敵方火力的影響。最好讓它遠遠地部署在進攻者可能的突擊路線以外（他有可能包圍我們陣地的某一翼）。一方面，這個強大的預備隊用以掩護自己的翼側免遭敵人繞遠路從後方突襲，另一方面用以應付意外情況。在會戰的最後階段，當進攻者的計畫全部暴露，而且其絕大部分部隊已投入戰鬥時，防禦者就可以用這個部隊攻擊進攻者的某個單位，使用攻擊、奇襲、包圍等各種進攻手段，對它展開小規模攻擊戰，在決定會戰勝負的關鍵時刻，採取這樣的行動就會迫使敵軍全部撤退。

　　這就是建立在現代戰術上的防禦會戰。在這樣的會戰中，防禦者用局部包圍來對付進攻者的全面包圍（進攻者以此增大進攻成功的可能性，使戰果更加輝煌），也就是反包圍部分敵人軍隊。這種局部包圍只能反制敵人的包圍，不可能發展成全面包圍。因此，這兩種包圍的勝利特徵是不同的，在進攻會戰中，包圍時是向敵人軍隊的中心點行動，而在防禦會戰中，則是從圓心沿半徑向圓周運動。

　　在戰場內以及追擊的最初階段中，一般認為包圍是比較有效的形式，但是它所以有效，主要不是由於它的形式。只有進行最嚴密的包圍，在會戰中大大牽制敵人的撤退，包圍才比較有效。防禦者積極的反包圍正是為了對付這一嚴密的包圍。這種反包圍即使不足以使防禦者獲得勝利，也可以使防禦者不至於遭到嚴密的包圍。但是在防禦會戰中，撤退受到牽制是最主要的危險，如果防禦者不能擺脫這一危險，那麼進攻者在會戰和追擊的最初階段取

得的成果就會大大增加。

　　但是，通常只有在追擊的最初階段，也就是在夜幕降臨以前才會出現上述情況；第二天包圍就結束了，作戰雙方又恢復了均勢。

　　防禦者可能喪失最好的退路，因而在戰略上繼續處於不利的態勢，但除少數例外，包圍總是會結束的，因為它原來就是在戰場內進行的，所以不能超出戰場很遠。不過，如果防禦者獲得勝利，那麼另一方又將出現什麼情況呢？進攻者會被迫分散兵力，這種情況在最初時刻有利於撤退，但往往在第二天他就迫切需要集中兵力。如果防禦者已取得決定性的重大勝利，並展開猛烈的追擊，那麼戰敗者要集中兵力往往是不可能的，分散的兵力可能導致嚴重的後果，甚至導致軍隊潰散。假如拿破崙在萊比錫戰勝了，那麼聯軍就會被切成好幾個部分，其戰略地位就會一落千丈。在德勒斯登，拿破崙雖然沒有進行防禦會戰，但是，他進攻的幾何形式便是我們在這裡所說的由圓心指向圓周。[1] 當時聯軍由於兵力分散，處境十分困難，直到卡茨巴赫河畔的勝利才使他們擺脫了困境，因為拿破崙得到這一消息後，就率領近衛軍轉回德勒斯登去了。[2]

　　卡茨巴赫會戰就是這種類型的戰例，防禦者在最後時刻轉入進攻，隨即採取了離心式運動，法軍的各部被迫四處潰散，庇托率領的師部在會戰後幾天就落入聯軍手中，成為聯軍的戰利品。

　　由此我們得出結論，很自然地，進攻者能夠利用向心運動擴大勝利，防禦者可以利用離心運動擴大勝利，而這比平行部署軍隊與截擊敵人部隊的功效要大得多，而且向心運動與離心運動的價值是相同的。

1　一八一三年秋季戰役開始時，拿破崙法軍的主力部署在德勒斯登附近，處於內線，反法聯盟的軍隊分別部署在波希米亞、西里西亞和柏林，處於外線。因此法軍從德勒斯登附近出擊是由圓心向圓周運動。

2　一八一三年八月博伯爾河戰鬥後，布呂歇爾避免與拿破崙會戰，向東撤退。拿破崙派麥克唐納率軍隊追擊。八月二十六日，布呂歇爾趁法軍渡過卡茨巴赫河時立足未穩，將軍隊分成三路進行攻擊，將法軍擊潰。八月二十九日，聯軍在追擊中殲滅了屬於法軍第五軍的庇托師而重新推進至博伯爾河。

　　我們在戰史上很少看到防禦會戰能取得像進攻會戰那樣巨大的勝利，但這與我們的觀點不矛盾。防禦會戰所以沒有取得那樣巨大的勝利，原因在於防禦者所處的情況與進攻者不同。不僅在兵力方面，而且就整體情況來看，防禦者多半是較弱的。在大多數情況下，他自認為無能力擴大戰果，只滿足於消除危險和挽救軍隊的榮譽。當然，防禦者由於戰力較弱和居於劣勢，行動會受到很大的限制。但是，有人卻常常誤以為這種必然的結果是採取防禦所造成的結果，於是產生很愚蠢的看法，以為防禦會戰只以抵禦為目的，而不以消滅敵人為目的。這種錯誤極為有害，完全混淆了形式與本質。我們確信，採用防禦這種作戰形式，不僅更有把握獲勝，而且勝利的規模和效果可以與進攻時一樣大。只要具備足夠的力量和決心，防禦在戰役中所有的戰鬥中都能奏效，單個會戰時也一樣。

第十章
要塞（上）

從前，在出現大規模的常備軍以前，要塞、城堡和城牆只是為了保護當地居民而設置的。貴族在受到多方面威脅時，就躲進自己的城堡避難，以便贏得時間，等待有利的時機。城市憑藉其堅固的城牆避免遭到戰爭風暴侵襲。這是要塞最原始和最自然的使命，但並不僅限於此。要塞所在的地點與整個國土和在國內各處作戰的軍隊都有關係，因此重要性越來越大。它的作用不僅是城牆而已，對保衛國土、戰爭勝敗都有決定性的影響。它甚至把戰爭更緊密地連結成一個整體。要塞的戰略意義曾經特別受重視，深深影響戰役計畫的制定，所以戰役計畫的主要目的是奪取對方要塞，而不是消滅敵人軍隊。人們認為，要塞的根本重要性是因為其構築的地點與整個國土和軍隊部署都有關係。於是就相信，在決定構築要塞的地點時，把要塞的使命想像得怎麼全面、細緻、抽象也不過分。有了這種抽象使命以後，要塞本來的使命就幾乎被人們遺忘，還在沒有城市和居民的地方設置要塞。

另一方面，以前的城市不需要其他軍事設施，只憑加固的城牆就可以保障安全，不致被席捲全國的戰爭所淹沒。但那個時代已經過去了。以前加固的城牆所以能有這種作用，一方面是因為從前各民族各自分裂為一些小國家，另一方面是因為當時的進攻具有周期性，有時是諸侯急於返鄉，或者付不出錢給傭兵，戰爭持續的時間於是像季節那樣受限。[1] 自從龐大的常備軍能夠運用強大的砲兵部隊，按部就班地粉碎各個地點的防禦工事之後，就沒

---

1 在中世紀，西歐封建主將土地分給諸侯，作為采地，諸侯則對領主負一定的義務，主要是軍事義務。一旦戰事發生，領主即召集諸侯的軍隊作戰。這種軍隊的召集往往以完成某一戰事為期限，戰事告一段落，諸侯的軍隊就要回去。

有任何城市和鄉鎮再願意以自己的力量抗衡了。失守只是時間的問題，不管是延遲幾個星期或者幾個月，只會受到敵方更加殘酷的懲罰。分散兵力據守許多只能稍微遲滯敵人前進，最後必然會陷落的要塞，更加不符合軍事的利益。除非我們可以依靠同盟軍來解圍，否則，我們必須保留足夠的兵力，以便在戰場上與敵人抗衡。此後，要塞的數量大大減少。人們不再利用要塞直接保護城市居民和財產，而是把要塞當成保護國土的間接手段，要塞因為成為戰略上的樞紐點才具備了保護作用。

這就是要塞觀念的演變過程，不僅在書本上，在實踐上也是如此。但是，書本上自然會談得更抽象些。

儘管事情必然會這樣發展，可是上述的想法卻離題太遠，只是臆造的空洞觀念，不是真正人們所需要的東西。當我們談到要塞的功用和設置條件時，我們應該考慮真正為人們所需要的東西。我們先談簡單的，再談複雜的，並將在下一章進一步研究要塞的位置和數目的問題。

要塞有兩種不同的效果，一種是消極效果，一種是積極效果。前者是能保護本地人民與物資，後者是在其砲火射程以外的周圍地區也有一定的影響力。

只要敵人向要塞接近到一定距離，守備部隊就能夠進行出擊，這就是要塞的積極效果之一。守備部隊的兵力越多，可以出擊的部隊就越多，出擊的範圍就越大。由此可見，較大的要塞不僅有顯著的積極效果，而且發揮作用的範圍很廣。這種積極效果取決於要塞本身的守備部隊和其他有聯繫的大小部隊。雖然這些大小部隊力量單薄，不足以單獨對抗敵人，但有了要塞的掩護（在緊急情況下他們可以退入要塞），他們就能夠在其活動的地區立足，並在一定程度上控制這個地區。

要塞的守備部隊所能進行的任務總是相當有限。即使要塞很大、守備部隊很強，比起實戰用的常備軍隊，要塞能派出的部隊仍然不夠強大，它的活動範圍很少超過幾日行程。如果要塞很小，那麼派出的部隊就會非常少，其活動範圍大多僅限於鄰近的村莊。那些不屬於守備部隊的單位，因為沒有必要返回要塞，所以限制要少得多。當其他條件十分有利時，這些部隊可以有

效擴大要塞的積極效果。所以當我們談到要塞的積極效果時，必須特別注意上述情況。

　　但是即使是最弱的守備部隊，還是能達到基本的積極效果，對於要塞應該具有的功能仍然十分重要。嚴格地說，要塞若沒有最基本的積極效果，連最消極的功能（抵禦敵人的進攻）也不會出現。除了一般功能之外，在特定情況下，要塞有其他功能，有的偏重於消極效果，有的偏重於積極效果，有些簡單，有些複雜。在一般情況下要塞的效果是直接的，在特定情況下則是間接的。我們先談前者再談後者，但是先要說明，一個要塞可以同時（或在不同時刻）擔負各種功能。

　　因此，要塞是防禦中最首要與最重要的支柱，以下分點說明：

一、作為有安全保障的倉庫

　　進攻者在進攻時只需要準備兩天的物資，而防禦者必須提早做好準備，不能僅僅依靠他駐紮的地方獲得物資，最好是不要擾民。因此，倉庫對防禦者非常重要。進攻者前進時，他的儲備物資都留在後方，因而不會受到種種威脅，然而防禦者的物資則經常處於危險之中。如果各種物資不放在要塞裡，那麼必然會對接下來的戰鬥產生不利的影響，因為為了掩護物資，防禦者往往不得不把部隊部署在移動不便的廣闊陣地上。

　　一支進行防禦的軍隊如果沒有要塞，就像沒有穿鎧甲的人一樣，可能有上百個地方被人擊傷。

二、保障富庶大城市的安全

　　這一功能與前一個非常近似，因為富庶的大城市，特別是商業中心，是軍隊的天然倉庫，若是被敵方攻占，對軍隊會有直接的影響。此外，花費一些力量來保護這部分國家財產總是值得的。一方面是因為它所提供的人力與物力，另一方面，重要的城市本身在媾和談判時具有關鍵價值。

　　現代人不夠重視要塞的這一功能，但它卻是最顯著、最有效、最不容易誤用的功能之一。我們應該在所有富庶的大城市中構築要塞，在每個人口稠

密的地方構築要塞，並且由當地的居民和附近的農民來防守，那麼敵人推進的速度就會大大減弱，平民在戰爭中也能發揮極大的作用，使對方統帥的才能和意志力無法發揮作用。提出在全國構築要塞的想法是為了提醒人們重視上面所談到的要塞功能，不要忘掉要塞的直接保護作用。這一想法不會影響我們的研究，在大大小小的城市中，必然會有幾個城市的要塞構築得比其他城市更為堅固，它們可以成為軍隊的真正支柱。

要滿足第一和第二個功能，要塞幾乎只需要發揮其消極效果就可以了。

三、作為屏障

要塞可以用來封鎖道路，也可以用來封鎖附近的河流。

要找到一條小路繞到後方偷襲要塞，並不像人們平常想像的那樣容易，不僅得在要塞的砲火射程以外，而且守備部隊可能出擊，所以必須繞遠路才行。

如果地形稍微難以通行，就得偏離大道走小路，這往往使行軍變得緩慢，可能耽誤一整天的行程，若這又是唯一的路線，就會嚴重耽誤行程。

利用要塞封鎖江河上的航道，這對進攻者行動的影響不言而喻。

四、作為戰術上的依靠

一個普通的要塞火力範圍通常可達數里，而守軍出擊的活動範圍更遠，所以，要塞是陣地側翼最好的依靠。幾里長的湖泊是極好的依靠，但是一個中等要塞卻有更大的作用。陣地側翼不必完全靠近要塞，因為進攻者不會在陣地側翼和要塞之間突入，那樣做他會失去所有退路。

五、作為驛站

如果要塞位於防禦者的交通線上（實際情況往往如此），那麼對所有來往於這條路上的軍隊，要塞就是方便的驛站。交通線受到的威脅往往只是敵方機動部隊的短暫襲擾。我方的運輸部隊發現這種流星般的機動部隊接近時，只要能夠加快前進或迅速退入要塞就可以得救，等危險消失後再行動即

可。此外，來來往往的部隊都可以在這裡休息幾天，以便加快以後的行軍速度，而休息期間恰恰是部隊最容易受到威脅的時候。因此，在一百五十里長的交通線上，如果中間有個要塞，路線就好像縮短了一半。

六、作為弱小部隊或敗退部隊的避難地

任何一支部隊在中級要塞的砲火掩護下，即使營地周圍沒有壕溝等防禦工事，也可以避免遭到敵人襲擊。部隊如果想在這裡停留一段時間，就不能繼續往後撤退，不過在有些情況下，不能繼續撤退並不是什麼重大的損失，因為那也許會導致軍隊潰散。

在很多情況下，部隊可以在要塞停留幾天再考慮撤退。對那些先於戰敗的軍隊到達此地的輕傷員和潰散的士兵來說，要塞是他們的避難地，他們可以在這裡等候自己的部隊。

在一八〇六年，若普魯士軍隊的撤退路線上有馬德堡，而且沒有在奧爾斯塔特附近被切斷後路，那麼普軍就可以在馬德堡這個大要塞中停留三、四天，從而集結並重新組織起來。在當時，馬德堡也成了霍恩洛厄殘餘軍隊的集合地點，他也在那裡重新組織軍隊。[2]

只有透過在戰爭中的直接體驗，我們才能掌握附近的要塞，知道在情況不利時它們能發揮多大的作用。在這些要塞裡儲存槍支彈藥、飼料和麵包，給傷病員提供住宿，使健康的人得到安全，使驚慌失措的人恢復鎮靜。因此要塞可以說是荒原上的旅店。

要塞在完成上述後四項功能時，需要發揮更多積極效果，這是不言而喻的。

2　一八〇六年耶拿—奧爾斯塔特會戰之前，普魯士軍隊部署在耶拿、威瑪一帶，馬德堡恰好在它的撤退方向上。十月十四日普軍在耶拿和奧爾斯塔特被法軍擊潰後，雖然已經不能按原來的方向退向馬德堡，但仍繞道經奎德林堡向北方撤退，於十月二十日到達馬德堡，在這裡整頓了十分混亂的部隊。

七、作為抵擋敵軍進攻的盾牌

防禦者前方的要塞就像大冰塊一樣，敵人進攻的洪流不得不散開。敵人得包圍這些要塞，如果守備部隊作戰勇敢，敵人就必須投入雙倍的兵力。在大多數情況下，守備部隊大多由那些沒有要塞就沒有戰力的人員組成，如未經充分訓練的後備軍、殘疾的軍人、民兵等等。在這種情況下，敵軍消耗的戰力大概為我軍的四倍。

雖然我方的要塞被圍攻，但只要我們能堅守抵抗，就能造成敵軍這種不成比例的消耗，這是要塞首要也是最重要的價值。從進攻者突破我們要塞防線的那刻起，進攻者的一切行動都受到很大的束縛；他的退路受到限制，而且必須經常考慮如何掩護他的圍攻部隊。

因此，要塞對防禦行動具有巨大的、決定性的作用，這是要塞最重要的功能。

儘管如此，我們在戰史上很少看到要塞發揮這樣的功能，也很少有統帥把要塞作為重要的工具。就過去大多數戰爭的性質而言，使用這一手段似乎太激烈、太強硬了。這一點到以後再進一步說明。

從根本上來說，要塞的這個功能主要是發揮反擊力量，至少是以反擊為基礎。對進攻者來說，如果要塞只不過是對方占領的地點，那麼，雖然要塞會阻礙進攻，但絕不會使進攻者感到有必要圍攻它。然而，進攻者不能容許有六千、八千、以至一萬名敵軍在他背後任意活動，所以他不得不用相當的兵力去攻擊他們。為了避免時間拖得太長，就必須占領要塞，也就是必須圍攻要塞。從要塞被圍攻的時刻起，它主要發揮的是消極效果。

上述所有要塞的功能，都是以相當直接和簡單的方式完成。但是就以下兩項功能，要塞發揮的作用就較為複雜了。

八、掩護廣大的舍營地

一個中等的要塞可以掩護軍隊舍營地，掩護的寬度可達十五至二十里，這樣的作用是不言自明的。但是究竟怎樣才能夠掩護寬度達七十五至一百里

的舍營地呢？這在戰史上經常出現，但需要進一步分析是否記載不實。

在這裡應該研究下列幾種情況：

第一，要塞可以封鎖主要道路中的其中一條，並掩護寬度達十五、二十里的地區。

第二，要塞可以看作是非常強大的前哨，能使我們全面地了解當地的情況（在大城鎮的要塞，由於附近居民提供祕密情報等幫助，便能更全面了解當地情況）。在有六千、八千到一萬人口的城鎮裡，自然比在偏僻的村莊（一般前哨的部署地點）裡能更了解到周圍地區的情況。

第三，一些較小的部隊可以依靠要塞得到掩護和保護；他們可以不時到敵人所在的周邊去獲取情報，或者襲擊經過要塞附近的敵人。因此，要塞雖然不能動，卻可以在一定程度上發揮先遣部隊的作用（見第五篇第八章〈先遣部隊的行動方法〉）。

第四，防禦者可以把軍隊集中起來部署在要塞後面。在這種情況下，進攻者要想逼近這一地點，其背後就會受到要塞的威脅。

要進攻舍營地的任何一線，我方應該是要發動奇襲，或者更確切地說，只能採用奇襲的方式。不言而喻，奇襲的時間比進攻戰區的時間要短得多。進攻者在攻擊戰區時，必須包圍和封鎖他要經過的要塞，但奇襲對方的舍營地就沒有必要這樣做了，要塞也可以減弱進攻的威力，但無法防制奇襲。這是事實，而且位於要塞兩側三十至四十里距離上的軍隊舍營地是得不到要塞的直接保護的。但奇襲的目的並非襲擊幾個營區，它的真正目的以及作用，到第七篇「進攻」再做比較詳細的說明。在這裡我們先提出，奇襲的主要目的不是襲擊幾個舍營地，而是迫使一些急於趕到某一地點集結而尚未做好戰鬥準備的部隊進行戰鬥。但是，進攻者的推進和追趕總是會朝向敵人舍營地的中心，這時位於中心前面的大要塞就會嚴重威脅進攻者。

綜合上述四方面的效果，可以看出，一個大要塞能以直接和間接的方

法保護軍隊舍營地，其範圍比一般人想像的要大得多。當然保護效果是有限的，因為所有那些間接的效果並不能使敵人停止前進，只能增加前進的困難，增加他們的顧慮，從而對防禦者的威脅就會少一些。然而，要塞所能提供與發揮的掩護作用也只能是這一些。要得到真正直接的安全保障，則必須部署前哨和正確地組織舍營。

因此，大要塞並沒有能力掩護它後面寬大的舍營線。在戰爭計畫與歷史著作中，常常有一些空洞的言詞，或者有一些不切實際的看法。只有各種條件俱足才能產生掩護作用，即使有了這種作用，也只是減少一些危險。而且在有些特殊情況下，特別是如果敵人敢於大膽行動，就可能會使掩護功能不發揮作用。因此在戰爭中，我們不能滿足於未經證明的要塞功能，而必須深入細緻地考慮各種具體條件。

九、保護沒有軍隊防守的地區

在戰爭中某個地區沒有軍隊或大部隊駐守，多少有遭到敵人侵襲的危險，我們應該以這個地區的中型要塞為依靠，以它保護這個地區。敵人在占領要塞以前控制不了這個地區，這樣就能贏得時間，我軍便可以趕來防禦這個地區。但是，這種保護作用是間接的，並非要塞原來的功能，因為要塞只能透過它的積極效果牽制敵人的侵襲。只靠守備部隊無法發揮很大的效果，因為要塞的守備部隊大多兵力較弱，通常只由步兵（而且還不是精銳的步兵）組成。如果有一些小部隊與要塞保持聯繫，把要塞作為它們的依靠和後盾，那麼要塞的保護作用才比較有效。

十、作為民兵的基地

在民眾戰爭中，糧食、武器和彈藥不可能有正規的供應，而是靠民眾設法解決。透過這種方式，可以發掘出數以千計較小的反抗力量，不進行民眾戰爭，這股力量就始終不能發揮效用，這正表現了民眾戰爭的性質。如果有個大要塞能儲存相關的緊急物資，整個反抗行動將會更加有力、更加可靠、聯繫更加緊密，更能有好的成果。

此外，要塞是傷病人員的避難地，是領導機關所在地，是金庫，是軍隊採取較大軍事行動時的集結地。此外，它還是反擊的中心，敵人軍隊在圍攻時，民兵很容易發動突襲。

十一、用來防禦河流和山地

比起任何地方，要塞若位於大河沿岸，就更能滿足更多功能、發揮更大的效用。它可以保護我軍隨時渡河，阻止敵人在周圍幾里以內的地方渡河，控制河上運輸，檢查船隻、封鎖橋樑和道路。防禦者因此就可能占領敵方的陣地來防守江河。由於這些多方面的功能，要塞對防禦河流極為有利，是極其重要的環節。

與上述情況相類似，在山地的要塞也是很重要的，它控制著整個運輸網，成為道路的樞紐，控制道路所通過的整個地區。因此，山地的要塞是這個地區防禦體系的真正支柱。

第十一章
要塞（下）

我們已經談了要塞的功能，現在來談一要塞的位置，這個問題初看起來似乎極為複雜，因為要塞的功能很多，又因地形不同而有所變化。但是，如果我們把握住事物的本質，避免在一些無意義的枝節問題上糾纏，那麼，就沒有必要顧慮這些了。

戰區裡，在位於連接兩國的大道上的最大最富庶的城市，尤其是靠近港口、海灣以及江河沿岸和山地的城市中去構築要塞，前面所提出的功能就都能實現了。大城市和大道總是在一起，兩者與江河和海岸有著密切的自然關係。這四個要素很容易同時出現，並不互相排斥。可是山地卻不然，大城市很少位於山區。因此，如果某一山區就位置和方向來看適於作為防線，就可以構築一些小堡壘來專門封鎖山區的道路和隘口，但應該盡量節省費用，因為大的要塞應該留給平原上的大城市。

我們還沒有談到在邊境設置要塞的問題，也沒有談到要塞分布的幾何形式以及設置地點的地理條件。我們把前面所談到的看作是要塞最重要的功能，在很多情況下，尤其是在一些小國，只考慮這些功能也就足夠了。當然就那些幅員遼闊的國家來說，它們擁有很多大城市和大道，有的則相反，幾乎根本沒有大城市和大道；有的非常富裕，在現有的很多要塞之外還想構築新的要塞，有的則相反，非常貧窮，不得不以很少的要塞勉強應付。總之，如果要塞的數目與大城市的數目有落差，不是特別多就是特別少，那麼選擇要塞的地點時，就必須要考慮另外一些因素。我們簡單地談一談這個問題。以下是幾個主要的考量：

第一，當連結兩國的道路很多，不能在每一條道路上都設置要塞時，

　　　　應該選擇在哪些道路上設置要塞；

　　第二，要塞應該僅僅設置在邊境附近，還是應該分布在全國；

　　第三，要塞應該平均分布，還是成群排在一起；

　　第四，設置要塞時必須考慮的地理條件。

　　就要塞分布的幾何形式來說，還有許多其他問題。應該排列成一條線，還是分散開來；前後排列的作用大還是並列的作用大；要成棋盤式還是直線式配置；或者應該像要塞本身的形狀那樣有些凹進去有些凸出來。這些都是毫無意義的枝節問題，根本不必考慮。當我們遇到更重要的問題時，就絕不會再去談論它們了。我們在這裡所以談到這些問題，只是因為在許多著作中，作者不僅談到這些內容貧乏的東西，而且還認為它們有重要的意義。

　　關於第一個問題，為了把問題講得更清楚些，我們以南德意志到法國（即上萊茵地區）的關係為例。如果我們不考慮南德意志各個邦的情況，只把它看作是一個整體，從戰略上來決定要塞的地點，那麼就會讓人難以抉擇，因為從萊茵河通往法蘭克尼亞、巴伐利亞和奧地利的腹地有無數完善的道路。雖然在這些大道上並不缺少像紐倫堡、符茲堡、烏爾姆、奧格斯堡、慕尼黑這樣的大城市。但是如果不打算在這些城市都構築要塞，就必須有所選擇。根據我們的觀點，應該在最大最富庶的城市構築要塞。但由於紐倫堡和慕尼黑的位置不同，顯然具有不同的戰略意義。因此，我們始終還在考慮，是否可以不在紐倫堡而在慕尼黑地區的小地方構築要塞。

　　在這種情況下，如何做出決定，也就是說，如何回答第一個問題，請讀者參閱我們論述一般防禦計畫和選擇進攻點的那幾章。哪裡是最自然的進攻點，它就是我們應該構築要塞的地方。

　　因此，在敵國通往我國的許多道路中，我們首先應該在直接通往我國心臟的道路上構築要塞，或者在便於敵人行動的道路上構築要塞，比如那些穿過富饒地區或靠近航道的河流。這些要塞才比較能夠阻止敵人前進，當敵人企圖從要塞側旁通過時，我們自然就有機會威脅他的翼側。

　　維也納是南德意志的心臟，僅從對法國作戰這個角度來看（假定瑞士和

義大利都是中立的），慕尼黑或奧格斯堡作為主要要塞顯然會比紐倫堡或符茲堡有更大的作用。如果同時還考慮到從瑞士經過蒂羅爾和從義大利來的道路，這一點就更加清楚了。慕尼黑或奧格斯堡在這兩條道路上可以發揮一些作用，而符茲堡和紐倫堡卻幾乎什麼作用都沒有。

現在我們來談談第二個問題：要塞應該設置在邊境附近，還是應該分布在全國。對小國來說，這個問題是多餘的，因為戰略上可以稱之為邊境的地方，在小國幾乎就是整個國土。國家越大，才有必要考慮這個問題。

對這個問題最自然的回答是：要塞應該設置在邊境附近，因為要塞是用來保衛國家，而守住了邊境也就守住了國家。這一看法一般說來是正確的，但是它有很大的侷限性，下面的探討就可以證明這一點。

凡是在防禦中指望外來援助，都特別重視贏得時間。這種防禦不採取強有力的還擊，而是持久的抵抗，主要的目的在於贏得時間，而不在於削弱敵人。假定其他一切條件相同，一種情況是要塞彼此相隔很遠分布於全國，另一種情況是密集地分布在邊境上，敵人攻占前者比攻占後者所費的時間要長一些。其次，凡是在防禦中想使敵人拉長補給線，使他們物資供應上有困難因而戰力大減，若一個國家想依靠這種抵抗方式，就絕不可以僅在邊境附近設置要塞。考慮到下述情況，我們就可以看出，在腹地設置要塞總是有道理的。只要條件允許，在首都構築要塞是最首要的事情。根據這個原則，各個地區的首府和商業中心也需要構築要塞。橫貫全國的江河、山脈和其他地形障礙都有利於設置新的防線。有些城市天然地勢險要，也需要構築要塞。最後，某些軍事設施（例如兵工廠）設置在腹地就比設置在邊境附近有利，而且它們很重要，的確得用要塞來保護。在那些有很多要塞的國家中，把多數要塞設置在邊境固然有道理，但完全不在腹地設置要塞是個嚴重的錯誤。法國就犯了這樣的錯誤。如果某個國家的邊境地區完全沒有大城市，只在深遠的後方才有大城市（在南德意志這種情況就特別明顯，施瓦本幾乎沒有大城市，而在巴伐利亞卻有很多），那麼就容易讓人產生疑惑。我們沒有必要根據一般論據現在就徹底消除這種疑惑，而是必須考慮具體情況後才能做出結論，此外請讀者注意本章最後的結論。

　　第三個問題是，要塞應該成群集中地設置，還是應該平均分散地設置。只要考慮各方面的情況，就不會對這個問題產生疑惑了。但是，我們不能因此就認為這是毫無意義的枝節問題。距離共同中心只有幾日行程、由三個或四個要塞組成的要塞群，當然能使中心地區和在地軍隊增強力量。因此，只要其他條件允許，人們必然力圖構築這樣的戰略堡壘。

　　最後一個問題是設置要塞的其他地理條件。設置在海濱、江河沿岸和山地能加倍發揮作用，這一點我們在前面已經談過了（因為它是必須首要考慮的問題）。此外，我們還要考慮一些其他的條件。

　　如果一個要塞不能直接設置在江河沿岸，那就不要把它設置在江河附近，而要設置在離江河五十至六十里的地方。不然的話，江河會限制和影響要塞的作用範圍。[1]

　　在山地就沒有這種情形，因為山地不會像江河那樣把大小部隊的行動限制在幾個點上。但是，在山地向敵的那一面設置要塞是不利的，這樣要塞會離敵人很近，很難為它解圍。如果把要塞設置在我們這一面，就會使敵人很難圍攻，因為山地切斷了敵人的動線。對此，我們可以回憶一下一七五八年圍攻奧爾米茨一例。[2]

　　難以通行的大片森林地和沼澤地的情況與江河類似，這是不難理解的。

　　若一個城市位於難以通行的地形上，是否應該在那裡設置堅固的要塞？這個問題也經常被人提起。用少量的費用就可以在這種城市築成要塞進行防守，換句話說，付出同等的花費，卻可以建成更加堅固而往往難以攻克的要塞。而且，因為要塞的功能多是消極的而不是積極的，即便有人認為這種城市很容易被封鎖，卻不會影響它的價值。

1　作者原注：菲利浦斯堡是要塞的位置選擇不當的典型例子，就像是一個白癡把鼻子緊緊地頂在牆上。

2　奧爾米茨是十八世紀奧地利的一個要塞，位於蘇臺德山南面，即背向普魯士的一面。普軍要想圍攻奧爾米茨，必須經過蘇臺德山，交通線易被敵人切斷。一七五八年五月二十二日，普軍圍攻奧爾米茨要塞。六月三十日，奧地利統帥道恩派機動部隊於普軍通過蘇臺德山的交通線上截獲大批輜重，迫使普軍停止圍攻，向波希米亞撤退。

最後，再回過頭來討論一下我們所提出的在全國構築要塞的簡單理論。這個理論的基礎建立在重大而長遠的考量之上，這些考量直接關係到國家的根本事務與利益，因而裡面不可能有短暫而時髦的軍事意見、空想的戰略和只適合於個別需要的觀點。對於為了使用五百年、甚至一千年而構築的要塞來說，這些觀點和妙計是錯誤的，只會引起無可挽救的後果。腓特烈大帝在西里西亞境內蘇臺德山脈的一個山脊上構築齊爾伯堡，在局勢變化了以後，它就失去了它的全部意義和作用。布雷斯勞始終是一個堅固的要塞，在任何情況下，無論是對抗法國的軍隊，還是對抗俄國、波蘭和奧地利的軍隊，它都能繼續保持其原來的意義和作用。

請讀者不要忘記，一個國家完全從頭構築要塞的那種情況，並不是這些考察針對的對象。如果是這樣，這些考察就毫無用處了，那種情況很少出現，甚至是根本沒有的。我們所進行的這些考察對設置任何一個要塞都是有用的。

第十二章
防禦陣地

　　凡是利用地形作為掩護來展開會戰，這樣的陣地就是防禦陣地，至於當時我們的行動是以防守還是以攻擊為主，這都沒有關係。從我們先前關於防禦的討論中就可以得出這一結論。

　　此外，一支向著敵人前進的軍隊，在受到敵人挑戰而被迫應戰時所處的陣地，也可以稱作防禦陣地。實際上，大多數會戰都是這樣發生的，整個中世紀沒有其他形式的會戰，大多數陣地都屬於這一類。陣地的概念與行軍的野營地不同，此外，與一般陣地相比，防禦陣地肯定還有不同之處。

　　在一般陣地上決戰時，時間是主要的要素。雙方軍隊正面接近進行決戰時，地點是次要的，只要不是不合適的地點就行了。但是，在防禦陣地上進行決戰時，地點卻是主要的，因為決戰應該在這一地點進行，更確切地說，應該利用這一地點進行。這樣就是我們所指的防禦陣地。

　　這時，地點的意義表現在兩方面。一方面，這個地點可以使部署在這裡的軍隊對整個防禦發揮一定的作用。另一方面，這個地點的地形可以掩護和加強這一部分軍隊。簡單地說，這兩方面也就是戰略意義和戰術意義。

　　精確一點說，防禦陣地這個術語是從戰術意義的角度提出來的。從戰略意義的角度來看，部署在此的軍隊即使不透過它的存在對整個防禦體系產生影響，也可以透過進攻敵人來達到防禦國土的目的。

　　上述的第一種意義，即陣地的戰略作用，在以後研究戰區防禦時才能充分說明。我們只打算探討一下現在可以探討的問題。為此，我們必須先弄清楚兩個非常近似因而常常混淆的概念，即迂迴攻擊陣地和從陣地側旁通過。

　　迂迴攻擊是指避開陣地的正面，有時是為了從翼側甚至從背後攻擊這一陣地，有時是為了切斷這一陣地的退路和交通線。

前一種情況，即翼側和背後攻擊，具有戰術的性質。現在軍隊的機動性很強，所有戰鬥計畫都多少會以突擊和包圍為目的，因此每個陣地都必須對此有所防備。一個名副其實的堅固陣地不僅應該有堅固的正面防線，而且當翼側和背後受到威脅時，還要在那裡組織有效的戰鬥。這樣，儘管陣地受到來自翼側或背後襲擊的威脅，但是它不僅不會失去作用，而且會在會戰中發揮其原來的作用，同時仍能給防禦者帶來在通常情況下陣地所能提供的優勢。

進攻者為了威脅敵方的退路和交通線而從背後與側面攻擊敵方陣地，這就是戰略問題了。這時問題在於陣地能堅持多久，能否保護自己的交通線和撤退路線，這兩點都取決於陣地的位置，也就是主要取決於雙方移動的路線。任何良好的陣地都應該在這方面確保防禦的軍隊占有優勢。無論敵人從何方攻擊，陣地都不應該失去作用，至少使迂迴攻擊的敵軍不發揮任何作用。

但是，如果進攻者不去理睬在防禦陣地上等待的敵軍，而派出主力從另一條道路前進，那麼這就是從陣地側旁通過。如果進攻者能夠不受阻礙地前進，當他通過以後，防禦者就不得不立即放棄這個陣地，換句話說，這個陣地已失去了作用。

僅就字面意思來看，世界上幾乎沒有不能從「側旁」通過的陣地：像彼烈科僕地峽那樣的地形是極為少見的，可以不予考慮。因此，不能從陣地側旁通過，一定是由於許多不利的因素。至於這些因素究竟是什麼，我們會在第二十八章〈戰區防禦（二）〉中進一步闡明。不管怎樣，這些對進攻者不利的因素代替了陣地尚未發揮出來的戰術效果，並與戰術效果共同構成防禦陣地的目的。

根據以上的考察可以看出，防禦陣地具備兩種戰略上的作用：

第一，使敵人不能從它的側旁通過；
第二，在雙方爭奪交通線時使防禦者處於有利地位。

現在我們還要補充另外兩種戰略上的作用：

第三，交通線的狀況對防禦者戰鬥的進程應該產生有利的作用；
第四，一般說來地形應該對防禦一方產生有利的影響。

交通線的狀況不僅關係到進攻者能否從陣地側旁通過，或是切斷陣地上的糧食供應，而且也關係到會戰的整個進程。斜向的退路在會戰中不僅有利於進攻者採取迂迴戰術，而且還限制了防禦者自己戰術上的行動。然而，斜向部署並不總是戰術上的過失，它往往是戰略上選擇地點不當的結果。比如說，如果道路在陣地附近改變方向，那麼斜向部署是完全不可避免的（例如一八一二年的博羅迪諾會戰）。在這種情況下，進攻者可以不改變他原來的垂直部署，其所處的方向仍然可以迂迴攻擊防禦者。

此外，如果進攻者有很多退路，而我們只有一條退路，那麼進攻者在戰術上有更大的行動自由。在所有這些情況下，防禦者即使用盡了一切巧妙的戰術，也不能消除戰略錯誤所造成的不利影響。

至於最後第四點，地形也可能在某些方面對防禦者十分不利，就算運用了非常巧妙的戰術，也不能消除這一不利情況。在這方面，應該注意的情況是：

第一，防禦者首先必須爭取有利的條件，要能全面觀察敵人，並在自己陣地範圍內迅速攻擊敵人。除此之外，若地形障礙阻止敵人接近，此地就特別有利於防禦者。

制高點之下的地點對防禦者都不利，大多數山地的陣地（在有關山地戰的那幾章中會專門論述這一問題），還有單邊依靠山地的陣地（山地雖然可以阻礙敵人從陣地的側旁通過，但卻有利於他迂迴攻擊），此外，所有面臨山地的陣地，以及具有上述地形特性的一切地點，對防禦者都是不利的。撇開這些不利的情況，陣地背靠山地卻可以帶來很多利益，可以說是防禦陣地最有利的情況之一。

第二，軍隊的特點和編成也會影響地形的選擇。騎兵占多數的部隊當然

會去尋找開闊地。而騎兵和砲兵都比較少的步兵部隊，他們擁有大量的戰爭經驗而又熟悉地形，就最好選擇非常困難、複雜的地形。

在這裡，我們沒有必要詳細論述防禦陣地的地形在戰術上的意義，只需要談談它的整體作用，因為只有這種作用是戰略上的有效因素。

毫無疑問，為了等待敵人進攻而占據的陣地，應該要具備非常有利的地形條件，那可以使軍隊力量成倍增加。大自然提供了很多有利條件，但無法完全滿足我們的需求，這時就要求助於築城術。這種方法可以使陣地的一部分，甚至是整個陣地本身，強化到堅不可摧的程度。在這種情況下，防禦措施的整體性質就起了變化。這時，我們的目的就不再是尋求有利條件進行會戰，不再是取得戰役的成果，而是不經過會戰就取得成果。我們在堅不可摧的陣地上固守，斷然拒絕會戰，迫使敵人採用其他方法來決定勝負。

因此，我們必須把這兩種情況完全區別開來，後一種情況我們將在下一章〈堅固的陣地和營壘〉進行專門的探討。

我們在這裡所談的防禦陣地，無非是增加許多條件的戰場，使它變得十分有利於防禦者。但是，防禦陣地要成為戰場，也不宜增加太多條件。防禦陣地究竟應該堅固到什麼程度呢？顯然，敵人進攻的決心越大，陣地的堅固程度也要越大，但還是要取決於對具體情況的判斷。相較於對抗道恩或者施瓦岑貝格這類人物，對抗拿破崙時，必須據守在更堅固的防禦工事後面。

如果陣地的某一部分（例如正面）堅不可摧，那麼就應該把它看作是構成陣地戰力的因素之一，因為在這些地點節省下來的兵力可以用在其他地點。但是，若敵人無法攻擊這些堅不可摧的部分，就會完全改變他的攻擊方式，這時必須弄清楚這對我們是否有利。

例如，如果在距一條大河很近的地方設置陣地，便可以把這條大河看作是對正面的加強（這是常有的情況），那麼實際上無非就是把江河作為我們左、右翼的依托點，而敵人就不得不在左方或右方更遠的地方渡河，變換正面向我們進攻。這時，主要的問題是，這種情況會給我們帶來哪些利弊？

我們認為，防禦陣地的堅固程度越隱密，在戰鬥中越能出敵不意，則防禦陣地就越趨近於理想狀態。正如應該設法對敵人隱瞞自己真正的兵力和軍

隊真正的動向一樣，我們同樣也應該力求對敵人隱瞞自己想從地形方面取得的利益。當然，這只能做到一定的程度，而且也許需要一些特殊的、迄今還很少運用過的辦法。

　　任何一個位於大要塞（不論它在哪個方向）附近的陣地都可以使軍隊在運動和作戰方面比敵人占更大的優勢。適當地使用野戰工事可以彌補某些地點天然條件的不足，這樣就可以根據自己的意願預先決定戰鬥的大體輪廓，這就是一些用人工加強陣地的方法。如果我們把這些方法與善於選擇地形障礙（使敵軍行動困難，但又不致不可能行動）結合起來，盡量利用環境帶來的一切優勢，比如，我們熟悉戰場而敵人不熟悉，能夠比敵人更好地隱蔽自己的各種措施，能夠在戰鬥過程中比敵人更好地運用出敵不意的手段。那麼，這些條件結合在一起就使地形產生一種強有力的、具有決定意義的作用，使得敵人由於這種作用而遭到失敗，卻不知道自己失敗的真正原因。這就是我們所理解的防禦陣地，並且在我們看來，這是防禦戰的最大優點之一。

　　撇開特殊情況不談，我們認為，波動起伏的耕種地帶，若作物栽植的密度適中，多半可以提供這樣的陣地。

第十三章
堅固的陣地和營壘

我們在前一章已經說過，如果一個陣地透過天然條件和人工的加強，牢固到堅不可摧的程度，那麼它的意義就已經完全超出了作為一個有利戰場的程度，因而自成範疇。我們準備在本章中考察這種陣地的特點，並且由於它具有近似要塞的性質而把它稱為堅固的陣地。

這種陣地，單靠人工構築的工事是不容易形成的（除非是要塞附近的營壘），至於單靠天然障礙就更不容易形成了。這種陣地是天然條件和人工構築結合的產物，因此常常被稱為營壘或築壘陣地。實際上任何一個或多或少築有工事的陣地都可以叫做築壘陣地，不過，這樣的陣地與我們在這裡所談的陣地性質完全不同。

構築堅固陣地的目的是使部署在這一陣地內的軍隊處於堅不可摧的地位，從而直接地真正保護這個地區，或者只是保護部署在這一地區內的軍隊，以便用這部分軍隊以其他的方式間接地保護國土。以往戰爭中防線的作用，特別是法國邊境上防線的作用是前一種；而四面都形成正面的營壘，以及構築在要塞附近的營壘之作用是後一種。

如果陣地的正面由於設有築壘工事和阻止敵人接近的障礙物而堅不可摧，那麼敵人就只能透過迂迴來攻擊我們的翼側或背後。為了使敵人不容易進行這種迂迴，就要為這些防線尋找可以掩護其翼側的依托點，萊茵河和孚日山就是阿爾薩斯防線上的依托點。這種防線的正面越寬，就越容易防止敵人的迂迴，因為任何迂迴對迂迴者來說總是有一定危險的，而且這種危險隨著軍隊偏離原行動方向的角度增大而增大。因此，陣地如有一個堅不可摧的寬大正面和良好的依托點，就能夠直接掩護廣大地區不受敵人的侵襲。起初至少是根據這種想法來構築防禦設施的。右翼依托萊茵河、左翼依托孚日山

的阿爾薩斯防線，以及右翼依托斯海爾德河和圖爾奈要塞、左翼依托大海的長達七十五里的法蘭德斯防線，都是為這個目的構築的。

　　但是，在一個沒有如此寬大而堅固的正面和良好依托點的地區，一支軍隊如果還想借助良好的築壘工事來防守這樣的地區，那就必須使這個地區和陣地的四面都成為正面，以掩護自己免遭敵人的迂迴。這時，真正受到保護的不是這個地區，而只是這支軍隊，因為陣地本身在戰略上只不過是一個點，但受到保護的軍隊卻能夠防守這個地區，也就是說它可以在這個地區堅守。對這樣的營壘敵人是無法迂迴的，也就是說，這種營壘的翼側和背後是不能當作比較薄弱的部分而加以攻擊的，因為它的每一面都是正面，處處都一樣堅固。但是，敵人可以從這種營壘的側旁通過，而且比從築壘防線側旁通過要容易得多，因為營壘的正面幾乎沒有寬度。

　　要塞附近的營壘基本上具有堅固陣地的第二種作用，因為它的使命是保護集中在營壘內的軍隊；但是，它在戰略上所發揮的更進一步作用，也就是這支被掩護的軍隊所能產生的作用，與其他營壘是有些不同的。

　　在談完了這三種不同的防禦手段的產生方式以後，我們想探討一下它們的價值，並且用築壘防線、築壘陣地和要塞附近的營壘這三個名稱來區別它們。

一、築壘防線

　　築壘防線是最為有害的單線式作戰方式，這種防線只有在強大火力的掩護下才能對進攻者造成阻礙，否則它本身可以說是毫無價值的。但是，能使軍隊發揮這種火力效果的防線寬度與國土的寬度比較起來總還是很小的。這種防線必然是很短的，因而只能掩護很少的國土，或者說，軍隊將不能真正防守所有的地點。於是人們產生了這樣一種想法：不占領防線上所有的點，而只是加以監視，像防守一條中等河流時所做的那樣，利用部署好的預備隊來加以防禦。但是，這種做法是與防線這一手段的性質相悖的。如果天然的地形障礙很優越，以至於可以採用這種防禦方法，那麼築壘工事不但毫無用處，而且還很危險，防線不是用來扼守地區，而築壘工事卻只是為了扼守地

區而設置的。如果把築壘工事本身看作是阻止敵人接近的主要障礙，那麼，不言而喻，不加防守的築壘工事在阻止敵人接近方面的作用是多麼的小。試問，成千上萬的軍隊一起進行攻擊時，如果沒有火力殺傷它們，一條十二或十五尺深的壕溝和一座十至十二尺高的壘牆又能起什麼作用呢？由此可以得出結論：這種防線如果很短，因而相對的防守力量比較多，它就會遭到迂迴；如果它延伸得很長，又沒有相應的兵力來防守，它就很容易被敵人從正面攻破。

這種防線使軍隊侷限於扼守地區而失去任何機動性，所以用它來對抗敢做敢為的敵人是極不適當的。如果說這種防線在現代戰爭中還保持了很長的時間，那是因為在戰爭中表面上的困難往往被視作是真正的困難。這種防線在多數戰役中只是在次要的防禦方向上用來對付敵人的侵襲。如果說，它仍然產生一些作用的話，那麼我們必須看到，假如把用於這種防禦的部隊用在其他地方，或許會做出很多更為有利的事情來。在最近的戰爭中，根本沒有人採用這種防線，連這種防線的痕跡也找不到了，很難想像這種防線還會再度出現。

二、築壘陣地

奉命在一個地區進行防禦的軍隊在該地固守多久，這個地區的防禦就持續多久（這一問題將在第二十七章〈戰區防禦（一）〉中詳盡地論述），當這支軍隊離開和放棄這個地區時，防禦也就終止了。

如果一支軍隊奉命固守遭到優勢敵人攻擊的國土，那麼，對付敵人的辦法就是利用堅不可摧的陣地抵禦敵人的武力，掩護自己的軍隊。

正如我們已經談過的那樣，這種陣地四面都是正面，所以如果兵力不夠強大（要是兵力很大，那就不符合這裡所假定的整個情況了），採用通常寬度的戰術部署便只能防守很小的地區。這個地區在整個戰鬥過程中將會遭到許多不利，即使盡可能利用築壘工事來增強力量，恐怕也難以順利進行抵抗。因此，這種四面都是正面的營壘必須在每一面都有相當大的寬度，而且每一面還都應該是近乎堅不可摧的。在要求有很大的寬度的情況下，又要求

每一面具有如此的堅固程度，這是築城術所做不到的。因此，利用地形障礙將營壘加固到某些部分完全無法接近，另外一些部分難以接近，是構築這種營壘的一個基本要求。為了能夠運用這一防禦手段，必須具備有地形障礙的陣地，凡是沒有這種陣地的地方，只靠構築工事是不能達到目的的。上述這些考察關係到戰術上的結果，我們所以談到這些，目的只是說明築壘陣地可以作為戰略手段使用。為了清楚地說明這個問題，我們在這裡列舉皮爾納、邦策爾維茨、科爾貝格、托里斯—費德拉斯和德里薩這些營壘為例子。現在我們來談談營壘在戰略上的特點和效果。

這種陣地應具備的首要條件，當然是部署在這一營壘中的軍隊其補給在一定時間內能得到保障，也就是說，在需要營壘發揮作用的期間能保障軍隊的補給。要做到這一點，只有像科爾貝格和托里斯—費德拉斯那樣，陣地的背後靠著港口，或者像邦策爾維茨和皮爾納那樣與附近的要塞有緊密的聯繫，或者像德里薩那樣在營壘內部或營壘近處有大批存糧。

只有在上述第一種場合，營壘的補給才能得到較為充分的保障，而在第二、三種場合，只能得到有限的保障，因而總面臨缺乏補給的危險。由此可見，補給保障的需要使許多本來適於作營壘的地點不能構築營壘，適於構築這種陣地的地點也隨之變少了。

為了弄清這種陣地的作用以及它能帶來的利益和危險，我們必須研究一下進攻者對這種陣地會採取什麼行動。

（一）進攻者可以從築壘陣地的側旁通過，繼續前進，而以一定數量的軍隊監視這個陣地。

在這裡，我們必須區別兩種情況：築壘陣地由主力部隊鎮守，還是僅由次要部隊鎮守。

在第一種情況下，進攻者只有在除了攻擊防禦者的主力以外還有其他可以追求的具有決定意義的進攻目標（如攻占要塞、首都等）時，從築壘陣地側旁通過才是有益的。而且，即使進攻者有這樣的進攻目標，也只有當他的基地堅固程度和交通線的狀況使其不必擔心自身的戰略翼側會受到威脅時，才能去追求這樣的目標。

　　雖然由此可以得出結論說，防禦者可以以主力鎮守築壘陣地，並且能使這個陣地發揮作用，但是這只有在下述情況下才是可能的：或者是這個陣地對進攻者的戰略翼側能產生決定性的影響，防禦者有把握透過對戰略翼側的威脅把進攻者牽制在對自己無害的地點上；或者是根本不存在防禦者所擔心的會被進攻者奪去的目標。如果存在著這樣的目標，同時敵人的戰略翼側又不致受到嚴重的威脅，那麼防禦者的主力或者根本不能據守這樣的陣地，或者只能佯作據守，對進攻者進行試探，看他是否認為這個陣地會發揮作用，但這總是有危險的，一旦試探失敗，防禦者想援救受威脅的地點也來不及了。

　　如果堅固的築壘陣地只是由次要的部隊占領，那麼進攻者就絕不會沒有別的進攻目標了，防禦者的主力就可以成為進攻者的目標。因此，在這種情況下，陣地的意義就僅限於對敵人的戰略翼側可能有威脅作用，並且陣地的意義就取決於是否能發揮這種作用。

　　（二）如果進攻者不敢從陣地側旁通過，那他可能會圍困這一陣地，迫使陣地上的守軍因饑餓而投降。但是，要進行這種圍困必須有兩個先決條件：第一，陣地沒有自由的後方；第二，進攻者的兵力足夠強大，完全可以進行這種圍困。在具備這兩個條件的前提下，防禦者即便能夠透過這個築壘陣地在一段時間裡抵抗住進攻的軍隊，也不得不以一定的兵力損失作為代價。

　　由此可見，防禦者要用主力據守堅固的築壘陣地必須具備下列條件：

　　第一，具有十分安全的後方（如托里斯－費德拉斯營壘）。

　　第二，預料敵人兵力的優勢不足以圍困自己的營壘。如果敵人在優勢不足的情況下仍要進行圍困，那麼防禦者就能夠從陣地成功地出擊，各個擊破敵人。

　　第三，可以期待援軍解圍。一七五六年薩克森的軍隊在皮爾納營壘就是這樣。一七五七年布拉格會戰以後的情況基本上也是如此，當時的布拉格只能看作是個營壘，如果卡爾親王不知道摩拉維亞兵團能夠前來解圍，他也許就不會讓敵人把自己包圍在這個營壘中了。[1]

　　因此，如果想選用主力占據築壘陣地的方法，就必須具備上述三個條件中的一個。但是還不得不承認，後兩個條件對於防禦者來說還是需要冒很大危險的。

　　但是，如果是一支為了整體的利益可以做出犧牲的次要部隊，那麼，就無須考慮這些條件了，這時需要考慮的只是這種犧牲能不能免除一種實際上存在的更大災難。這種情況儘管很少見，但也不是不可想像的。皮爾納營壘就曾經阻止了腓特烈大帝在一七五六年進攻波希米亞。當時，奧地利軍隊毫無準備，波希米亞的失陷似乎是肯定無疑的了，如果它失陷了，損失的兵力也許會超過在皮爾納營壘投降的一點七萬名盟軍。

　　（三）如果進攻者不是像（一）和（二）兩項中所說的那樣去行動，也就是說防禦者具備了我們上面所提出的條件，那麼進攻者當然就像一條獵狗在發覺一群野雞時會停下一樣，在陣地前面停下來，派出一些部隊盡量擴大所占領的範圍，滿足於這種沒有決定意義的微小優勢，而把占領這一地區的問題留待將來解決。這時，陣地也就充分發揮了它的作用。

三、要塞附近的營壘

　　正如已經說過的那樣，在要塞附近的營壘之使命不是保護一個地區，而是保護一支軍隊免遭敵人的攻擊，因此一般地說這種營壘也屬於築壘陣地，它與其他築壘陣地的不同之處，實際上僅在於它和要塞已成為一個不可分割的整體，並因而具有了強大得多的力量。

　　因此，這種營壘還具備下列一些特點：

1　一七五六年八月，腓特烈大帝進攻薩克森，企圖進而占領波希米亞。薩克森軍在皮爾納附近構築堅固陣地進行防禦，等待奧地利軍隊前來支援。直到奧地利的援軍被普軍擊敗後，十月中旬皮爾納的守軍才全部投降。但腓特烈大帝也由於冬季臨近而未能達到占領波希米亞的目的。一七五七年，普軍攻入波希米亞，五月初在布拉格附近大敗奧軍。奧地利統帥卡爾親王被迫退守布拉格城，等待道恩所率摩拉維亞兵團前來解圍。六月十八日，道恩在科林擊敗腓特烈大帝，迫使普軍放棄布拉格，撤出波希米亞。

第一，這種營壘可以擔負其他使命，那就是使敵人完全不可能或者難以圍攻要塞。如果要塞是一個不能封鎖的港口，那麼軍隊為了上述目的而遭受重大的犧牲是值得的。但是，如果不是這樣，要塞可能很快就會由於饑餓而陷落，不值得犧牲大量的兵力加以保衛。

第二，要塞附近的這種營壘可以供一支在開闊地上無法立足的小部隊使用。四、五千人在要塞城牆的掩護下或許成為不可戰勝的力量，而在開闊地上，他們即使據守世界上最堅固的營壘，也仍然可能被消滅。

第三，這種營壘可以用來集中和整頓那些新兵、後備軍、民兵等等，他們內心往往還不夠堅強，因而沒有要塞城牆的掩護便無法與敵人作戰。

因此，如果要塞附近的營壘不派兵駐守就會危及要塞，這就是嚴重的缺點。倘若沒有此種缺點，這種營壘就可以產生多種不同的功用。另一方面，即使要塞始終保持足夠的守備部隊，但要分出一定兵力去駐守營壘，還是有很大的負擔。

因此，我們傾向於這樣一種看法：只有海岸要塞附近才適合於構築這種營壘，在所有其他地形構築這種營壘都是利少弊多的。

最後，把我們的意見歸納起來，那就是：

第一，國土越小，部隊迴旋的空間越小，就越需要堅固的陣地；

第二，越是有把握得到援救和解圍（不管是依靠其他軍隊，還是因為惡劣的氣候，或是因為民眾的反抗，甚至是因為進攻者缺乏供應等等），陣地遭到的危險就越小；

第三，敵人的進攻越不堅決，陣地的作用就越大。

第十四章
側面陣地

　　只是為了便於讀者在本書中找到這個在常見的軍事理論領域中很突出的概念，我們才像編纂辭典那樣把側面陣地單列為一章，但我們並不認為它是一個獨立的事物。

　　凡是在敵人從側旁通過後還在固守的陣地都是側面陣地，因為自敵人在側旁通過的時刻起，這一陣地除了威脅敵人的戰略翼側以外，就沒有任何其他作用了。因此，所有堅固的陣地必然同時是側面陣地，因為它們是堅不可摧的，敵人只能從其側旁通過，在這種情況下，這種陣地只能透過威脅敵人的戰略翼側來實現其價值。至於陣地本來的正面位置如何，是像科爾貝格那樣，與敵人的戰略翼側相平行，還是像邦策爾維茨和德里薩那樣，與敵人的戰略翼側相垂直，完全無關緊要，因為一個堅固的陣地其四面必須都是正面。

　　但是，即使我們所占領的不是堅不可摧的陣地，只要陣地的位置在撤退道路和交通線方面能使我們占有優勢，不僅使我們能有效地攻擊進攻者的戰略翼側，而且使他們為自己的退路感到擔憂，因而不能徹底切斷我們的退路，那我們就仍然可以在敵人從陣地側旁通過後固守這一陣地。如果敵人沒有這種顧慮而能夠徹底切斷我們的退路，由於我們的陣地不夠堅固，也就是說並非堅不可摧，那麼，我們就面臨著在沒有退路的情況下作戰的危險。

　　一八○六年的戰例向我們說明了這一點。如果部署在薩勒河右岸的普魯士軍隊面向薩勒河構築前線，並且在這個陣地上等待事態的發展，那麼，當拿破崙進軍經過霍夫時，這個陣地就完全可以成為側面陣地。

　　如果當時雙方在物質和精神方面相差並不懸殊，而法軍的統帥只是道恩這類人物的話，那麼，普軍的陣地將會顯示出巨大的作用。要從這個陣地側

旁通過是完全不可能的，甚至拿破崙也看到了這一點，所以他下定決心對陣地發起進攻。至於切斷這一陣地的退路，就連拿破崙也未能完全做到，如果雙方在物質力量和精神力量方面的差別不大，那麼要做到這一點就與從陣地側旁通過一樣是不可能的，因為普軍左翼失敗時帶來的危險比法軍左翼失敗時帶來的危險要小得多。然而，即使雙方在物質力量和精神力量方面的差別很大，如果統帥果敢而慎重，普軍仍有很大可能取勝。實際上沒有什麼妨礙布倫瑞克公爵在十三日採取適當的部署，在十四日拂曉以八萬人對付拿破崙在耶拿和多恩堡附近渡過薩勒河的六萬人。即使這種兵力優勢和法軍背靠薩勒河陡峭的河谷的處境還不足以使普軍取得決定性勝利，但我們仍然認為，這種局面本身是十分有利的，如果不能利用這種有利的局面贏得決戰的勝利，那麼當初根本就不應該考慮在這一地區進行決戰，而應該繼續撤退，以便在撤退中加強自己並削弱敵人。

可見，薩勒河畔的普軍陣地儘管是可以攻破的，但對於途經霍夫的那條道路來說，仍可以被看作是一個側面陣地，只是這個陣地像任何可以攻破的陣地一樣，並不完全具有側面陣地的特性，因為只有當敵人不敢進攻這個陣地時，它才可以被看作是側面陣地。

有一些陣地在進攻者從其側旁通過時不能固守，因此防禦者就想在這種陣地上從側面對進攻者發起攻擊。如果人們僅僅因為這一攻擊是從側面進行的，就想把這些陣地叫做側面陣地，那就更不符合側面陣地的明確概念了。因為這樣的翼側攻擊與陣地本身幾乎沒有什麼關係，至少主要不是以側面陣地的特性（即可以威脅進攻者的戰略翼側）為依據的。

從上述介紹可以看出，關於側面陣地的特性已沒有什麼新東西可談了。在這裡我們只需要簡單地談談側面陣地作為一種防禦手段所具有的特點。

關於真正的堅固陣地根本不必再談了，因為這個問題已經談得相當清楚了。

一個並不是堅不可摧的側面陣地是一種極為有效的手段，但是，正由於它還沒有達到堅不可摧的程度，因而自然也是一種危險的手段。如果進攻者被側面陣地牽制住了，那麼防禦者用小量的兵力就會產生巨大的效果，就

像用小手指拉動長長的靈敏的馬嚼鐵可以產生很大的效果一樣。但是，如果效果太小而使進攻者沒有被牽制住，那麼防禦者一般說來就會失去退路，他要麼設法迅速地繞道撤退，力求在非常不利的條件下尋找脫身之計，要麼陷入背水一戰的危險。對付那些大膽而精神上占優勢的、尋求有效的決戰的敵人，採取這一手段是極為冒險和不適當的，就像上面所舉的一八〇六年的例子所證明的那樣。相反，對付那些謹慎的敵人和在雙方僅限於武裝監視的戰爭中，這一手段卻是有才能的防禦者可以利用的最好的手段之一。斐迪南公爵透過左岸陣地防禦威悉河，[1] 著名的施莫特賽芬陣地，[2] 以及蘭德斯胡特陣地，都是這方面的例子。不過，一七六〇年富凱軍在蘭德斯胡特慘遭失敗，也說明了錯用這種手段所帶來的危險。[3]

1　一七五九年，法國和神聖羅馬帝國的軍隊越過萊茵河，向漢諾威進逼，普魯士軍隊節節撤退。八月一日，普魯士的斐迪南公爵率領軍隊在威悉河左岸明登城附近與法軍激戰獲全勝，又把法軍逐至萊茵河附近。當時普軍在明登附近的陣地面向南方，與聯軍向漢諾威前進的方向平行，所以是側面陣地。
2　七年戰爭中，普魯士軍隊於一七五九年七月十日在下西里西亞博伯爾河畔的施莫特賽芬附近占領堅固陣地，以阻止道恩所率奧軍自波希米亞去奧德河畔與俄軍會師。
3　一七六〇年，普魯士富凱將軍在下西里西亞的博伯爾河東岸的蘭德斯胡特城占領陣地，企圖阻止奧地利軍隊通過里森山脈進入西里西亞。六月二十三日遭到奧地利勞東將軍的進攻而全軍覆沒。

第十五章
山地防禦（上）

　　山地對作戰的影響是很大的，因此這個問題在理論上非常重要。既然這種影響是一個能夠減緩軍事行動進展的因素，那它首先屬於防禦範疇。我們在這裡研究這種影響，但並不侷限於山地防禦狹義的範疇內。因為我們在研究這一問題時在某些方面所得出的結論與一般人的意見是相反的，所以我們必須做深入的分析。

　　首先我們想研究一下這個問題的戰術性質，以獲得從戰略上考察的結合點。部隊在山路上行軍通常會遇到無窮無盡的困難；一支部署在防哨中的小部隊，如果正面有陡峭的山坡作掩護，左右又有山谷作為依托，卻能獲得異常強大的力量。毫無疑問，正是這兩種情況使人們一向都認為山地防禦能產生很大的效果和力量，只是在一定時期受武器和戰術特點的限制，大部隊才沒有能夠在山地進行防禦。

　　一個縱隊彎彎曲曲穿過狹窄的山谷，艱難地往山上攀登，然後，像蝸牛似地翻過山頭前進，砲兵和輜重兵罵罵咧咧鞭打著筋疲力盡的騾馬通過崎嶇不平的山道，損壞的每一輛車，都要經過千辛萬苦才能把它清理掉，同時後面的一切都被堵住，而且謾罵聲不絕於耳，在這種情況下，人人都會這樣想：在這裡只要出現幾百個敵人，一切就都完了。因此，一些歷史著作家在談到關隘時，總喜歡用「一夫當關，萬夫莫開」這個成語。但是，每個熟悉戰爭的人都知道，或者應該知道，這種山地行軍與山地進攻很少有或者根本沒有共同之處。所以，從這種困難推論出山地進攻有更大的困難，那是錯誤的。

　　一個毫無戰爭經驗的人得出這種錯誤的結論是很自然的，甚至某個時期的軍事藝術陷入這種錯誤也不足為奇，因為在當時，山地作戰對於有沒有

戰爭經驗的人來說是一樣的新現象。在三十年戰爭以前，由於戰鬥隊形縱深大、騎兵多、火器不完善和其他特點，利用險要的地形障礙還很不普遍，正式的山地防禦，至少用正規部隊進行山地防禦幾乎是不可能的。後來戰鬥隊形比較疏散，步兵及火器占了主要地位，人們才想到了山嶺和谷地。直到一百年以後的十八世紀中葉，山地防禦的思想才發展到登峰造極的地步。

第二種情況是，部署在難以接近的地形上的一個很小的崗哨能夠發揮巨大的抵抗力，這更足以證明山地防禦具有強大的威力。有人甚至認為，似乎只要把這種崗哨的兵力增加幾倍，就能夠讓一個營發揮一個兵團的作用，讓一座山產生一道山脈的效果。

毋庸置疑，一個小小的崗哨如果選擇了有利的山地陣地，就可以獲得異乎尋常的力量。在平原地帶，一支小部隊可以很輕易地被幾個騎兵連打敗。它能夠迅速逃掉，不被擊潰和俘虜，就算是萬幸了；而在山地，它卻能夠以一種戰術上的狂妄姿態，公然出現在一支大部隊的眼前，迫使它以一種真正的戰爭態度進行正規的進攻或採取迂迴等行動。至於這支小部隊如何利用地形障礙、翼側依托點和在撤退途中所占領的陣地來增強抵抗能力，可以從戰術上進行闡明，我們先把它視為經驗法則來接受。

人們自然會相信，許多這樣堅固的崗哨並列地部署在一起，必然形成一個固若金湯、堅不可摧的正面。所以，問題只在於保障自己不被迂迴攻擊，為此，正面必須盡可能向左右延伸，直到找到能夠滿足整個防禦要求的依托點，或者直到人們認為正面的寬度已足以保障自己不致被迂迴攻擊。多山的國家特別容易採用這種方式，因為這裡的崗哨很多，而且似乎一處勝似一處，以致人們竟不知道應該延伸到哪裡為止。於是人們只得派兵占領和防守一定寬度上所有的山口，並認為，只要用十個或者十五個單獨的崗哨占領寬度大約為五十里或者更多的地區，就可以在可惡的迂迴戰術面前高枕無憂了。這些崗哨之間難以通行的地形（因為縱隊不能離開道路行進）使這些崗哨緊密地連結在一起，因此，人們就以為這是在敵人面前構築了一道銅牆鐵壁。此外，防禦者還保留幾個步兵營、幾個砲兵連和十幾個騎兵連作預備隊，以應付陣地某一點可能被突破的意外情況。

不可否認，這種看法已經完全過時了，但是並不能說這種錯誤的看法也已經完全消失。

中世紀以來，隨著軍隊人數的擴增，戰術訓練有了長足的發展，這也促使人們像上面所說的那樣，將山地作戰運用到軍事行動中。

山地防禦的主要特點是完全處於被動，因此，在軍隊具有今天這樣的機動性以前，傾向於山地防禦是十分自然的。隨著軍隊人數的日益增多和火力的日益加強，軍隊越來越多地部署成正面延伸很長但縱深較小的隊形，這種隊形的編組非常複雜，運動極其困難，有時甚至根本不可能運動。對這樣的隊形進行部署，就像安裝一臺複雜的機器一樣，常常需要花費半天的工夫，這將占去會戰的一半時間；而我們現在的會戰計畫所包含的一切內容，在當時則幾乎僅僅圍繞部署隊形這一項而進行。這種部署一旦完成，就很難根據新出現的情況進行改變。進攻者一般部署隊形較晚，他可以根據防禦者陣地的情況進行部署；而防禦者卻無法採取相應的對策。於是，進攻取得了一般的優勢，而防禦則除了尋求地形障礙的掩護之外，沒有其他方法來對抗這一優勢了。只有在山地，才可以隨處找到這樣有效的地形障礙，因此，人們力圖使軍隊與險要的地形結合在一起。於是二者形成為一個整體，軍隊防守山地，山地掩護軍隊。這樣，借助於山地，消極防禦的力量就大大增強了。這種做法本身並沒有什麼害處，只是防禦者活動的自由更少了，而實際上，人們也很少對這種自由加以專門的利用。

當敵對雙方進行較量的時候，暴露的翼側（即一方的弱點）很容易遭到對方的打擊。如果防禦者一動不動地固守在堅不可摧的防哨中，那麼進攻者就可以大膽地進行迂迴戰術，因為他不必再對自己的翼側有所顧慮。這種情況實際上已經發生了，迂迴戰術很快被提到日程上來。為了避免遭到迂迴攻擊，陣地部署越來越向兩翼延伸，正面相應地有所削弱。這時，進攻者突然採取了完全相反的辦法：不是通過展開來進行迂迴，而是集中兵力攻擊一點，進而突破整個防線。現代戰爭中的山地防禦大體上就處於這樣的階段。

於是進攻又取得了完全的優勢，這是借助於日益提高的機動性而取得的。防禦也只能求助於這種機動性，但是山地的性質是與機動性相悖的。因

此，整個山地防禦可以說遭到了徹底失敗。那些迷信山地防禦的軍隊在法國大革命戰爭中就曾多次遭到這樣的失敗。

然而，我們不能良莠不分，全盤否定，也不能人云亦云，得出一些已經千百次被現實否定了的論點，我們必須根據具體情況有區別地對待山地防禦的各種作用。

在這裡，對於弄清其他一切問題具有決定性的一個主要問題是：人們打算利用山地防禦進行相對的抵抗還是進行絕對的抵抗，也就是說只是一段時間抵抗呢，還是堅持到最終取得一次決定性的勝利為止。對相對抵抗來說，山地是最為適宜的，它能極大地增強抵抗的力量；相反，對絕對抵抗來說，山地通常是完全不適宜的，只在少數特殊情況下才適宜。

在山地，任何移動都比較緩慢和困難，因此消耗的時間也更多，如果移動處於敵人攻擊範圍中，那麼人員的損耗也會更多，而時間和人員的損耗是衡量抵抗力的標準。因此，只有進攻者處於移動中時，防禦者才具有決定性的優勢，而一旦防禦者也必須移動時，他立刻就會失去這種優勢。從原理上和戰術上來說，相對抵抗可以比絕對抵抗有大得多的被動性，而且它允許這種被動性達到極限，也就是說一直持續到戰鬥結束為止，但在絕對抵抗中是絕不允許這樣的，必須尋求一次決定性的勝利。因此，山地像一種高密度的介質一樣，使移動變得困難，並且削弱著一切積極的活動，它完全適合於相對抵抗的要求。

我們已經說過，山地裡一個小小的防哨憑藉地形能夠獲得異乎尋常的力量，儘管對於這一戰術上的結論並不需要做進一步的證明，但是，我們還需要做一點補充，那就是在這裡必須區分這個小防哨是相對的小還是絕對的小。一支一定數量的部隊，如果將其中一部分拉離開整體而單獨部署，那麼，這一部分就可能遭到全部敵軍優勢兵力的攻擊，與這種優勢兵力相比，它的確是比較小的。在這種情況下，進行防禦的目的通常就不能是絕對抵抗，而只能是相對抵抗。這個防哨中的部隊與己方以及與敵方的全部兵力相比，兵力越小，情況就越是如此。

但是，即使是一個絕對意義上的兵力小的防哨，也就是說相對而言敵

人並不比它強大，因而它敢於進行絕對的抵抗並追求真正的勝利，它在山地的處境仍然會比一支大部隊要優越得多，從險要的地形獲得的利益也要大得多，這一點我們將在下面加以闡明。

因此，我們的結論是，小的防哨在山地具有強大的力量。至於它在相對抵抗起決定作用的一切場合，所具有的決定性利益自是不言而喻的。但是，一支大部隊在山地進行絕對抵抗是不是同樣能帶來決定性的利益呢？現在我們就來研究這個問題。

首先我們再提一個問題：由若干個這樣的防哨組成的防線所具有的力量，是否會像人們一向所想像的那樣，與這些防哨單獨存在時的力量之和一樣大呢？肯定不是，因為持有這種觀點的人至少犯了下面兩種錯誤之一。

首先，人們常常把沒有道路的地區與不能通行的地區混為一談。在縱隊、砲兵和騎兵不能行軍的地方，步兵卻在多數情況下可以通過，砲兵大概也能通過，因為戰鬥中的移動雖然非常緊張，但是距離較短，是不能用行軍的標準來衡量的。因此，想讓各個防哨之間具有可靠聯繫的想法無疑是不現實的，這些防哨的翼側並不安全。

其次，人們認為這些防哨的正面是堅固的，它們的翼側也就同樣是堅固的，因為深谷、懸崖等對小防哨來說是很好的依托點。但它們為什麼能產生這麼大的效果呢？並不是因為無法迂迴攻擊這些地方，而是因為它們能使敵人在迂迴中的時間和兵力損耗與防哨的正面效果相當。由於防哨的正面牢不可破，敵人就會而且只能不顧地形的險惡迂迴攻擊防哨，而要進行這樣的攻擊，大概需要半天的時間，並不可避免地會有人員傷亡。如果這樣的防哨可以得到援軍，或者只打算抵抗一段時間，或者其力量足以與敵人的力量相抗衡，那麼，防哨的翼側依托就發揮了應有的作用，這樣，就可以說這個防哨不僅有一個堅固的正面，而且也有堅固的翼側。但是，如果是由一系列防哨組成寬大的山地陣地，情況就不同了。這時，上面的三個條件就都不存在了。敵人可以以優勢的兵力進攻一點，而我們從後方得到的援軍則微不足道，而且這時必須進行絕對抵抗，在這種情況下，這些防哨的翼側依托作用便一點也發揮不出來了。

　　進攻者將攻擊目標指向這一弱點。以集中的優勢兵力從正面的一點攻擊，遭到的抵抗就這一點來說是非常激烈的，但就整個防線來說卻是微不足道的，進攻者克服了這一抵抗，就突破了整個防線，也就達到了目的。

　　由此可以看出，相對抵抗一般說在山地比在平原能發揮更大的力量，如果這種抵抗是由小部隊進行的，那麼它的力量相對說來是最大的，這種力量並不隨著兵力的增加而增長。

　　現在我們來談談一般大規模作戰的真正目的，即贏得積極的勝利這一問題，這也應該成為山地防禦的目的。如果在山地防禦中動用了整個軍隊或者主力，那麼山地防禦就變為山地防禦會戰了，即用全部兵力去消滅敵人軍隊的一次會戰，這成了戰鬥的形式，而取得勝利則成為戰鬥的目的。這種情況下的山地防禦就成為從屬性的了，因為它不再是目的，而變成了手段。這時，山地對獲得勝利這個目的會產生什麼影響呢？

　　防禦會戰的特徵是在正面陣地上進行消極的抵抗，而在後面陣地上進行有力的積極還擊，但山地卻是阻礙積極還擊的致命因素。這是由兩種情況造成的：第一，山地沒有可供部隊從後方沿各個方向迅速推向前方陣地的道路，甚至戰術上的突然襲擊也會被崎嶇不平的地形所削弱；第二，視野受到限制，不易觀察敵軍的動靜。因此，山地在這裡給敵人提供的優勢與在正面陣地上給我們提供的優勢是一樣的，這就使整個抵抗中較為有效的後半部分難以發揮作用。另外，還有第三個情況，那就是有被切斷與後方聯繫的危險。儘管山地非常有利於在正面受到全面攻擊時實行撤退，儘管山地能給企圖迂迴我們的敵人造成大量的時間損失，但這一切利益只有在相對抵抗時才能得到，而在進行決定性會戰，即在堅持抗戰到底的情況下，就不存在這些利益了。當敵人的側翼縱隊尚未占領那些可以威脅或封鎖防禦者退路的地點以前，防禦者抵抗的時間還可以稍微長一些，而一旦敵人占領了這些地點，防禦者就沒有什麼挽救的辦法了。從後面發起的任何攻擊，都無法將敵人趕出這些地點，即使投入全部力量做垂死掙扎，也不能突破敵人的封鎖。如果有人說這裡有矛盾，認為進攻者在山地擁有的那些有利條件也必然對突圍者有利，那就是他沒有看到兩種情況的差別。進攻者派去封鎖通路的部隊沒有

絕對防禦的任務，他們大概只要抵抗幾小時就夠了，因此他們與小防哨的處境是一樣的。此外，這時的防禦者已經不再擁有各種戰鬥手段，他已陷入混亂狀態，缺乏彈藥等狀況相繼出現，無論如何他獲勝的希望很小，這種危險使得他對這種情況比對其他任何情況都更為擔憂，這種憂懼對整個會戰都會發生作用，會侵滲到每一個戰鬥者的神經裡。此外，防禦者對翼側受到威脅有一種病態的敏感。進攻者派到防禦者後方林木茂密的山坡上去的每一小撮人，都成為他獲得勝利的一個新的手段。

在山地防禦中，如果將整個軍隊集中部署在廣闊的平地上，那麼絕大部分不利條件就會消失，而有利條件卻被保留下來。在這種情況下，可以想像，有一個堅固的正面，兩翼又很難接近，而且不論是在陣地內部還是在後方都有最充分的移動自由。這種陣地可以算作世界上最堅固的陣地。但是，這種陣地幾乎只存在於幻想之中，因為，雖然大多數山脈的山脊比山坡容易通過，但是，大多數山中的平地對於上述用途來說要麼太小，要麼名不副實，並不是幾何學意義上的平地，而只是地質學意義上的平地。

此外，正如我們已經指出的那樣，對於小部隊來說，山地防禦陣地的那些不利條件會減少，其原因在於小部隊占據的空間較小，需要的退路較少等等。單獨的一座山算不上山地，也沒有山地的那些不利條件。但是，部隊越小，其部署位置就越可以侷限於單個的山脊和山頭上，而不必陷入叢林密布的懸崖峭壁的羅網裡，而這正是產生上述一切不利條件的根源。

第十六章
山地防禦（中）

現在，我們來研究上一章所得出的那些戰術上的結論如何在戰略上應用。

我們分以下幾個方面來進行研究：

第一，山地作為戰場；

第二，占領山地對其他地區的影響；

第三，山地作為戰略屏障的效果；

第四，在補給方面的考慮。

一、關於山地作為戰場

我們還必須進一步區分作為主力會戰的戰場與作為從屬性戰鬥的戰場。

我們在上一章已經指出，山地在決定性會戰中對防禦者很少有利，而對進攻者卻是非常有利。這種看法與一般人的見解恰恰相反。當然，根據一般見解會把很多事情搞亂，因為這些見解很少區分極不相同的事情。這些見解往往從小部隊所具有的異乎尋常的抵抗力出發，認為一切山地防禦都異乎尋常地強而有力。如果有人否認山地防禦在防禦的主要行動（即防禦會戰）中具有力量，持有這些見解的人就會感到驚詫。而另一方面，這些見解總是把山地防禦中每次會戰的失敗都歸咎於無法理解的單線式防禦的缺點，而看不到事物的本質在其中必然產生的作用。我們不怕提出與上述見解截然不同的看法，而且還要指出，我們很高興有一位著作家持有與我們相同的觀點，這就是卡爾大公，他在論述一七九六年和一七九七年戰役的著作中在很多方

面都提出與我們相同的見解，他是一位優秀的歷史著作家，一位優秀的評論家，更是一位優秀的統帥。

如果防禦者兵力較弱，他費盡千辛萬苦集中了所有的軍隊，企圖在一次決定性會戰中向進攻者顯示自己對祖國的忠誠，顯示其奔放的熱情和機智沉著，並且又受到人們焦急而殷切的關注，如果他把軍隊部署在昏暗如夜的山地裡，一舉一動都受到險惡地形的束縛，並且處於一種可能遭到敵人千百次優勢兵力襲擊的危險之中，那麼，我們就不能不說這種處境是十分可悲的。這時他只能在一個方面繼續發揮他的才智，那就是盡可能地利用各種地形障礙，這又很容易將他引向有害的單線式作戰，而這是毀滅性且必須竭力避免的。因此，在企圖進行決定性會戰的情況下，我們絕不認為山地是防禦者的避難所，我們寧願奉勸統帥盡最大可能避開山地。

當然，有時候不可能做到這一點。那麼，這時的會戰必然與在平原上的會戰有著顯然不同的特點，這時的陣地要拓寬很多，多數情況下是平原上的兩、三倍，而軍隊的抵抗要被動得多，還擊力也弱很多。這是山地帶來的無法避免的影響。但儘管如此，仍然不應該把這種會戰中的防禦變為純粹的山地防禦，其主要特點應該只是將軍隊集中部署在山地裡。這樣，所有的部隊在一個戰鬥中受一個統帥的直接指揮，並且保留足夠的預備隊，以便使其更多地成為一次決戰而不至於變成單純的抵禦，變成僅僅在敵人面前舉起盾牌而已。這是山地防禦戰必不可少的條件，但這一點並不容易做到，這種防禦很容易變成純粹的山地防禦，在現實中也經常出現這種情況。但是，如果理論不能盡力警告人們預防這種傾向，那就極其危險了。

關於主力在山地進行決定性會戰就談到這裡。

相反，山地對於意義和重要性較小的戰鬥卻極為有利，因為這種戰鬥不是進行絕對抵抗，而且也不會產生具有決定意義的結果。如果我們把這種抵抗的目的列舉出來，就可以更清楚地理解這一點了：

第一，純粹為了贏得時間。這一目的曾千百次地出現過，每當我們為了偵查敵人的情況而設置防線時，就會有這個目的；此外，在

等待援軍時，抵抗也出於這個目的。

第二，為了抵禦敵人純粹的佯動或小規模的行動。如果一個地區有山地掩護，山地又有軍隊防守，那麼不管這種防守力量多麼薄弱，總足以阻止敵人對這一地區的襲擾和掠奪等小規模行動。如果沒有山地，這樣薄弱的防線是無濟於事的。

第三，為了自己進行佯動。要使人們對山地有一個正確的認識還需要較長的時間。在這之前，總有些敵人害怕山地，不敢在山地作戰。在這種情況下，也可以使用主力進行山地防禦。在不太激烈和移動範圍不大的戰爭中，常常是可以這樣做的。但是，這樣做一個不變的前提，是既不打算在這一山地陣地上接受主力會戰，也不致被迫進行這樣的會戰。

第四，一般說來，山地適於用來部署那些不準備進行主力會戰的部隊，因為各個小部隊在山地都比較強而有力，只是整個軍隊作為整體來看力量比較弱。此外，在山地不大容易遭到奇襲，也不容易被迫進行決定性戰鬥。

第五，最後，山地是真正適合民眾戰爭的地方。民兵必須經常得到正規軍小部隊的支援，然而，附近有大部隊卻可能對民兵產生不利的影響，因此，通常不能以支援民兵為理由派大部隊進入山地。

關於山地以及在山地設置戰場問題就談到這裡。

二、山地對其他地區的影響

正如我們已經談過的那樣，由於兵力較弱的防哨，在山地很容易確保大片地區的安全（這樣弱的防哨如果處於便於通行的地區也許無法立足，還會不斷遭到危險）；由於在山地（如果山地為敵人所占有），任何推進都比在平原緩慢得多，也就是說不能以在平原上同樣的速度前進，所以地區為誰占有的問題，在山地比在同樣大小的其他地區都重要。在平原，地區為誰占有

可能天天都有變化；只要用強大的部隊向前推進，就可以迫使敵人讓出我們所需要的地區。但在山地卻並非如此。在山地，即使用很小的兵力，也可以進行出色的抵抗。因此，如果我們需要占領一塊山區時，通常必須採取專門的行動，需要消耗大量的兵力和時間才能達到目的。既然山地不是進行主要軍事行動的場所，那麼我們就不能像在行動較為便利的地區那樣，依賴於主要的軍事行動占領這些地方，不能把取得和占領山地看作是我們前進的必然結果。

由此可見，山地具有較大的獨立性，對它的占有一般比較徹底，很少會發生變化。再者，如果就其自然條件來說，山地可以使人們從其邊緣很好地俯視開闊地，而它本身卻始終像隱藏在漆黑的夜裡一樣。那麼人們就可以理解，在任何一個山地，對沒有占領它、但卻位於它附近的一方來說，永遠把它看作是永不停歇地產生不利影響的淵藪，是敵人力量的隱蔽兵工廠。如果山地不僅為敵人所占有，而且是在敵國的領土上，那麼這種情況就更為明顯。勇敢的游擊小分隊在遭到追擊時，可以逃到山地躲避，然後又平安無事地出現在另一地點。一些大部隊也可以在山地悄悄地行進。我們的軍隊如果不想進入山地的瞰制範圍，不想進行一場不平等的戰鬥，亦即遭到敵人的襲擊和進攻而無法還擊，就必須始終與山地保持相當大的距離。

任何山地都是這樣對一定距離內地勢較低的地區發生著影響。這種影響是立刻在一次會戰中發生作用（如一七九六年萊茵河畔的馬爾希會戰），[1] 還是要經過較長的時間才對交通線發生作用，這要看該地區的地形狀況。至於這種影響能否被在山谷或平原發生的決定性行動所抵銷，則取決於雙方兵力的對比情況。

拿破崙在一八〇五年和一八〇九年向維也納推進時，並沒有對蒂羅爾山區考慮很多；而莫羅在一七九六年所以必須離開施瓦本，主要是因為他沒有控制地勢較高的地區，所以監視這個地區就必須使用很多的兵力。在雙方

1　一七九六年七月九日，莫羅率領的法軍和卡爾大公率領的奧地利軍隊在南德意志黑林山附近的馬爾希進行會戰。當時一部分法軍從山上迂迴攻擊低處的奧軍左翼，奧軍被迫後撤。

勢均力敵形成拉鋸戰的陣勢中，我們應該擺脫敵人占領的山地對我們不斷產生的不利影響，設法占領並守住保障我們進攻的主要路線所必需的那部分山地。在這種情況下，山地通常成為敵我雙方相互發動小規模戰鬥的主要戰場。但是，人們不應該過高估計山地的影響，不應該在任何情況下都把山地看作是解決全部問題的關鍵和主要的目的。當一切取決於勝利時，勝利是主要的目的。一旦勝利到手，勝利者就可以根據自己的主要需要來安排其餘的一切了。

三、山地作為戰略屏障

在這裡，我們必須區分兩種情況。

第一種情況又是決定性會戰。比如人們可以把山脈看作與江河一樣，是一種僅有有限通路的屏障。它把前進中的敵軍分隔開，使它們只能在有限的幾條道路上行進，我們因此能夠用集中部署在山後的軍隊分別襲擊敵軍的某一部分，這樣，它就給我們造成了取得勝利的機會。進攻者在山地行進時，即使沒有任何其他顧慮，也不可能成一個縱隊行進，因為這樣做可能會陷入致命的危險之中，會在只有一條退路的情況下進行決定性會戰。因此，這種方法只能建立在敵軍分開前進的基礎之上。但是，山地和山地通路是各不相同的，因此在採用這種手段時一切都取決於地形本身的情況，這種手段也只能認為是可能採用的一種手段，而且必須想到，採用這種手段還有兩個不利：一是敵人遭到打擊時，在山地能夠很快找到掩護；二是敵人也可以占據較高的地勢，這對防禦者來說雖然不是具有決定性意義的不利，但畢竟總是個不利。如果不把一七九六年阿爾文齊的戰鬥算在內的話，[2] 就沒有過發生在這種條件下的會戰了。但是，拿破崙在一八〇〇年翻越阿爾卑斯山的行動清楚地說明，我們是可以採取這種措施的。[3] 當時，梅拉斯本來是能夠而且應該

2　一七九六年七月，奧地利的阿爾文齊將軍率軍隊越過阿爾卑斯山準備解芒托瓦之圍。由於他所指揮的軍隊分兩路從山地向芒托瓦前進，聯絡和協同困難，結果被拿破崙先後擊潰。
3　一七九九年北義大利的大部分領土重新被奧地利軍隊占領，僅熱那亞一地尚為法軍占領，但

在拿破崙的各縱隊集中起來以前就用全力對他進行襲擊的。

第二種情況是，山地作為一種屏障，當它切斷敵人的交通線時，會產生什麼樣的影響。除了設置在通路上的堡壘和民兵所發揮的作用以外，路況極差的山路在氣候惡劣的季節中也能夠使敵軍陷入絕望，敵人在這樣的山路上累得筋疲力盡，往往不得不撤退。如果這時又出現了游擊隊頻繁的襲擊，甚至展開了民眾戰爭，敵人就必須派出大量的軍隊來應付，最後不得不在山地設置一些堅固的防哨，這樣敵人就會陷入進攻戰中最不利的處境。

四、山地與軍隊補給的關係

這個問題很簡單，也很容易理解。當進攻者被迫停留在山地，或者至少把它留在自己背後時，防禦者就可以充分利用給進攻者造成的補給困難來獲得優勢。

關於山地防禦的這些考察，也是對山地進攻的必要說明，所以這實際上包含了對整個山地戰的考察。我們不能因為無法變山地為平原，而且也無法變平原為山地，不能因為戰場的選定是由許多其他因素決定的，似乎沒有多大的選擇餘地，便認為這些考察不正確，或者不切實際。從較大範圍內來看，我們會發現，對戰場選擇的餘地並不那麼小。如果談的是主力的部署和作用，而且是在決定性會戰時的部署和作用，那麼，軍隊向前或向後多走幾日行程，就可以擺脫山地進入平原，果斷地把主力部隊集中在平原上，還可以使附近的山地失去作用。

現在，我們還想把上面分別論述的各點歸納成一點，形成一個明確的觀念。

我們已經證明：無論在戰術範圍還是在戰略範圍，山地一般對防禦都是不利的，而這裡所說的防禦是指具有決定意義的、其結果關係到國土得失的

已被奧軍包圍。一八〇〇年五月，拿破崙率法軍經瑞士分三路越過阿爾卑斯山，突然襲擊奧軍背後。奧地利的梅拉斯將軍沒有在法軍開出山地之前各個擊破敵人。後來法軍集中後於馬倫哥大敗奧軍。

防禦。山地使防禦者無法觀察敵情，又妨礙向各個方向的移動；山地迫使防禦者陷於被動，不得不派兵把守每一條通道，這樣一來，這種防禦總是或多或少地變成了單線式防禦。因此，人們應該盡可能使主力避開山地，把主力部署在山地的一側，或部署在山前山後。

另一方面，對於達到次要目的和發揮次要作用的部隊來說，山地卻是一種增強力量的因素。如果我們說，山地對於弱者，即對於不敢再尋求絕對決戰的部隊來說，是真正的避難之地，這與我們上面的觀點並不矛盾。非主力部隊可以從山地得到優勢就再一次說明了應該把主力排除於山地之外。

但是，所有這一切考察都很難改變人們直接得到的印象。不僅所有沒有戰爭經驗的人，而且那些習慣於運用拙劣作戰方法的人，在具體情況下也會強烈地感覺到，山地像一種密度大、黏性強的介質，會給進攻者的一切移動帶來很多困難，因此很難使他們不認為我們的見解是奇談怪論。對上個世紀的戰爭史上出現的獨特作戰方式做過泛泛考察的人，跟上述抱有直接印象的人一樣，絕不會相信，比如說，奧地利在保衛它的各州時，在義大利方向並不比在萊茵河方向上更容易抵擋敵人入侵。與這些人相反，法軍曾經在勇猛果敢的統帥指揮下作戰二十年之久，對自己取得的勝利一直記憶猶新。他們不管在山地戰鬥中，還是在其他情況下，都因長期透過熟練而準確的判斷力獲得出色的成績。

這樣一來，就好像開闊地比山地更能掩護一個國家，西班牙如果沒有庇里牛斯山會更強大，倫巴底如果沒有阿爾卑斯山會更難接近，而平原國家（例如北德意志）比山地國家（例如匈牙利）更難征服了。針對這種錯誤的結論，我們做最後一點說明。

我們並不認為，西班牙沒有庇里牛斯山會比有庇里牛斯山更強大，而是說，如果一支西班牙軍隊感到自己很強大，能夠進行決定性會戰，那麼它集中部署在埃布羅河後邊，要比分兵把守庇里牛斯山的十五個隘口更好一些，而庇里牛斯山絕不會因此失去它對作戰的影響。這種看法對義大利軍隊來說也同樣適用。如果義軍分散部署在高高的阿爾卑斯山上，那麼它就可能被任何一個果敢的敵人所突破，它甚至沒有機會進行決定勝負的決戰，相反，如

果它部署在杜林平原上，那麼它就像任何其他軍隊一樣有獲勝的可能。但是，沒有人會因此而認為，對進攻者來說，通過像阿爾卑斯山這樣的大山脈並把它留在身後，是一件輕而易舉的事。此外，在平原進行主力會戰，並不排斥用小部隊進行暫時的山地防禦，而且，在阿爾卑斯山和庇里牛斯山這樣的山地進行這種防禦是值得推薦的。最後，我們絕不認為，征服一個平原的國家比征服一個多山的國家容易，除非可以透過一次勝利就完全解除敵人的武裝。征服者在這一勝利之後就進入防禦狀態，這時山地正如以前對原來的防禦者極為不利一樣，對征服者也必然同樣不利，甚至更為不利。如果戰爭繼續下去，外來的援軍紛紛趕到，群眾都拿起了武器，那麼，這一切抵抗就會因為山地而增強力量。

對這一問題的研究就像折光鏡中的物體一樣，當物體向一定方向移動時，物體的影像越來越清晰，但不能隨意地移動下去，只能到焦點為止，一超過焦點，一切就適得其反了。

既然在山地的防禦比較弱，那麼這就可能使進攻者首先把山地作為其進攻的方向。不過，這種情況很少發生，因為補給和交通的困難，以及無法肯定敵人是否準備在山地接受主力會戰和是否把主力部署在山地，這一切都抵銷了上述那些可能得到的優勢。

第十七章
山地防禦（下）

　　我們在第十五章論述了山地戰鬥的性質，在第十六章論述了山地戰鬥在戰略上的應用，在這些論述中曾多次提到山地防禦的具體含義，但沒有詳細論述這種防禦的形態和部署。我們想在這裡稍微詳細地探討一下這一問題。

　　山脈往往呈條形或者帶狀延伸於地球表面，將水流左右分開，因而成為整個水系的分水嶺。山脈的各個部分也是這樣分布的，各支脈或山脊從主脈分出後又形成較小水系的分水嶺。所以，山地防禦的概念很自然地主要是構成一個狹長的、像一道大屏障似的障礙。雖然地質學家對於山脈的產生及其形成規律至今尚無定論，但是，不論是山脈是水流（透過沖刷過程）形成的產物，還是水流是山脈的產物，水流的流向總是最直接和最準確地表明了山脈的體系。因此，在考慮山地防禦時，以水流的流向為根據也是很自然的。人們不僅應該把水流看作是一個天然的水準儀，透過它全面地了解地面的起伏情況（即地表斷面情況），而且還應該把那些由水流形成的谷地看作是最容易到達山頂的道路。不管怎樣，水流的沖刷過程總能使高低不平的山坡變得平坦而規則一些。由此可以得出山地防禦的概念：當防禦的正面基本上與山脈平行時，山脈就可以看作是一種阻礙通行的巨大障礙，是一堵以谷地為出入口的牆。這時防禦陣地應處於這堵牆的頂部，即處於高山上平地的邊緣，並且橫向切斷各主要谷地。假如山脈的主要走向幾乎垂直於防禦的正面，那麼山脈的一個主要支脈就應設成防線，該防線必須與主要谷地平行並一直延伸到主脈的山脊（此處可以看作是防線的終點）。

　　我們所以在這裡談到這一套按照地質結構進行的山地防禦的部署方式，是因為這一套部署方式在軍事理論中確實曾經風靡一時，而且它在所謂的地形學中把沖刷過程的規律與作戰方法混合在一起了。

但是，這種見解中的一切都充滿了錯誤的假定和鬆散的類比，在現實中，由這種見解幾乎得不出任何可以用來制定系統理論的根據。

實際上，山脈的主要山脊都無法歇宿，而且難以通行，因而無法在上面部署大量部隊；小山脊往往不僅不宜於歇宿和難以通行，而且不是太短就是太不規則，因而同樣不能部署大部隊。平地並不是在所有山脊上都有的，即使有，大多都很狹窄，不宜於歇宿。如果仔細觀察的話，就連那種主山脊較長、兩側大體可以看成斜面或至少可以看成階梯狀山坡的山脈也是很少見的。主山脊總是蜿蜒曲折而又分支很多，大支脈則成曲線伸向原野，而且往往恰好在其終點又高聳入雲，成為高出主山脊的山峰；山麓與山峰連接，構成了與山脈體系不相稱的巨大深谷。此外，在幾條山脈交叉的地方，或者幾條山脈向外伸展的起點，就根本不存在狹長的呈條形或帶狀的山脈了，而只有呈輻射狀分布的水流和山脈。

由此可見，任何一個人，如果像上面那樣來觀察山地，他就能更清楚地認識到，要想在山地系統地部署軍隊是行不通的，堅持以這種想法作為部署軍隊的基本思想是不切實際的。但是，關於山地的具體應用還有一個重要的問題值得注意。

如果我們再仔細地考察一下山地戰在戰術上的現象，那麼就會清楚地看到山地戰主要表現為下面兩種防禦：陡坡防禦和狹谷防禦。後者，時常（甚至大多數情況下）能發揮較大的抵抗效果，但卻無法同時在主山脊上設防，因為占領谷地本身往往更為必要，而且由於谷地接近平原的部分比較低，所以占領谷地近平原的部分比占領谷地靠山的起點更為必要。此外，即使在山脊上完全無法設防，這種谷地防禦仍然是防禦山地的一種手段；因此，山脈越高，山路越艱險，谷地防禦的作用通常也就越大。

從所有這些考察中可以看出，防禦一條與某一地質線相一致並多少近乎規則的防線的想法必須徹底拋棄，人們應該把山地只看作是高低不平和布滿各種障礙的地面。對於這種地面的各個部分，只要情況允許就應該盡可能地加以利用。某一地區的地質線雖然對了解山地的概貌是不可缺少的，在防禦措施中卻沒有多大的用處。

無論是在奧地利王位繼承戰爭中，還是在七年戰爭中，或是在法國大革命戰爭中，我們都還沒有發現過軍隊遍布整個山系並按山脈的主要輪廓組織防禦的情況。我們從未見過軍隊部署在主山脊上的情況。軍隊總是部署在山坡上，有時高一點，有時低一點，有時在主山脊的這一面，有時在那一面；有時與主山脊平行，有時與它垂直，有時則與之斜交；有時順水而下，有時逆水而上。在一些較高的山地，如在阿爾卑斯山，軍隊甚至常常是沿著谷地部署的；而在一些較低的山地，如在蘇臺德山，則會出現一種極為奇特的情況，軍隊常常部署在自己一方的半山腰，也就是說面對著主山脊部署，如一七六二年，腓特烈大帝為了掩護對希維德尼察的圍攻，就面對歐雷峰設置陣地。

七年戰爭中，著名的施莫特賽芬陣地和蘭德斯胡特陣地一般就設置在低深的谷地裡，福拉爾貝格邦的費爾特基爾赫陣地的情況也是這樣。在一七九九年和一八〇〇年戰役中，法軍和奧軍的一些主要防哨一直都是部署在谷地裡的，這些防哨不僅橫向封鎖著谷地，而且沿著整個狹長的谷地駐守，但是各山脊卻根本無人占領，或者只部署少數幾個單獨的防哨。

高高的阿爾卑斯山的山脊既不便於通行，又不宜於歇宿，因而不可能用大量部隊加以防守。如果一定要派軍隊駐紮在山地以控制這個地區，那麼只能把軍隊部署在谷地裡。初看起來，這樣做似乎是錯誤的，因為根據一般的理論，人們一定會說谷地處於山脊的瞰制之下。但是，實際情況並不那樣可怕，在山脊上只有很少的道路和小徑可以通行，而且除了極個別情況外，只有步兵可以通行，因為所有的車道都分布在谷地裡。因此，敵人只能用步兵登上山脊的個別地點。而在這樣的山地裡，雙方軍隊相距太遠，超過了步槍的有效火力範圍，所以部隊部署在谷地裡並不像表面看來那樣危險。當然，這種谷地防禦還面臨著另一種巨大的危險，即被切斷退路的危險。雖然敵人只能用步兵，緩慢而費勁地從幾個地點下到谷地，也就是說他不能進行奇襲，但是，從山脊通往谷地的小徑沒有部隊防守，敵人就可以逐漸把優勢兵力調集下來，然後在谷地展開，進而粉碎防禦者縱深很小的、一下子變得非常脆弱的防線，這時，除了一道淺淺的山間小溪以外，也許就找不到其他任

何掩護了。在這種情況下，進行谷地防禦的很多部隊只能被圍困在裡面，因為在沒有找到撤出山區的出口以前，防禦者在谷地只能分批後退。正是由於這個原因，奧地利軍隊在瑞士幾乎每次都有三分之一或二分之一被俘。

現在還要稍微談一談進行這種防禦時的兵力分割程度問題。

任何一種這樣的部署，都是以主力在最主要的山間通道上占領的陣地為中心。其他部隊從這一陣地向左右派遣出去，占領最重要的山口，因此，整個防禦部署就由大致位於一條線上的三、四、五、六個以至更多的防哨組成。這條防線能夠延伸或者必須延伸多長，應視具體情況的需要而定。幾天的行程，也就是三十至四十里就非常適當，當然也能見到延長到一百里，甚至一百五十里的。

還有一些次要的通道往往處於相距一小時，或兩、三小時行程的各個防哨之間，人們後來才會注意到它們。這裡可能有一些可以部署幾個營而又非常適於用來聯絡各主要防哨的好地方，這些地方也要派兵占領。而且，不難看出，兵力還可以進一步分割下去，一直分割到單個步兵連和騎兵連，而且這種情況已經屢見不鮮了。總之，兵力的分割在這裡並沒有一定的限度。另一方面，各防哨的兵力應視整個軍隊兵力的大小而定，因此，對主要防哨可能或應該保持多少兵力的問題，就沒有什麼可談的了。我們只想根據經驗和事物的本質提出幾項原則作為考慮兵力部署的依據。

第一，山脈越高，越難通行，兵力分割就可以越大，而且也必須越大，因為一個地區的安全越是難以透過部隊的機動性來保障，就越必須依靠直接的掩護來保障。阿爾卑斯山與孚日山或巨人山的防禦相比，兵力分割程度必須大得多，因而更接近於形成單線式防禦。

第二，凡是進行山地防禦的地方，至今兵力都是這樣區分的：主要的防哨大都是在第一線只配置步兵，在第二線只有幾連騎兵；只有部署在中央的主力在第二線才有幾個營的步兵。

第三，只有在極少數的情況下，才留有戰略預備隊以增援遭到進攻的地點，因為在正面延伸很長的情況下，人們本來就已經覺得處處兵力薄弱了。因此，增援遭到攻擊的防哨的援軍，大都是從防線上沒有遭到攻擊的防哨中

抽調的。

　　第四，即使兵力分割的程度比較小，各防哨的兵力不算薄弱，這些防哨進行的主要抵抗也總是扼守地區的防禦，某一防哨一旦被敵人完全占領，就不能再指望用增援部隊奪回來了。

　　由此可見，究竟從山地防禦中可以得到什麼，在哪些場合可以運用山地防禦這一手段，防線的延伸和兵力的分割可能和容許達到什麼程度，理論只能把這一切留給統帥的才智去解決，理論只需要告訴統帥這個手段的本質特點是什麼，它在兩軍交戰時能起什麼作用就夠了。

　　一個統帥如果採用了正面寬大的山地陣地而遭到失敗，應該被送交軍事法庭。

第十八章
江河防禦（上）

從防禦角度來看，大中型江河像山地一樣，也是戰略屏障之一。但江河與山地在兩個方面有所不同。它們首先體現在相對防禦上，其次體現在絕對防禦上。

江河和山地一樣，都能使相對抵抗的能力增強。而江河如同脆硬的材料做成的工具一樣，其特點是，它要麼使防禦能堅強地抵抗住任何打擊，要麼完全失去作用，導致防禦失敗。如果江河很大，而且其他條件對防禦一方有利，那麼進攻一方要想渡河是絕對不可能的。不過，突破江河防禦的任何一點就能完全瓦解整個防禦。除非江河本身就在山地，否則防禦一方就不能像在山地那樣進行持久地抵抗。

從戰鬥角度來看，江河的另外一個特點是，在一些情況下，在江河地區為那些為決定性會戰而採取的部署可以變得非常有利。通常這些在江河地區採取的部署也比在山地更為有利。

江河和山地也有相同之處：二者都是危險而誘人的，常常吸引人們採取錯誤的措施，使他們陷入危險境地。我們將在深入考察江河防禦時提醒人們注意一些問題。在一定的時期，人們曾認為他們可利用一切有利的地理條件增強絕對防禦體系。但戰史上江河防禦成功的例子很少，這說明江河並不像人們所想像的那樣是強有力的屏障。但是，一般來說，江河對戰鬥和國土防禦的有利作用還是不可否認的。

為了系統而全面地了解事物的本質，我們先列舉研究江河防禦時的幾個著眼點。首先，我們應當把設防的江河的戰略效果與未設防的江河對國土防禦的影響區別開來。其次，根據防禦本身的意義，可以將其分為以下三種：

第一，用主力進行的絕對抵抗；

第二，純粹的假抵抗；

第三，用次要兵力，如前哨、掩護部隊以及其他次要部隊等進行的相
　　　對抵抗。

最後，我們還可以從江河防禦的形式上把江河防禦區分為以下三種：

第一，直接防禦，即阻止敵人渡河；

第二，較間接的防禦，即只把江流和河谷作為進行更有利的會戰手
　　　段；

第三，完全直接的防禦，即在對岸固守堅不可摧的陣地。

　　下面我們分別進行考察這三種江河防禦。首先我們研究各種江河防禦與
第一種抵抗，也是最重要的抵抗兩者的關係，然後再談談它們與其他兩種抵
抗的關係。我們先來研究阻止敵軍渡河的直接防禦。

　　只有水量充足的大江河，才能用來進行這種防禦。這種防禦在理論上
的基本問題是空間、時間和兵力的配合，這使江河防禦變得非常複雜，以致
很難得出一個固定的結論。然而，任何人在經過思考之後都會得出以下的觀
點。

　　根據敵人架橋需要的時間可以確定防禦江河的各部隊之間相隔的距離。
防線的整個長度除以這個距離，就得出需要部隊的數目。用這個數目去除全
軍的總數，就可得出各支部隊的兵力。比較這些部隊的兵力與敵人在架橋期
間可能利用其他方法渡河的兵力，防守一方就可判斷出自己是否能夠進行一
次有效的抵抗。因為，只有當防禦者在敵人的橋樑架成以前有可能以極大優
勢的兵力，也就是以一倍左右的兵力來攻擊使用其他方法渡河的敵人的情況
下，我們才可以認為敵人的強渡是不可能的。例如，如果敵人需要二十四小
時來架橋，在這段時間內能夠用其他方法渡河的敵人不超過二萬人，而防禦
方在十二小時左右可以把二萬人調動到任何地點，那麼強渡就可認為是不可

能的，因為在這種情況下進攻一方的二萬人剛渡過半數時，防禦部隊就能夠趕到。在十二小時內，除命令傳達和信息傳遞所占的時間，人們可以行軍二十里。因此每隔四十里需要有二萬人。防禦長達一百二十里的河段則需要六萬人。防禦方有這樣的兵力，就可以把二萬人調到任何地點，即使敵人在兩處渡河也是這樣。如果敵人只在一處渡河，防禦方甚至可以減少四萬人。

　　在這裡，下面三個因素具有決定性作用：第一，河流寬度；第二，渡河設備；這兩個因素不但決定了架橋需要的時間，而且也決定了架橋期間能夠渡河的部隊數量；第三，防禦兵力。至於對方軍隊總兵力，這時可以不予考慮。根據這個理論我們可以認為，使敵人的渡河成為不可能，甚至使任何優勢的敵人渡河成為不可能，都是可以做到的。

　　這就是直接江河防禦的簡單理論，它的目的在於阻止敵人完成架橋和渡河（這裡我們沒有考慮渡河一方可能採用的佯動和欺騙的手段）。以下我們將考察這種防禦的詳細情況和必要手段。

　　首先需要指出的是，拋開地理上的任何具體因素不談，上述理論所描述的各個部隊應該緊靠江河分別集中部署。這是因為任何遠離江河的部隊部署方法都會增加調動時的行軍路程。這既不必要，也沒有好處。寬大的河流可以保證部隊不會遭到敵軍的大威脅，因而沒有必要像一般國土防禦中的預備隊那樣把部隊部署在後面。其次，一般來說，河邊的道路比從後面到河邊任何一處的斜行路更便於通行。最後，這樣的部署無疑比純粹的防哨線更有利於對江河進行監控，這主要是因為這時指揮官都在附近。在這種情況下，部隊必須分別集中部署，不然就不能採用上述的計算方法了。所有了解集中軍隊需要消耗多少時間的人都會明白，防禦的最大效果恰恰來自這種集中部署。利用防哨部隊使敵人不可能渡河的方法，乍看確實很吸引人。但是，除了少數例外，特別是便於渡河的地點以外，採取這種部署方法都是非常不利的。在大多數情況下，敵人從對岸以優勢火力就可以擊退防哨部隊。即使排除這種可能，這樣部署部隊通常還是白費力量。這種防哨除了能促使敵人另選渡河點以外，達不到任何目的。由此可見，只要不是兵力強大到可以把河流當作要塞的外壕來防守（在這種情況下，也就不需要任何規則了），這樣

的河岸防禦就必然達不到目的。除了這些一般部署原則以外，還應該考慮
到：第一，江河的具體特點；第二，清除渡河器材；第三，沿岸要塞的作
用。

　　江河作為防線上下兩端都應當有依托點（例如海洋或中立區），或者擁
有其他條件，使敵人無法從防線兩端以外的地點渡河。但是，只有在江河防
線很長的情況下才可能得到這種依托點或其他這樣的條件。所以，在通常情
況下，江河防線必須很長，因此在現實中人們不可能把大量軍隊部署在相對
短的河段上。而我們常常必須以具體現實情況為依據。這裡相對短的河段，
是指河段的長度比軍隊不在江河附近部署時的正面只稍大一些。我們認為，
這樣的情況在現實中並不存在。而且任何江河的直接防禦，總是單線防禦，
至少就其防禦正面的寬度來說是這樣。在這種防禦中，集中部署時自然會採
用的那些對付迂迴攻擊的方法就根本不適用了。因此，江河的直接防禦，不
管它在其他方面有多麼好的條件，只要可能遭到敵人的迂迴攻擊，就總是一
種極為危險的措施。

　　很明顯，就整條江河來說，並不是所有地點都同樣適於渡河。我們當
然可以對什麼樣的地點不適於渡河做更詳細的一般說明，但不能做嚴格的規
定。這是因為有些微乎其微的地形特點因素往往比書本上認為重要的東西更
有決定性的意義。而且，做嚴格的規定根本沒有用處，因為我們只要考察一
下江河，再從當地居民那裡了解些情況，就基本可以明確判斷渡河的合適地
點了，因而沒有必要去考慮書本上的東西。

　　為了更具體詳細地說明這些問題，我們可以指出，通往江河的道路、江
河的支流、沿岸的大城鎮、特別是江河中的洲島等等都對渡河有利。而與這
個結論相反，制高點、渡河點附近的彎曲河道等等這些書本上往往認為作用
很大的東西卻很少發生作用。究其原因，它們的作用是以絕對河岸防禦這個
狹隘觀念為基礎的。而在大型江河的情況下，卻很少或者根本不可能進行絕
對河岸防禦。

　　在河流上的一些地點適於渡河的一切條件，不管是什麼條件，都會對部
署軍隊產生影響，並會使一般的幾何法則有一定程度的改變。但是，過分輕

視這些條件，或過分依靠某些地點給渡河造成的困難都是不恰當的。這是因為，如果敵人確信在那些從天然條件看來不利於渡河的地點與我們遭遇的可能性最小，恰好就會在那裡渡河。

用盡可能強的兵力防守江河中的洲島，這個措施是在任何情況下都值得推薦的，這是因為敵人如果對洲島進行真正的進攻，就確切地暴露了渡河地點。

部署在河邊的各個部隊根據情況向上游和下游行軍。因此，如果沒有與江河並行的大路，那麼整修緊靠河岸的小路或新修短距離的道路都是重要的防禦準備工作。

我們要論述的第二點是清除渡河設備的問題。在江河的主流上清除渡河設備當然很不容易，至少要花掉相當多的時間。而要在敵岸的支流上清除渡河設備，那種困難簡直是無法克服的，因為這些支流通常為敵人所控制。在這種情況下，利用要塞封鎖這些支流的河口十分關鍵。

敵人攜帶的渡河設備，如架橋用的浮橋，在渡過大江大河時一般情況下都不夠用。因此，敵人的問題主要在於能否從江河主流、各支流和己方的各大城鎮中找到這些渡河設備，以及江河附近是否有可以用來製造船隻和木筏的木材等等。有時在這方面的條件對敵人非常不利，甚至到幾乎不可能渡河的程度。

第三點，位於江河兩岸或者敵岸的要塞地域，不僅可作為防止敵人從要塞左右附近的各個地點渡河的盾牌，控制這些要塞還是封鎖各支流和迅速收集那裡的渡河設備的手段。

關於在流量充足的江河進行直接防禦我們就談到這裡。陡峭的深谷或者沼澤較多的河岸，雖然會增加渡河的困難，從而增加防禦的效果，但是它們畢竟不能代替流量充足的江河本身，還不能構成絕對斷絕的地形。而絕對斷絕的地形是直接防禦的必要條件。

如果我們要問這種江河直接防禦在整個戰役的戰略中占有什麼樣的地位，人們只能回答，這種防禦絕不可能導致決定性的勝利。一方面，這是因為它的目的僅僅是阻止敵人渡河，殲滅最先渡河的敵軍，另一方面，江河也

妨礙了防禦者透過有力的出擊擴大自己已取得的優勢，以取得決定性的勝利。

不過這種江河防禦常常能夠贏得更多的時間，這對防禦方來說一般相當重要。進攻者為了籌集渡河設備往往要花費大量的時間，如果進攻方幾次試渡都沒有成功，防禦方就能贏得更多的時間。如果敵人因為不能渡河而完全改變前進方向，那麼防禦方也許還會得到其他一些優勢。另外，在進攻方不是全力以赴進攻的情況下，江河就會使其停止進攻的企圖。這時，江河就成了保衛國土的永久性屏障。

因此，當江河很大而條件有利時，我們可以認為江河的直接防禦是主力對主力的一種非常有效的防禦手段，它能夠產生當前人們很少重視的那種效果（人們很少重視，是因為他們只注意到了那些因為力量不足而失敗的江河防禦）。在上述這些前提條件下（這在萊茵河和多瑙河這樣一些江河上確實是容易找到的），六萬人在一百二十里長的地段上就能對擁有顯著優勢兵力的敵人進行一次有效的防禦，這當然可以說是一個值得重視的效果。

上面我們提到了對擁有顯著優勢兵力敵人的防禦，現在我們就來談談這個問題。根據我們提出的理論，只要企圖渡河的兵力不小於進行江河防禦的兵力，一切就都取決於渡河設備，而不取決於企圖渡河的兵力。這種說法似乎很令人費解，但事實確實如此。當然，人們不應該忘記，大多數江河防禦，確切地說，一切江河防禦，都沒有絕對的依托點，即都可能遭到敵人的迂迴攻擊，並且敵人的兵力優勢越大，就越容易進行這種攻擊。

這種江河的直接防禦，即使被敵人突破，也不同於一次失利的會戰，很少能導致徹底的失敗，因為我們投入戰鬥的只是一部分軍隊。而且敵人只能通過一道橋樑慢慢渡河，因此必然會受到阻礙，不能立刻迅速地過橋擴大勝利戰果。如果人們看到這些，就更不會過分輕視這種防禦手段了。

在現實生活中，處理一切事情，問題都在於是否恰到好處。在進行江河防禦時也是一樣，防禦的結果依賴於對各種情況判斷得是否正確。一個表面上無關緊要的事物很可能使整個局勢發生重大變化，一個在別處極其合適有效的措施，在這裡卻可能變成有害的舉動。對各種情況做出正確的判斷，而

不把一條河流與其他河流相混淆，在江河防禦中這些或許比在其他場合更難做到。因此，我們必須特別提防錯誤地運用和理解江河防禦的危險。不過，在做了如此的分析之後，我們不能不明確地指出，一些人的喧譁根本不值一提。他們根據自己模糊的感受和含混的觀念，把一切都寄託在進攻和運動上，把騎兵揮舞馬刀奔騰向前看作是戰爭的全部。

即使指揮官能夠長久地保持這種感受和觀念，也不足以解決問題。這一點我們只要想一下一七五九年齊利曉會戰中顯赫一時的獨裁指揮官韋德爾就明白了。[1] 更糟糕的是，這樣的感受和觀念很少能夠持久，當指揮官面對著牽涉到各方面的重大而複雜的現實情況時，這種觀念和感受就會在最後一瞬間在他們身上消失得無影無蹤。

因此，我們認為在防禦方滿足於阻止敵人渡河這一目的時，如果部隊足夠強大而條件有利，進行江河直接防禦是可以得到良好效果的，但對較小的部隊來說則不同。如果說六萬人在一定長度的河段上能夠阻止十萬乃至十萬以上的敵軍渡河，那麼要是一萬人在這樣長的河段上恐怕無法阻擋一萬人、甚至五千人渡河（只要這五千人不怕與數量上占優勢的防禦者在一個河岸上相遇）。這並不難理解，因為渡河設備的數量是一樣的。

至今我們還很少談到佯渡，因為在江河的直接防禦中佯渡能發揮較大作用的情況很少。一方面這是因為這種防禦的關鍵不在於把軍隊集中在一點，而在於各部隊各自防守一個河段；另一方面，即使具備了上述渡河的條件，進行佯渡也非常困難。如果進攻方的渡河設備本來就很少，即現有的設備還不足以保障渡河的需要，那麼進攻方就不可能而且也不願意把大部分設備用於佯渡。不管怎樣，進攻方在真正渡河點上可以渡河的兵力會因佯渡而減

1　一七五九年戰役中，腓特烈大帝採取守勢。為了阻止奧地利軍隊和俄國軍隊會師，腓特烈大帝提拔年輕的將軍韋德爾接替多納任東戰區司令官，並賦予羅馬獨裁官式的權利，以便全權指揮資歷較深的將軍作戰。一七五九年七月二十三日，韋德爾率普軍於齊利曉附近的凱村和俄軍遭遇。韋德爾由於估計敵情錯誤，導致進攻受挫，又因為事先沒有準備進行防禦會戰，因而被迫撤退。

少。這樣，防禦方能夠重新贏得本來因敵情不明而可能喪失的時間。

一般來說這種江河直接防禦僅僅適用於歐洲主要河流中下游。

第二種江河防禦適用於中等江河，甚至也適用於深谷中的小河流。這種防禦要求在離江河較遠的地方占領陣地，並應保證陣地到江河有一定的距離。在敵軍同時在幾個地點渡河的情況下，防禦方能夠迎擊分散在各處的敵軍；當敵人在某一點渡過江河時，防禦方能夠把敵人限制在河流附近或者一座橋樑和一條道路上。這時進攻方被迫背靠江河或深谷，並在只有一條退路的情況下會戰，這種局勢對進攻方是極端不利的。利用進攻方的這種不利勢態是一切中等江河和深谷防禦的實質所在。

我們認為，把整個軍隊分為幾支大部隊緊靠江河部署是進行直接防禦時最有利的部署。不過，這種部署要以不會有大批敵人突然渡河為前提，不然就有被分割而各個擊破的危險。如果防禦方進行江河防禦的條件並不太有利，或者敵人掌握著足夠的渡河設備，或者江河中有很多島嶼，甚至淺灘，或者江河不寬，或者防禦兵力不足等等，在這些情況下防禦方就不易實施江河的直接防禦了。這時，各個防禦部隊為了保證相互聯繫，必須離開江河一段距離。在這種情況下唯一可以採取的辦法是，在敵人渡河時盡快地向渡河地點集中兵力，並在敵人還沒有擴大占領範圍和占用數個渡口時攻擊敵人。在這種情況下，應使用前哨部隊對江河或者河谷進行監視並稍做抵抗，而整個主力則應分為幾支大部隊部署在離江河一定距離（通常幾小時的行程）的適當地點。

在這裡，防禦所憑藉的主要是由江河和河谷構成的谷地。不僅水量，而且河谷的整個情況在這裡都有著重要的作用。與寬闊的江河相比而言，谷岸陡峭的谷地通常作用更大些。實際上，大部隊通過陡峭的深谷所遇到的困難，比事先想像的要大得多。令進攻者不安的是，通過深谷需要相當長的時間，這樣，當他們通過深谷時，防禦者就隨時可能占領周圍的高地。進攻者的先頭部隊如果前進得太遠，就會與敵人過早地遭遇而面臨被優勢敵人擊敗的危險，如果停留在渡河點附近，就要在極不利的形勢下作戰。因此，只有兵力上占很大優勢，指揮上有很大把握時，進攻者才能通過深谷到江河對岸

去與敵人較量，否則就是一種冒險行動。

當然，這種防禦的防線不能像直接防禦大江河時那樣長，這一方面是因為防禦者需要集中全部兵力作戰，另一方面是因為進攻者渡河畢竟不像過大江河那樣難。因此，在這種情況下進攻者就比較容易採取迂迴戰術。但是進攻者進行迂迴戰術時需要離開原來的方向（我們假定河谷大體上垂直於這個方向），而且撤退路線還會受到限制，要消除因此而產生的不利影響並不能馬上實現，這還需要一個漸進的過程。所以，進攻者即使沒有面臨在危機狀態中受到防禦者攻擊這樣的困難局面，而且透過迂迴取得了稍大的活動空間，但所處的境地仍然不如防禦者有利。

討論江河時我們不僅要涉及它的水量，而且更要重視河谷的深度，因此，我們必須事先說明，不應該把河谷理解為真正的山谷，否則，在這裡就要運用有關論述山地時所考察過的一切理論了。但是，眾所周知，在很多平原地方，甚至很小的河流也有陡峭的深谷。此外，如果河岸上有沼澤或有其他能妨礙敵人接近的障礙物，這也都屬於該範疇。

因此，在這些條件下，將防禦的軍隊部署在中等江河或者較深的河谷之後就是一種非常有利的部署，這樣的江河防禦應該算做最好的戰略措施。

這種防禦的弱點，即防禦者容易犯錯誤的地方，在於軍隊的防線容易過長。防線過長時，防禦者會很自然地把軍隊分散在可能被使用的渡河點上，因而忽略了必須封鎖真正被使用的渡河點。然而，如果不能把整個軍隊集中在真正的渡河點作戰，就不能達到這種防禦應有的效果。在這種情況下，即使軍隊沒有被整體消滅，但一次戰鬥的失敗，一次不得已的撤退以及各種各樣的混亂局面和損失都會使整個軍隊面臨徹底失敗。

在上述條件下，防禦者不應該把防線延伸得過長，並且必須在敵人渡河的當天傍晚以前把自己的兵力集中起來，這兩點我們已經作了充分的闡釋，因此無須討論那些受地形條件限制的時間、兵力和空間的配合問題了。

在這些情況下發生的會戰必然有其特點，即防禦者的行動必須非常猛烈，因為進攻者的佯渡使防禦者一時弄不清情況，通常只有到了最緊急的時刻，防禦者才能弄清真相。防禦者在局勢方面之所以有利，是因為正面的敵

軍處於不利的境地。如果敵軍的其他部隊從其他渡河點過來包圍防禦者，那麼防禦者就不能像在防禦會戰中那樣，在後面有力地打擊這部分敵軍，因為這樣做他會失去有利的局勢。因此，他必須在這部分敵軍還沒有威脅到他的時候，先解決正面上的問題，也就是說，他必須盡可能迅速而有力地擊敗正面的敵軍，從而解決全部問題。

不過，這種江河防禦絕不是以抵抗具有顯著優勢兵力的敵人（這在大江河的直接防禦中還是可以設想的）為目的。實際上，在這種防禦中，防禦者通常需要對付敵軍的絕大部分，即使情況對防禦者有利，人們也很容易看出，在這裡必須考慮兵力對比問題。

大部隊在一般大小的江河和深谷進行的防禦就是這樣。如果在河谷的邊緣進行強有力的抵抗，會造成陣地分散的不利情況，對大部隊來說，不能採用這種方法，因為大部隊所追求的是決定性的勝利。如果僅僅是較頑強地守住次要的防線，進行暫時的抵抗以等待援軍，那麼，當然就可以在河谷邊緣、甚至在河岸進行直接防禦。在這裡雖然不能期望得到山地陣地那樣的有利條件，但是抵抗的時間比在一般地形上總會長些。只有在河道蜿蜒曲折時（深谷中的河流往往是這樣），防禦者進行這種防禦才是非常危險的，甚至是不可能的。只要看一看德國境內摩澤爾河的河道就可以了解這一點。在那裡防守河道突出部分的部隊撤退時恐怕不可避免地要被消滅。

很明顯，大部隊在一般大小的江河上採用的防禦手段，也可以用在大江河上，而且這裡的條件更為有利些。一旦防禦者要爭取徹底的勝利，他們總要運用這個手段，如阿斯波恩會戰。[2]

至於防禦者為了把江河或深谷作為阻止敵人接近的戰術障礙，也就是作為戰術上加強的正面，而緊靠江河或深谷部署部隊，這完全是另一種情況。

2　一八〇九年拿破崙率法軍侵入奧地利，於雷根斯堡附近擊敗卡爾大公後，於五月十三日攻克維也納。卡爾大公於維也納附近與拿破崙隔多瑙河對峙。五月二十一日中午，法軍四萬人渡過多瑙河，於阿斯波恩和埃斯林格之間占領陣地。卡爾大公見時機已到，率軍向法軍發起攻擊，經激烈戰鬥後大敗法軍。五月二十二日，法軍被迫退回多瑙河中的洛保島。

對這個問題的詳細研究是戰術範圍內的事情，但我們要指出的是，從效果上來看，這實際上完全是自欺欺人的辦法。如果陡谷很深，陣地正面當然絕對不可攻破，但是由於通過這種陣地側旁與通過任何其他陣地的側旁一樣容易，所以防禦者這樣部署軍隊實際上幾乎就是自動讓路給進攻者，這顯然不會是該部署的目的。因此，只有當地形對進攻者的交通線十分不利，以致他一離開自己的通道就會產生極為不利的後果時，防禦者這樣部署軍隊才可能是有利的。

採用第二種防禦手段時，進攻者的佯渡會給防禦者帶來更大的危險，因為這時進攻者更容易實施佯渡，而防禦者的任務卻是要把全部軍隊集中在真正的渡河點上。但是，在這種場合防禦者在時間方面並不十分緊迫，因為在進攻者把全部兵力集中起來占領幾個渡河點以前，條件一直對防禦者有利。此外，與對單線式防禦進行佯攻的情況相比而言，進攻者在這種場合進行佯渡的效果要小一些，因為在單線式防禦中必須保證每一個據點都不被攻破，因而預備隊的使用就是比較複雜的問題，此外，在單線式防禦中需要判明敵人最先可能攻占哪個地點，而在這裡卻只要弄清敵人的主力在哪裡就可以了。

關於上面所說的在大江河和一般大小的江河上進行的這兩種防禦，我們還必須概括性地強調：如果在倉促和混亂的撤退過程中部署這兩種防禦，而缺乏準備，沒有清除渡河器材，也沒有確切地考察地形，那麼當然就達不到上面所說的任何效果了。在這種情況下大都不可能具備有利的條件，而為了取得這些有利條件而把兵力分散在寬大的陣地上則是極為愚蠢的做法。

總之，在戰爭中凡是在目的不明確和意志不堅定的情況下所做的努力都免不了會導致失敗，與此類似，如果因沒有勇氣與敵人會戰而選擇了江河防禦這種手段，指望利用寬闊的江河和低深的河谷來阻擋敵軍，那麼，江河防禦是不會帶來好結果的。在這種情況下，統帥和軍隊對自己的處境沒有真正的信心，他們往往憂慮重重，這種憂慮往往很快就會變成事實。畢竟，會戰不像決鬥一樣，預設雙方擁有同等的條件。一個防禦者，如果在防禦過程中不善於利用防禦的特點，不善於利用迅速的行軍、熟悉的地形和自如的移動

獲取利益，那麼，他就是不可挽救的。江河和河谷根本不能拯救這樣的防禦者。

第三種防禦手段是在敵岸占領堅固的陣地。這種防禦所以能夠產生效果，是因為敵人的交通線在這種情況下被河流切斷，從而被限制在一座或二、三座橋樑上。顯而易見，這裡指的只能是流量充足的大江大河，因為，只有大江大河才能造成這種情況的出現，與此相反，一條谷深水少的江河一般都有很多渡口，因而根本不可能產生上述危險。

這種陣地必須非常堅固，幾乎無法攻破，否則就會符合敵人的希望，防禦者也就失去了有利的條件。如果陣地堅固到敵人不敢進攻的程度，那麼在某些情況下，敵人甚至會被束縛在他所在的河岸上。假如他渡河，他就會失去自己的交通線。當然，他也可以威脅防禦者的交通線。這時，情況就與雙方相互從對方陣地側旁通過時一樣，一切都取決於：誰的交通線在數量、位置和其他方面有更好的保障；誰在這種場合下做其他打算時面臨失敗的可能性更大，也就是誰做其他打算時可能會輕易地被對方戰勝；最後，誰的軍隊有更多致勝力量的保障，以便在緊急情況下能有所依靠。在這種情況下，江河的作用無非是增加了交通線面臨的危險，因為雙方的交通線都被限制在橋樑上。通常，由於有要塞掩護渡河點和各種倉庫，所以防禦者比進攻者要更安全些。如果這一點能夠肯定，那麼這種防禦手段當然是可以採用的。甚至當其他措施不適於對江河進行直接防禦時，也可以用這種防禦手段來代替直接防禦。這樣，雖然軍隊沒有防守江河，江河也沒能掩護軍隊，但是二者的結合保證了國土的安全，而這正是所要達到的目的。

但是必須承認，這種不進行決戰的防禦，就像正負電荷簡單地接觸時產生的電壓一樣，只適於阻止較小力量的攻擊。如果對方統帥小心謹慎、猶豫不決、不會輕易受任何因素的影響而採取猛烈行動，那麼，即使他擁有兵力上的極大優勢，防禦者還是可以採取這種防禦。同樣，當雙方形成平穩的均勢，彼此力爭的僅僅是微小的利益時，防禦者也可以採取這種防禦。但是，如果要面對的是冒險家指揮下的優勢兵力，採取這種防禦就有走向滅亡的危險。

另外，這種防禦方法看起來既大膽而又合乎科學，以致可以稱得上高雅的防禦方法。但是，高雅的作風一般容易流於華而不實，而戰爭卻不像社交那樣可以容許華而不實的作風存在。因此，採用這種高雅方法的實例是很少見的。不過，這第三種防禦手段可以用作前兩種的特別補充，即透過這種手段控制橋樑和橋頭堡以便使軍隊可以隨時渡河威脅敵人。

這三種江河防禦手段中的任何一種，不僅可以是主力進行的絕對抵抗，而且還可以是假抵抗。

防禦者固然可以採取其他很多措施，構築不同於行軍中野營地的陣地，使這種消極抵抗能產生絕對抵抗的假象。但是，只有這一系列措施相當複雜，以致敵人以為其效果會比其他場合更大、更持久時，在大江河進行的假防禦才能發揮到真正的欺騙作用。對進攻者來說，面臨敵人而強行渡河總是一個重大的步驟，因此，採取這樣的行動時往往要考慮很久，有時要將行動延遲到更有利的時機。

因此，進行這種假防禦時，防禦者有必要大體上像真防禦那樣將主力分布、部署在河邊。但是，僅僅假防禦這種意圖本身就說明當時的情況是不利於真防禦的，因此，各部隊哪怕是進行微弱的抵抗，也會由於防線較長和部隊分散而有遭到重大損失的危險。就實際意義而言，這是一種不完全的措施。可見，進行假防禦時一切行動的目的都在於必須使軍隊確實能集中在遙遠後方（往往有幾日行程的距離）的某一地點，因此假防禦時進行抵抗只能以不妨礙這一集中為限度。

為了清楚地闡述我們的看法，並指出這種假防禦可能有的重要意義，我們想提一下一八一三年戰役末期的情況。當時，拿破崙率領約四至五萬人退過了萊茵河。聯軍按照自己前進的方向本來是可以在曼海姆到奈梅根這個區域內輕而易舉地渡河的。對拿破崙來說，要以上述兵力防守這段河流實際上是不可能的。他只能考慮在法國的馬斯河沿岸附近進行第一次真正意義上的抵抗，因為在那裡他可以得到一定的增援。但是，假如他立刻退到馬斯河，聯軍就會緊緊地追至那裡，而假如他讓部隊渡過萊茵河去紮營休息，那麼同樣的情況不久也會出現，因為聯軍即使小心謹慎到極為膽小的程度，也會派

遣一些哥薩克和其他輕裝部隊渡河，而一旦知道渡河非常順利，他們一定還會派其他部隊接著渡河。因此，法軍有必要在萊茵河進行認真的防禦。可以預見，聯軍一旦真正渡河，這個防禦就失去了任何意義。所以，這次防禦可以看作是純粹的假防禦。但在這種場合，法軍根本不用冒任何危險，因為他們的集中地點是在摩澤爾河上游。大家知道，只是麥克唐納犯了錯誤，他率領二萬人停留在奈梅根附近，一直等到一月中旬溫岑格羅迭軍（該軍到達較遲）把他逐走時他才後退，這就妨礙了他在布里昂會戰以前與拿破崙會師。可見，正是萊茵河的假防禦才促使聯軍停止了前進，並且不得不下決心把渡河時間延遲到援軍到來以後，也就是延遲了六個星期之久。對於拿破崙來說，這六個星期是極為寶貴的。假如沒有萊茵河上的這次假防禦，聯軍就會趁著萊比錫的勝利直驅巴黎，而法軍根本不可能在首都這邊進行一次會戰。

採取第二種江河防禦，即利用一般大小的江河進行防禦時，也可以採用這種欺騙手段，只是一般來說效果要差得多。因為嘗試性的渡河在這種場合是比較容易成功的，因而這種戲法很容易被戳穿。

採取第三種江河防禦時，佯動的效果恐怕要更差一些，就其效果而言，它不會超過任何臨時占領的陣地。

最後，前兩種防禦手段非常適用於為某種非主要目的而設置前哨線或其他防線（單線式防禦），它們也適用於僅僅為進行牽制而部署的非主力部隊，在有江河的情況下運用這兩種防禦手段，比在沒有江河的場合有更大的力量並有更大的把握。因為所有這些場合下進行的都是相對的抵抗，而這種難以通行的地形自然會明顯增強相對抵抗的威力。在這裡人們不僅應該認識到，抵抗戰鬥能贏得相當長的時間，而且應該認識到，敵人在每一次行動前都會有很多顧慮，如果不是緊迫的原因，這些顧慮有百分之九十九的可能會使他的行動中止。

第十九章
江河防禦（下）

現在我們再談談不設防的江河對國土防禦所產生的作用。

任何一條江河，連同其主流的河谷和支流的河谷，可以構成一個龐大的地形障礙，因而一般對防禦有利。我們從以下幾個主要方面對它特有的影響做進一步說明。

首先，我們必須分清江河與國境，即與總戰略正面是並行的，還是斜交或直交的。如果是並行的，我們還必須確定江河是在防禦方的背後，還是在進攻方的背後，並確認在這兩種情況下軍隊與江河之間的距離。

如果防禦部隊背後不遠的地方（但不少於一般的一日行程）有一條大河，河上有足夠的安全渡河點，則防禦者所處的位置無疑比沒有江河時有利得多。這是因為，雖然防禦者由於渡河點的限制在行動上失去部分自由，但在戰略後方的安全上（主要是交通線的安全）仍能獲得很大利益。顯而易見，我們這裡考慮的是在本國內進行的防禦。因為在敵國，即使敵軍在前，防禦方仍然不能不時常或多或少擔心它出現在自己背後的江河對岸，此時由於渡河點有限，江河對防禦方處境的影響更多是有害而不是有利的。江河在軍隊背後越遠，對軍隊的利益就越少，到了一定距離，它的影響就完全消失了。

如果進攻的軍隊不得不渡江前行，則江河對其移動只會產生不利的影響，因為它的交通線被限制在江河的幾個渡河點上了。一七六〇年亨利親王在布雷斯勞附近的奧德河右岸迎擊俄軍時，顯然是以其身後一日行程遠的奧德河為依托的。與此相反，切爾尼曉夫指揮下的俄軍後來渡過奧德河以後，卻處於非常不利的位置，即有陷入喪失整個退路的危險，因為他只控制一座橋樑。

　　如果江河與戰區正面或多或少成直交，則江河又會給防禦者帶來利益。這是因為，第一，由於有江河依托和可以利用支流的河谷來加強正面，通常可以占領很多有利的陣地（例如七年戰爭中易北河對普魯士軍隊所造成的作用）。第二，進攻方要麼完全放棄兩岸中的一岸，要麼把兵力散開，而這樣分割兵力，對防禦方有利，因為防禦者占有比進攻者更多和更安全的渡河點。人們只要全面考察一下七年戰爭的情況就會明白，儘管整個七年戰爭中沒有在奧德河和易北河進行過一次真正的防禦，而且這兩條河與敵人的正面在大多數情況下都是斜交的或直交的，很少並行，但這兩條河卻對腓特烈大帝防守其戰區西里西亞、薩克森和布蘭登堡非常有利，從而大大妨礙了奧軍和俄軍占領這些地區。

　　一般看來，江河只有或多或少與戰場正面成直交並可以作為交通線時，它才對進攻方有利。因為進攻方的交通線較長，在輸送各種必需品方面困難較大，所以水運必然會主要給其帶來極大的方便和益處。在這種情況下，雖然防禦方也有其有利的一面，即可以在國境一側以要塞封鎖江河，但是，國境那邊的一段江河給進攻者帶來的益處卻不會因此而消失。不過，有些軍事上從其他角度看寬度並不小的江河卻不能通航；有些江河不是四季都可以通航，有些江河逆流航行時非常緩慢，往往十分困難；有些大江河曲折很多，往往使路程增加一倍以上；而且現在兩國之間的主要交通路多為公路；最後，現在大部分必需品通常都是在附近就地籌措，而不像經商那樣從遠處運來。如果人們考慮到這一切，就會清楚地看到，水運對軍隊補給所產生的作用根本不像書本上通常所描繪的那麼大。因此，它對事件進程的影響是微乎其微的，而且並不一定會有作用。

第二十章
沼澤地防禦和氾濫地防禦

一、沼澤地防禦

像北德意志的布爾坦格沼澤地那樣的大沼澤地是很少見的，因此不值得論述這樣的沼澤地。但是我們不應該忘記，窪地和泥濘的河岸卻是常見的，而且它們往往可以構成相當大的地段來進行防禦，事實上人們也經常這樣利用這些地段。

雖然沼澤地防禦的措施與江河防禦的措施大致相同，但是仍然需要注意以下幾個特點。

沼澤地的第一個特點和最主要的特點是，步兵除了沼澤通道以外別無他途，而通過它比渡過任何一條江河都困難得多。原因在於：第一，修築一條沼澤通道不像架一座橋樑那麼快；第二，沒有任何臨時運輸工具可以把掩護修築沼澤通道的部隊運到對岸。在江河上，只有當掩護部隊渡到對岸之後，才能開始架橋。但在沼澤地卻沒有任何相應的輔助工具可以運送掩護部隊過去。即使只是步兵，也只有鋪設木板才能通過沼澤地。但是，如果沼澤地相當寬闊，那麼鋪設木板通過沼澤地要比第一批渡河船隻抵達對岸需要的時間多得多。如果沼澤地中間出現一條不鋪設橋樑就不能通過的河流，那麼運送先頭部隊的任務就變得更加困難，因為如果只能鋪設木板，即使單兵可以通過，但卻無法運送鋪設橋樑所必須的笨重的器材。在某些情況下，這一困難是不可克服的。

沼澤地的第二個特點是，人們不能像破壞渡河器具那樣徹底地破壞沼澤地上的通道。橋樑可以破壞到根本不能利用的程度，甚至可以拆除，但沼澤通道卻充其量只能掘斷，而這樣做毫無意義。如果沼澤地中間有一道小河，

固然可以拆掉小河上的橋樑，但對整個通道的影響並不像大河的橋樑被破壞那樣大。因此，防禦方要想使沼澤地對自己有利，就必須投入相當大的兵力占領所有的沼澤通道，並且進行積極的防守。

這樣，在沼澤地的防禦中，人們一方面不得不進行扼守地區的防禦，而另一方面，由於沼澤通道以外的其他地段難以通行，又使這種防禦相對容易，而以上兩個特點必然使沼澤地防禦比江河防禦更侷限在一個地段以及更為被動。

由此可以得出結論：與在江河的直接防禦中所需兵力相比，在沼澤地防禦中投入的兵力必須多一些，換言之，投入相同的兵力，卻不能像在江河的直接防禦那樣控制較長的防線，在耕作發達的歐洲更是這樣，因為在這裡，即使情況對防禦最有利，通道的數目通常也非常多。

從這個角度來說，沼澤地不如大江河有利。認識到這一點非常重要，因為一切扼守地區的防禦都具有不可靠性和危險性。不過，這種沼澤地和窪地通常都很寬，甚至比歐洲最大的江河還寬，因而防守通道的哨位絕對不存在被進攻方火力壓制的危險，而哨位自身的火力卻因為這樣一條狹長的沼澤通道而提高了效果。在這樣一條一里或二里長的隘路上耽擱的時間比通過一座橋樑要多得多。從這一點看來，人們不能不承認，在通道並不太多的情況下，這種窪地和沼澤地可以列入世界上可能存在的最堅固的防線。

正如我們在討論江河防禦時曾經談到的那樣，在難以通行的地形上進行間接防禦，以便展開一次有利的主力會戰，這種方法在沼澤地上同樣適用。

但是，由於通過沼澤地需要耽擱很多時間而且困難很大，採取在敵岸占領陣地的第三種江河防禦方法在這裡就過於冒險。

有些沼澤地、水草地、低窪地有除了沼澤通道以外通過的方法，在這些地區進行防禦是非常危險的。敵方一旦發現一個可以通行的地段，就可以突破整個防線，而這在必須進行抵抗的情況下常常會給防禦方帶來重大損失。

二、氾濫地防禦

現在我們就來談一談氾濫地。氾濫地無論作為防禦手段，還是作為自然

現象來說，無疑都與大片沼澤地近似。

這種氾濫地的確是很少見的。荷蘭或許是歐洲唯一值得我們研究的氾濫地國家。正是在這個國家有過一六七二年和一七八七年值得注意的戰役，同時這個國家又處在與德、法兩國關係密切的位置，我們有必要對這種氾濫地進行一些研究。

荷蘭的氾濫地與普通沼澤地和通行困難的窪地有以下幾個不同特點：

第一，土地本身是乾燥的，或者是乾燥的草地，或者是耕地；

第二，在這片土地上縱橫交錯排列著很多深淺寬窄不同的、平行的排灌渠；

第三，在這裡到處都有供灌溉、排水和航行使用，而且兩岸有堤壩的大運河。沒有橋樑是不可能通過這些運河的；

第四，整個氾濫地的地面很明顯地低於海平面，同時也低於運河的水面；

第五，由此可見，掘斷堤壩，關閉和開放水閘就可以淹沒土地，這時除了較高的堤壩上的一些道路還是乾的，其他道路或者完全淹沒在水中，或者至少被水浸蝕到無法利用的程度。如果氾濫地的水深只有三、四尺，那麼必要時在短距離內還可以徒步行軍，但是當上述第二點所提到的小渠道淹沒在水中看不見時，它們也會妨礙徒步行軍。只有當這些渠道都朝著一個方向，人們可以在渠道之間行進而不必翻越任何渠道時，氾濫地才不會成為行進的絕對障礙。由此不難理解，這種情況常常只能在很短的距離內有效，也就是說只能用於十分特殊的戰術需要。

根據上述特點可以得出以下幾點結論：

第一，進攻方只能沿著有限的幾條通道行進，這些通道都位於相當狹窄的堤壩上，左右兩側通常都有水渠，因而形成一條危險的長

　　隘路。

第二，在這種堤壩上的防禦可以很容易地加強到堅不可摧的程度。

第三，然而，防禦方也受到限制，對各個地段只能採取最被動的防
　　　禦，因而只能寄希望於被動的抵抗。

第四，這裡的防禦與利用簡單的屏障保衛國土截然不同，在這裡，防
　　　禦方處處都可以利用障礙物掩護自己的側翼，阻攔敵人接近，
　　　可以不斷設置新的防禦陣地。第一道防線中的一段失守後可以
　　　利用新的一段來補充。我們可以說，在這裡配置的方式像在棋
　　　盤上布棋一樣，簡直是無窮無盡。

第五，但是，一個國家只有在耕作發達、人口稠密的前提下才有可能
　　　做到這一點，因此，通道和封鎖通道的陣地自然比在其他戰略
　　　部署中要多得多；從這裡又可以得出結論：這種防線的正面不
　　　應當是寬闊的。

　　荷蘭最主要的防線從須德海濱的納爾登起，中間絕大部分從佛赫特河
後面經過，最後到伐爾河畔的霍林赫姆止，實際上是到比斯博斯地區，長約
四十里。一六七二年和一七八七年，荷蘭人曾經部署二萬五千人到三萬人防
守這條防線。如果守軍確實能夠進行不屈不撓的抵抗，那麼肯定能產生很大
的作用，至少對防線後面的荷蘭省來說是這樣。一六七二年，這條防線確實
抵擋過兩位統帥（最初是孔代，後來是盧森堡）所指揮的優勢兵力。他們本
來可以率領四萬到五萬人進攻這條防線，但是，他們卻按兵不動，想等待冬
季的到來，結果冬季並不十分寒冷。與此相反，一七八七年在這第一條防線
上進行的抵抗卻絲毫沒產生任何作用。甚至在須德海與哈勒姆海之間短得多
的防線上進行的抵抗也在一天之內就被粉碎了。儘管這裡的抵抗稍微強一
些，而實際向這條防線前進的普魯士軍隊的兵力並不比防禦方的兵力大多
少，甚至根本不大，但因為布倫瑞克公爵採取的戰術部署是巧妙的且適應當
地情況，這條防線在一天之內就被粉碎了。

　　兩次防禦之所以結果不同的原因在於最高司令官不同。一六七二年，荷

蘭人在絲毫沒有戰備的情況下遭到路易十四的突然襲擊，每個人都知道，在這種情況下，荷蘭軍隊的士氣不高。當時絕大多數要塞裝備很差，守備部隊戰鬥力很弱，而且都是僱傭兵，要塞司令官要麼是一些背信棄義的外國人，要麼是一些庸碌無能的本國人。因此，荷蘭軍隊原來從布蘭登堡手裡占領的萊茵河沿岸要塞以及他們自己在上述防線以東所有的要塞（除格羅寧根以外）大都未經真正防禦就很快地陷入法國人手裡了。當時，十五萬法軍的主要任務就是占領這一批要塞。

但是，一六七二年八月，德‧維特兄弟被殺，奧倫治公爵執政，在防禦上有了統一的指揮，還有時間使上述防線重新組成一條完整的防線，各項措施配合默契，以致杜倫尼和路易十四率領兩支軍隊離開後，孔代和盧森堡這兩位指揮留駐荷蘭法軍的司令官就都不敢對這條防線上的各個防哨採取什麼行動了。

而一七八七年的情況就完全不同了。真正反對進攻方和進行主要抵抗的已經不是七省聯合組成的共和國，而只是荷蘭一省。這次根本用不著占領所有的要塞（這在一六七二年卻是主要的），防禦從一開始就集中在上述防線上。進攻方並不是十五萬人，而僅僅是二萬五千人，而且擔任指揮的不是鄰國有權勢的國王，而是一個遠方國家派遣的處處受到限制的統帥。雖然包括荷蘭省在內的全國國民都分裂成兩派，但是共和派在荷蘭省卻占絕對優勢，而且當時人民的情緒確實是十分高昂的。在這種情況下，一七八七年的抵抗至少應該取得和一六七二年的抵抗同樣好的結果。但是，在一七八七年有一個不利的因素，那就是沒有統一的指揮，這是與一六七二年抵抗戰最大的不同。一六七二年指揮全權交給了英明而堅強的奧倫治公爵，一七八七年卻交給一個所謂防務委員會，這個委員會的四個成員雖然都很頑強，但他們互不信任，所有活動不能協調一致，因而整個委員會的工作漏洞百出而軟弱無力。

我們花費這麼多的時間談這個問題，為的是進一步明確這一防禦措施的概念，同時指出，整個指揮在統一性和連貫性上的不同所產生的效果具有多麼大的差別。

　　雖然防線的組織和抵抗方法屬於戰術問題，但是我們卻不能不就一七八七年戰役來說明一下這種抵抗方法，因為它已經涉及到戰略問題。我們認為，儘管各個防哨的防禦就其性質來說必然是很被動的，但是，當敵人像一七八七年那樣兵力不占顯著優勢時，從防線的某一地段進行主動出擊並不是不可能的，而且往往結果不錯。儘管這種主動出擊只能在沼澤通道上進行，不會有很大的移動自由和特別大的衝擊力量，但是，對於用不著的一切沼澤通道和道路，進攻方是不會占領的，因此熟悉本國國土情況並占據堅固陣地的防禦方還可以利用這種主動出擊對前進中的各個進攻縱隊進行真正的翼側攻擊，或者切斷它們的補給。考慮到進攻方所受到的限制，特別是比其他一切情況更依賴於交通線的情況，人們完全理解，防禦方任何一次主動出擊，即使其成功的可能性極小，甚至僅僅是一種佯動，也必然會收到很好的效果。荷蘭軍隊只要實施一次這樣的佯動（例如從烏特勒支出發），我們就有必要懷疑，小心謹慎的布倫瑞克公爵是否還敢接近阿姆斯特丹。

第二十一章
森林地防禦

首先，我們必須把茂密的、難以通行的野生林區與大面積的人造林區分開，人造林一方面非常稀疏，另一方面又有無數道路縱橫其間。

防禦時，人們應該在人造林的前面建立防線，或者盡可能地避開它。防禦方比進攻方更需要開闊的視野，這一方面因為防禦方通常兵力較弱，另一方面因為從防禦地位的有利條件來看，他必須後發制人。如果防禦方在一片森林的後面建立防線，那就會使自己像瞎子與正常的人作戰一樣。如果他在森林中間設防，那麼雙方就都成了瞎子，這種雙方利害相等的條件與防禦方的要求相距甚遠。

因此，防禦方只能在這種森林的前面設防，借助森林隱蔽自己後方，利用森林來掩護撤退。除此之外，森林地不能給防禦方的戰鬥帶來任何其他利益。

這裡談的只是平原上的森林地，因為任何一個地方如果具有明顯的山地特點，此特點必然對戰術和戰略有很大影響，而關於山地特點的影響問題我們在前面已經談過了。

但是，難以通行的森林，即只能從固定通道行軍的森林，無疑會像山地一樣可以透過間接防禦為戰鬥創造有利的條件。這時防禦方的軍隊可以在森林後面保持一定程度的集結，等到敵人從林中隘路出來時立即進行襲擊。從效果來看，這種森林地與其說接近於江河，還不如說接近於山地，因為森林中的道路雖然很長和不易通行，但從撤退的角度來看，森林卻是利多弊少的。

即使森林通行十分困難，森林的直接防禦仍然是一種冒險行為，甚至對輕裝的前哨部隊來說也是如此。因為鹿砦僅僅是心理障礙，任何森林通行的

困難程度都不會大到足以阻止小部隊從成百個地段通過，這些小部隊對一條防線來說就像滲透堤壩的頭幾滴水一樣，它們可以迅速地使整個堤壩決潰。

　　任何大森林對民兵的活動的影響都是至關重要的，大森林無疑是民兵真正的活動場所。因此，如果戰略防禦計畫能夠使敵人的交通線通過一些大森林，那麼就等於為防禦添上了強有力的槓桿。

第二十二章
單線式防禦

　　凡是用一系列相互聯繫的防哨來直接掩護某一地區的防禦部署都可以稱為單線式防禦。我們所以說直接掩護，是因為一支大部隊分幾個單位並列部署時，不構成單線式防禦也能掩護廣大地區不受敵人侵犯，只不過這種掩護不是直接的，而是透過一系列行動和運動的結果實現的。

　　要想直接掩護廣大地區，就必須有很長的防線，這樣長的防線顯然只具備很小的抵抗能力。即使在這條防線上部署最大的兵力，如果進攻的兵力與防禦的兵力差不多，這條防線的抵抗力還是很小的。因此，單線式防禦的目的只是抵禦力量較弱的進攻（不論造成進攻力量較弱的原因是戰鬥意志不強，還是投入兵力不大）。

　　中國的萬里長城就是在這個意義上修築的，它是為抵禦韃靼人的侵襲而修築的屏障。與亞洲和土耳其接壤的歐洲各國，它們所有的防線和邊防設施也都具有相同的意義。在這種場合採取單線式防禦，既非不合理，也非不符合目的。當然，這種防禦並不能防止每一次侵襲。但是，它畢竟能增加侵襲的困難，因而能減少侵襲的次數。在這些國家與亞洲各民族幾乎總是處於戰爭狀態的情況下，防線的這種作用是非常重要的。

　　在現代戰爭中歐洲各國之間的防線，與這種單線式防禦極為相似，如萊茵河畔和尼德蘭境內法軍的防線就是這樣。建立這些防線的目的，實際上只是防止敵人為了徵收軍稅和掠奪物資而對國土發動進攻。這些防線只是用來抵禦敵人的小規模行動，因而只宜使用次要的力量。但是，當敵軍用主力進攻此類防線時，防禦方當然也就不得不用主力防守此類防線，這種防禦不能說是最好的。由於存在這種不利，以及由於防止敵人的臨時侵襲並不是主要目的，用這種防線去達到這個次要目的又很容易過多地浪費兵力，因此在

今天看來，這種防線是有害的手段。戰爭的威力越大，這一手段就越沒有益處，就越有危險。

最後，為掩護軍隊紮營而設置的具有一定抵抗能力的、正面寬大的前哨線防禦，也可以看作是真正的單線式防禦。

前哨線進行的抵抗主要是針對威脅個別營地安全的襲擾，在地形有利的情況下，這種抵抗足以發揮作用。如果進攻的是敵軍主力，前哨線就只能進行相對的抵抗，也就是說只能為了贏得時間而進行抵抗。而且，這樣贏得的時間在大多數情況下也不會很長，因此也不能把贏得時間看作是前哨線防禦的目的。敵軍的集結和進軍絕不可能保密到防禦方只有透過前哨的報告才能發覺它。如果防禦方處於這樣的境地，他的處境就不妙了。

可見，即使在這種情況下，單線式防禦也只是用來抵禦力量較弱的進攻，而且像在其他兩種場合一樣，並不與其使命發生矛盾。

但是，把肩負抵抗敵軍主力與保衛國土重任的主力分散成一長列的防哨，也就是把它們分開部署成單線式防禦，是非常不合情理的，我們有必要詳細地探討隨同這種部署出現的情況和造成這種部署的原因。

任何山地陣地，即使它是為了集中兵力進行會戰而占領的，也都可以而且必須有比平原陣地更寬大一些的正面。這種陣地的正面之所以可以寬大一些，是因為地形條件使抵抗能力大大提高了。這種陣地的正面之所以必須寬大一些，是因為防禦方，像我們在山地防禦幾章中已經說過的那樣，需要有一個更廣闊的撤退用的地區。但是，如果沒有很快進行會戰的可能，如果敵人有可能與我們長時間對峙，不出現對他有利的時機就不會採取行動（這是大多數戰爭中極為常見的狀態），那麼，防禦方自然就可以不侷限於只占領最必需的地區，他自然就可以在保障軍隊安全的前提下向左右盡可能多控制一些地區，從而取得種種優勢，這一點我們還要進一步說明。在便於通行的開闊地帶，人們透過移動可以比在山地更有效地達到這一目的，因此，在開闊地區很少有必要透過擴大陣地正面和分散兵力來達到這個目的。同時，這樣做也非常危險，因為分散的每個部分只有較小的抵抗能力。

但是，在山地要想保住任何一個地區，主要依靠扼守地區的防禦。在

山地，防禦方不可能很快地趕到受威脅的地段，如果敵人搶先一步，那麼，即使防禦方投入的兵力比進攻方大一些，他也很難把敵人趕走。由於這些原因，人們在山地防禦時經常採用的兵力部署，儘管不是真正的單線式防禦，也是近乎單線式防禦。當然，這種分散成許多防哨的部署和單線式防禦還有區別，但是，統帥往往在不知不覺中跨過這個差別而陷入單線式防禦。最初，他們分散兵力的目的只是為了掩護和保住某個地區，後來是為了軍隊本身的安全。每個防哨的指揮官都希望占領自己防哨左右的這個或那個地段以便對自己有利；這樣一來，整個部隊就在不知不覺中逐漸地把兵力分散了。

　　因此，以主力進行的單線式防禦，我們認為並不是為了制止敵人軍隊的進攻而有意選擇的作戰形式，而是防禦方為了追求另一個與此完全不同的目的（即在敵人無意採取決定性行動時為了保住和掩護自己的國土）而陷入的一種狀態。儘管如此，陷入這種狀態總是一種錯誤，而誘使統帥陸續派出一支支小部隊去設立防哨的理由，與軍隊主力所要達到的目的相比，總是無足輕重的。我們上面這樣的認識只是說明統帥有可能產生這樣的錯誤。人們往往沒有注意這是由於對敵我形勢估計的錯誤，而認為是防禦方法本身有缺陷。而且，每當採用這種方法取得有利的結果時，或者至少沒有遭受損失時，他們又默認這種方法是有效的。在七年戰爭中亨利親王在他指揮的幾次戰役裡，雖然採取了最令人難以理解的、最明顯的正面寬大的防哨部署，因而這幾次戰役比任何其他戰役更像是單線式防禦。但是，腓特烈大帝認為這幾次戰役是無可非議的，人們也就因此對之讚不絕口了。人們當然完全可以為親王這些部署辯解，他們可以說親王是了解情況的，他知道敵人不會採取任何重大的行動，他部署軍隊的目的始終是盡可能占領寬大的正面地區，所以只要情況許可，他是應當盡可能地擴大防禦正面的。但是，假設親王由於這種部署而遭到失敗、損失慘重，人們恐怕就會這樣說了：這並不是親王採用的防禦方法本身有缺陷，只是他選擇手段不恰當，使用這種方法的條件並不適宜。

　　以上我們詳盡地說明了主力部隊在戰區內是怎樣形成所謂單線式防禦的，並且說明了這種防禦怎樣才是合理的、有利的，而不至於落入荒謬的程

度。但是，我們還必須指出，統帥或他們的司令部，有時確實可能由於忽略了單線式防禦本來的意義，而把它的相對價值絕對化了，相信它真能防止敵人的任何進攻，這樣就不是採用手段不當，而是把手段完全理解錯了，事實上似乎也曾經有過這種情況。我們認為，一七九三年和一七九四年普、奧兩軍在孚日山的防禦中似乎就做的是這種蠢事。[1]

1　一七九三年十月十日，上萊茵地區的普奧聯軍（由奧地利的烏爾姆塞爾指揮）在孚日山區魏森堡一帶擊退法軍，於是構築了長達五十公里的防線（自萊茵河左岸德魯森海姆至魏森堡，共築野堡三十七個），用來掩護冬季營地。十二月底法軍反攻，在這條防線上突破一點後，整個防線即陷於瓦解，聯軍被迫放棄攻占不久的地區而退守萊茵河右岸。

第二十三章
國土的鎖鑰

在軍事藝術中，任何理論概念在批判時都沒有受到我們將要談到的這個概念那樣的重視。這個概念是人們在記述會戰和戰役時最愛加以炫耀的東西，是常用來做出論斷的根據，是一種徒具科學形式的、不完整的論據，只是批判者用來誇耀自己博學的東西。但是，這個概念卻既沒有定義，也從來沒有人能清楚地加以說明。

我們將盡力把這個概念闡述清楚，並且看一看它對實際行動究竟有什麼價值。

我們之所以在這裡才研究這個概念，是因為與它直接相關的山地防禦和江河防禦以及堅固陣地和築壘陣地等概念必須先闡述清楚。

這是一個古老的軍語，是一個暗喻，其包含的概念卻是混亂而不明確的，它有時指最容易接近的地區，有時卻又指最難以接近的地區。

一個要侵入敵國就必須占領的地區，當然可以稱做是國土的鎖鑰。但是，理論家並不滿足於賦予這個概念這樣簡單明瞭、但內容卻不大豐富的涵義，於是他們把它的涵義擴大了，把它設想為能決定全部國土得失的地區。

當俄國人想要進入克里米亞半島時，他們首先必須控制彼烈科僕地峽和那裡的防線，這樣做並不是為了取得入口（因為拉西在一七三七年和一七三八年曾兩度繞過這條防線），而是為了能夠比較安全地據守在克里米亞。這個事件非常簡單，在這裡用鎖鑰地點這個概念當然說明不了太多的問題。然而，如果有人說，誰占有了朗格勒地區，誰就占有或者控制了整個法國乃至巴黎，或者換句話說，誰就可以決定要不要占領直到巴黎的整個法國，那麼這顯然是重要得多的另一回事了。按照前一種看法，如果不占領所謂鎖鑰地點，就不能占領整個地區，這是只要有普通常識就可以理解的。但

是，按照第二種看法，如果占領了我們稱為鎖鑰的地點，結果就一定能夠占領整個地區，這就顯然有點不可思議了。普通常識已不足以理解這種看法，在這裡就需要用神祕哲學的魔法了。大約在五十年前，這種難以理解的神祕觀念開始在書本中出現，到十八世紀末它發展到了頂點。雖然拿破崙的戰爭史明確而極具說服力地消除了對這種看法的迷信，但是我們卻仍然可以在一些書本中看到這種難以理解的神祕觀念的存在。

拋開我們所理解的鎖鑰地點的概念，很明顯在任何國家裡都有一些特別重要的地點，在那裡有很多道路匯合在一起，便於籌集物資和向各個方向移動，簡單點說，占領了這些地點就可以滿足許多需要，得到許多優勢。如果統帥們想用一個詞來表示這種地點的重要性，而把它叫做國土的鎖鑰，那麼似乎只有書呆子才會加以反對，我們認為用這個詞表示這種地點是很明確的，是十分令人滿意的。但是，如果有人想以樸素的語言表達的這朵小花變成一顆種子，並使它發展成系統的理論，像一棵大樹那樣有著繁茂的枝幹，那麼理智健全的人就不得不來恢復這個名詞真正的涵義了。

統帥們在敘述他們的軍事活動時所使用的國土鎖鑰這一概念是有實用性的，然而其涵義是不明確的，如果人們想把這一概念發展成為系統的理論，就必然要釐清這些極不明確的涵義，這些涵義因此就更特定也更受限制了。這樣，人們就從所有與這個概念有關的內容中選出了高地。在一條通過山脊的道路上，人們在到達最高點後開始下坡的時候，都是滿心歡喜的。對單身行人是如此，對軍隊更是如此。這時，一切困難似乎都已經克服，在大多數情況下事實也的確如此。下坡是一件容易的事情，這時人們會覺得自己比企圖阻擋他們的任何人都占優勢，他可以看到前面的整個地區，並可以在事先就輕易控制整個地區。因此，一條通過山嶺的道路的最高點經常被看作是具有重大意義的地點，在大多數情況下事實的確是這樣，但絕不是在所有情況下都如此。所以，統帥們在敘述他們的歷史時常常把這樣的地點叫做鎖鑰地點，當然，他們是在另一種意義上，通常是從狹隘的角度上把這些地點叫做鎖鑰地點的。有一種錯誤的理論主要就是以這種看法為基礎的（勞合也許可以說是這種理論的創始人），它把通向某個地區的幾條道路的匯集點所在的

高地看作是這個地區的鎖鑰地點，看作是控制這個地區的地點。這種看法很自然地和一個與它非常相近的觀念（即系統的山地防禦）融為一體，因而使問題越來越玄虛了。人們再把山地防禦中有重要作用的一系列戰術要素和它聯繫起來，就會很快離開山地道路的最高點這個概念，而總是把整個山脈的最高點，即分水點看作是地區的鎖鑰。

正是在那個時期，即十八世紀的下半葉，流行著一種比較明確的看法，即認為地球表面是由沖刷過程形成的，於是自然科學就以地質學的形式支持了軍事理論，並沖潰了實踐中獲得的常識的堤壩，當時的各種論斷都是按地質學進行類比而得出的，非常不切實際。因此，人們在十八世紀末聽到（應該說讀到）的，除了關於萊茵河和多瑙河的起源以外，就沒有別的東西了。誠然，這種胡鬧多半只是出現在書本上，而書本上的知識能夠進入現實世界的永遠只是一小部分，況且理論越荒謬，進入現實世界的就越少。但是，我們這裡談到的這種理論對德國並不是沒有產生過壞的影響，我們不是信口胡說。我們只要提一下兩個事件，就可以證實這一點：一個是一七九三年到一七九四年普魯士軍隊在孚日山的兩次重要的戰役，這兩次戰役都受了格拉韋爾特和馬森巴赫的學究氣濃重的書本理論的影響。第二個是一八一四年的戰役，當時一支二十萬人的軍隊盲目地遵循這種理論，通過瑞士開往朗格勒。[1]

一個地區的高地，即使是所有河流的發源地，通常也不過是一個高的地點而已。在十八世紀末和十九世紀初，人們所寫的關於這種高地對戰爭狀況的影響，由於誇大和濫用了這個本來是正確的概念，而完全成為荒誕無稽的東西。即使是一個萊茵河和多瑙河以及德國所有六大河流共同的發源地的山嶺，也至多不過在它上面設置一個三角標記，除此以外不可能有更大的軍事價值。要在這個山上設置煙火信號已經不大適宜，要設置騎哨就更不適宜，至於要部署一支軍隊，那根本就是無稽之談。

----

1   指施瓦岑貝格率領的反法聯盟軍主力。

　　因此，要在所謂鎖鑰地區（即各個支脈的共同發源地和水源的最高發源地）尋找一個地區的鎖鑰陣地，純粹是紙上談兵，甚至是違背自然規律的，在大自然中山脊和山谷並不像地形學所說的那樣便於從上而下通行，山脊和山谷實際上都是縱橫交錯著的，而且周圍山峰環繞、中間低窪積水的情況也並不少見，人們只要看一看戰爭史就會知道，某地區在地質學上的重要地點，在軍事上所發揮的作用通常是很小的，人們構築的防線往往在它旁邊卻沒有利用它，因為具備其他地形條件和符合其他要求的地點比它重要得多。

　　我們之所以用了這麼長的篇幅來談這個錯誤的觀念，是因為有一種妄自尊大的學說就是以它為基礎的，現在我們暫時放下這個問題，先談談我們的看法。

　　我們認為，如果一定要在戰略範圍找到一個與鎖鑰陣地這個名詞相符合的獨立概念，那麼，它只能是侵入敵國時必須占領的地區。但是，如果想用這個名詞來稱呼任何一個便於進入敵國的入口，或者這個國家的任何一個容易靠近的中心點，那麼它就失去了原來的涵義，也就是失去了原來的價值，它就只能代表一些在某種程度上隨處可見的地點了。這樣，它就只是一個華麗的詞藻，除了讓人高興之外沒有什麼用處。

　　我們所說的鎖鑰陣地當然是很少的。在大多數情況下，最適於打開一個國家的門戶的鑰匙是對方的軍隊；只有具備了特別有利的條件時，地形才可能比軍隊更重要。我們認為，這種有利條件可能出現在下面的情形下：第一，部署在這個地點的軍隊借助地形優勢能夠在戰術上進行強有力的抵抗；第二，這種陣地可以在敵人威脅我方交通線以前，有效地威脅敵人的交通線。

第二十四章
側翼行動

在這裡我們談的是戰略側翼，也就是戰區的側面；至於會戰中從側翼攻擊（即戰術上的側翼活動），與此毫無關係，這點幾乎無須特別說明。即使當戰略上的側翼活動在與戰術上的側翼活動在最後階段合而為一時，我們也還是可以把二者明顯地區別開來，因為它們之間從來就不存在互為結果的必然聯繫。

這種側翼活動以及與此有關的側面陣地也都是人們在理論中用以炫耀自己的東西，而它們在戰爭中作用甚少。這並不是因為此種手段本身不能產生效果或只是空想的產物，而是因為敵對雙方通常在事先都會竭力防止受到這種威脅，所以無法預防的情況很少。然而，就是在這很少的情況下，該手段卻往往能產生巨大的效果。也正是由於它能夠產生這種效果以及在戰爭中會經常令人產生顧慮，故而在理論上對這種手段有一個明確的看法是十分重要的。儘管戰略上的側翼活動不僅適用於防禦，同樣也適用於進攻，但它畢竟與防禦更接近些，因此應該將其視為防禦手段之一。

在深入探討這個問題之前，我們必須提出一個簡單但在以後的考察中卻永遠不可忽視的原則，即：奉命在敵人背後和側翼行動的兵力不可能同時對敵人的正面發生作用。因此，無論是在戰略上還是在戰術上，如果認為深入敵後這一行動本身具有什麼價值，那就是大錯而特錯。這種行動本身是沒有價值的，只有當這種行動與其他條件聯繫在一起時，根據這些條件的好壞才能斷定採取行動是否有利。我們現在主要就是來探討這些條件。

首先我們必須把戰略的側翼行動區分為兩種：一種僅僅對交通線構成威脅，另一種對撤退路線（也可能同時對交通線）構成威脅。

一七五八年道恩派遣別動隊去攔截圍攻奧爾米茨的普魯士軍隊的運輸隊

時，他顯然無意阻止腓特烈大帝向西里西亞撤退，恰恰相反，他倒是希望能促使國王向那裡撤退而且他很樂意為國王讓路。

在一八一二年的戰役中，俄軍主力在九、十兩月派出的機動隊也只是要切斷其交通線，而並沒有阻止敵人撤退的意圖。但是，摩爾達維亞軍在契查哥夫指揮下向別烈津納河推進，以及維根斯坦將軍奉命向西德維納河畔的法軍各軍發動進攻，其目的卻顯然都在於阻止敵人撤退。

我們舉出這些例子僅僅是為了清楚地說明問題。

對交通線進行威脅是指襲擊敵人的運輸隊、小股後續部隊、通信員、個別來往人員以及小倉庫等等，也就是將敵軍用以維持戰鬥力和生活必需的一切東西作為襲擊的目標。其目的在於透過這種活動削弱敵軍，從而迫使敵軍撤退。

對敵人的撤退路線進行威脅，目的在於切斷敵軍的退路，因此只有當敵人真正下定決心撤退時，這種威脅方能奏效。當然，倘若這種威脅使敵人感到了危險，那麼它也能促使敵人後退。所以說假裝威脅敵人撤退路線，也可以獲得與威脅敵人的交通線同樣的效果。不過，如前所述，所有這些威脅不能單靠迂迴或兵力部署的幾何形式，只有具備了合適的條件，這些威脅才能產生效果。

為了更清楚地了解這些條件，我們把這兩種側翼行動分開來研究。現在首先研究對交通線的威脅。

在此我們必須首先提出兩個主要條件（要對敵人交通線構成威脅，必須具備這兩個條件中的一個）。

第一個條件是：威脅敵人的交通線的兵力無須過大，其數量應保證抽出這些兵力以後對正面進攻幾乎沒有什麼影響。

第二個條件是：敵人已經面臨進攻進程的終點，已經沒有能力再取得新的勝利，或者已沒有能力對我撤退軍隊進行追擊。

儘管第二個主要條件絕不像乍一看那樣少見，但我們還是暫時把它擱下，先研究與第一個主要條件相關的一些條件。

這些條件列舉如下：第一，敵人的交通線較長，幾支精銳的守備部隊不

足以掩護；第二，從位置上看敵人的交通線暴露在我軍的威脅之下。

敵人交通線暴露的情況可能有兩種，一種可能是他的交通線的方向沒有垂直於其軍隊部署的正面；另一種可能是他的交通線在我們的領土上通過。如果這兩種情況結合在一起，那麼暴露程度就更大。對這兩種情況都必須加以詳細的分析。有人也許會認為，如果軍隊掩護的是一條長二百至二百五十里的交通線，那麼在交通線末端部署的軍隊其正面處在與交通線垂直還是成斜角的位置並不十分重要，因為軍隊部署正面的寬度對這條交通線說來僅僅是一個點。但是，實際情況並非如此，如果進攻者的交通線與軍隊的部署垂直，那麼防禦者即使兵力占顯著優勢，他派出的機動隊也難以切斷對方的交通線。有人提出只有進攻者要絕對地掩護某一地區才是困難的，人們也一定不會相信這種說法，而是認為，要抵禦優勢敵軍可能對我方背後，即自己的後方區域派出的所有部隊，都一定是很困難的。實際上，只有當戰爭像紙上談兵那樣能悉知一切時，情況才是如此，也就是說掩護部隊會像盲人一樣不知道機動隊將在哪些地點出現，而機動隊卻能看到一切。如果考慮到戰爭中的所有情報既不完全可靠又非全面、且敵對雙方都不斷地在暗中摸索，那麼就可以想像到從敵軍側翼繞到背後去的機動隊的處境，他們就如同一個人跑進黑暗的房間裡與許多人打鬥一樣，時間久了就一定會遭到毀滅。因此，當敵軍的陣地與交通線成垂直時，對它進行迂迴攻擊（即接近敵軍而遠離己方軍隊）的部隊，時間久了也一定會被消滅。這樣，不僅有損失大量兵力的危險，而且部隊本身也會很快地失去銳氣。設想進行迂迴攻擊的部隊只要有一個遭遇不測，其餘的就會喪失膽量，於是人們再也不會看到勇敢的襲擊和大膽的挑戰，而只能看到不斷逃竄的場面。

因此，如果軍隊部署的正面垂直於交通線，那麼只要利用對方上述困難就能夠掩護與自己距離最近的一段交通線，而且根據兵力的大小，這段距離可相當於兩、三天的行程。這一段交通線是最容易受到威脅的地方，因為它離對方最近。

與此相反，如果軍隊的部署處於與交通線成大角度的斜線上，那麼距離

軍隊最近的這段交通線就不能得到安全保障。即使對方施加最小的壓力，進行一次威脅不大的行動，也會立即擊中他的要害。

　　那麼，為什麼部隊部署的正面方向會出現與交通線不垂直的情況呢？因為我軍的正面是根據敵軍的正面決定的。同樣敵軍的正面又是根據我軍的正面決定的。這裡出現了一種相互作用，我們必須探求這種相互作用的根由。

　　假設進攻者的交通線為a、b，防禦者的交通線為c、d，它們之間的位置關係是，若兩線延伸便可形成一個鈍角。顯然，如果防禦者在兩線的交點e處部署軍隊，那麼從b點出發的進攻者單憑幾何關係就能迫使防禦者採取面向進攻者正面的防禦部署，從而使防禦者暴露其交通線。防禦者若在d點附近部署軍隊，情況則相反。這時，進攻者如果受到種種地理條件的嚴格限制，不能隨意變換戰線的位置（例如改在a、d線上），他就只得採取面向防禦者正面進攻的方案。由此可見，防禦者在這一系列的相互作用中首先占據了有利地位，因為他只需要在兩線交點前的這邊占領陣地就可以了。我們之所以再來考察這個幾何要素，僅僅是為了把問題完全弄清楚，絕不表明會過分重視它，恰恰相反，我們確信，當地

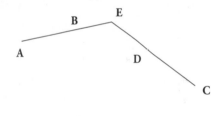

的情況，尤其是具體情況對防禦者的部署有更大的決定作用。因此，要籠統地判明雙方中的哪一方會被迫更多地暴露自己的交通線是根本不可能的。

　　如果雙方交通線的方向是完全相對的，那麼採取斜角部署的一方當然就會迫使另一方也這樣做，在這種情況下，利用幾何要素得不到任何好處，雙方受益和受害的程度是相同的。

　　因此我們在以下的考察中僅將一方暴露其交通線的事實作為依據。

　　交通線的第二個不利因素是，交通線在敵國領土上通過。在這種情況下，如果敵國的民眾已經武裝起來，就好像敵人的一支部隊在我們的整個交通線上活動，那麼，交通線會受到怎樣的威脅就顯而易見了。這些敵對力量

雖然本身很薄弱，既不集中，又無強大威力，但是，我們應該考慮到在漫長的交通線上一處接著一處地受到敵人的襲擾和威脅將會產生什麼後果。這一點是無須進一步分析的。此外，假設敵國民眾沒有武裝起來，甚至這個國家沒有後備軍隊或其他軍事組織，乃至民眾非常缺乏尚武精神，即使我方處於這些有利條件下，但僅憑他們對本國政府的臣屬關係對我們的交通線也是非常不利的。敵軍的機動隊很容易與居民取得聯繫，他們熟悉當地的人情地貌，能獲取各種情報，並得到地方當局的支持。這些有利條件對別動隊的小規模活動具有決定性意義，而且任何機動隊都無須特別費力就可以得到這些有利條件。同時，在一定的距離內總不會沒有要塞、江河、山地或其他隱蔽地形，只要我們沒有正式占領那些地方並在那裡部署守備部隊，那些地方就永遠屬於敵人。

在這種情況下，尤其是還有其他條件時，進攻者的交通線即使垂直於己方部署的正面，仍然有可能受到防禦者機動隊的威脅，因為這些機動隊不需要返回主力部隊，它們只要躲入本國腹地就能得到足夠的掩護。

由此可見，進攻軍隊的交通線在下列三種主要情況下可能被防禦者以相當小的兵力切斷：

第一，交通線的距離相當長；
第二，交通線與軍隊部署的正面成斜角；
第三，交通線通過敵方的領土。

最後，要想使切斷敵人交通線產生影響，還需要有第四個條件，這就是要在相當長的時間內使敵人交通線中斷。關於這一點的理由請參閱第五篇第十六章〈交通線〉裡敘述過的有關內容。

但是，這四個條件僅僅是概括了這一問題的主要方面，與這四個條件相聯繫的還有很多當地的和具體的條件，那些條件往往比這幾個主要條件本身還重要，且產生的作用還大得多。為了使人們能夠注意這些具體條件中最主要的幾點，我們僅提出如下幾項：道路的狀況，所通過地區的地形，可以用

來作掩護的江河、山脈和沼澤地，季節和氣候，個別重要的運輸隊（例如攻城輜重）、輕裝部隊的數量等等。

因此，統帥能否有效地威脅敵人的交通線取決於所有這些條件，把這些條件對雙方的影響作一個比較，就可以判斷出雙方交通線的狀況孰優孰劣。雙方統帥中哪一個能在切斷交通線方面勝過對方，完全取決於這種對比。

這個問題論述起來好像極為煩瑣，但在具體情況下卻往往一眼就能決定。當然，要做出這種決定還需要有熟練的判斷力。有些批判者認為，不需要說明什麼具體理由，僅憑迂迴和側翼活動這兩個詞就可以說明問題。為了知道應該怎樣反駁這類常見的愚蠢看法，我們必須考慮這裡所闡述的一切。

現在，談談進行戰略上的側翼活動所需要的第二個主要條件。如果敵軍停止前進不是由於我軍的抵抗，而是由於任何一個其他原因（不管是什麼原因），那麼我軍就不必擔心派出大量部隊會削弱自己兵力了。這是因為，這時即使敵軍真正想發動一次進攻來報復我們，我們只要避開它就可以了。一八一二年俄軍主力在莫斯科附近的情況就是如此。不過，並不一定要有一八一二年戰役中那樣大的空間和兵力才會造成這種情況。在最初的幾次西里西亞戰爭中，腓特烈大帝在波希米亞或者摩拉維亞的邊境便遇到了這種情況。在統帥和他們的軍隊可能遭遇的各種複雜情況中，會有許多原因使他們不能繼續前進，其中特別是政治方面的原因。

在這種情況下，用於側翼活動的兵力可以大些，因此其他條件就不一定要那麼有利，甚至敵我雙方交通線的狀況也未必一定要利於我方；而且在這種狀況之下敵人從我們的繼續撤退中得不到特別的好處，與其說他有力量對我們進行報復，不如說他必須更多地考慮直接掩護自己軍隊的撤退。

因此，當人們不想透過會戰（因為他們認為會戰過於冒險）而想利用一種不像取得一次勝利那樣輝煌但危險卻較小的手段來獲得成果時，採取上述方法是最合適的了。

在這種情況下，占領側面陣地即使暴露了自己的交通線也不會有很大的危險，而且每次占領側面陣地都可以迫使敵人的部署與其交通線斜交，所以

使敵人的交通線與其部隊部署的正面成斜角是不難的。其餘條件和其他有利因素的促進作用越大，側翼活動就能取得越好的效果，其他有利因素越少，就越要依靠高超的指揮技巧和迅速準確的行動。

這裡是實施戰略機動的真正場所。在七年戰爭期間的西里西亞和薩克森，在一七六〇年和一七六二年的各次戰役中，都多次出現過此類戰略機動。在強度並不十分激烈的戰爭中之所以頻繁出現這種戰略機動，當然並非每次都是由於統帥已經面臨進攻路程終點的緣故，而是由於他缺乏果斷、勇氣和敢作敢為的精神，並且害怕負責任，這一切是阻止他前進的真正阻力。關於這一點我們只要回憶一下道恩元帥的例子就夠了。

如果我們要把這些考察歸納成一個總的結論，那就是側翼行動在下列情況下最有效：

第一，在防禦中；

第二，在戰役臨近結束時；

第三，特別是在向本國腹地撤退時；

第四，與民兵相結合時。

關於對交通線威脅的實施問題，我們只簡單地說幾句。

這些行動必須由精幹的機動隊完成。機動隊可以分成若干小隊，進行大膽的行動，襲擊敵人兵力不大的守備部隊、運輸隊、來往的小部隊。它們可以鼓舞民兵並與民兵協同行動。這樣的小隊主要在於隊的數量多，而不在於每隊的兵力多，其編組必須保證可以集中幾個小隊進行規模較大的戰鬥，而且不至於因各隊指揮官的自負和專斷而過分妨礙集中。

現在，我們還必須談一談對撤退路線的威脅。

在此問題上，我們必須特別注意在本章開始就已經提出的原則，即：奉命在敵人背後進行活動的部隊不可能同時對敵人的正面發生作用。因此，不應把在敵人背後或側翼進行的行動視作力量本身的增加，只能看作是力量的使用效率得到了提高。所以，一方面是效率提高了，但另一方面危險性也增

大了。

任何一種武力抵抗，只要不是直接的和簡單的抵抗，要提高它的效果就必須以犧牲安全為代價。側翼行動就是如此，不論是用集中的兵力從某一面威脅敵人側翼，還是用分割的兵力從幾方面包抄敵人，要提高效果都必須以犧牲安全為代價。

但是，如果切斷敵軍退路不是單純的佯動而是實際行動，那麼，只有進行決定性會戰，或者至少創造決定性會戰所必需的一切條件，才能真正解決問題。但是，正是這種解決問題的辦法同時包含著較大的成果和較大的危險兩種可能性。因此，一個統帥必須在占據種種有利條件時，才有理由採取這種行動。

在研究這一抵抗方式時，我們必須把前面提到的兩種方式區別開。第一種是，統帥企圖用整個軍隊從背後進攻敵人，這種進攻或者從（為了達到這一目的而占領的）側面陣地發起，或者透過正面迂迴進行；第二種是，統帥採取兵分兩路包圍的部署方案，一部分在敵軍背後行動，另一部分在敵軍正面行動。

在上述兩種情況下行動效果的加強程度是相同的，或者是確實地切斷敵人的退路，從而俘虜或擊潰敵人大部分兵力，或者是迫使敵軍為了逃避危險而大幅度地後退。

但是，在這兩種情況下可能增加的危險性卻不一樣。

如果我們用全部兵力迂迴攻擊，那麼危險只在於暴露了己方的背後，因此這時一切都取決於雙方撤退路線的對比情況。就像在類似情況下威脅敵人交通線時一切取決於交通線的對比情況一樣。

倘若防禦者在自己國內，那麼不論在撤退路線上還是在交通線上所受的限制肯定都比進攻者小，所以他更有能力進行戰略迂迴。然而，這個一般的對比還不足以作為建立有效方法的依據。因此，只有具體情況下的總體對比才具有決定性作用。

我們還能補充的有：寬闊的地區自然比狹小的地區有更多的有利條件；獨立國家比依賴外國援助的弱小國家有更多的有利條件，因為依賴外國援助

的國家其軍隊首先必須考慮與援軍會師的地點；最後，在戰役臨近結束，進攻者的進攻力量已經削弱時，情況對防禦者最為有利；所有這些與對比交通線的情況時大體相同。

一八一二年，當拿破崙的進攻力量衰竭的時候，俄軍占領從莫斯科到卡盧加的道路上的側面陣地就非常有利。

但是，假如在德里薩野營的俄軍在戰役開始時占領這種側面陣地，而又不能在緊要時刻明智地變更計畫，那麼就會陷入十分不利的境地。

採取另一種方式，即以分割的兵力進行迂迴和切斷退路是危險的，因為我軍兵力分散，而敵人由於占有內線之利，兵力集中，能以優勢兵力將我軍各個擊破。因此，使軍隊處於無法挽救的不利地位的重要原因只有下列三個：

第一，兵力本來已經分散，但又不願意消耗太多的時間來改變這種狀態，因而不得不採用這種方式；

第二，在精神上和物質上占有巨大優勢，因而採取了這種有決定意義的方式；

第三，敵人到了進攻路程的終點，已經缺乏進攻力量。

一七五七年，腓特烈大帝指揮軍隊呈向心狀進攻入侵波希米亞，雖然他的目的不是把正面進攻與戰略上的背後進攻結合起來（至少，這不是他當時的主要目的，關於這一點我們將在其他場合作更詳細的說明），但是無論如何，很明顯他在入侵波希米亞以前不會把兵力集中在西里西亞或者薩克森，因為如果這樣他會失去出敵不意帶來的一切有利之處。

聯軍在做一八一三年戰役第二階段的計畫時，由於在兵力方面占有很大的優勢，考慮用主力襲擊拿破崙的右翼即易北河畔的軍隊，因而把戰場從奧德河移到了易北河。至於他們在德勒斯登附近遭到的挫折，並不能歸咎於整體的計畫，這個挫折是戰略和戰術上一些具體部署不妥當所致。他們在德勒斯登附近本來可以集中二十二萬人來對付拿破崙的十三萬人，這

個兵力對比是非常理想的，就連後來在萊比錫附近的兵力對比（二十八萬五千人比十五萬七千人）也不過如此。誠然，拿破崙採用了獨特的防禦方式，把兵力平均地分配在一線上（在西里西亞以七萬人對抗九萬人，在布蘭登堡以七萬人對抗十一萬人），但是，如果他不完全放棄西里西亞，而要在易北河畔集中一支能與聯軍主力決戰的兵力是無論如何也難以辦到的，更何況聯軍可以讓弗拉德指揮的軍隊推進到美茵河畔，以期試探一下能否切斷拿破崙通向美茵茲的道路。

一八一二年，俄軍終於敢派摩爾達維亞軍開往沃里尼亞和立陶宛，以便接著向法軍主力的背後推進，因為完全可以肯定莫斯科將是法軍進攻的終點。在這次戰役中，俄軍絲毫不擔心莫斯科以東的領土，所以他們的主力沒有任何理由認為自己兵力薄弱。

富爾將軍最初制定的防禦計畫就曾包括這樣的兵力部署。根據這項計畫，巴爾克萊指揮的軍隊應該固守德里薩營壘，巴格拉季昂指揮的軍隊應該進到法軍主力的背後。但是同一個措施在兩個不同時期所產生的結果卻是多麼不同啊！在戰役初期，法軍兵力比俄軍大兩倍；而到了後期，俄軍卻比法軍強得多。在初期，拿破崙的主力足以打到莫斯科，也就是說他的進攻力量足以超越德里薩四百里，而在戰役後期，它就不能從莫斯科再前進一步。戰爭開始時，法軍的撤退路線至尼曼河畔不過一百五十里，而到了後期卻長達五百里。同樣在後期實施的對敵軍撤退路線的威脅卓有成效，但要是在戰爭初期就實施，恐怕難免會變成最為魯莽和愚蠢的行為。

對敵人撤退路線的威脅（如果不僅僅是佯動的話），就意謂著正式進攻敵人背後，似乎還可以再談下去，但是這一點放在「進攻」一篇中談更為妥當，所以我們到此為止。而且我們認為，只要已經說明進行這種抵抗所需的條件就足夠了。

但是，當有人企圖透過對撤退路線的威脅來迫使敵人撤退時，通常主要考慮的是佯裝行動而不是實際行動。假如每一次有效的佯動都必須以完全能夠實施的實際行動為基礎（乍一看這似乎是理所當然的），那麼佯動就會在一切條件上與實際行動毫無差別。但是，事實並非如此，我們在〈佯動〉一

章裡將看到，伴動的確是與一些其他條件結合在一起的，關於這一點請參閱
該章。[1]

---

1   克勞塞維茨未寫成〈伴動〉這一章。

第二十五章
向本國腹地撤退

　　向本國腹地的主動撤退是一種特殊、間接的抵抗方式。採用這種抵抗方式時，我們並非以劍消滅敵人，而是讓敵人勞累，以此拖垮敵人的軍隊。因此，向本國腹地撤退時，防禦者根本不用準備進行主力會戰，也不需要等待敵軍的兵力大幅減弱以後再進行主力會戰。

　　進攻方的兵力都會由於前進而減弱。這一點我們將在第七篇「進攻」中更詳細地研究，但在這裡我們先提出，是因為戰史上每一次長途前進的戰役都清楚地說明了這一點。

　　如果防禦者沒有戰敗，在他們的軍隊尚未受挫的時候，就銳氣十足地在進攻者前面主動撤退，加上不斷且適當地抵抗，將會使進攻者每前進一步都要付出血的代價。如果進攻者的前進不是追擊，而是變為艱苦的不斷推進，那麼進攻者在前進時所遭到的損失就會更為增大。

　　從另一方面看，如果防禦者是在會戰失敗後撤退，那麼他遭受的損失要比主動撤退時大得多。即使他能夠逐步抵抗追擊者，損失的人馬至少也會與主動撤退時同樣多，何況還要算上在會戰中的損失。但是，這種情況發生的機率太低了。即使是世界上最好的軍隊，在會戰失敗後被迫向本國腹地撤退也會蒙受巨大損失。如果情況是敵人占有顯著的優勢，並且像歷次現代戰爭中那樣進行猛烈的追擊，那麼防禦者的撤退就極有可能變為潰逃，其結果通常是軍隊徹底覆滅。

　　所謂適當、逐步的抵抗，是指每次戰鬥中，防禦者得避免完全失去均勢，並及時放棄所保衛的地方，以保證不會在戰鬥中失敗。這樣進攻者的兵力損失至少會和防禦者相同。雖然往往會有人在撤退時被俘，但進攻者必須經常在不利的地形條件下作戰，所以會有較多的人死於砲火之下；防禦者在

撤退時固然得完全放棄重傷的士兵，但進攻者同樣也要暫時丟下他的傷兵（他們通常需要在醫院裡住幾個月）。

因此，敵對雙方在這種不斷的接觸中所受到的損失大體上是相同的。

追擊戰敗的軍隊時，情況就完全不同了。這種情況下，撤退方在會戰中兵力受損、隊形被打亂且士氣受挫，在撤退時會瞻前顧後，因而很難逐步地進行抵抗，甚至根本不可能進行抵抗。至於追擊者，在前一種情況下他們會十分謹慎，前進時甚至會像盲人一樣小心翼翼地探索著周圍的一切，而在後一種情況下，他們會以勝利者的堅定步伐、幸運者的膽量和勇士的自信勇往直前，而且越是不顧一切地勇往直前，就越可以加速事態向既定的方向發展，各種精神因素因而充分發揮作用，精神力量不斷增長和擴大，不受物質的數量和尺度束縛。

由此可見，當軍隊在不同情況下到達進攻路程的終點時，雙方的對比情況將多麼不同。

前面所說的只是雙方戰鬥的結果。除此之外，進攻者還要算上在其他方面遭到的損失（關於這一點，正如已經說過的那樣，請參閱第七篇「進攻」）。在大多數情況下撤退方能夠得到增援，這些增援部隊可能是外援，也可能是自己努力重新建立的。

最後，撤退方和前進者之間在補給方面的差別也很大，前者往往綽綽有餘，而後者卻少得難以維持。

撤退方可以在他將要到達的地方儲備物資，而追擊者卻必須從後方運來。只要他們不斷前進，哪怕交通線很短，補給也是不容易的。因此，他們從一開始就會感到物資缺乏。

撤退方將優先利用當地所能提供的物資，而且多半會消耗一空，只留下空無的村莊和城市，踐踏過的收割後的田野，以及汲乾了的水井和汙穢的溪流。

前進的軍隊往往從第一天起就要為取得最急需的物資而奔波。這時根本不可能指望得到敵人的儲備物資，即便偶爾得到也純屬偶然，或者是出於敵人重大的失誤。

毫無疑問，在幅員遼闊和交戰雙方兵力懸殊不大的情況下，防禦者採用這種撤退方法可以造成兵力上的優勢，而且比在國界附近決戰時更有把握獲勝。這樣，不僅勝利的可能性會因兵力優勢而增大，而且勝利的成果也會因態勢的變化而增大。對進攻者來說，在國界附近與在敵國腹地的會戰中失敗是多麼不同！何況，進攻者到達進攻路線的終點時，即便在會戰中取得了勝利也不得不撤退，因為這時他往往沒有足夠的進攻力量來利用和擴大勝利成果，又無法補充已損失的兵力。

因此，在進攻路線的起點或終點與進攻者決戰會有很大差別。

雖然有上述幾個優點，但這種防禦方法有兩個缺點：第一，國土會隨著敵人入侵而損失；第二，撤退會在士氣上造成不良影響。

保持國土完整絕不是防禦的目的，締結有利的和約才是目的。防禦者的一切努力都是為了盡可能締結和約，為此，不可吝惜眼前的任何犧牲。但是，即使國土的損失沒有決定性意義，防禦者也要權衡利弊，因為總是會造成影響。

這種損失對軍隊不會產生直接影響，而是產生間接影響，可是撤退本身卻可以直接增加軍隊的力量。所以，要衡量這兩方面的利弊是困難的，因為這是兩個性質不同的問題，它們沒有相似或共同之處。我們只能說，放棄富饒而人口稠密的地區和大的商業城市，那麼損失就大些；最大的損失會發生在當地完成一半或準備好的戰鬥手段也隨之喪失的時候。

第二個缺點是精神方面的影響。統帥常常必須克服這種影響，堅定地貫徹計畫，同時頂住那些目光短淺和膽小怕事的人，以免他們妨礙大局。這種影響不是無須重視的幻覺，它不只對單一方面產生作用，還以閃電般的速度侵入人心，癱瘓民眾及軍隊的活動。有時民眾和軍隊也能體諒為何要向本國腹地撤退，甚至還因此加強他們的信心和希望，不過這並不多見。通常的情況是，民眾和軍隊連撤退是主動還是被迫的都分不清；至於採取這種計畫，是見到了確實的利益還是迫於敵軍的武力，那就更分不清了。看到被放棄的地區所面臨的命運，民眾就會產生同情和憤懣，士兵就很容易喪失對指揮官的信任，甚至對自己也失去信心，而在撤退過程中不斷進行的拖延戰術，也

會一再增加士兵的憂慮。我們應該慎重考慮這些後果。當然，一個民族敢於公開地應戰，使進攻者付出慘重的代價才能越過邊境，這種做法更合情合理，更直截了當、更高尚、也更能維持民族的精神力量。

以上就是這種防禦的優缺點，現在讓我們再來看看這種防禦所需要的條件和有利於這種防禦的條件。

主要和根本的條件是國土遼闊，或者至少有較長的撤退路線，因為幾天的行軍不能減弱敵人的實力。一八一二年，拿破崙的中央兵團在維捷布斯克附近是二十五萬人，到斯摩棱斯克成了十八萬二千人，到了博羅迪諾附近減少到十二萬人，也就是與俄國主力兵團的兵力相等。博羅迪諾距離國境四百五十里，直到法軍在莫斯科附近時，俄軍才開始占有優勢，而且局勢越來越穩固，就算法軍在馬洛亞羅斯拉韋次取得勝利，都不能發生任何重大的改變。

任何其他歐洲國家都沒有俄國那樣遼闊的國土，只有極少數的國家有長達五百里的撤退路線。但是，像一八一二年法軍這樣龐大的兵力在其他時候也不多見。雙方兵力對比像這次戰爭開始時那樣懸殊就更為少見，當時法軍兵力超過俄軍一倍以上，而且還占有決定性的精神優勢。在這次戰爭中經過五百里才達到的目的，在其他情況下也許只需二百五十里或者一百五十里就能達到了。

有利於這種防禦的條件是：第一，農作物不多的地區；第二，忠誠而尚武的民眾；第三，氣候惡劣的季節。

對進攻者來說，這一切都會使軍隊無法維持最佳狀態。他們必須組織龐大的運輸部隊執行繁重的勤務，還可能會感染各種疾病。而對防禦者來說，這一切卻利於側翼行動。

最後我們強調，這種防禦的關鍵因素就是軍隊的數量。

不論和對方的兵力對比如何，一般說來，小型部隊的戰力會比大部隊先衰竭，因而它的進攻路線自然不可能像大部隊那樣長，戰區範圍也不可能那麼大。因此，軍隊的數量和能夠占領的範圍彷彿有一種固定的比例。誠然這種比例不可能用數字表示，而且在其他影響下經常會發生變化，但我們只要

了解本質上存在這樣的關係就夠了。不論雙方兵力對比如何，若有五十萬的兵力，攻入莫斯科的機會鐵定較大，只有五萬人無論如何也不能向莫斯科進軍（即使俄方的兵力更少）。

假設在不同情況下，軍隊數量與占領面積的比例不會改變，那麼我們撤退的越順利，敵軍的戰力無疑就會隨著其軍隊數量減弱。

第一，軍隊越龐大，補給和紮營就越困難，即使部隊占有的地區隨著部隊的規模擴大，軍隊也絕不可能完全在這些地區獲得補給，而且從後方運來的物資會嚴重損失。軍隊可以用來紮營的也絕不是整個地區，而只有很小一部分，這部分地區也不會隨軍隊數量的增加而成比例地擴大。

第二，軍隊越龐大，前進就越慢，走完進攻路程所需要的時間就越長，前進中每天損失的總數也就越大。

三千人追擊二千人時，在一般的地形條件下，撤退方不可能只以每日至多十五里的速度後退，也不會容許停下來休息幾天。否則要想追上他們、攻擊他們並驅散他們，只要幾個小時就可以了。但是，如果雙方軍隊的數量各增加一百倍，那麼情況就完全不同了。在前一種情況下用幾小時就可以取得的戰果，現在也許需要一整天甚至兩天。這時，每一方都不可能集中在一個地點，軍隊的各種移動和行動都變得更為複雜且需要更多的時間。但是，這時對進攻者更為不利，由於他們的補給比撤退方更困難，迫使軍隊更為分散，所以容易遭到撤退方優勢兵力的襲擊，俄國人在維捷布斯克就曾這樣襲擊法軍。

第三，軍隊的數量越大，戰略和戰術上的日常勤務就越多，每人消耗的體力也越多。一支十萬人的軍隊每天都要出發和行軍，一會兒休息，一會兒繼續前進，一會兒戰鬥，一會兒要做飯或者領取食品，而且在各方必要情報齊全之前又不能紮營。這支軍隊於相關活動上花費的時間，通常比五萬人的軍隊多一倍，但是對於雙方來說一晝夜都一樣是二十四小時。由於人數不同，走完一日行程所需要的時間和疲勞程度的差別，我們在第五篇第十一章〈行軍（中）〉和第十二章〈行軍（下）〉中已經談過。當然，不論是撤退方還是進攻者，都要忍受疲勞，但是後者負擔更大，因為：

第一，根據我們前面的假設，進攻者兵力占優勢，因而人數較多。

第二，防禦者不斷放棄土地，以此換取了主動的優勢，以便讓敵人受他們支配。他們可以預先制定計畫，並且在大多數情況下可以順利執行。進攻者卻只能根據防禦者的部署制定計畫，而且往往只有透過事先的偵察才能得知大體情況。

為了人們不致認為這裡的論述與第四篇第十二章〈利用勝利的戰略手段〉矛盾，我們必須提醒一句，這裡所指的被追擊者是沒有遭到失敗的，並且連一次會戰也未曾失敗過。

使敵人受我們支配有助於增加戰力、贏得時間與獲取某些次要利益。時間拉得越長，這些優勢就越明顯。

第三，撤退方一方面盡一切努力克服障礙，派人改善道路和橋樑，選擇最適合的紮營地點等等；另一方面，他們又竭力設法使追擊者難以前進，在自己的軍隊通過後，就派人破壞橋樑，使那些本來狀況已經不好的道路變得更加難以通行。他們還占據最好的紮營地和水源地，使敵人不能利用。

最後我們還必須指出，民兵特別有助於強化這種防禦。這個問題我們會在專門一章裡論述，在這裡不做詳細分析。

至此，我們談到了向本國腹地撤退的各種優點，談到了要付出的代價和必須具備的條件。現在，我們還想大致探討執行時的問題。

我們要探討的第一個問題是撤退方向。

撤退應該退向本國腹地，這樣做的好處是，敵軍的兩側會被我們控制的區域所包圍。這時敵人就處於各方的威脅之下，而我們也不至於被迫離開本國領土。如果我們的撤退路線離國境太近，就可能遇到此類危險。假如一八一二年俄軍不向東方而向南方撤退，就會陷入這樣的險境。

這就是撤退行動的目的。至於退往國內的哪個地點最好，應該直接掩護首都或另一個重要地點，還是引誘敵人離開該地，以及執行到什麼程度，都取決於當時的情況。

　　假如俄軍在一八一二年的撤退計畫是預先策畫好的，那麼他們當然可以從斯摩棱斯克往卡盧加方向撤退，在這種情況下，莫斯科就可能完全免遭蹂躪，然而俄軍卻是在退出莫斯科後才選擇了這條路線。

　　法軍在博羅迪諾附近約有十三萬人，假如俄軍在從斯摩棱斯克通往卡盧加的半路上進行會戰，法軍在那裡的兵力顯然也不會更多。在那種情況下，法軍也無法從那裡抽出兵力派往莫斯科。我們不會把這麼少的兵力派到二百五十里（從斯摩棱斯克到莫斯科的距離）以外的城市，像莫斯科。

　　拿破崙經過幾次戰鬥以後，到達斯摩棱斯克附近時兵力約有十六萬人，假如當時他認定可以冒險抽出四萬人，在主力會戰前派遣一支部隊到莫斯科，而只留下十二萬人對付俄軍主力，那麼開始會戰時，這十二萬人就可能只剩下九萬人左右，也就是說比到達博羅迪諾時少四萬人。這樣，俄軍就有多出三萬人的優勢了。若以博羅迪諾的戰況為衡量標準，這三萬人的優勢就足以讓俄軍勝利，比在博羅迪諾時的兵力對比要有利得多。但是，俄軍的撤退並不是跟隨深思熟慮的計畫，他們所以退得那麼遠，是因為每當他們想進行會戰時總感到兵力不足。而且，他們的補給和各種物資都在莫斯科到斯摩棱斯克的路上，所以不會放棄這條道路。此外，在俄國人的心目中，即使在斯摩棱斯克和卡盧加之間打贏任一場戰役，也絕不能抵償敵人占領無人掩護的莫斯科所造成的損失。

　　一八一四年，假如拿破崙明顯地偏向側方，即占領大體上位於勃艮第運河後面的陣地，並且在巴黎只留下幾千人和大量的國民兵，那麼他也許能夠更有把握保證巴黎不受侵襲。聯軍要是知道拿破崙率領十萬人在奧塞爾的話，就絕不會有勇氣向巴黎派遣一支五至六萬人的部隊。相反，假如聯軍處在拿破崙的位置上，而且他們的敵人就是拿破崙，那麼恐怕誰也不會建議聯軍放棄通向本國首都的道路。要是拿破崙擁有當時聯軍那樣的優勢，他就會毫不躊躇地衝向首都。儘管情況完全一樣，但由於精神狀態不同，結果就會大相徑庭。

　　我們還想指出，在向側翼撤退時，無論如何必須使首都保持一定的抵抗能力，以免遭到機動部隊的占領和搶掠，想要避免戰禍的其他地點也要做一

樣的處置。這個問題我們就談到這裡,以後在論述戰爭計畫時再談。

　　但是,我們還必須考慮撤退時的另一個重點,即突然變換方向。俄軍在到達莫斯科以前一直按照一個方向後退,照理會前往弗拉基米爾,但他們離開這個路線,先往梁贊方面繼續撤退,然後轉往卡盧加方向。假如俄軍必須繼續後退的話,那麼他們當然就會沿著新方向,繼續向基輔撤退,也就是又接近敵國邊境了。至於法軍,即使他們這時比俄軍還具有顯著優勢,也不可能繼續這條經莫斯科繞了個大彎的路線。在這種情況下,他們不僅必須放棄莫斯科,而且還非常可能要放棄斯摩棱斯克,也就是說必須讓出好不容易才占領的一些地方,而不得不滿足於占領別烈津納河西岸地區。

　　當然,這時俄軍也會陷入不利的態勢,它可能與本國的主要地區隔開,這會讓他們在陷入不利的態勢,就像戰爭之初就向基輔方向撤退時一樣。但事實上俄軍在這種情況下沒有陷入不利態勢,除非法軍不繞道莫斯科就到達基輔。

　　突然變換撤退的方向,在幅員遼闊的條件下是極為可取的,它會帶來以下的優勢:

　　　　第一,己方改變了方向,敵人就不可能保持原來的前進路線,而要選
　　　　　　　定一條新的路線常常是件困難的事,敵人只能逐步改變方向,
　　　　　　　一再地尋找新的路線。
　　　　第二,這樣一來,雙方又都接近了邊境,進攻者不能再依靠自己的陣
　　　　　　　地掩護已占領的地區,而很可能要放棄它們。俄國是一個幅員
　　　　　　　異常遼闊的國家,在那裡兩支軍隊完全可以進行這樣的角逐。
　　　　　　　如果有其他有利條件,在面積較小的區域內變換撤退方向也是
　　　　　　　可能的,這只能根據具體情況來決定。

　　誘敵深入的方向一經確定,我們的主力當然就應該沿著這個方向撤退,否則敵人就不會派他的主力向這個方向前進,即使敵人的主力真的向這個方向前進,我們也無力迫使他們受制於受上述所有條件。因此產生了一個問

題，即防禦者應該把全部兵力集中在這個方向上撤退，還是應該以大部分兵力向側翼撤退，也就是以離心的方式撤退。

對此我們必須說，離心的撤退本來就是不足取的，理由如下：

第一，防禦者採取離心撤退時兵力將更為分散，而防禦者把兵力集中在一點上，恰好是進攻者最感棘手的事情。

第二，防禦者採取離心撤退時，敵人將占有內線之利，他的兵力比防禦者集中，因而可能在某些地點上占優勢。誠然，如果防禦者暫時採取不斷退避的方法，這種優勢就不那麼可怕。採取不斷退避的前提是能經常威脅敵人而自己不致被各個擊破，但後者是很可能發生的。此外，向本國腹地撤退應該要讓主力逐漸取得優勢，因而能夠進行決戰，而在兵力分散的情況下，就不大有把握做到這一點。

第三，整體說來，兵力較弱的一方不宜對敵人採取向心的行動。

第四，分散撤退會使敵人的部分弱點完全消失。

深入敵方的主要弱點是交通線太長和戰略側翼暴露。如果防禦者以離心方式的撤退，迫使進攻者分出一部分兵力在側面構成正面，這部分兵力本來只能用於對付與它對峙的軍隊，而此時卻還附帶地完成了其他任務——掩護了部分交通線。

因此，僅就撤退的戰略效果而言，採取離心方式是不利的。但是，如果這是準備用來封鎖敵人的撤退路線，那麼請回顧一下前一章的論述。

若防禦者採取離心方式撤退可以保障某些地區的安全、避免被敵人占領，那就可以採取這種方式。

根據進攻者兵力的集中地點和前進方向，根據雙方各地區、要塞的位置關係，在大多數情況下，防禦者可以準確地預見到進攻者前進路線兩側的哪些地區將被占領。把兵力部署在敵人不會占領的那些區域，既浪費兵力，又會產生不利的後果。至於在進攻者應該會占領的地區部署一部分兵力是否能

夠阻止進攻者，恐怕難以預測，很大程度上要仰仗熟練的判斷能力。

　　俄軍在一八一二年撤退時，把托爾馬索夫指揮的三萬人留在沃里尼亞，準備用來對付侵入的奧軍。這個地區面積廣大，地形較複雜，進攻者占不到優勢，該地又靠近邊境，根據這些優勢，俄軍就可以戰勝敵軍，至少可以固守邊境。這樣帶來了多少優勢，就不再需要多談。留在當地的部隊無法隨時隨地與主力會合，所以俄國人就把該軍留在沃里尼亞獨立作戰。與此相反，根據富爾將軍制定的戰爭計畫，巴爾克萊的軍隊（八萬人）向德里薩撤退，而巴格拉季昂的軍隊（四萬人）牽制法軍的右翼，以便爾後從背後攻擊法軍。人們一眼便可看出，巴格拉季昂的軍隊不可能固守在立陶宛南部，也就是無法守住多餘的領土，使部隊更接近法軍，反而會被具有壓倒優勢的法軍主力所殲滅。

　　就防禦者的利益而言，應該盡可能地少放棄領土，這道理不言而喻，但這始終還是次要的目的。若我們使敵人能運用的戰區越小或者越狹窄，它的進攻就越困難。但是這麼做一定要有成功的把握，不能使主力受創，畢竟它是最後決戰的工具。主力部隊能迫使敵軍陷入窘迫，使對方不得不下定決心撤退，進而在撤退時產生大量物質與精神上的損失。

　　因此，應該讓尚無敗績和完整的兵團向本國腹地撤退，而且應該在敵軍主力的正前方緩慢地撤退。同時要透過不斷的反擊迫使敵人處於備戰狀態，迫使敵人忙於採取戰術和戰略上的預防措施而嚴重消耗戰力。

　　如果雙方在這種狀態下到達進攻路線的終點，那麼防禦者就應該占領與這條路線成斜角的陣地，並利用所掌握的一切手段威脅敵人的後方。

　　一八一二年的俄國戰役非常清楚地說明了這一切，像放大鏡一樣顯示了各種細節。雖然俄國的撤退不是主動的，但從另一種角度來看，假如俄軍已經預見到戰事的發展，知道撤退確實能取得某些成果，在完全相同的條件下，他們還是會進行那樣的撤退，就像在一八一二年做過的那樣（雖然當時是無意的），而且會更有系統地進行。然而，在幅員不如俄國遼闊的地方也不見得不會出現此類行動。

　　在戰略上，只要進攻者未經決戰而失敗（因軍隊補給的困難），不論

局勢產生什麼變化，向本國腹地撤退的主要目的與效果就已經達到。只要進攻者被迫撤退（無論規模大小），就是它的災難。腓特烈大帝一七四二年在摩拉維亞的戰役，一七四四年在波希米亞的戰役，法軍一七四三年在奧地利和波希米亞的戰役，布倫瑞克公爵一七九二年在法國的戰役，馬塞納一八一〇至一八一一年在葡萄牙的冬季戰役，均屬同一類情況，只是範圍和規模要小得多而已。這裡所確定的原則一定能影響整個戰役，即便影響範圍有大有小。不過，我們不再詳細論述這些作用了，因為必須深入細節才能說明各種情況。

在上述俄國和其他戰役中，雙方尚未進行決戰，情勢就發生了劇變，進攻者已經到達進攻的頂點，無法再往前推進。但是，即使沒有那樣的效果，這種抵抗方式也能造成兵力對比的變化，這是十分重要的優勢。而且，這種防禦能迫使敵軍後退，其撤退所造成的損失會不斷增大，像物體在撞擊之後按落體定律不斷增強墜落的動能一樣。

第二十六章
民兵

　　在文明的歐洲，民兵是十九世紀才出現的現象。對於人民參戰，有人贊同，也有人反對。有些反對的人出於政治上的原因，把民兵看作是一種革命手段，是合法的無政府狀態，他們認為，民兵固然能威脅國外的敵人，但對國內的社會秩序同樣也是危險的。有些則出於軍事上的考慮，認為投入民兵的代價過高。

　　第一種看法與我們這裡要談的問題無關，因為我們把民兵看作是一種戰鬥工具，只從對付敵人的角度去研究它。但是，關於第二種看法，我們不能不指出，一般說來，民兵應該看作是戰爭要素。在我們這個時代，民兵突破了過去的限制，擴大和加強戰爭的過程。過去的軍事制度侷限性很大，徵兵制、募兵制與後備軍可以使軍隊的數量大大增加，組織民眾武裝是自然的發展結果。這幾種新的手段打破舊的限制，是自然發展和不可避免的結果，首先採用這些手段的一方必定能增強戰力，導致敵方也不得不採用這些手段，因此民兵成為必要的手段。一般說來，善於運用民兵的國家會比那些輕視民兵的國家占有一定優勢。既然如此，問題在於，這一新增的戰爭要素對人類究竟有沒有益處。要徹底解答這個問題，恐怕得先回答戰爭本身對人類究竟有無益處；我們把這兩個問題都留給哲學家去解決。有人認為，民兵所耗費的資源，如果用在其他戰鬥手段上，可能更有成效。但是用不著多加研究就知道，這些資源絕大部分也不是隨手可得，更無法隨意使用。這些資源最重要的是精神力量，這只有在民兵中才能發揮出效果。

　　因此，問題不在於以全民武裝進行抵抗要付出什麼代價，而在於這種抵抗能產生什麼影響，它必須具備哪些條件，又要如何運用。

　　民兵的活動方式較為分散，不適於在時間上和空間上集中攻擊敵人，這

是自然的道理。民兵的抵抗效果就像物質的蒸發過程一樣,取決於面積的大小。範圍越大,民兵與敵軍的接觸越廣泛,也就是敵軍越分散,民兵的作用就越大。民兵像不斷燃燒的餘燼,持續破壞著敵軍的根基,需要經過一定的時間才能取得成果。所以,在敵對雙方交會時,就會出現一種緊張狀態。假如民兵被壓制下來、逐漸解散,這種緊張狀態就會消失。若這種遍地燃燒的熊熊烈火從四面八方圍困敵軍,這種緊張狀態就會造成敵軍的危機,若不想全軍覆沒,就只好撤退。要想單靠民兵造成敵軍的危機,就必須具備下列先決條件:要麼被侵入的國家幅員非常遼闊(除俄國以外,歐洲其他國家都不具備這個條件),要麼入侵軍隊的兵力與被侵入的國家的幅員極不相稱(這實際上是不可能的)。因此,人們如果不願陷入空想,就必須結合兵民與正規軍的戰力,並透過整體的計畫相互協調。民兵只有在下列條件下才能產生效果:

第一,戰爭在本國腹地進行;
第二,戰爭的勝負並不僅僅由一次戰役失敗決定;
第三,戰區包括大部分的國土;
第四,民族的性格有利於採取這種措施;
第五,國土上有山脈、森林、沼澤或耕作地,地形極其複雜,通行困難。

人口多少不是決定性因素,很少會發生民兵缺乏的情況。居民的貧富也不直接構成決定性因素,或者至少不應該成為決定性因素,但是不容否認,貧窮、習慣吃苦耐勞的人民往往也表現得更勇敢、更堅強。

德國很多地區的居民住得很分散,非常利於民兵發揮作用。這種地區可以分割成零散的區塊,便於人們隱蔽起來;這裡道路雖多,但路況不好,軍隊不易紮營。民兵通常都具有的特點,就是處處埋伏反抗力量,而且是小規模地反覆出現,動向很難捉摸。如果居民集中居住在一些村莊裡,那麼,敵軍就會占領那些反抗最激烈的村莊,甚至為了懲罰居民而把這些村莊搶光、

燒光，但是，這種做法對西發利亞的農民大概是行不通的。

　　民兵和武裝的群眾不能用來對抗敵軍的主力，也不能用來對付較大的部隊；不能用來粉碎敵軍的核心，只能從外部和邊緣蠶食敵人。他們適合在大量敵軍尚未到達的戰區兩側進行反擊，使這些地區完全擺脫敵人的影響。他們應該像密集在戰區兩側的烏雲，緊跟著前進的敵人移動。在敵人尚未征服的地方，人們總是滿懷激情，渴望武裝起來反抗敵人，鄰近地區的居民也會因此受到鼓舞，陸續燃起反抗之火。這樣，反抗的火焰就會以燎原之勢蔓延，一直燒到進攻者的基地，燒到他的行軍路線，並破壞其賴以生存的交通線。當然，民兵不是萬能的，既不是無法對付的風雨，也不是用之不盡、百戰無敵的大軍。總之，我們不吹噓民兵的效能，但是，我們仍然不得不承認，人們不能像對付一排士兵那樣趕走武裝的農民。士兵像一群家畜那樣集結在一起，通常是筆直地向前奔跑，而武裝的農民卻用不著什麼巧妙的計畫就會向四面八方散開。這樣一來，任何小部隊在山地、森林，或者地形極其複雜的地區行軍就非常危險，因為隨時都有可能發生戰鬥。一支行軍的縱隊即使很久沒有發現新的敵人，早先被它逐走的農民也還有可能隨時出現在縱隊尾部。至於破壞道路和封鎖隘路的技巧，與農民兵相比，正規軍的前哨或機動部隊就如同機器人一樣笨拙。敵人除了派很多部隊護送運輸部隊，駐守在補給站、隘口、橋樑等地以外，沒有其他辦法。民兵最初的活動規模都不大，但敵人害怕自己的兵力過於分散，所以不會派很多的兵力去對付他們。民兵的火焰恰恰就是在與小部隊的戰鬥中燃燒起來的。在某些情況下，民兵依靠數量上的優勢戰勝了敵軍的小部隊，他們的勇氣增加了，鬥志更激昂了，戰鬥也更積極了，甚至能夠決定整個戰役。

　　根據我們對民兵的看法，他們必須像雲霧一樣，在任何地方都不凝結成一個反抗的核心。否則，敵人就會用相應的兵力來打擊這個核心，粉碎它，俘虜大批人員。這時群眾的勇氣就會低落下來，會認為大局已定，繼續奮鬥徒勞無益，因而放下手中的武器。但另一方面，這種雲霧卻有必要在某些地方凝結成較密的雲層，形成威脅力量，就像能夠發出強烈閃電的烏雲。這些地方主要是在敵人戰區的兩側。在這裡，民兵必須結合成更大、更有組織的

整體，並配以少數正規軍，這樣民兵就會具有正規軍的形式，敢於採取較大規模的軍事行動。從這些地點開始，越往敵人的正後方，民兵應該越分散，因為他們在那裡會受到最強烈的攻擊。較為集中的民兵，其任務是襲擊敵人留下的大量守備部隊，使敵人恐懼和憂慮，加強民兵在精神上所造成的壓力。沒有較集中的民兵，就無法形成強而有力的印象，整個形勢就不足以使敵人極度不安。

統帥要想使民兵具有上述力量，最簡便的方法是派小部分的正規軍去支援他們。沒有正規軍的支援作鼓舞，群眾多半會缺乏拿起武器的信心和動力。派來支援的部隊越多，對群眾的吸引力就越強，民兵的聲勢就會像雪崩那樣越加浩大。但是，前去支援的正規軍數量不能超過一定的限度。為了這個次要目的，軍隊不得不分散兵力，整個防線因此變得又長又鬆散，這是十分有害的。在這種情況下，正規軍和民兵肯定都會被敵人殲滅。另一方面，經驗也告訴我們，一個地區的正規軍太多時，通常會減弱民兵的力量和效果，其原因是：第一，正規軍太多會把過多的敵軍吸引到這個地區來；第二，這時群眾就會依賴正規軍；第三，大量部隊駐留一個地區，紮營、運輸、糧秣供應等會大大消耗居民的力量。

要防止敵人強有力地還擊民兵，就是不把這一巨大的戰略防禦手段用於戰術防禦；這是運用民兵的主要原則。民兵的戰鬥特點與素質較差的部隊相同，他們攻擊時非常猛烈而有力，但是不夠沉著，難以持久。此外，對民兵來說，被敵人擊退無關緊要，他們對此早有準備，但是，他們的傷亡不能過於慘重、被俘的人數不能過多，這些致命的打擊會使民兵的火焰很快熄滅。這兩個特點與戰術防禦的性質完全不相容。在戰術防禦中，部隊得進行持久、緩慢而有計畫的行動和果敢的冒險；如果防禦不過是一種單純的嘗試，可以很快放棄，那麼它永遠也不能帶來成果。因此，用民兵防禦某一地段時，絕不能讓他們進行決定性的防禦戰鬥，否則，即使情況再有利，他們也會遭到殲滅。由此可見，民兵應該在其能力所及的範圍內用來防守山地的入口、沼澤的通道、江河的渡口等。但是，當這些地點被敵人突破時，民兵就不能集結在狹小、最後的陣地上（即正規的防禦陣地上），因為這樣會被

敵人封鎖，他們應該分散開來，發動游擊，繼續進行防禦。不論民眾多麼勇敢，多麼尚武，不論他們對敵人的憎恨有多麼強烈，地形對他們多麼有利，民兵在過於危險的環境下不能持久。因此，如果人們想使民兵在某個地方燃起熊熊烈火，那就必須選擇一個遠離危險、資源充足又不容易被立即撲滅的地方。

以上的論述與其說是客觀的分析，不如說是一種探索，因為運用民兵的情況還很少，而那些曾親眼目睹這種戰爭的人又論述得太少。經過這些討論之後，我們還要說明一點，我們可以透過兩種不同的方式將民兵納入戰略防禦計畫，把民兵作為會戰失敗後的最後補救手段，或者作為決定性會戰前的一般輔助手段。在後一種情況下，前提條件是我方要向本國腹地撤退，並且使用第六篇第八章〈抵抗的方式〉和第二十四章〈側翼行動〉談過的那種間接還擊方法。因此，在這裡我們只簡單地談談會戰失敗後徵集民兵的問題。

任何一個國家都不應該認為，自己的命運與存亡取決於一兩次會戰（即使是最有決定意義的會戰）。即使戰敗了，形勢還是可能轉變，我們可以徵集新兵，並尋求外來的援助，何況敵人在持續進攻中必然也損失可觀的戰力。一次會戰的失敗離亡國還差得很遠。當人民看到自己置身於深淵的邊緣時，會用盡一切辦法拯救自己，就像溺水的人本能地去抓稻草那樣，這是精神世界的自然規律。

一個國家即使比敵人弱小許多，也不應該放棄這最後的努力，否則，我們就只能判定這個國家已經失去了靈魂。我們並不排斥簽訂代價很大的和約使自己免於徹底滅亡，但即使我們有媾和意圖，依然得安排新的防禦措施。這些措施既不會妨礙媾和，也不會使媾和的條件更不利，相反會使媾和更順利。若那些與本國有利害關係的國家能援助我們，採取這些措施就更為必要。因此，在主力會戰失敗後，若政府只想使民眾迅速地酣睡在和平中，並且被嚴重的失望情緒所壓倒，失去了發動一切力量的勇氣和理想，那麼，它一定會由於軟弱而不能堅持到底。這等於表明自己不配獲得勝利，也許正因為如此，它連取得勝利的能力都沒有。

由此可見，無論所遭受的失敗多麼慘重，我們仍然可以將軍隊撤回，

讓要塞和民兵發揮作用。如果主要戰區的兩側與山地或其他險要的地形相毗連，那麼就非常有利於民兵與要塞發揮作用，因為山地就像棱堡似的突出在前面，從這裡發動奇襲可以在戰略上擾亂入侵者的側翼。

　　如果進攻者正在進行圍攻，或者為安排交通線而沿路留下了強大的守備部隊，或者派出分隊以確保行軍順暢、以不受鄰近地區的民兵擾亂，或者避免損失大量的物資與人員，那麼防禦者就應該重新投入戰鬥，透過相應的攻擊行動來動搖處於困境的進攻者。

第二十七章
戰區防禦（一）

　　前面這些重要的防禦手段，我們已經談得夠多了，至於這些手段如何與整個防禦計畫結合，我們將在最後一篇「戰爭計畫」裡探討。因為進攻和防禦計畫從屬於戰爭計畫，都要以戰爭計畫為基礎，根據它來決定其架構。而且在許多情況下，戰爭計畫本身就是在主要戰區實施進攻和防禦的方案。與其他領域相比，在戰爭中，部分更取決於整體，更滲透著整體的特點，並隨著整體的變化而改變。即使如此，我們還是不能從戰爭的整體開始研究，而是先把各個問題分開來，以便更清楚地認識它們。如果不是從簡單到複雜，我們就會被一大堆不確切的觀念混淆，特別是在戰爭中，各種相互作用的因素常會使我們的觀念混亂。因此，我們想再向整體接近一步，也就是說，專門考察一下戰區防禦，找出貫穿前面所述問題的線索。

　　防禦是較強的作戰形式，是為了保存自己的軍隊和消滅敵人的軍隊，一句話，勝利就是防禦作戰的目標，不過當然不是最終目的。

　　保衛本國和打垮敵國才是最終目的，換句話說，締結和約才是最終目的，因為雙方的衝突只有透過和約才能消除，才能以共同的結果而告終。

　　從戰爭的角度來看，敵國是指什麼呢？首先是它的軍隊，其次是它的國土。當然還有許多其他事物，其中最主要的是內外的政治關係，它們有時比其他一切都更具有決定意義。敵人僅靠軍隊和國土並不能構成國家，也不能代表其所擁有的戰爭手段，但是軍隊和國土仍然是主要的，就其重要性來說，往往超過其他任何方面。軍隊要保衛本國或占領敵國，而國土則使軍隊不斷地得到補給。兩者相互依存、相輔相成。但是在這種相互關係中，它們各自所產生的作用不同。軍隊一旦被消滅，或是被打垮，不能繼續進行抵抗，國土自然也就喪失。但是反過來，國土被占領，軍隊卻不一定被消滅，

有時軍隊為了以後更容易地奪回國土，有可能主動地讓出某些地方。軍隊徹底被打垮會導致國土的喪失，連一次重大的損失也會導致國土的喪失。與此相反，國土的大量喪失並不一定會導致軍隊戰力減弱。當然，時間久了軍隊戰力當然會減弱，但在決定戰爭勝負的這一段時間內是不會的。

由此可見，保存自己的軍隊和消滅敵人的軍隊永遠比占領土地重要，統帥應該首先達成第一個目標。只有用這一手段不能完全達到目的時，占有國土才可以作為首要目的。

假如敵人的全部兵力集中成為一支軍隊，整個戰爭成為一次戰鬥，那麼，能否占有國土就取決於這次戰鬥；消滅敵人軍隊，奪取敵國領土和保全自己的國土就都將取決於這一戰鬥，也就是說消滅敵人軍隊、奪取敵國領土和保存自己國土與戰鬥是一回事。防禦者一定得避免這種簡單的作戰方式，一定得分散兵力，因為防禦者集中兵力取得的勝利其影響有限。每次勝利所產生的影響都有一定的範圍，如果範圍能大到包括敵人的軍隊和整個領土，也就是說，敵人的核心力量遭到打擊，各個層面都受到影響；若能取得這種勝利，我們就沒有任何理由分散兵力。但是如果我們的勝利不能對敵人的軍隊和雙方領土發生影響，那麼我們就必須特別注意，軍隊可以集中，可是土地卻沒有辦法，因而要保衛國土就不得不分散兵力。

只有在領土形狀近似圓形的小國家裡，才有可能集中軍隊，這樣一來，這支軍隊的勝敗的成就決定一切。如果敵國有大片領土與我們接壤，或者幾個國家結成同盟，共同對付我們的國家，同時從幾個方面包圍，我們的軍隊就不可能集結。因此在這種情況下，我們就必須分散兵力，因而也就會出現幾個戰區。

勝利的影響範圍自然取決於勝利的大小，而勝利的大小則取決於打敗多少軍隊。打擊敵人駐軍最多的領土，影響範圍最廣，而且我方兵力越多，就越有把握取得成功。要清楚地理解這些觀念，我們只要想到力學上重心的特性和作用就可以了。

物體的重心總是位於質量最密集的地方，打擊物體重心是最有效的，而最強的打擊又總是由力量的重心發出的，在戰爭中情況也是如此。作戰的任

何一方（不論是單獨的國家，還是幾個國家的聯盟）的軍隊都會有一致性，軍隊才能統一運作，因此就有了重心。軍隊重心的動向對其他各點有決定性的作用，因為它是軍隊最集中的地方。在無生命的物質世界中，重心所產生的效果取決並受限於統一運作的程度，在戰爭中也是如此。無論在物質世界還是在戰爭中，攻擊力量很容易超過抵抗力量，因而可能使用力量過多而造成浪費。

軍隊根據統帥的統一命令展開會戰，各單位之間的聯繫最為緊密，行動最為一致。與此相比，散布在二百五十或五百里地區的軍隊效果較差，多國聯軍則更差，因為基地分散在各國。在後一種情況下，即使有共同的政治意圖，盟軍也很難徹底達到一致性，各個單位之間的聯繫大多很鬆散，甚至不存在。

適度集中兵力能使自己的攻擊強而有力，但把兵力過度集中是不利的，必須避免這種情況，因為這會造成兵力的浪費，並使其他地區兵力不足。

識別敵軍的重心，判斷它的影響範圍，是戰略判斷的主要任務，必須研究兩軍任何一個單位的進退對於其他單位的影響。

以上的論述並不是什麼創新的觀念，只是統整各個時期和各個統帥所沿用的方法，以便更清楚地說明這些方法的原理與應用。

敵人的重心這一個概念在整個戰爭計畫中如何產生作用，我們最後再一起探討，因為這個問題本來就屬於戰爭計畫的範疇。現在稍微提出，只是為了避免我們列舉的觀念有所遺漏。根據上述的討論，我們就知道兵力分散的考量為何。這當中兩種利益相互對立：想占有領土就得分散兵力；想打擊敵軍的重心就得高度集中兵力。

戰區的概念便由此而來。它是各方軍隊的行動區域，主力的每一次勝負都會直接影響到整體局勢，因為某一戰區內的勝負對鄰近的戰區自然也會產生間接的影響。

再次強調，戰區與其他概念一樣，我們的定義只能觸及到某些概念核心，不可能劃出明顯的輪廓，這是事物的本質決定的。

因此，一個戰區（不論其範圍大小）連同其軍隊（不論其數量多少）就

是一個單位，當中有一個重心，勝負就取決於這個重心。成功守住重心，在此獲取勝利，就完全合乎戰區防禦的意義。

第二十八章
戰區防禦（二）

但是，防禦是由決戰和等待這兩個不同的要素組成。本章所要討論的就是這兩個要素的關係。

首先我們指出，雖然等待不代表防禦，但要達到防禦的目標，就必須經過這一個階段。只要一支軍隊還沒有撤離它負責防禦的地區，由進攻引起的緊張狀態就會一直持續下去。只有勝負已定時才會緩和下來，只有進攻者或防禦者當中任一方退出戰區時，才可以認為勝負已經決定（不管締結的條件為何）。

只要軍隊還在它所在的地區堅守，這一地區的防禦就還在進行，從這個意義上說，防禦某一戰區就是堅守這個地區。即使敵人奪去了這個戰區少量的土地也無關緊要，這只是暫時借給他而已。

透過上述的解釋，我們就能確定等待與整個防禦的關係，但這僅限於雙方都認為決戰不可避免時才能成立。這是因為只有透過決戰，雙方兵力的重心以及以這些重心為基礎的戰區才能產生作用。決戰的想法一旦消失，重心也就失去作用，從某種意義上說，整個軍隊也就失去了作用。這時，構成戰區概念的第二個組成部分——占有國土——就躍居為首要目的。換句話說，雙方越不尋求決定性打擊，戰爭就越成為單純的相互監控，占有土地就越加重要，防禦者要盡可能守住所有地區，進攻者就要占領更多的地區。

無可諱言，絕大部分的戰爭和戰役並不是生死存亡的決鬥，並沒有一方想力求決戰，反倒是接近於純粹的相互監控。只有十九世紀的戰爭才比較具有前一種特點，才可以運用以此為基礎的理論。但是，很難設想未來的戰爭都會具有這種特點。大多數的戰爭應該還是會接近相互監控。理論要具有任何實踐上的意義，就必須考慮到不同的可能性。因此，我們將首先討論決

戰意圖主導著整個軍事行動的情況，即真正、絕對的戰爭（我們暫時這樣稱呼），然後另一章再討論戰爭接近監控狀態後所產生的變化。

在第一種情況下（是防禦者等待進攻者發起決戰，還是防禦者自己尋求決戰，對我們來說是一樣的），戰區防禦的實質意義就在於防禦者堅守在戰區，隨時都可以進行有利的決戰。這時，勝負的決定可能是透過一次會戰，或是一系列大規模的戰鬥，或者是僅僅透過雙方兵力的部署，即可能的戰鬥態勢。

我們以前多次指出，會戰是最主要、最常用、最有效決定勝負的手段，即使不是如此，它還是決定勝負的手段，這就足以說服我們盡可能地高度集中兵力。戰區的主力會戰就是重心與重心之間的對抗。我們在自己重心上能夠集中的兵力越多，取得的效果也就越大、越可靠。因此，如果沒有特別的目的（這個目的可能是一次勝利的會戰所達不到的，也可能是取得會戰勝利的一個條件），就不應該分散兵力。

然而，最大限度地集中兵力還不等於具備了全部基本條件，還必須進行兵力部署，使軍隊能有利地進行會戰。

這兩個基本條件完全符合我們在第八章〈抵抗的方式〉裡所談的各種防禦方式，因此，根據具體情況的需要把這些基本條件結合起來並不困難。但是，有一點初看起來似乎是矛盾的：要如何找到敵人的重心？它是防禦中最重要的問題之一，所以更有必要加以闡明。

如果防禦者能夠及時得知敵人沿著哪些道路前進，在哪條道路上能夠特別準確地遇上敵人的主力，那麼他就可以準確迎擊敵人，這是很常見的情況。雖然在進攻者開始行動以前，防禦者就要採取一般的措施，像是設置要塞和大的軍械庫，以及確定軍隊的平時員額等等，便建立起了進攻者行動時必須依循的路線。在軍事行動真正展開時，對進入戰場的進攻者來說，防禦者卻好像是紙牌遊戲中的下家一樣，享有特殊的有利條件。

要想大舉侵入敵國，就必須進行大規模的準備工作，例如籌集糧秣、儲備武器裝備等等。這些準備工作需要很長的時間，因而防禦者有足夠的時間採取對策。此外，防禦者所需要的準備時間總比進攻者短，因為每個國家都

會充分地準備防禦，進攻則是次要的行動。

　　儘管在大多數情況下是像前面所說的那樣，但是在具體情況下，防禦者仍有可能無法確定敵人入侵的主要路線，如果防禦需要採取一些費時很多的措施（例如構築堅固陣地等等），那麼就更容易出現這種狀況。此外，即使防禦者找到進攻者的前進路線，若防禦者不對進攻者發起進攻，進攻者只要改變一下原來前進的方向，就可以繞過防禦者的陣地，而在農業發達的歐洲，陣地兩側肯定有道路可以通過。在這種情況下，防禦者顯然不能在陣地上等待敵人，至少不能指望在防禦陣地上進行會戰。

　　但是，在討論防禦者在這種情況下還能採取的其他手段之前，我們必須先討論一下這種情況的性質及其出現的可能性。

　　在每個國家及每個戰區（目前我們就是一直在談戰區）裡，通常都有一些目標和地點能使進攻取得特別大的效果，這一點在討論進攻時再來明確而詳細地論述。這裡我們只指出，最有利於進攻的目標和地點是進攻者決定進攻方向的依據，那麼這個依據反過來對防禦者也必然有用，當防禦者還不知道敵人的意圖時，這個依據必然是他行動的指南。如果進攻者不選定最有利的方向，他就得放棄本來可以得到的利益。如果防禦者恰好在這個方向上防禦，進攻者不做出某種犧牲就不可能避開防禦者或從其側面通過。由此可見，防禦者摸不准進攻者的方向，以及進攻者從防禦者側旁通過，這兩個情況發生的可能性並不大，因為進攻者在選定方向時所遵循的依據早已存在，而且大多是充分有力的。因此在大多數情況下，雖然防禦者都部署在同一個地方，但並不會錯失敵軍的主力。換句話說，只要防禦者的陣地選擇得當，在大多數情況下敵人肯定會向這裡進攻。

　　但是，我們不能因此否認，在有些情況下，進攻者可能不會向防禦者的陣地前進。問題是，在這種情況下防禦者應該怎麼辦，防禦者原來所處的位置能提供的有利條件還剩下多少？

　　當進攻者從防禦者側旁通過時，防禦者到底可以採取哪些手段？其答案如下：

第一，一開始就把兵力分為兩部分，用一部分準確地迎擊敵人，然後用另一部分趕去增援。

第二，集中兵力占領一個陣地，在敵人從側旁通過時，迅速向側方移動去攔擊敵人。但在大多數情況下，向側方移動已經攔不住敵人，必須稍稍後退一些，占領新的陣地。

第三，集中兵力從側面襲擊敵人。

第四，威脅敵人的交通線。

第五，採取和敵人同樣的方法，也從敵人側旁通過，去進攻敵人的戰區。

我們所以在這裡提出第五種手段，是因為這種手段也許能夠產生意想不到的效果。但是，這一手段與防禦的意圖，也就是與選擇防禦的理由是矛盾的。因此，只能把它看作是不正常的現象或是個案，比如敵人犯了重大錯誤。

威脅敵人的交通線要有一個前提，即我們的交通線要比敵人更有利。這也是有利的防禦陣地必須具備的基本條件。儘管這種威脅可以給防禦者帶來某些優勢，但是單純防禦戰區時，這種威脅不會導致決戰，而我們在前面就已經說過，決戰是戰區防禦的目的。

戰區的面積通常不會大到使進攻者的交通線容易受到攻擊。進攻者發動攻擊通常只需要很短的時間，而威脅它的交通線所產生的效果卻很緩慢，就算進攻者的交通線很容易受到攻擊，也不能阻止它前進。

由此可見，在對付力求決戰的敵人時，或者我們自己也很希望進行決戰時，這種手段通常沒有什麼作用。

防禦者還可以運用其餘三種手段直接進行決戰，也就是以重心對付重心，因此，它們更符合防禦的任務。但是儘管我們並不完全否定其他兩種手段，但我們還是認為第三種手段要比其他兩種手段優越得多，在大多數情況下，第三種手段才是真正的抵抗手段。

將兵力分為兩部分部署，就有被捲入前哨戰的危險。如果面臨的是堅決

的敵人，這種前哨戰頂多也只是確實但有限的對抗，而不是防禦者所期望的決戰。即使防禦者能避開這個陷阱，暫時分散兵力去進行防禦，並成功地削弱進攻者的攻擊力，但我們永遠也不能擔保，先去迎擊敵人的那些部隊不會損失慘重。不僅如此，這些防禦部隊最後都要向趕來的主力部隊集結，這往往造成主力部隊以為他們被打敗或戰術失當的印象，進而使士氣大受打擊。

第二種手段是，若敵人企圖從側翼攻擊我方陣地，我們就集中軍隊到那條路線阻攔它。運用這種手段時，防禦者容易因貽誤時機，造成兩種措施都用不上。其次，在防禦會戰時，統帥一定得沉著冷靜、深思熟慮、了解地形，若他倉促地去攔阻敵人就無法表現這些特點。另外，良好的防禦陣地並不是在任何道路上或任何地點都可以找到。

與此相反，第三種手段最為有利，即從側面襲擊進攻者，迫使進攻者變換方面進行戰鬥。

在這種情況下，進攻者往往會暴露自己的交通線（在這裡是撤退路線）。就其總情況來看，特別是就防禦者所應具備的戰略特點來看，防禦者是處於有利的地位。

其次（這是主要的一點），每一個想從防禦者側旁通過的進攻者都會舉棋不定。為了到達進攻目標的所在地，他必須前進；但為了對付側面的襲擊，他又需要隨時準備把兵力轉向側方，而且要集中兵力還擊。這兩個目的是相互矛盾的，部隊於是就陷入一團混亂，畢竟進攻者很難面面俱到，因此在戰略上處於最不利。假如進攻者確切知道將在何時何地遭到襲擊，他當然能夠巧妙靈活地採取一切對策。但是，如果在他情況不明而又必須前進的情況下發生了會戰，他就不得不倉促地集中兵力，在不利的條件下應戰。

防禦者發起進攻會戰的有利時機，就是上述情況出現的時刻。而且，防禦者還有諸多優勢，由於他了解地形，便可以選擇有利地點，可以先做好準備並在行動中保持主動等等。種種條件看來，防禦者在這種情況下比他的敵人占有決定性的戰略優勢。

因此，防禦者可以集中兵力據守在選擇得當的陣地上，沉著地等待敵人從自己側旁通過。即使進攻者不攻擊防禦者的陣地，即使就當時的情況來

說威脅進攻者的交通線是不適當的，防禦者仍然可以從側面進行襲擊以求決戰。

我們在歷史上之所以幾乎沒有看過這種情況，一方面是因為防禦者很少有勇氣堅守這樣的陣地，他們通常會分散兵力，或是倉促地以橫向或斜向行軍移動到進攻者的前方。另一方面是因為，進攻者在這種情況下通常不敢從防禦者側旁通過，而是停下來不再前進。

在這種情況下，防禦者被迫進行進攻會戰，不得不放棄以逸待勞、堅固的陣地和良好的築壘工事等有利條件。就算進攻者在前進中遭到截擊、陷入不利的處境，也不能完全抵償防禦者失去的那些有利條件，因為進攻者正是為了避開防禦者的這些有利條件才使自己陷入不利。不過進攻者的這種處境畢竟會給防禦者帶來某些補償，因此我們不能像某些歷史評論家那樣提出片斷的理論，遇到兩種對立的情況就認為兩者完全抵銷。

但是，我們不是在玩弄邏輯，恰恰相反，我們越是從實際的方面來考察這個問題，就越會認為這是一種概括、貫穿和支配整個防禦行動的思想。

在敵人從側旁通過時立即襲擊敵人，才能避開兩種很容易陷入的絕境：兵力分散和倉促從側方去攔阻敵人。在這兩種絕境中，防禦者將被進攻者所左右，不得不採取緊急的措施和危險的倉促行動。採取這些防禦方法時，只要碰到一個力求決戰又果敢的敵人，防禦就會被粉碎。但是，如果防禦者在適當的地點把兵力集中在一起，並在關鍵時刻用這支軍隊從側面去攻擊敵人，就可以得到處於防禦地位所能得到的一切有利條件。這時，其行動就具備了準備良好、沉著、穩妥、一致和簡單等特點。

我們在這裡不能不提一提與這些觀念有密切關係的一個重大歷史事件，以避免這個例子被普遍錯誤引用。一八〇六年十月，普魯士軍隊在圖林根等待拿破崙的軍隊時，部署在法軍可能進軍的兩條大道之間，一條經過埃爾富特、萊比錫至柏林，一條經過霍夫、萊比錫至柏林。普軍原來的意圖是直接穿過圖林根森林區，直達法蘭克尼亞，但在放棄這一意圖之後，由於不了解法軍將從哪條道路進軍，只好選擇了這個中間位置。這樣的部署必然會導致倉促向側方行動。

　　普軍實際上就是這樣部署，他們認為法軍將經過埃爾富特，因為通向埃爾富特的道路情況良好。但是，他們沒有考慮到法軍會走通向霍夫的那條道路上，一方面是因為這條道路距離當時普軍所在的位置有兩、三天的行程，另一方面是因為中間隔有很深的薩勒河河谷。當時，布倫瑞克絲毫沒有這樣考慮，也沒有為此進行任何準備，但是，霍恩洛厄或者說馬森巴赫上校（他曾力圖使公爵接受這種想法）卻始終是這樣考慮的。至於把薩勒河左岸的部署轉變為會戰，以進攻前進中的拿破崙軍隊，也就是轉變為前面說過的側面襲擊，那就更不用考慮了。雖然薩勒河還可以在最後時刻攔阻敵人，一旦敵人占領了薩勒河的對岸（至少是一部分），薩勒河對普軍轉入進攻來說必然也是極大的障礙。因此，布倫瑞克公爵決定在河這邊等待進一步發展。大本營裡首腦眾多，情況混亂，眾人猶豫不決，這種情況下產生的決定也很難稱為個人決定。

　　這種等待的狀態不管是誰決定的，普軍接下來有下三種選項：

　　第一，如果敵人渡過薩勒河向普軍挑戰，普軍可以對敵人發起進攻；
　　第二，如果敵人不進攻普軍陣地而繼續前進，普軍可以威脅敵人的交
　　　　　通線；
　　第三，普軍在認為可能和有利的情況下，可以迅速地穿過敵軍側面先
　　　　　敵趕到萊比錫。

　　在第一種情況下，依靠巨大的薩勒河河谷，普軍在戰略和戰術上都占很大優勢。在第二種情況下，普軍也在戰略上占有巨大優勢，因為敵人的基地只是普軍和中立國波希米亞之間的一個狹窄的地區，而普軍的基地卻極為廣闊。在第三種情況下，普軍由於有薩勒河的掩護，也不會處於不利的地位。儘管意見紛雜，大本營還是考慮過這三種情況。但即使討論出正確的想法，因為內部的混亂和不了解情況，它還是無法實現。這種情況很常見。

　　在前兩種情況下，薩勒河左岸的陣地是真正的側面陣地，它無疑非常適合此功用。但是，用一支信心不強的軍隊占領這種側面陣地來對抗優勢很大

的敵人，例如拿破崙，卻是一個非常冒險的措施。

　　布倫瑞克公爵猶豫了很久，到十月十三日才選定了上述最後一種措施。可是時間已經太晚了。拿破崙已經開始渡過薩勒河，耶拿和奧爾斯塔特會戰已經不可避免了。布倫瑞克公爵由於優柔寡斷而使自己兩頭落空：要離開自己所在位置向側方移動去攔阻敵人已經為時太晚，而要發起有利的會戰又為時太早。儘管如此，當時普軍選擇的陣地仍具有很大的優越性，以致公爵能夠在奧爾斯塔特附近消滅敵人的右翼，而霍恩洛厄侯爵能夠以代價龐大的撤退脫身，不至於被困在耶拿。但是，他們卻不敢在奧爾斯塔特奪取本來有把握取得的勝利，而寄望在耶拿獲得不可能的勝利。

　　無論如何，拿破崙察覺到薩勒河畔的戰略意義，因而他不敢從它側旁通過，而決定在敵前渡過薩勒河。

　　前面的論述已經充分說明採取決定性行動時防禦與進攻的關係，並且已經揭示了防禦計畫中各個問題的性質和關係。我們不打算更詳細地研究具體的部署情況，因為這樣做會陷入無窮無盡的考究。統帥提出了特定的目標之後，就應該看一看各種地理和政治情況的統計數字，以及敵我雙方軍隊的物資和人員狀況。確認與其目標是否符合，以及在實際行動中對雙方產生的制約作用。

　　在〈抵抗的方式〉一章裡談到的防禦方式一個比一個更強，為了對它們有更清楚的認識，我們想在這裡指出與此有關的一般情況。

（一）對敵人發起進攻會戰的根據有以下幾種：

　　第一，確定進攻者以極分散的兵力前進，這樣即使我們力量很弱，仍　　　　有獲勝的希望。

　　但是，進攻者實際上不大可能分散前進，因此，只有在確切知道敵人會分散前進，防禦者採取進攻會戰才是有利的。沒有充分的根據，只憑單純的推測就指望這種情況，並把一切希望都寄託在這上面，通常會陷入不利的境

地。因為，如果後來的情況不像期待的那樣，我們就不得不放棄進攻會戰，而又沒有為防禦會戰做好準備，於是只好被迫撤退，一切都讓偶然性來支配了。

在一七五九年的戰役中，多納率領的軍隊對俄軍進行的防禦差不多就是這種情況。這次防禦以韋德爾將軍指揮的齊利曉會戰的失敗而告結束。

擬制計畫的人所以喜歡使用這種手段，只是因為它能很快地解決問題，但他們卻不考慮具備了多少基礎的前提條件。

第二，我們本來就有足夠的兵力可以進行會戰；

第三，敵人遲鈍而又猶豫不決，特別有利我們進攻；

在這種情況下，出敵不意的效果比良好陣地所能提供的地形優勢更有價值。此時引發全軍的精神力量的就是優秀指揮官的作戰才能。但是，無論如何，就理論上來說，這些前提必須有客觀的根據。如果沒有任何具體的根據，只是一味地空談非正統攻擊的優越性，並為此擬制計畫、進行考察和討論，那完全是一種毫無根據的做法，是不能容許的。

第四，我軍的素質特別適於進攻。

腓特烈大帝認為，他的軍隊是一支靈活、勇敢、可靠、服從、準確、自豪的軍隊。這支軍隊擅長斜形攻擊，在他堅強而大膽的領導下會更適於進攻（與防禦相比），他的看法是正確也切合實際的。腓特烈大帝的軍隊具有的特點，他的敵人都沒有，因此占有決定性的優勢。大多數情況下，利用這些特點比求助於堡壘和地形障礙更有價值。但是，這種優勢極少見，一支訓練有素、慣於大規模移動的軍隊也只是具有這種優勢的其中一部分而已。即使腓特烈大帝認為普魯士軍隊善於進攻，後來有些人也不斷這樣隨聲附和，我們也不應該對這種看法給予過高的評價。與防禦時相比，人們在進攻時大多感到輕快和更有勇氣，任何軍隊都會有這種感覺，統帥和指揮官也都會這樣

稱讚自己的軍隊。因此，我們不應該輕易地被表面上的優勢所迷惑，而忽略了實際的有利條件。

　　兵種的比例，如騎兵多而火砲少，也可能成為發起進攻會戰非常合理和極其重要的根據。我們還可以列舉以下幾種根據：

　　　　第五，我軍完全找不到良好的陣地；
　　　　第六，我們急需決戰；

　　　　最後，上述幾個或全部原因共同發生作用。

　　（二）在一個地區內等待敵人，在此地向敵人發起進攻（如一七五九年的明登之戰），最合理的根據是：

　　　　第一，雙方兵力的對比對防禦者較有利，防禦者可以不必尋找堅固的
　　　　　　　陣地；
　　　　第二，有特別適於等待敵人的地形。至於什麼地形適合，這屬於戰術
　　　　　　　問題。我們先指出，這種地形的特點主要是便於我方通行而不
　　　　　　　便於敵方通行。

　　（三）在下列情況下占領一個陣地，以便真正等待敵人的進攻：

　　　　第一，防禦者兵力很少，不得不利用地形障礙和堡壘進行掩護；
　　　　第二，地形提供了這種良好的陣地。

　　若防禦者不尋求決戰，只滿足於消極成果，並且確切知道敵人遲滯不前和猶豫不決，最後會放棄其計畫，那麼上述第二和第三兩種抵抗方式就越值得重視。

（四）堅不可摧的營壘只有在下述情況下才能達到目的：

第一，營壘設在極為優越的戰略地點；

這種營壘的特點是，它的守備部隊不容易被擊敗，因此敵人就不得不採用其他手段。敵人要麼只好拋開這個營壘，繼續追求自己的其他目的，要麼就必須圍困這個營壘，使守備部隊餓死。如果敵人做不到這兩點，這個營壘在戰略上就具有很大的優越性。

第二，防禦者可以期待得到外援；

占據皮爾納營壘的薩克森軍隊就曾經想尋求外援，結果大失所望，人們也對此發表了一些意見，但有一點卻是肯定的，一萬七千人的薩克森軍隊用另外的方法絕不可能抵抗四萬人的普魯士軍隊。奧地利軍隊在羅布西茨沒有妥善利用普軍過於集中而產生的缺點，這說明奧軍的整個作戰方法和軍事組織很差。如果薩克森軍不進入皮爾納營壘而向波希米亞退去，那麼腓特烈大帝就會把奧軍和薩克森軍一起趕出布拉格，並占領這個地方。凡是不願承認奧軍原本的優勢，而只想到最後薩克森全軍被俘的事實，就是不懂得上述那樣思考問題，也就不會得到任何可靠的結論。

但是，上述兩種有利的條件都很難出現，所以利用營壘需要周密考慮，而且只有在少數情況下才能夠成功。企圖利用營壘使敵人望而生畏，致使敵人不敢輕取妄動，這是極其危險的想法，反而會造成在沒有退路的情況下作戰。腓特烈大帝在邦策爾維茨成功地利用了營壘，人們應該佩服的是他正確地判斷了敵情。當然，如果情況危急，腓特烈大帝還可以率領剩下的部隊奪路而出，同時，腓特烈身為國王，並不需要聽命於任何人。

（五）如果國境附近有幾個要塞，主要問題就是，防禦者應該在要塞前面、還是後面進行決戰。在要塞後面進行決戰，有下面三個條件：

第一，敵人占有優勢，我們必須先削弱敵人的力量，然後再與他戰
　　　鬥；

第二，要塞就在國境附近，當防禦者必須放棄一部分國土時，這部分
　　　國土的面積不至於過大；

第三，要塞有防禦能力。

要塞的主要任務無疑是在敵人前進時消耗其兵力，使我方決戰的敵人兵力因而減少。我們很少看到有人這樣利用要塞，那是由於雙方都很少尋求決戰。而我們這裡所談的情況正是尋求決戰。因此，若防禦者在邊境附近有數個要塞，他應該以這些要塞為前線，而自己在要塞後面進行決戰，這是一個簡單而又重要的原則。我們承認，在要塞前面或後面進行會戰，儘管使用相同的戰術，後者所喪失的土地要多一些。不過這個差別並不是完全根據事實得出來的，而更多是基於想像。此外，在要塞前面進行會戰，可以選擇良好的陣地，而在要塞後面進行的會戰，在大多數情況下（即敵人圍攻要塞，要塞有被攻破的危險）卻必然會變成進攻會戰。但是，在要塞後方進行決戰時，敵人的兵力已經被削弱了四分之一或三分之一，如果他遇到幾個要塞，甚至會被削弱一半。在這種情況下，上述微小的差別和我們在這方面取得的優勢比較起來，又算得了什麼呢？

因此，在決戰不可避免（不管是敵人尋求決戰，還是我們的統帥尋求決戰），或者我們沒有把握戰勝敵人，或者從地形條件來看不急需在前面較遠的地方進行會戰，鄰近、抵抗力強大的要塞必然會促使我們從一開始就撤到要塞後面，在那裡進行決戰。這時，如果我們在要塞附近構築陣地，進攻者不把我們趕走就不能圍困這一要塞，那麼進攻者就只好被迫來攻擊我們的陣地。因此，在重要的要塞後面附近選擇良好的陣地，是在危險的處境下最簡單、最有效的防禦措施。

當然，假如要塞距離國境很遠，那就是另一個問題了。在這種情況下採取上述措施就得讓出很大一部分戰區，只有在不得已的情況下才能這樣犧牲，這幾乎是向本國腹地撤退了。

另一個條件是要塞應有的抵抗能力。大家知道，有些地點，特別是一些大城市，即使構築了工事，也無法與敵軍直接接觸，因為它們禁不住大量軍隊的猛烈攻擊。在這種情況下，我們的陣地必須在這些地點後方不遠處，以便守備部隊能夠得到支援。

（六）最後，向本國腹地撤退，只有在下列情況下才是合理的：

第一，雙方在物質和精神力量方面的對比使我們不能在國境上或國境附近進行有效抵抗；

第二，當前的目標是贏得時間；

第三，國土的情況有利於向腹地撤退，這一點我們在第二十五章〈向本國腹地撤退〉已經談過。

到這裡為止，我們討論了一方尋求決戰、決戰不可避免的情況下的戰區防禦。但是必須提醒一下，戰爭中的情況並不那樣簡單，如果想把理論上所確定的原則和說明運用到實際戰爭中去，那麼還應該認真讀一讀第三十章〈戰區防禦（四）〉。此外，統帥在大多數情況下總是在決戰和不決戰之間進行選擇，根據實際情況而會有不同傾向

第二十九章
戰區防禦（三）：逐次抵抗

　　我們在第三篇第十二章〈時間上的兵力集中〉和第十三章〈戰略預備隊〉中已經指出，在戰略上應該同時用上現有的一切武力，逐次抵抗則違反這個原則。」對於能移動的戰鬥力量來說，這一點就不需要進一步說明了。但是，如果把戰區和戰區內的要塞、地形障礙，甚至戰區的大小也都看作是戰鬥力量，那它們即是固定的戰鬥力量。這種戰鬥力量只能逐次利用，或者一開始就退得很遠，把其中可以發揮作用的部分部署在前線。這麼一來，戰區就能發揮作用，削弱敵人的軍隊。敵人因此不得不包圍我們的要塞，不得不派遣守備部隊和設立防哨保障他占領的地區，不得不長途行軍，從很遠的地方運來必需品等等。不管進攻者是在決戰前還是在決戰後向我方推進，這些措施對他都有影響，但在決戰前影響較大。由此可見，如果防禦者一開始就延遲決戰，就可以使全部固定的戰鬥力量同時發揮作用。

　　從另一方面來看，防禦者延遲決戰並不會減低進攻者勝利後的效應，這是很明顯的。關於勝利的效應，我們在研究進攻時再做進一步的討論，在這裡只指出，勝利的效應可以不斷延續，直到進攻者的優勢（雙方精神和物質力量的對比）消失時為止。這種優勢總是會消失，一方面是因為占領戰區要消耗兵力，另一方面是因為在戰鬥中必然會有傷亡。不論這些戰鬥是在開始的階段還是結束的階段發生，也不論這些戰鬥是在戰區的前部還是後部進行，損失的兵力不會有太大的不同。例如，一八一二年拿破崙在維爾那與在博羅迪諾的勝利，其效應是沒有差別的（假設這兩次勝利的成果是相同的）。即使在莫斯科取得的勝利，其效應也沒有更大，不管在任何情況下，莫斯科都是勝利最終要達到的目的。當然，進攻者由於其他原因在邊境進行的決定會戰會帶來較大的勝利成果，影響範圍因此較大，這是毋庸置疑的。

綜上所述，勝利的效應並不是影響防禦者延遲決戰的理由。

我們在〈向本國腹地撤退〉一章裡談到的是最大限度的延遲決戰，它是特殊的抵抗方式，主要目的是使進攻者自己消耗力量，而不是用會戰消滅他。在這種目的之下，延遲決戰才是一種特殊的抵抗方式。如果不是這種目的，我們就可以把延遲決戰分成許多階段，並結合所有的防禦手段。在這種情況下，不論戰區在各階段的效應如何，它就不是特殊的抵抗方式，只是把固定的戰鬥力量，根據各種條件與其他手段混合使用。

如果防禦者認為決戰時不需要運用這些固定的戰鬥力量，或者認為運用它們將會嚴重犧牲其他方面的利益，那麼他就可以留待以後再使用。在這種情況下，對防禦者來說，這些力量彷彿是新增的力量，憑藉這種力量，防禦者能移動的戰鬥力量就可以在一次決戰後再進行第二次決戰，也許還能進行第三次決戰，也就是說，能夠逐次地發揮力量。

防禦者在邊境附近進行的會戰失敗了，但尚未完全潰敗，那麼人們應該會認為，他還有能力在最近的要塞後面進行第二次會戰。如果他遇到的敵人並不怎麼堅決，那麼他只要利用大的地形障礙就足以阻止敵人前進。

由此可見，就戰略上來說，在運用戰區時，就像使用其他手段一樣，要經濟地分配力量。使用的力量越少越好，但仍必須足夠，與商業活動一樣，一味地儉約是不行的，還得考慮到更多的因素。

為了避免誤解，我們必須指出，這裡研究的，不是人們在會戰失敗後的抵抗中可以獲得多少成果，而是防禦者從第二次抵抗中可以得到多少成果，要如何在自己的計畫中評估它們。防禦者必須注意的只有一點，那就是他的敵人，即敵人的特點和敵人所處的情況。一個軟弱無能、缺乏自信、榮譽心不強或者受到種種條件束縛的敵人一旦獲勝，就會滿足於一般的利益，當防禦者毅然向他挑起新的決戰時，他就會畏縮不前。在這種情況下，防禦者可以利用戰區的各種抵抗手段進行新的決戰，雖然規模不大，但一定會出現能夠扭轉戰役的新希望。

不過，誰都能設想到，我們接下來將提到不求決戰的戰役了，它在很大程度上屬於逐次使用力量，我們將在下一章詳細論述它。

第三十章
戰區防禦（四）：不求決戰的戰區防禦

作戰雙方都不是進攻者的戰爭（即雙方都沒有積極意圖）這種戰爭如何進行，我們將在最後一篇中詳細研究。目前我們沒有必要研究這種矛盾現象，因為我們只有從每個戰區與整體的關係中，才能找到解釋這種矛盾的種種理由。

在不求決戰的戰役中，有些是沒有必然的決戰焦點。另外在戰史上，我們看到許多戰役中並不是沒有進攻者，也不是沒有積極意圖，只是積極意圖很弱，進攻者並不會不惜任何代價追求自己的目的，也不一定要進行決戰，而只滿足於在當時情況下可能獲得的利益。在這種戰役中，進攻者不追求任何確定不移的目標，而只拖延時間以獲取利益，或者雖然有目標，但只在有利的情況下才去追求它。

這樣一來，進攻者拋開了追求目標的義務，而像個流浪漢那樣在戰役中動搖不定，左顧右盼地企圖揀到廉價的果實。這樣的進攻與防禦沒有多大差別，因為進行防禦也可以獲得這樣的成果。儘管如此，我們還是會在「進攻」篇中對這類戰役做進一步的科學考察，在這裡先提出結論：在這種戰役中，進攻者和防禦者都不求決戰，因而決戰不再是所有戰略行動必將採取的最終步驟，不再像拱門上的拱心石那樣是一切弧線的終點。

讀過各個時代和各個國家的戰史，我們就會知道，這類戰役不僅占多數，而且多到其他類型的戰役倒好像是例外。毋庸置疑的是，即使將來情況會有所變化，這類戰役仍然會很多。因此，我們在研究戰區防禦時必須考慮此類戰役。我們在這裡先強調這類戰役最顯著的特點。現實中的戰爭大多處在兩種極端之間，有時接近這種，有時接近那種。相對於這些特點的行動出現，而緩和了戰爭的絕對形態時，這些特點的實際作用才會明顯。我們在本

篇第八章〈抵抗的方式〉裡已經說過，等待是防禦優於進攻的最大優點之一。在平常生活中，原本就很難做到讓所有行動計畫都實現，在戰爭中就更難做到了。考慮不夠周全、害怕不利的結局，影響行動發展的偶然事件又很多，由於這些因素，常常有許多按當時情況應該採取的行動沒有執行。與人類其他活動相比，在戰爭中計畫常常不夠完善，人們會遇到更大的危險和更多的偶然事件，因此，戰爭中人們犯的錯誤也勢必要多得多。這正是防禦者可以坐得其利的原因所在。我們繼續考慮領土在作戰時的固有價值，這裡存在著「後發制人」這條原則，也可以運用到法律訴訟上，在某些情況下取代了對最終判決的尋求（在以打垮對方為目的的鬥爭中，最終判決或決戰是所有行動的焦點）。這條原則發揮了非常大的作用，它不能促使人們採取行動，但能作為按兵不動和相關的一切行動的依據。如果不尋求也不期待決戰，就沒有理由放棄任何國土，因為只有在決戰中才可以為了換取某種利益而放棄某些國土。因此，防禦者總是盡可能要守護所有的國土，而進攻者則力求盡可能占領對方的國土，在不進行決戰的情況下盡可能地占領一切；在這裡我們只談前者。

若進攻者占領防禦者沒有派駐軍隊守護的地方，等待的優勢就轉為進攻者所有。因此，防禦者總是守護住全部國土，並等待敵人來進攻。

在進一步探討防禦的特點以前，我們先談談「進攻」一篇將會提及的內容，即進攻者在不求決戰時通常追求的目標。這些目標是：

第一，在不進行決戰下，占領對方大片國土。

第二，在不進行決戰下，奪取大倉庫。

第三，占領沒有部隊掩護的要塞。圍攻要塞是比較艱巨、常常要付出很大力量的行動，但是它不會帶來什麼嚴重損失，因為在最不利的情況下可以放棄行動來避免重大損失。

第四，最後，發動中型的戰鬥並奪取勝利。進行這種戰鬥無須冒很大的危險，但也不會獲得很多成果。在整個戰略計畫中，不要求這種戰鬥產生重大結果。而是為了戰鬥、獲取戰利品以及贏得

軍人的榮譽。當然，為了這樣的目的，人們就不會不惜一切代價進行戰鬥，只會等待有利時機，或者透過巧妙的行動來創造機會。

針對這四個目的，防禦者可採取下列手段：

第一，把軍隊部署在要塞前面來守護要塞；

第二，擴大防禦正面以掩護國土；

第三，如果延伸的範圍不足以掩護國土，則應向側方行軍，迅速趕到
　　　敵人前面去攔阻敵人；

第四，避免進行不利的戰鬥。

很明顯，防禦者採用前三種手段的意圖在於讓敵人採取主動，而自己充分利用等待的優勢。這種意圖完全合理，一概地否定它是非常愚蠢的。決戰的可能性越小，這種意圖就越強。儘管從表面上看，在一些不具決定作用的小規模戰役中，雙方活動還相當頻繁，但是上述意圖卻永遠是這類戰役的基礎。不論是漢尼拔還是費邊，不論是腓特烈大帝還是道恩，只要不尋求決戰也不等待決戰，他們就都遵循這一原則。至於第四種手段，則是附屬於前三種手段，是不可缺少的前提條件。

現在，我們詳細地研究一下這幾種手段。

為了掩護要塞不受敵人攻擊，防禦者軍隊部署在要塞前面，這初看起來似乎有些荒謬且冗餘無用，因為修築要塞的目的就是為了讓它獨立地抵抗敵人進攻。但是在現實中，我們卻經常看到這種部署方式。在作戰時就是這樣，往往看來最尋常的事情卻是最難以理解的。可是，誰敢僅根據這種表面上的矛盾，就把千萬次出現過的情況都說成是錯誤的呢？既然一再反覆地出現這種情況，就證明一定有深刻的原因，我們在前面已經提到過，那就是人們精神上的軟弱。

如果我們把軍隊部署在要塞前面，那麼敵人不打敗我們就不能攻入要

塞。發動會戰就是準備進行決戰,如果敵人不尋求決戰,那麼就不會發起會戰,所以我們不發動會戰就可以保住要塞。因此,當我們預估敵人不會尋求決戰時,就可以以逸待勞,因為敵人很可能沒有決戰的意願。如果事實與我們的預估相反,敵人準備向我們進攻,在大多數情況下我們還可以退到要塞後面,因而把軍隊部署在要塞前面就更沒有什麼危險了。在這種情況下,不付任何代價維持現狀是可能的,而且絕不會帶來絲毫的危險。

如果我們把軍隊部署在要塞後面,那麼我們就恰好給進攻者提供了一個有利的目標。如果要塞不大,那麼進攻者即使毫無準備,無論如何也會圍攻它。為了不讓敵人攻占要塞,我們就必須趕去增援,這樣一來,我們就變成主動的一方,本來向自己的目標前進、圍攻要塞的敵人卻反而成了被動者。經驗告訴我們,事情必然這樣轉變。我們已經說過,圍攻並不一定會慘敗。甚至不敢發起會戰、最軟弱、最不果斷、最消極的統帥,只要能夠接近要塞,即使只有野戰砲,他也會毫不猶豫地進行圍攻,因為在最不利的情況下,他還可以放棄行動而不致遭受損失。另一方面,大多數要塞只要被圍,就有可能被進攻者用強攻或其他特殊手段攻破,因此防禦者在預測可能會發生的情況時,絕不可忽略這一點。

防禦者當然會認為,會戰的條件再好,不如根本不進行會戰。所以把軍隊部署在要塞前面是很自然、很簡單的做法。腓特烈大帝以格洛高要塞抵抗俄國軍隊,以希維德尼察、尼斯和德勒斯登等要塞抵抗奧地利軍隊時差不多都沿襲著這個習慣。但是貝費恩公爵在布雷斯勞採用這種方法時卻失敗了。假如當時他把軍隊部署在布雷斯勞後面,也許就不會遭到攻擊。當時腓特烈大帝不在布雷斯勞,所以奧地利軍隊才占有優勢。若腓特烈大帝來到附近,奧軍也自知會失去優勢。因此,布雷斯勞發生會戰的時機,進行決戰絕不是不可能的,所以普軍不宜部署在布雷斯勞的前方。貝費恩公爵當然也這麼認為,但是他害怕奧軍砲擊布雷斯勞這個補給基地(假如遭到砲擊,他就會受到國王的嚴厲指責,國王在這種情況下很難持平考慮問題)。後來公爵在布雷斯勞前方構築陣地保住要塞,人們不應該責備他。事實上,卡爾親王在當時很可能只滿足於占領希維德尼察,並擔心普魯士國王會發起進攻,所以會

停止前進。因此，對於貝費恩公爵來說，最好的辦法是進行小規模的會戰，當奧軍開始進攻時就把軍隊撤到布雷斯勞後面，這樣既可以擁有等待的優勢，又不會承受很大的危險。

　　防禦者為何應該把軍隊部署在要塞前面，我們已經找到了重要而有力的理由，並且證明了它的正確性。儘管如此，我們仍需要提出次要但更為直接的理由，當然這個理由並非不證自明，因此不能適用於所有情況。這個理由就是軍隊常常把最近的要塞作為儲備物資的倉庫。這種做法既方便又有許多好處，因而統帥都不願意從較遠的要塞運送必需品，或把必需品放置在沒有防禦工事的地方。既然要塞成了軍隊的倉庫，那麼，把軍隊部署在要塞前面是必要、合理的做法。但是，一些沒有遠見的人容易過分重視這個直接理由，但它並不足以解釋所有情況，也不是構成決定性作用的重要理由。

　　不透過會戰就奪取要塞，是不求大規模決戰的進攻者自然的目標，而防禦者的主要任務則在於阻止敵人實現這一目標。所以，在有許多要塞的戰區內，幾乎一切移動都是圍繞著這些要塞，進攻者運用種種策略力圖出其不意地接近某一要塞，防禦者則力圖透過有計畫的移動很快地阻止敵人接近要塞。從路易十四到薩克森伯爵，幾乎所有在低地國進行的戰役都貫穿著這種特點。

　　關於掩護要塞的問題就談這麼多。

　　擴大防禦正面以掩護國土，這種手段，只有具備嚴苛的地形條件才可以考慮。採用這一手段而設立的大小防哨，只有以堅固的陣地為依托才具有一定的抵抗能力。通常，陣地上很少出現足夠的天然障礙物，所以必須以人工築城加以補強。不過，這種抵抗方法只是一種消極的抵抗（參閱第四篇第五章〈戰鬥的意義〉），而不是積極的抵抗。當然，這樣的防哨也有可能擋得住敵人攻勢，有時也能夠取得絕對的勝利，但是在眾多防哨中，個別防哨的防禦力只占整體的一小部分，它可能受到敵人優勢兵力的攻擊，因此不能把一切希望都寄託在個別防哨。防禦者用這種方法分散部署，只能延長抵抗時間，不能獲得真正的勝利。但是就這種防禦的本質與目的來說，個別防哨產生的作用也就足夠了。在這樣的戰役中，如果不需要擔心會發生大規模決

戰，也不怕敵人為了全面征服而不停地前進，防禦者利用防哨進行戰鬥就不會面臨什麼危險，哪怕最後防哨並不能守住也沒關係。進攻者除了奪得防哨以及一些戰利品外，很少能得到其他優勢，對整個防禦不會有進一步的影響，也不致動搖防禦者的基礎，致使防禦體系崩潰。對防禦者來說，在最壞的情況下，即整個防禦體系因某一個防哨陷落而瓦解，他仍然有時間集結軍隊，用全部兵力向進攻者表明決戰的決心，而根據我們的前提，進攻者是不求決戰的。因此通常防禦者集結軍隊以後，進攻者就不再繼續前進，雙方的行動也就結束了。防禦者的全部損失是一些國土、人員和火砲，而這些也是進攻者所滿足的成果。

進攻者可能因膽怯而謹慎地行動，他害怕遭受太大的損失，因而不敢進攻我們的防哨，只停在防哨的前面。那麼，我們認為，防禦者即使在不利的情況下，也不妨採取這種防禦冒冒風險。在這種情況下，我們假定進攻者不敢冒險追求大的勝利，中等但堅固的防哨就可以阻止他繼續前進了。即使進攻者可以攻破這個防哨，他也會考慮攻破防哨能帶來多少好處，以及代價是否過大。

所以，從整個戰役來看，防禦者用許多並列的防哨進行強有力的抵抗，可以取得滿意的結果。讀者在戰史中不難找到這種戰例。這種擴大防禦正面的手段多半出現在戰役的後半期，因為這時防禦者才真正了解到進攻者的意圖和情況，而且進攻者原有的一點冒險精神也已經消失了。

在擴大防禦正面以掩護國土、倉庫和要塞的防禦戰鬥中，所有大的地形障礙，如大小河流、山脈、森林和沼澤等等，當然都會產生很大的作用，並具有頭等重要的意義。關於這些地形障礙的利用，可以參閱我們前面的論述。

因為地形要素的重要性，所以軍隊特別需要相關的知識和訓練，特別是司令部。司令部一般說來是軍隊中文書資料最多的部門，所以通常會有地形運用的大量資料。相關人員也自然會把地形運用的問題系統化，並以歷史上的案例作為根據，從中找出適用一般情況的通則。不過，這種研究是徒勞無益、也是錯誤的。在這種更被動也更受制於地方條件的戰爭中，每個案例的

情況各不相同，也必須區別對待。因此，關於這些問題，即使是最好、最有說服力的回憶錄，也只能幫助我們了解問題，而不能成為某種通則。這些回憶錄確實又成了戰史，但這種戰史只涉及某一個特定方面。

　　儘管這種研究（通常是司令部專門負責）是必要、也是值得重視的，但我們必須避免擅越職權的行為，因為這往往對大局不利。司令部中，重要的高層人物對其他人、特別是對統帥有主導性的影響，這樣統帥就很容易產生片面的思維，只注意山脈和隘路，其他的就一概看不到，只能依靠直覺來決定採取何種措施了，而這種選擇本來是應該根據具體情況進行的。

　　例如在一七九三年和一七九四年，當時普魯士軍隊司令部的靈魂、著名的山脈和隘路專家格拉韋爾特上校，曾使兩個性格完全不同的統帥（布倫瑞克公爵和米倫多夫將軍）採取了完全相同的作戰方法。

　　沿著險要地帶建立的防線往往形成單線式防禦。在多數情況下，用這種防線直接掩護戰區的整個正面必然會導致單線式防禦，因為大多數戰區都很大，而在戰區內進行防禦的軍隊本身的戰術部署卻很小。但是，由於受條件及部署的限制，進攻者只能沿著一定的方向和道路行動，即使面對最消極的防禦者，遠離這個方向和道路也會造成很大的不便和不利，因而在大多數情況下，防禦者只需要守護這些道路左右幾里寬的地區就足夠了，防禦者只要在主要道路和接近地帶設置防哨，在各道路之間的地區設置監視哨就可以了。當然，在這種情況下，進攻者可以派一個縱隊從兩個防哨之間通過，並有計畫地攻擊某一防哨。因此，防禦者必須妥善部署這些防哨，使它們的側面有依托，或者構成側面防禦（即所謂鉤形防禦），或者可以得到後方預備隊和鄰近防哨的支援。這樣一來，防哨的數量可以大大減少，進行這種防禦的軍隊通常只需分為四至五個主要防哨。

　　為了掩護某些距離過遠但又受到威脅的交通要道，可以確定一些特殊的防禦中心，以構成大戰區內的小戰區。七年戰爭時，奧地利軍隊的主力在下西里西亞山區常常部署成四、五個防哨，而一些獨立較小的軍隊在上西里西亞也採取與此類似的防禦體系。

　　採取這種防禦體系時，防禦者不直接掩護目標，而是借助於運動和積極

的防禦，甚至採取進攻手段。某些部隊可以作為預備隊，此外，每個防哨都應該可以抽出兵力支援其他防哨，從後方去加強和恢復消極的抵抗，或者攻擊敵人的側翼，甚至威脅敵人的退路。如果進攻者不是攻擊防哨的側面，而只是企圖占領陣地以威脅防哨的交通線，那麼防禦者的預備隊就可以攻擊這部分敵軍，或者威脅敵人的交通線以進行反擊。

由此可見，儘管這種防禦的主要基礎非常消極，但它必須具備一些積極的手段，透過不同的方式應付各種複雜的情況。人們通常認為較好的防禦要用上積極手段、甚至用上進攻手段。但是，這很大程度上要取決於地形的特點、軍隊的素質以至統帥的才能，另一方面，這也容易使人們對運動和其他積極的輔助手段寄予太大的希望，而過分忽視利用險要的地形障礙進行地區防禦的重要性。至此，關於擴大防禦正面的問題已經說清楚了，現在我們要談談第三種輔助手段，即迅速向側方運動趕到敵人前面去攔阻敵人。

這是國土防禦必然會使用的一種手段。原因如下：首先，即使防禦者的陣地很寬，也無法涵蓋本國所有面臨威脅的門戶；其次，在許多情況下，防禦者必須用主力去支援可能遭到敵人主力攻擊的防哨，否則這些防哨就很容易被攻破；最後，如果不願讓自己的軍隊固定在寬大的陣地上做消極的抵抗，為守護國土，統帥必然更願意採取深思熟慮、有準備的迅速運動。沒有軍隊防守的地方越多，要想及時趕到這些地點就越需要高超的移動技巧。

防禦者想採取這種手段，自然要到處尋找當下可以帶來很大優勢的陣地。他的軍隊（哪怕只是一部分）部署在此，就可以使敵人放棄攻擊的意圖。這樣的陣地經常出現，主要問題在於要及時趕到，所以它們彷彿是這類軍事行動的主體，因此，人們也把這種作戰方法稱為陣地戰。

在不求大規模決戰的戰爭中，分散部署和小規模地抵抗都不會產生危險（在大規模決戰中是有這種危險的）。同樣地，向側方行軍趕到敵人前面以攔阻敵人，也不會帶來危險。但是，如果對方是堅決果斷的敵人，不僅願意追求大的目標，而且不惜為此付出巨大的代價，而防禦者在最後關頭才倉促地趕到敵人前面，那麼防禦者必定會徹底失敗，因為倉促和慌忙部署的陣地禁不住敵人不顧一切的全力攻擊。當然，如果敵人不是用拳頭打人，而是用

手指戳人，如果他不想得到巨大的成果，而只想以很小的代價來獲取微小的利益，那麼，防禦者用這種抵抗手段對付他還是會有效果的。

　　一般說來，這種手段多半出現在戰役的後半期，而很少出現在戰役開始的階段，這是很自然的。

　　此時，司令部又有機會運用它的地形知識，指導軍隊選擇和構築陣地，並規劃通往陣地的道路，將其變成一套彼此有聯繫的系統。

　　最後將形成這樣的情況：一方力圖到達某一地點，而另一方力圖阻止對方到達，因此雙方都不得不經常在對方跟前運動，並且必須更為謹慎、更為準確地組織軍隊運動。以前，當主力還沒有劃分成各個師，在行軍過程中還是不可分割的整體時，很難做到謹慎、準確地運動，這需要高度的戰術技巧。當然，在這種情況下，同一路線上的旅常常必須先趕到前面以確保能占據某些據點，除了執行獨立的任務，在其他部隊沒有到來時，也準備與敵人對抗。但是不管在過去或未來，這種手段都是例外的情況。當時的行軍隊形總是以保持整體原有的行進次序為原則，盡可能地避免這樣的例外。現在，主力的各部分都已分成許多獨立的單位，只要各自相距很近，可以趕來支援，這些獨立單位甚至敢向全體敵軍發起戰鬥，即使在敵人眼前進行橫向運動也不會很困難。從前必須透過機械式的行軍隊形才能達到的目的，現在提前派出幾個師和加快其他部隊的行軍速度，以及更自如地調配整個軍隊就可以達到了。

　　防禦者利用上述各種手段可以阻止進攻者奪取要塞、占領廣大地區或奪取倉庫。進攻者被迫到處應付防禦者挑起的戰鬥。在這些戰鬥中，進攻者獲勝的可能性很小，甚至可能遭到反擊，如果要付出與他的目的不相稱的代價，那麼進攻者就會中止行動。

　　若防禦者利用技巧和陣勢使進攻者認為對方有備而來，因此沒有機會實現任何微小的企圖，這時進攻者的行動就會單純地只是要滿足軍人的榮譽感。在任何一次大的戰鬥中獲勝，都能給軍隊優越的名望，滿足統帥、宮廷、軍隊和民眾的虛榮心，滿足了人們對進攻必然抱有的期望。

　　於是，進攻者的最後希望就僅在於獲得勝利，得到戰利品，進行有限、

能確保勝利的戰鬥。人們不要以為這樣說是自相矛盾的，根據我們的假設，防禦者的良好措施能致使進攻者不可能利用一次戰鬥就達到上述目的。進攻者要實現這個希望，必須有兩個條件，第一是戰鬥形勢有利，第二是戰鬥所獲得的勝利確實能實現上述某一目的。

第一個條件可以脫離第二個條件而單獨存在。如果進攻者進攻不是為了其他利益，只是為了戰場上的榮譽，防禦者獨立的防禦部隊和防哨就會陷入艱困的戰鬥。

站在道恩的位置上思考問題，我們就能知道，為什麼他個性謹慎卻膽敢襲擊霍克齊，原因就在於他只求獲得當天的戰利品。雖然普魯士國王因而被迫放棄德勒斯登和尼斯，但這是個意外的勝利，根本就不在道恩原來的打算之內。

不要忽視這兩種勝利之間的差別而認為微不足道。恰恰相反，我們在這裡談到的正是戰爭最基本的特點。從戰略上來看，戰鬥的意義是戰鬥的靈魂。我們經常反覆強調，在戰略上，一切主要的行動與布局都產生於雙方的最終意圖，即產生於一切思考活動的出發點。所以在戰略上這一會戰與那一會戰之間可能有很大的差別，以致人們不認為它們運用的是同一個手段。

雖然對防禦者來說，進攻者取得這樣的勝利幾乎不算是什麼嚴重的損害，但是防禦者還是不願把這種好處讓給敵人，何況誰也無法知道結果還會出現哪些情況，因此，防禦者必須經常注意所有大部隊和防哨的狀況。當然，這時大部分問題取決於部隊指揮官的智慧，如果統帥做出不當的決定，部隊就一定會陷入災難之中。誰會忘記蘭德斯胡特的富凱和馬克森的芬克，他們兩人帶來的教訓呢？

在這兩次行動中，腓特烈大帝都過分相信自己一貫的想法和做法。當時他並不相信蘭德斯胡特陣地上的一萬人能夠戰勝三萬敵軍，或者芬克能夠頂得住敵人優勢兵力從四面八方進行攻擊，而是認為對方會震懾於蘭德斯胡特陣地的威名，就像承認有價證券的價值一樣。因而他認為道恩在翼側受到佯攻時一定會放棄薩克森的不利陣地，而進入波希米亞比較有利的陣地。這兩次他都判斷錯誤：第一次是對勞東，第二次則是對道恩。他的陣勢也因此出

錯。

即使不自負、不魯莽、不固執（腓特烈大帝在某些行動中卻有這些缺點）的統帥，也難免會犯上述錯誤。除此之外，部隊指揮官的洞察力、努力程度、勇氣和堅定的性格也不可能完全合乎統帥的要求。統帥不能讓屬下指揮官隨意處理一切問題，他必須給他們下達某些指示，這樣他們的行動就受到限制，也就容易與當時的情況不一致。但這是一種完全不可避免的弊病。沒有強制性、權威性的決策與意志，統帥就不能全面指揮軍隊，因為他不能只依賴和期望部下會提出好主意。

因此，統帥必須經常密切注視每個部隊和防哨的情況，避免使它們出乎意外地陷入災難之中。

這四種手段都是為了維持現狀，使用得越好，越有成效，戰爭在同一地點就會拖延得越久，補給問題就越發重要。

這樣，在戰爭一開始，或者戰爭開始後不久，就需要用倉庫來代替強徵和徵收，派出運輸隊（由農民或者軍隊的車輛組成）來代替臨時徵用的農民車輛。接下來就需要有系統的倉庫供給，關於這一點我們在第五篇第十四章〈維護與補給〉裡已經闡述過了。

但是對這種作戰產生巨大影響的並不是補給，因為就其任務和性質而言，補給侷限在狹小的範圍內，它雖然能對作戰產生一定的影響，有時甚至影響很大，但是它並不能改變整個戰爭的性質。相互威脅對方的行軍路線才有重要的意義，其原因是：第一，在這種戰爭中沒有較大、較堅決的手段，統帥只能採取這種較弱的手段；第二，在這種戰爭中，有足夠的時間讓這種手段發生效用。因此，保障自己的運動路線具有特別重要的意義。切斷交通線雖然不是進攻者的目的，但是卻能有效地迫使防禦者撤退並放棄其他目標。

戰區本身一切的掩護措施自然也能掩護交通線。這裡我們先指出，行軍路線的安全是部署兵力時必須考慮的主要問題。

用小部隊或者較大的部隊護送運輸部隊，是保障路線的特殊手段。再寬的陣地也不能保證所有路線的安全，而統帥不願分散部署時，就特別需要派

出護送單位。因此，我們在滕佩霍夫所著的《七年戰爭史》中可以看到，腓特烈大帝常常派出單獨的步兵團或騎兵團，有時甚至是整個旅護送運輸麵包和麵粉，但是在奧軍方面卻從來沒有這類事例的記載。原因之一是他們沒有詳細記載這些事，另一個原因是他們的陣地總是寬大得多。

這四種手段不包含任何進攻要素，是不求決戰的防禦的基礎。現在我們還要談幾種具有進攻性質的手段，它們可以與上述四種手段並用，增加這四種手段的效力。這些具有進攻性質的手段是：

第一，威脅敵人的交通線，包括襲擊敵人的倉庫；

第二，到敵占區進行牽制性的攻擊和游擊活動；

第三，在有利的情況下，攻擊敵人單獨的部隊和防哨，甚至攻擊敵軍的主力，或者威脅這些目標。

第一種手段在這樣的戰爭中是有效的，但產生作用的方式是間接的，具有一定的隱蔽性。如果防禦者的陣地都很穩固，能使敵人擔心他的路線可能會受到威脅，那麼它就發揮了主要的作用。我們在前面已經談過，在這樣的戰爭中，補給問題對防禦者來說特別重要，對進攻者來說也是如此。因此，戰略上的部署要考慮到會不會遭到敵人的攻擊，關於這一點，我們在討論進攻時還要談到。

除了選擇陣地以威脅敵人的交通線（它像力學上的壓力一樣，潛在地發揮作用），用部分兵力攻擊敵人的交通線也屬於這種防禦的範疇。不過想要獲得效果，交通線的狀況、地形的性質和軍隊的特點等，都具備適合採取相關行動的具體條件。

為了進行報復和掠奪，或者到敵占區去進行游擊活動，本來不是防禦手段，而是進攻手段。但游擊活動通常是用來配合實現牽制的攻擊，而牽制性攻擊的目的則是削弱與我們對峙敵軍的兵力，所以游擊活動也是一種防禦手段。不過，牽制性攻擊也可用於進攻，它本身就是一種進攻手段，因此這個問題適合在下一篇進行詳細的討論。在這裡提到它，只是為了列舉防禦者在

戰區內可能運用的小規模進攻手段。牽制性攻擊的規模和作用可以大到影響整個戰爭的樣貌，充滿進攻的積極精神。一七五九年戰役開始前，腓特烈大帝向波蘭、波希米亞、法蘭克尼亞等地採取的行動就是這樣。這一戰役本身顯然是純粹的防禦，但是到敵占區進行襲擊賦予了它進攻的性質，並由於進攻精神的影響而具有特殊意義。

當進攻者過於輕率，在某些地點暴露出自己的弱點時，防禦者可以攻擊敵人的單獨部隊或主力，作為必要的防禦補充手段。而且，既然防禦者可以威脅敵人的交通線，那也可以向進攻的方向前進，而且與敵人一樣伺機進行有利的攻擊。要想在這種行動中取得一定成果，防禦者必須擁有顯著優勢的兵力（一般說來，這一點不符合防禦的性質，但也有可能做到），或者必須具備卓越的指揮方法和才能，使自己的部隊較為集中，並加強部隊的行動，以此來彌補在其他地方出現的不利情況。

七年戰爭中的道恩符合前一種情況，腓特烈大帝符合後一種情況。道恩總是在腓特烈大帝過分大膽和輕視他的時候發動進攻，他在霍克齊、馬克森和蘭德斯胡特就是這樣。相對地，腓特烈大帝幾乎不斷地運動，力圖以主力消滅道恩單獨的部隊，但由於道恩既擁有優勢兵力又異常小心謹慎，所以，腓特烈大帝成功的機會很少，至少成果不大。然而，我們不能認為腓特烈大帝的努力毫無作用。實際上，這種努力本身就構成有效的抵抗，因為敵人為了避免進行不利的戰鬥就會被迫處於小心和緊張的狀態，這樣，敵人本來可以用來進攻的部分兵力就被抵銷掉了。我們可以回想一下一七六〇年在西里西亞的戰役，當時道恩和俄國軍隊正是由於擔心可能會不時地遭到普魯士國王的攻擊，才不敢前進一步。到目前為止，我們已談到了不求決戰的戰區防禦，以及核心觀念、主要手段和整個行動的依據等所有問題。列舉出這些問題，主要是想使讀者了解整個戰略活動的全貌，至於它們的具體措施，如選擇陣地、行軍等等，我們在前面已經詳細地研究過了。

我們總結一下這個問題。當進攻精神很弱，雙方決戰的動機很弱，積極動機又很少，而牽制的心理因素卻很多時（就像我們在前面提到的那樣），進攻和防禦之間本質上的差別就必然漸漸消失。當然，在戰役的開始階段，

我方進入對方的戰區而成為進攻者，但往往就變成在對方土地上使盡全力保衛自己的國家。於是就形成了雙方對峙，也就是相互監控的局面。雙方都不想有任何損失，並設法取得實際的利益。在這一點上，防禦者反而能比他的敵人更為積極，腓特烈大帝在當時就是這樣。

進攻者越是放棄進攻者的態勢，防禦者受到的威脅就越小，也就越不需要嚴密的防禦來保障自己的安全，進攻者和防禦者之間就容易呈現均勢。在這種均勢狀態中，雙方行動的目的都只是從對方手中奪取某種利益並使自己不受到任何損害，也就是說，雙方在戰略上都試圖進行機動性的行動。顯然，凡是由於政治或其他條件不允許進行大規模決戰的戰役，或多或少都具有這種性質。

關於戰略上的機動性對抗，我們準備在下一篇用專門的一章來研究。理論上人們往往過分重視這種均勢對抗，特別是當它運用在防禦中時。所以我們在研究防禦的時候，有必要做進一步的說明。

這種機動性對抗稱之為均勢對抗，當整體情況沒有在改變，就是均勢的狀態。沒有遠大目的的推動，整體情勢就不會改變，在這種情況下，不管雙方的兵力相差如何懸殊，都是處於均勢。較小的行動和目的也是來自這種整體的均勢，它們不會造成大規模決戰和重大危機。因此，雙方都把大賭的資本換成小籌碼，也就是把整個行動分解為小規模的行動。為了取得微小的利益，雙方展開小規模的行動，雙方統帥也得較量運動軍隊的技巧。此外，戰爭總帶有偶然性，也總是存在著運氣因素，所以這種較量永遠都是一種賭博。

這裡產生另外兩個問題，相較於一切都取決於一次大規模行動，在機動性對抗中，偶然性對勝負所產生的作用是否較小？而智力的作用是否較大？後一個問題的答案是肯定的。整體的層次越複雜，時間（包括各次行動的具體時間）和空間（包括各次行動的具體地點）的影響因素越多，謀略發揮作用的領域就越廣，智力的支配作用就越大。這時智力所產生的作用就使偶然性的影響縮小了一些，但是不一定能全部抵銷，因此前一個問題的答案就不那麼肯定。但我們絕不能忘記，智力活動不是統帥唯一的精神活動。在

進行大規模的決戰時，勇氣、堅強、果斷、沉著等素質就比較重要，而在均勢對抗中，這些素質所產生的作用卻比較小，謀略則顯得更加重要，這不僅縮小了偶然性的活動範圍，而且也削弱了上述這些素質的影響。但從另一方面看，在進行大規模的決戰時，這些好的素質卻能夠幫助統帥正確利用偶然性，掌握它所提供的各種機會，並彌補了謀略上顧及不到的地方。由此可見，這當中有幾種要素相互作用，我們不能簡單地以為，偶然性在大規模決戰中比在均勢對抗時發揮更大的作用。在這種對抗中雙方統帥較量的主要是運動軍隊的技巧，這更相近於智能上的謀略，而不是整個軍事上的造詣。

　　但這個面向卻使人們過於強調機動性對抗的重要性。首先，他們把謀略與統帥全部的精神活動混為一談了，這是很大的錯誤。因為，如前所述，在大規模決戰的時刻，統帥的其他精神活動才具有決定性的作用，即使它們來自於強烈的感受，來自無意識產生的、未經長時間思索的靈感，也仍然是軍事藝術中的成分，因為軍事藝術不是單純的智力活動，智力也不具有決定性作用。其次，人們認為沒有結果的行動都與雙方統帥的謀略較量有關。實際上，這種行動產生的主要原因通常來自於這種均勢狀態所造成的條件。

　　從前文明國家的大多數戰爭追求的目的主要是相互制約，而不是打垮敵人，所以大多數戰役必然帶有機動性對抗的特性。這些戰役如果不是由著名的統帥指揮，人們就不會注意它們，如果統帥是杜倫尼和蒙特庫科利，人們就會憑他們的名望而說機動性對抗是最傑出的典範。這樣，人們就把這種行動看作是軍事藝術的頂峰，稱它是軍事藝術最高的表現，因而把它作為研究軍事藝術的主要範本了。

　　在法國大革命以前，這種理論相當流行。法國大革命戰爭突然展現出一個與過去戰爭範疇截然不同的世界，最初它顯得有些粗野和簡單，但後來在拿破崙所指揮的戰爭中形成了一套方法，創造了令人驚嘆的成果。這時人們就想拋棄舊方法，並認為一切都是新發現、偉大思想產生的結果，也將之歸功於社會狀況的改變。人們認為已經完全不需要舊的方法了，它也絕不會再出現了。但是，在任何一種思想發生大變革時，總會產生各種不同的派別，也有人會捍衛舊的觀點，這些人把新的現象看作是粗野的暴力行為，是軍事

藝術的沒落，並且認為，正是那種平穩、沒有結果、無所作為的戰爭遊戲才是軍事藝術發展的方向。這種見解既缺乏邏輯也不合哲理，是由於概念上的混淆造成。但是，那些認為舊的方法不會再出現的人，他們的思考也過於片面。在軍事藝術的新現象中，只有極小一部分可以算作新發明和新思想所帶來的結果，而大部分則是由社會狀況和社會關係的新改變所引起的。當社會狀況和社會關係處在激烈的動盪過程中時，它們就不應當作為標準。因此，過去大部分的戰爭現象還會重新出現。我們目前不打算深入討論這一問題，只是要指出雙方的均勢對抗在整個戰爭中的地位，指出它的意義以及它與其他事物的內在聯繫，從而說明它是雙方種種有限條件下的產物，是戰爭情勢明顯緩和後的產物。在這種對抗中，某一方的統帥可能比另一方統帥高明一些。因此，當他在兵力上能夠與敵人抗衡時，他就可以獲得某些優勢，在兵力較弱時，憑著其傑出的才能，他也可以與對方保持均勢。但是，統帥不可能在這種對抗中獲得最高榮譽和成就偉大。恰恰相反，這種戰役倒常常表明雙方統帥都沒有偉大的軍事才能，或者由於條件所限，有才能也不敢發動大規模的決戰。可見，這種戰役永遠不會讓軍人有機會獲得最高榮譽。

前面我們談的是機動性對抗的一般特性。現在，我們還要談談它對作戰的特殊影響。它常常使軍隊離開主要道路和城鎮，開往遙遠或者不重要的地方。當微小、當前的利益成為行動的動機時，國家的總方針對作戰的影響就會減弱。因此，指揮官往往不顧重大而直接的需要，把軍隊派到不應該去的地方，因而在戰爭過程中，具體情況的差異比在大規模決戰中要大得多。我們不妨回顧一下七年戰爭中的最後五次戰役。儘管當時整體形勢沒有變化，但是每一次戰役都有所不同。仔細觀察一下就可以看到，在這幾次戰役中，雖然聯軍的進攻意圖比過去大多數的戰役都強烈得多，但是同一個作戰方式並沒有重複出現過。

在不求大規模決戰的戰區防禦這一章中，我們指出了軍事行動的幾種手段，以及這些手段的內在聯繫、條件和特性。具體的細節我們在前面已經詳細地談過了。現在的問題是，從這些不同的手段中能不能提出概括整體的原則、規則和方法？從歷史上來看，在變化無常的形式中是不可能找到這些

東西的，對多種多樣、變化多端的整體來說，除依靠經驗之外，幾乎不存在其他任何理論法則。追求大規模決戰的戰爭不僅簡單得多，而且也更合乎自然、更一致、更客觀、更受內在必然性規律的支配，因此人們可以確定它的形式和法則。而不求決戰的戰爭卻無法滿足這一點。在我們這個時代形成的大規模作戰理論中，有兩個基本原則，即比羅的基地寬度和約米尼的內線部署，把這兩個原則用到戰區防禦上，也不是處處都管用、行得通的。但是作為形式上的原則，這兩個基本原則在這裡應該是最有用的，因為行動的時間越長，空間越大，規則也就越有用，也就必然比其他因素更占優勢，更影響結果。但是，它們只不過是具體的環節之一，不可能帶來決定性的優勢。執行時的具體環境能夠打破一般的原則。道恩元帥的特點是善於分散部署及慎重地選擇陣地，腓特烈大帝的特點則是集中主力，緊緊貼近敵人，以便見機行事。這兩個人的特點不僅來自於於他們軍隊的素質，而且也出於他們所處的位置。統帥要對上面負責，只有國王才能見機行事。而且我們還要再一次強調，批判者不能認為，各種不同的風格和方法有高低之分，也不能認為它們之間有從屬關係。這些不同的風格和方法都是平等的，要判斷它們的使用價值只能根據具體的情況。

　　軍隊、國家和各種情況可能導致不同的作戰風格和方法，我們目前不打算全部列舉出來。關於它們的影響，我們在前面已經一般性地介紹過了。

　　因此，本章無法提出原則、規則和方法，因為歷史沒有給我們這些東西，在每一個具體情況，我們幾乎都碰到一些特殊的現象，這些現象往往是不可理解的，有時甚至是不可思議的，但是從這一方面來研究歷史卻很有益處。在沒有體系和科學定理的地方也是有真理的。在大多數情況下，我們只有依靠熟練的判斷和從經驗中得來的敏銳感才能認識這一真理，歷史雖然沒有提出任何公式，但是卻四處給我們機會進行判斷。

　　我們只想提出一條概括整體的原則，或者更確切地說，我們想再重申論述過的所有問題的基本前提，並統整出一條真正的原則。

　　這裡所舉出的一切手段只有相對的意義，在雙方都軟弱無力的情況下才能應用它們。超出這個範圍，就有另一個較高的法則起支配作用，那是一個

完全不同的世界。統帥絕不可忘記這一點,絕不可懷著自以為是的信念而把侷限於某一領域內的東西看成是絕對的。統帥絕不可把他在這裡所使用的手段看作是必然、唯一的手段,在尚未確定這些手段的適用性之前,不可以去使用它們。

從我們目前的角度來看,似乎不可能產生那種錯誤。但是在現實世界中卻不是這樣,因為事情的劃分並不是那麼明顯。

再次提醒讀者,為了使觀念明確、肯定和有力,我們討論的對象都是明確、屬於對立的兩端,但是戰爭的具體情況大多處於中間狀態,當它越靠近某一端,就會越受到影響。

因此,一般說來,首要的問題是統帥能夠預先斷定敵人是否企圖採取較大、較堅決的手段,以及是否有實力採用這些手段戰勝我們。只要敵人有這樣做的可能性,我們就不能只擔心微小的損失,無法只採取小規模的行動。我們只好做出犧牲,改變自己的態度,準備迎接較大的決戰。換句話說,統帥首先應該正確地估計情況,並根據它採取行動。

透過實際的例子,我們能更明確地說明這些觀念。我們想概略地討論實例,當中統帥沒有正確地估計情況而採取行動,而且以為敵人不會堅決行動。我們先從一七五七年戰役開始談起,從當時奧地利軍隊的兵力部署中可以看出,他們沒有估計到腓特烈大帝會如此堅決地發動進攻。當卡爾親王已經陷入絕境,必須率領軍隊投降時,皮科洛米尼的一個軍卻還停留在西里西亞邊境。這就表明,他們完全錯誤地估計了形勢。

一七五八年,法國不僅完全被克羅斯特—策芬協定所迷惑(這個事件不屬於我們討論的範圍),而且兩個月後又錯誤地判斷了敵人可能採取的行動,結果喪失了威悉河和萊茵河之間的全部土地。[1] 一七五九年在馬克森以及

....

1　一七五七年九月八日法軍指揮官埃斯特雷元帥與英國、普魯士、漢諾威聯軍司令康伯蘭公爵在下薩克森的策芬修道院簽訂停戰協定,規定漢諾威軍除在少數城市中留駐守備部隊外一律撤至易北河右岸,法國保留全部占領區。但英國政府不承認這個協定,召回康伯蘭公爵,由普魯士的斐迪南公爵接替聯軍司令職務。一七五八年二月十八日,布倫瑞克公爵突然襲擊

一七六〇年在蘭德斯胡特，腓特烈大帝都對敵情判斷錯誤，他不相信敵人會採取那樣堅決的手段。這段歷史前面我們已經談過了。

在估計敵情方面，歷史上恐怕很難找到比一七九二年所犯的錯誤更嚴重的了。人們原來認為少量的援軍就可以結束內戰，結果由於法國人的政治激情，致使局勢有了意想不到的變化。這個錯誤的嚴重性在於後來導致了嚴重的後果，而不是因為很容易被避免的關係。在軍事上，以後幾年連遭失敗的主要原因正在於一七九四年的戰役。在這次戰役中，聯軍完全沒有認識到敵人進攻的強烈程度，因而運用了擴大陣地和機動性對抗這些小手段。從普奧兩國政治上的不一致和放棄比利時和荷蘭的愚蠢做法上也可以看到，各國政府很少估計到進攻的勢頭如此凶猛，威力如此巨大。一七九六年，在蒙特諾特、洛迪和其他地方進行的抵抗也足以證明，奧軍其實不知道該如何對付拿破崙。

一八〇〇年，梅拉斯將軍遭到慘敗，這並非因為法軍突然襲擊，而是因為他錯估了這一襲擊可能產生的後果。

一八〇五年，烏爾姆是戰略網絡上最後一個樞紐，這個網絡徒具科學形式，事實上防禦卻極為薄弱。烏爾姆也許可以阻擋住道恩或拉西那樣的統帥，但不能阻擋拿破崙這個革命皇帝。

一八〇六年，普魯士處於猶豫不決和混亂不堪的狀態，因為當時兩種觀念交錯混雜，一些人支持陳腐、狹隘、毫無用處的觀點和策略，而另一些人的理念和感覺卻是明確有意義的。假如普魯士對自己的處境有清楚的認識和充分的評估，那麼它怎麼會把三萬人留在普魯士國內而準備在西發利亞另開一個戰區呢？怎麼會斷定靠呂歇爾軍和卡爾・奧古斯特軍進行小規模攻擊就能取得成果呢？又怎麼會在會議的最後時刻還討論倉庫的危險和某些地區的損失等問題呢？

即使是規模最大的一八一二年戰役，在開始時俄軍也由於錯誤判斷敵

法軍的冬營，法軍被迫退出漢諾威。

情而採取不正確的行動。在維爾那的大本營裡有一批有名望的人物，他們堅持要在邊境附近展開會戰，目的是要使敵人在進入俄國領土之前受到打擊。這些人很清楚，這次會戰可能失敗（結果的確如此）。俄軍只有八萬人，即使這些人不知道法軍有三十萬人，但至少知道敵人在兵力上一定擁有巨大的優勢。他們的主要錯誤是錯估這一會戰的意義。他們認為，即使這一會戰失敗，也不過和其他敗仗一樣稀鬆平常。其實他們有充分的理由可以斷定，在邊境附近進行的決戰如果遭到失敗，是會帶來一系列其他的後果。俄軍的許多策略都是出於錯誤判斷敵情，包括構築德里薩陣地。假使俄軍想固守這個陣地，就會遭到四面攻擊而完全陷於孤立，法軍就有辦法迫使俄軍放下武器。構築這個陣地並沒有考慮到要對付的是力量強大和意圖堅決的敵人。

　　然而，連拿破崙有時也會錯估形勢。一八一三年停戰以後，他以為派幾個軍就可以阻擋住布呂歇爾和瑞典王儲（即伯納陀特）所率聯軍的非主力部隊。他認為自己的這幾個軍雖然不足以發動有力的反擊，但是卻可以促使對方謹慎小心而不敢貿然行動，像在過去的戰爭中那樣。他沒有想布呂歇爾和比羅帶著刻苦的仇恨，在危機逼近時表現頑強的戰力。

　　拿破崙總是錯估老布呂歇爾敢作敢為的精神，在萊比錫，正是布呂歇爾從拿破崙手中奪走了勝利，在郎城，拿破崙所以沒有被布呂歇爾徹底擊潰，只是因為出現了在拿破崙預料之外的情況。在滑鐵盧，由於考慮不夠周密，拿破崙終於像受到致命的雷擊一樣受到了懲罰。

第七篇

進攻

第一章
與防禦相關的進攻

如果兩個概念在邏輯上互為反命題，就會彼此補全，從其中一個概念就可以推導出另一個。然而由於智力的限制，我們並不能一眼就完全掌握對立的兩個概念，因此無法從一個概念完全推導出另一個概念，但至少可以讓兩個概念澄清彼此的具體細節。由此，「防禦」一篇觸及到的進攻各個面向，其實已經得到充分說明。然而事情並非總是如此，將一個概念分析到窮盡無遺的程度往往是不可能的。如果一個概念的反命題不涉及這個概念的基本部分，就像本篇的前幾章那樣，那麼我們就不能直接從防禦推導出進攻的內容。變換立足點可以讓我們更仔細地觀察事物，所以從遠處概略觀察過之後，應當再從較近的立足點觀察。這樣也有助於補充先前的分析。現在要進行的關於進攻的論述，也會有助於闡明防禦這個主題的性質。

所以，在論述進攻時用的大多數材料都在論述防禦時用過。我們並不打算像大多數工兵教科書那樣，避而不談或全盤否定本篇論及的防禦有利條件，也並不打算證明如何以絕對可靠的進攻手段來瓦解防禦措施。防禦有它的優勢和劣勢，它的優勢並非不可瓦解，但需要付出不成比例的代價。不論從哪個角度看，這都是明白的道理。此外，我們也並不打算詳盡論述對付進攻的種種防禦措施。每一種防禦手段都會演化成進攻手段，它們的聯繫是如此緊密，不需要再特別討論。每種防禦或進攻手段是從和它對立的手段中自然衍生的。我們打算在探討進攻的每一個問題時，集中論述在進攻所特有而不是由防禦引起的情況。由於我們採用這種論述方法，所以在本篇中肯定會有一些章節不會與上一篇的內容相對應。

第二章
戰略進攻的特點

我們已經明白，防禦絕不是純粹的等待和抵禦，絕不是完全的忍受進攻，相反，它自始至終都帶有進攻的因素。同樣，進攻也不等同於單純的攻擊，它始終是與防禦相結合的。兩者的差別在於：沒有反擊的防禦是無法想像的，反擊是防禦的必要組成部分；而進攻則不是這樣。攻擊或進攻行為就其本身而言是一個完整的概念，防禦並非必要的組成部分。然而由於進攻時的具體時間和空間的限制，使得防禦成為必要的組成部分。原因有二，第一，進攻不可能一氣呵成到戰鬥結束，它需要一定的間歇，在間歇的時間裡，自然就呈防禦狀態；第二，進攻軍隊通過後，留在身後的區域，是維持進攻軍隊生存所必需的，這個地區並不總是能受到進攻的掩護，而必須加以防守。

戰爭中的攻擊行動，尤其是戰略進攻，是進攻和防禦的不斷轉化和緊密結合。防禦在此不是進攻的準備狀態，也不是為了增強進攻力度；它不是積極因素，而是不得已的行動，在各方面延緩、阻礙進攻的展開，是進攻的原罪，是進攻的致命傷。

之所以說防禦是一種延緩力量，是因為即使它沒有對進攻造成不利，它所造成的時間損失本身就必然會降低進攻的效果。但是，是否每次進攻包含的防禦因素都對進攻產生不利影響呢？我們說過，進攻是較為不利的作戰形式，防禦是較為有利的作戰形式，由此可以斷言，防禦並不會對進攻產生不利影響。只要兵力夠強大，採取較為不利的作戰形式也不會受影響，採取有利的作戰形式當然更好。這普遍來說是成立的。主要問題與更具體的情況，我們將在第二十二章〈勝利的頂點〉中詳述。我們絕不能忘記，戰略防禦之所以具有優勢，其中一個原因就在於：進攻不可能不結合防禦，儘管是效力低落許多的防禦形式。就整體而言有助於防禦的因素並不適用於這些部分，

這些因素顯然會削弱進攻力。在進攻的間歇，進攻方處於不利的防禦形式時，防禦中的進攻因素積極地發揮作用。在一天的戰鬥之後，有十二小時的休整時間，防守者和進攻者在這段時間的處境非常不同。防守者駐守在自己選好的地方，也非常熟悉已準備好的陣地，而進攻者則是像瞎子一樣在行軍營地裡摸索。為了籌備物資或等候增援，雙方需要較長的時間休整，此時防禦者是在自己的要塞和倉庫附近，而進攻者就像是樹枝上的鳥兒。每一次進攻都是以防禦結尾；而防禦的態勢則取決於具體的情況。若是敵人兵力已被消滅，則情勢就十分有利；若是敵人兵力未被消滅，則情勢可能會很艱困。儘管這樣的防禦已經不屬於進攻本身，但它必然會反過來影響進攻本身，並且在一定程度上決定著進攻的效力。

從以上的論述中可以得出，在每一次進攻中，我們都必須考慮必然會出現的防禦情況，以便看清進攻中的缺點，並且加以防範。

另一方面來看，進攻是始終如一的，防禦則是依據等待的程度而分等級。不同等級的防守方式各不相同，這一點我們在第六篇第八章〈抵抗的方式〉中已有闡述。

進攻只有單一的主動原則，它所包含的防禦只是一種伴隨而來的阻力，所以進攻並不像防守那樣有不同的方式。當然，進攻在威力、速度和力量方面也是有區別，然而這只是程度上的區別，而不是方式。為了更好地達到目的，進攻者有時也採用防禦的方式，例如占據有利的地形以等待敵人進攻。但這種情況極為少見，如果從實際情況出發，我們不必在列舉概念和原則時考慮這種罕見的情況。因此，進攻並不像抵抗方式那樣分為不同的等級。

進攻的規模大小通常最終取決於兵力，當然也取決於敵人戰區附近的要塞。這些要塞對進攻有著顯著的影響，不過會隨著軍隊的推進而效力減低。要塞對防禦者比較重要，對進攻者而言，自己的要塞反而不是那麼重要。若當地居民對進攻者的好感勝過本國軍隊時，進攻者就會獲得民眾的支持。進攻者可能會有盟友，但這只是特殊或是偶然的情況，進攻本身並不能產生盟友。我們在防禦時可以依靠要塞、民兵和盟友的幫助，但在進攻時就不能依靠那些；這是由防禦本身的性質所決定的，在進攻中只是偶然的情況。

第三章
戰略進攻的目標

　　打垮敵人是戰爭的目的，消滅敵人的軍隊則是手段。無論是進攻和防禦都是如此。防禦可以透過消滅敵人軍隊轉為進攻，進攻可以占領國土，這就是進攻的目標。這個目標也可以不是整個國土，而只是一部分國土、一個省分、一個地區、一個要塞等等。所有這些在雙方議和中都是很有價值的政治資本，可以自己占有，也可以用它來交換別的東西。

　　戰略進攻的目標可以分成許多層次，大到占領整個國家，小到占領最不重要的地方。進攻的目標一旦實現，進攻也就隨之停止，並轉化為防禦。人們據此似乎可以把進攻看作是有特定範圍的。如果我們實事求是，根據實際的現象來分析，會發現情況卻並非如此。進攻的意圖和手段何時轉為防禦，通常並不能事先確定好。防禦計畫何時轉為進攻，也是不能事先確定的。軍隊指揮官很少能預先確立進攻的目標，得根據實際發生的具體情況來調整。進攻通常比原來的設想要更進一步，軍隊在稍微短暫休整後，又有足夠的力量重新投入進攻，在這種情況下，這兩次進攻並不是完全不同的兩次行動。有時進攻在指揮官原來設想的時間之前就得停止，儘管他並未主動放棄原來的進攻計畫而轉入真正的防禦。從這裡就能看出，如果防禦能不知不覺地轉化為進攻，那麼進攻也能在不知不覺間轉化為防禦。我們對進攻所做的一般性論述，如果人們想正確地運用，就必須要注意這些進攻目標的不同層次。

第四章
進攻力量的削弱

　　進攻力量的削弱是戰略研究的主要課題。人們是否可以正確判斷自己的能力，取決於人們對這一課題的正確認識。整體力量的削弱是因為：

　　　第一，要實現進攻的目標，即派兵占領敵人的領土。這種情況大多在第一次決戰後出現，而進攻卻並未隨著第一次決戰的結束而告終。

　　　第二，進攻軍隊需要派兵駐防身後的地區，以保障交通線的安全及保有當地物資。

　　　第三，戰鬥傷亡和疾病減員。

　　　第四，遠離大本營。

　　　第五，包圍和圍攻要塞。

　　　第六，軍隊士氣低落。

　　　第七，同盟的解散。

　　相對地，除了削弱進攻的因素，還有增強進攻的因素。人們應該對這幾種不同的因素逐一比較，才能確定最後的結論。例如，雖然進攻力量的削弱一定會被防禦力量的削弱所抵銷，甚至小於防禦力量的削弱。但這種情況很少出現。人們不應當只比較雙方的所有兵力，而應該比較雙方在前線，或者是在具有決定意義的地點上相對峙的軍隊。例如法軍在奧地利和普魯士的情況、法軍在俄國的情況、聯軍在法國的情況、法軍在西班牙的情況。

第五章
進攻的頂點

　　進攻所取得的成果就是已確立的優勢，準確地說，是物質力量與精神力量共同確立的優勢。在上一章中我們已指出，進攻力量是逐漸減弱的。這種優勢是有可能增長的，然而在大多數情況下，優勢是逐漸減弱的。進攻者在議和談判時能獲得有利的條件，但是他們在此之前必須付出代價，即發動軍隊去進攻。如果在進攻中確立的優勢能維持到議和談判，那麼目標就算達到了。一些戰略進攻能夠直接導致議和談判，不過這種情況很少。大多數的戰略進攻只進行到一個臨界點為止，此時的兵力還足以進行防禦以等待議和談判。若是超過這一臨界點，情況就會發生逆轉，開始遭到反擊，而且反擊的力度大大超過進攻的力度。我們把這一臨界點稱為進攻的頂點。因為進攻的目的在於占領敵人國土，所以進攻肯定會進行到優勢消失，這就導致進攻軍隊向目標推進時，容易越過原訂目標。如果人們在比較雙方力量時考慮到如此之多的因素，就會明白，在一些情況下想要判斷雙方誰占優勢是多麼的困難。這種判斷常常不是十分可靠的。

　　所以，一切都取決於準確地判斷出進攻的頂點。這裡似乎有一個矛盾：既然防禦是比進攻更有效的作戰形式，進攻絕不可能持續到抵達頂點；既然效力較低的作戰方式就夠強，效力較高的作戰方式就更不在話下了。

第六章
消滅敵人軍隊

消滅敵人軍隊是實現目的的手段。如何理解這一說法，為實現它要付出什麼樣的代價，有以下不同的看法：

第一，達成進攻目標需要消滅多少敵人軍隊，就消滅多少敵人軍隊。

第二，盡可能地消滅敵人軍隊。

第三，在保存自己實力的前提下消滅敵人軍隊。

從第三點還可以引申出：在有利的時機（或即將達成目標）消滅敵人。這在第三章〈戰略進攻的目標〉中已有過論述。

打擊敵人軍隊的唯一手段是戰鬥，其方式卻有兩種：直接打擊以及配合各種戰鬥的間接打擊。大的會戰是打擊敵人的主要手段，但不是唯一的手段。占領一個要塞或一片國土也可以打擊敵人，甚至帶來更大的成果，這也是一種間接打擊。

占領一個未設防的地區，除了實現預想的目的外，也是間接打擊敵人的軍隊。誘使敵人離開所占領的地方，其效果和占領一個未設防地區差不多，不能等同於透過戰鬥取得的成果。這些手段通常都被高估，實際上它們很少有會戰那樣的價值。人們常常忽視了這些手段的有害因素，而使自己身處險境，但由於代價很小，所以很有誘惑力。

這些手段只能在特定的條件與動機較弱時小規模地使用，並且只能獲得較小的成果。但使用這些手段比毫無目的的大規模會戰要好，因為即使會戰取得勝利，其成果也不能被充分利用。

第七章
進攻性會戰

我們就防禦性會戰所談的理論，已經在很大程度上解釋了進攻性會戰。

為了更直觀地說明防禦性會戰的本質，我們在講述防禦性會戰時只研究防禦性最明顯的會戰；而這類會戰卻是很少的，大多數防禦性會戰是防禦性已大大消失的半遭遇戰。進攻性會戰卻非如此，它在任何情況下都保持著自己的特性。當防禦者並未真正處於防禦狀態時，進攻性會戰的特性就更為明顯。即使是特性不明顯的防禦性會戰和真正的遭遇戰，對於交戰雙方來說，它們表現出來的特性也是有區別的。進攻性會戰的主要特點是會戰一打響，就包圍敵人或是迂迴進攻。

包圍敵人是戰術上的策略，當然它有許多優點。不能因為防禦者有反制包圍的手段，就放棄這個策略。除非防禦者的其他條件很適合反制包圍時，進攻者才應該放棄包圍。只有在自己精心挑選、工事優良的陣地上，人們才能反制敵人的包圍，阻止他們取得優勢。但更為重要的是，防禦本身所帶來的優勢無法全部都用得上。大多數的防禦只是可憐的應急手段，防禦者大多身處困境，面臨危險，感覺到了最壞的情況，匆忙在半路上堵截進攻者。因此，在會戰中包圍敵人，或者是變換方向攻擊，都是在交通線占優勢時採用的措施，卻常常成為精神和物質方面占優勢時採用的措施。馬倫哥會戰、奧斯特里茨會戰和耶拿會戰等等就是如此。另外，在第一次會戰時，進攻者的後方基地即使不比防禦者的優越，但因為靠近邊境，在大多數情況下是有利的，所以進攻者也敢於採取一些冒險行動。側翼進攻，也就是在會戰中變換攻擊方向，則比包圍敵人更為有效。一種錯誤的看法認為，在戰略上，包圍應該像在布拉格會戰中一樣，必須一直與側翼進攻相配合。[1]實際上，戰略包圍很少和側翼進攻有共同之處，這種行動在實際操作中會有許多麻煩，這一

點在論述戰區進攻時再詳細說明。防禦性會戰的指揮官為了贏得時間，需要盡可能地延緩決定勝負的時刻，因為防禦性會戰如果能堅持到太陽落山，通常就能取得勝利；而進攻性會戰的指揮官則希望決定勝負的時刻盡快到來。但是，另一方面，進攻者若是過於著急，就會帶來很大的危險，因為急於求成會造成兵力過度消耗。進攻性會戰的一個特點是，在大多數情況下，進攻者對敵人的陣地一無所知，他們真正是在陌生的環境中摸索前進，奧斯特里茨會戰、瓦格拉木會戰、霍亨林登會戰、卡茨巴赫會戰都是如此。若是對敵方情況一無所知，就需要集中兵力，多採用迂迴，少採用包圍的戰術。勝利果實主要是在追擊敵人中取得的，我們在第四篇第十二章〈利用勝利的戰略手段〉已經談過，相較於防禦性會戰，追擊敵人在進攻性會戰中更為不可或缺。

1　一七五七年四月，腓特烈大帝率普魯士軍隊分四路從西里西亞和薩克森侵入波希米亞，向布拉格實施戰略包圍。奧地利卡爾親王倉猝集中軍隊在布拉格城東利用地形構築堅固陣地。五月六日，腓特烈大帝向奧軍右翼展開側翼進攻，並迂迴到敵軍背後。奧軍撤至布拉格城內，被普軍包圍。

第八章
渡河

　　一條大河隔斷了進攻的路線，這對進攻者來說總是非常不方便。如果他不想留在河邊，要去渡河，那麼在大多數情況下，他就得受制於橋樑，這可能會限制全部的行動。若進攻者在渡河之後，想對敵人發起決定勝負的戰鬥，或是敵人對自己發起決定性的戰鬥，那麼他會遇到很大的危險。一個指揮官要是沒有很大的精神和物質優勢，就不能冒這個險。

　　因為進攻者在渡河作戰中有一定的困難，防禦者因此可以有效地防守河流。如果進攻者沒有這個困難，防禦者也許就不能有效地防守河流了。設想一下，如果人們不把防守河流看成唯一的救星，而是在河流附近設防線，那麼即使河流防守被攻破，附近的防線也能堵截敵人。所以進攻者不僅要想到對方在河流的防守，也要考慮我們在前段中所說的，即河流給防禦者帶來的一切有利條件。基於這兩點，指揮官在進攻有設防的河流時要非常小心謹慎。

　　我們在「防禦」篇裡已經提到，在一定的條件下有效防守河流能取得很好的成果。從實際經驗來看，出現這種成果的可能性比理論上預期的更多。在理論上，人們只考慮已知的因素，然而在進攻的過程中，進攻者所面對的一切情況通常都要比實際上更困難一些，因而會給行動帶來很大的阻礙。從不具有決定性意義、規模也較小的進攻之中，我們就能發現，一些很小、在理論上根本就不予考慮的阻礙因素和偶然事件，也會對具體的進攻行動帶來負面的影響。因為進攻者是行動者，他首先會遭遇這些阻礙因素和偶然情況。倫巴底那些不大的河流都能成功地防禦進攻者，這就能說明這一點了。戰爭史上也有例子說明河流防守未取得預期的效果，其原因在於，人們有時對河流防禦期望過高，根本沒有考慮河流防禦的戰術特點，而只是依據本身

經驗，用過分誇大的防禦效果來實施河流防禦。

　　如果防禦者只把河流防禦看作是唯一的救星，一旦防線被突破，他就會陷入巨大的困境之中，面臨慘敗的命運。若防禦者犯這種錯誤，情勢反而對進攻者有利，因為突破河流防禦比贏得普通會戰要容易一些。

　　從以上的論述可以看出，對付規模不大、不具有決定性意義的進攻時，河流防禦很有價值。但是，若進攻者兵力遠多於防禦者，或者進攻者準備發起大規模進攻，使用河流防禦反倒對進攻者有利。

　　只有極少數的河流防禦不能夠抵擋迂迴進攻，不管是對整個防線還是對某一個地點而言，都是如此。所以，兵力占優、尋求大規模戰鬥的進攻者總能在一個地方佯攻，而在另一個地方渡河，然後挾著優勢兵力衝鋒，來改變戰鬥初期可能碰到的不利情況。但進攻者很少在戰術上強攻渡河，即利用火力優勢和非凡的勇敢來消滅敵人的主要防守據點。強渡永遠只是一個戰術概念，就算河口只有簡單的設防（甚至沒有防線），進攻者也得克服許多不利因素，這也在防守者的意料之中。對進攻者來說，最糟糕的做法是在相隔較遠的幾個地點同時渡河，因而不能協同作戰。防禦者原本就得分散兵力進行防禦，而進攻者若是也分散兵力，就會失去這一天然優勢。貝雷加爾德就是因為這個原因在一八一四年的明喬河會戰中打敗仗。[1]當時碰巧兩支軍隊都分散兵力在不同地點渡河，然而奧地利軍隊比法國軍隊還要分散。

　　假如防禦者駐守在河岸的一邊，那麼在戰術上就有兩種打敗防禦者的辦法。第一，不顧對方的防衛，在某一地點強渡，以此來打敗防禦者。第二，發起會戰來打敗防禦者。對第一種辦法來說，後防基地和交通線的配合發揮主要作用。不過具體的環境還是比一般情況發揮了更重要的決定性作用。比如說陣地位置、裝備、軍隊服從性、行軍速度等，這些有利因素能夠彌補具體環境的不利。對於第二種方法來說，進攻者首先要具備發起會戰的手段、

1　一八一四年二月，奧地利的貝雷加爾德伯爵率領部隊追擊歐仁指揮的法軍。在渡越明喬河時與回過頭來渡河的法軍遭遇。雙方激戰後，奧軍退至明喬河東岸，法軍重回西岸。在這次激戰中奧軍兵力本來占有優勢，但由於分三路渡河，兵力過於分散，沒有取得勝利。

條件和決心。要是進攻者具備了這些先決條件，防禦者就不能輕易冒險使用河流防禦這一手段。

我們得出的最後結論是，即使渡河只是在極少數情況下有很大的困難，但是在不具有決定性意義的戰鬥中，進攻者也會很容易因為對渡河的後果和將來的情況有顧慮而停止進軍。他或者不去進攻駐紮在河流一岸的防禦者，或者充其量只是渡過河，然後就緊靠河岸駐紮下來。雙方長期的隔河對峙是很少見的。

即使是在有決定性意義的戰鬥中，河流也是一個重要的因素，它總是妨礙進攻，減弱進攻的威力。如果防禦者把河流防禦作為主要的抵抗戰術，把河流看作是戰術上的屏障，這種情況反而對進攻者最有利，因為這樣他就可以輕鬆地對敵人進行決定性的打擊。當然這種打擊絕不會馬上就使敵人徹底失敗，但是透過一系列對進攻者有利的戰鬥，會使防禦者的處境變得非常糟糕。一七九六年奧地利軍隊在下萊茵地區的情況就是這樣的。[2]

2　一七九六年戰役初，德意志戰區的奧軍下萊茵兵團右翼在科布倫茨以北採取守勢。當法軍朱爾丹的左翼渡過萊茵河繼而渡過濟克河向東進攻時，奧軍被迫退至蘭河後面進行防禦。

第九章
進攻防禦陣地

　　在本篇中，我們詳細論述了防禦陣地在多大程度上能誘使進攻者進攻，或者迫使進攻者停止進軍。能夠消耗進攻者兵力的陣地，或者能化解進攻者攻勢的陣地，才是有用的陣地。在這種陣地上，不管進攻者用上什麼手段，沒有一種能破壞防禦者的優勢。可是實際的陣地卻並非都是如此。如果進攻者不進攻防禦陣地就能達到目的，那麼進攻防禦陣地就是一個錯誤。如果必須進攻防禦陣地，進攻者也得先考慮是否可以威脅敵人側翼，使敵人離開防禦陣地。只有在這一招不靈驗的時候，進攻者才能進攻精心設防的陣地。對進攻者來說，從防禦陣地的側翼進攻比較容易，選擇哪一個側面則取決於雙方撤退路線的位置和方向，也就是說，既要威脅敵人的撤退路線，又要保證自己撤退路線的安全。要同時顧及到這兩個方面是不大可能的。在這種情況下，最好先考慮威脅敵人的撤退路線，因為它本身就具有攻擊性，與進攻是相應的；而保證自己的撤退路線則具有防守性。但是務必牢記，進攻強大、精心設防的陣地必定是危險的。在實際中當然不乏進攻防禦陣地取得勝利的例子，如托爾高會戰[1]、瓦格拉木會戰。[2] 我們不列入德勒斯登會戰，是因為這一會戰中的敵人還不夠強大。就整體情況來說，防禦陣地被攻破的機率很

1　一七六〇年戰役最後階段，奧軍統帥道恩率奧軍主力於托爾高西北高地利用地形構築了堅固陣地。十一月三日，腓特烈大帝率普軍前後夾擊奧軍陣地，戰鬥非常激烈，奧軍終於於夜間退回托爾高城，次日繼續退向德勒斯登。

2　一八〇九年阿斯波恩會戰後，奧地利軍隊利用瓦格拉木前方的阿德克拉附近和羅斯巴赫河一帶的有利地形構築堅固陣地。七月初，拿破崙率法軍再次渡過多瑙河，五日進攻奧軍陣地受挫；六日，奧軍轉守為攻，儘管右翼有些進展，但左翼被法軍迂迴攻擊，中央被法軍主力和預備隊突破，終於戰敗。

小。我們在無數的事例中都看到，許多非常果斷的指揮官都對精心設防的陣地敬而遠之，我們甚至可以說，這種危險是不存在的。

　　但是，絕不能把這裡討論的會戰等同於一般會戰。大多數的會戰是真正的遭遇戰，儘管其中一方駐紮防禦，可是其陣地卻不是精心設防的。

第十章
進攻壕溝陣地

　　人們曾經非常輕視塹壕工事及其作用。法國邊境缺乏縱深的防線、屢屢被突破，貝費恩公爵在布雷斯勞的壕溝戰中失利，托爾高會戰以及其他的許多例子，都使得人們輕視塹壕工事。腓特烈大帝透過靈活的移動和積極的進攻取得了許多勝利，這就使得人們更加輕視防禦與駐防營地，特別是輕視塹壕工事。如果只是幾千人防守好幾英里長的防線，或者所謂的塹壕工事只是幾條交錯的壕溝，那麼它們所產生的作用就微乎其微，把希望寄託在這樣的防禦手段上十分危險。

　　然而，如果像平庸的誇誇其談者那樣，像滕佩霍夫就聲稱塹壕工事毫無用處，這難道不是非常矛盾甚至十分荒謬的嗎？如果塹壕工事不能加強防禦，那麼它還有什麼作用呢？事實並非如此！不光是理智，還有成百上千的實際經驗告訴我們，一個精心構築、合理布防、嚴密防守的工事通常是不可攻破的，進攻者也會這樣認為。從單個防禦工事所產生的作用來看，我們就不會懷疑，對進攻者來說，進攻塹壕工事是非常艱苦的，通常是不可能完成的任務。

　　塹壕工事中的防守兵力較少，這是它的特性。但是利用有利的地形和堅固的工事也可以阻擊人數占優勢的敵人。腓特烈大帝曾經認為進攻皮爾納的設防陣地是不可行的，儘管他的兵力是皮爾納守軍的兩倍。以後常有人認為，皮爾納的陣地當時應該可以被攻破的，唯一理由是薩克森軍隊當時的狀況很糟。然而這一理由並不能否定防禦工事所產生的作用。後來有人認為皮爾納陣地比較容易被攻破，這些人如果處在腓特烈大帝的位置上，也不見得能下決心發動進攻。

　　進攻壕溝陣地並不是高明的進攻手段。除非塹壕是倉促所建、並未完工

而無法阻礙進攻時，或者整個陣地只略具規模、完成一半時，這時進攻陣地才可行，有機會可以輕易擊敗敵人。

第十一章
進攻山地

　　在第六篇第十五章和其後的幾章中，我們已詳細論述了山地在進攻和防守時所產生的戰略作用。我們也闡述了山地作為天然防線所產生的作用，也推斷出進攻者該如何看待山地防線對自己的影響。對於這個重要的研究對象，我們現在已經沒有多少可說的了。我們此前研究山地得出的主要結論是，次要戰鬥與主力會戰的山地防禦截然不同；在次要戰鬥中，進攻山地是一種不得已的下策，因為此時一切情況都對進攻者不利，但是在主力會戰中，山地對於進攻者來說是一種優勢。

　　進攻者若是擁有足夠的兵力，也決心進行會戰，那麼他應該在山地和敵人作戰，這樣肯定會帶來好處。我們在這裡討論這個問題，因為要別人接受這個結論並不容易。這個結論跟表面看到的情況相矛盾，而且初看起來也不符合所有的戰爭經驗。在大多數情況下，對於進攻軍隊來說，不管它是否要進行主力會戰，都會把敵人沒有占領、位於敵我之間的山地當作意外的收穫，於是他會盡快占領山地。此時占領山地絕對符合進攻者的利益。這樣做是完全合理的，只是要根據具體情況進一步判斷。

　　若我們想要進行主力會戰而向敵人推進，並且要翻越一座未被占領的山地時，自然會擔心敵人在最後一刻死守關口，這種情況對進攻者非常不利。一般的山地防禦比較分散，但關口的防禦比較集中，而且可以預料到進攻者的路線；而進攻者卻不能根據敵人的布防情況來選擇行軍路線。在這樣的山地會戰中，進攻者就不再具有我們在第六篇「防禦」談到的那些優勢，而防禦者則據守一個堅不可摧的陣地，而且據此進行對自己有利的山地會戰。這一切當然是可能發生的。可是防禦者也面臨很大的困難，他得事先進駐這個關口、構築工事，並據守到最後一刻。考慮到這一點，就明白這種山地防禦

的手段是不可行的，所以進攻者不大需要擔心。儘管如此，進攻者還是很自然會擔心。在戰爭中，我們經常會擔心多餘的事情。

進攻者也會擔心防禦者以前哨部隊或前哨基地進行先期抵抗，但這只在極少數情況下對防禦者有利，可是由於進攻者並不知道哪種情況對防禦者有利，因此他們仍然會擔心不利的情況。

我們並不否認可以依靠山地地形構築堅不可摧的陣地，而且這些陣地不一定存於山地，如皮爾納、施莫特賽芬、邁森和費爾特基爾赫等。正因為這些陣地不位於山地，才更為有用。不過我們仍可以期待在山地中找到一些堅不可摧的陣地，例如說在高原上的陣地就沒有山地防禦所具有的種種不利因素。可是這種陣地非常少見，我們只研究那些常見的情況。

從戰史中可以看出，決定勝負的防禦性會戰不適合在山地進行。偉大的指揮官總是更願意在平原上選擇決戰地點。除了法國大革命戰爭時期，歷史上找不到在山地進行決戰的例子。當時人們不得不在山地進行決定性會戰，這顯然是錯誤地使用山地陣地，也誤解了山地陣地的作用。一七九三年在孚日山，以及一七九五、一七九六和一七九七年在義大利的情況就是這樣。每個人都指責梅拉斯在一八〇〇年沒有占領阿爾卑斯山的隘口。[1] 然而這種批評是欠缺思考、幼稚膚淺的。就算是拿破崙處於梅拉斯的位置，恐怕也不會去占領這些隘口。

山地進攻的部署在很大程度上屬戰術問題。在這裡我們先闡述山地進攻部署的一般情況，也就是與戰術密切相關的情況：

第一，如果行軍途中需要把軍隊分成幾路，那麼在山地上就不可能像在別的地方那樣，變成兩路或三路前進，而通常只能是擁塞在山間小道上。所以軍隊應該沿著幾條道路同時進軍，或者沿著一條較寬的路面前進。

第二，對於防線很寬的山地防禦，進攻者自然應該集中兵力進攻。在這種情況下去包圍敵人，是不可想像的。只有突破敵人防線和擊退敵人側翼兵

1　一八〇〇年五月，拿破崙率法軍分五路從大聖伯納德、小聖伯納德、辛普朗、聖哥達、蒙瑟尼等山口越過阿爾卑斯山進入北義大利。當時，奧地利梅拉斯將軍沒有派兵防守這些山口。

力，而不是透過包圍切斷敵人退路，這樣才能取得重大勝利。迅速而不停地在敵人的主要退路上推進是進攻者實施進攻的必然趨勢。

　　第三，若是敵人在山地防禦中的兵力比較集中，那麼迂迴攻擊就是進攻者的非常重要的手段。因為此時正面進攻會遭到敵人優勢兵力的阻擊。迂迴必須以切斷敵人後路為目的，而不是在戰術上攻擊側翼和背面，因為若是敵人兵力強大，進攻其背後也會遭到有力的抵抗。對進攻者來說，收效最快的辦法就是讓敵人擔心其後路被切斷。防禦者越擔心，對進攻者就越有利。因為在危急關頭，被困於山地中的人很難用手中的劍殺出一條血路。單純的佯攻在這裡成效不明顯，它可能會讓敵人離開陣地，但產生不了更大的作用，因此必須要真正切斷敵人的退路。

第十二章
進攻警戒線

如果進攻方和防禦方在警戒線上進行主力會戰，那麼進攻方會占很大的優勢，因為防禦方兵力分散不適於決戰，比在河流和山地防守更不適合。一七一二年歐根親王在德南的防線就是這樣，他受到的損失等同於會戰失利。假如歐根當時集中布防兵力，維拉爾恐怕就很難取得勝利了。[1]如果進攻者找不到方法在會戰中一舉打敗敵人，而敵人的陣地又是由主力部隊防守，那麼進攻者就不敢輕易進攻敵人的防線。一七○三年維拉爾就不敢進攻巴登布防的斯托爾霍芬防線。[2]如果防線是由非主力部隊防守，那麼一切都取決於進攻方能投入多少兵力。在這種情況下大多不會遇到激烈的抵抗，所以取得的勝利當然也不是非常有價值。

進攻者的包圍圈有自己的特性，這個我們在論述戰區時再加以討論。

所有的警戒線，比如特別加強的前哨防線等，都有一個特點：容易被突破。可是如果進攻者在突破防線後不繼續推進，以期贏得決戰勝利，那麼這種突破就沒有多大的效果，也就不值得付出這麼大的努力。

---

1 一七一二年七月，歐根親王率領奧地利、英國、荷蘭聯軍圍攻法國北部的朗德勒希等要塞。聯軍為了掩護自己的交通線和基地（馬爾希延要塞）的安全，從德南到索曼建立了一條六公里長的防線，由阿爾貝瑪爾將軍率荷蘭軍隊防守。七月二十四日，法軍將聯軍大部分兵力吸引到朗德勒希方向後，由維拉爾率領一支部隊突然襲擊德南，攻破了這條防線。
2 一七○一年，巴登侯爵在斯托爾霍芬附近，從萊茵河畔至黑林山，建立一條長達十六公里的防線。一七○三年四月，維拉爾率領法軍來到防線前面，由於巴登侯爵率主力二萬四千餘人防守這條防線，因而未敢進攻，只得繞道東去。

第十三章
機動調度

在第六篇第三十章〈戰區防禦（四）〉中我們已經涉及到這個問題。不管是進攻者還是防禦者都可以採用這種手段。但機動調度比較具有進攻的性質，而不是防禦的性質，所以我們才在本篇具體探討這個問題。

機動調度並不僅與大規模的強攻相對立，也同樣與任何由此直接延伸的行動相對立，即使是牽制性進攻、威脅敵人的交通線和退路以及其他類似情況也一樣。

從詞語用法上來看，「機動調度」這個詞表示從平衡狀態開始，也就是說就無到有，透過誘使敵人犯錯而取得效果。它就好像是下棋時最開頭走的那幾步棋，是在雙方力量均衡時的手段，目的是為了取得成功的有利機會，並且創造優勢。

機動調度的目標與行動依據主要是以下幾點：

第一，切斷或限制敵人的補給；

第二，和其他部隊會合；

第三，威脅敵人和其國內或其他軍隊的聯繫；

第四，威脅敵人的退路；

第四，用優勢兵力進攻敵人的單個據點。

這五個要點可以體現在具體情況中最小的事物，並且暫時成為一切的中心。一座橋樑、一條道路、一個塹壕都能產生這樣的作用。它們具有這樣的重要性，是因為它們與前述的某一個要點緊密相關，這在任何情況下都不難證明。

成功的機動調度可以使進攻者（更準確地說，使積極行動的一方，當然也可能是防禦者）獲得一小塊地方，如倉庫。

戰略上的機動調度包含兩組對立的概念，從表面看起來是不同的機動調度，而且很容易延伸出一些錯誤的原則和規定。然而組成這兩組概念的四個部分從根本上說是組成一個事物四個不可或缺的部分。第一組對立概念是包圍和內線作戰，第二組是集中兵力和分散兵力。

對於第一組概念而言，我們絕不能認為其中某一個概念比另一個概念更有用。這是因為，如果我們採取其中一種行動方式，那麼另一種行動方式就會很自然地出現，兩者為相對的對抗方式。包圍與進攻的性質相同，內線作戰則與防禦性質相同，所以在大多數情況下，進攻者多採用包圍，防禦者則常採用內線作戰；運用得好就能發揮效力。

就第二組概念來說，兩者的效力也是相同的。兵力較強的一方可以分散軍隊，以便創造出對己有利的戰略形勢和行動條件，這樣也有利於保存自己的實力。兵力較小的一方就必須更加集中兵力，透過運動來彌補因為兵力不足所造成的缺陷。大規模的運動需要較高的靈活機動能力。最後的結論是，兵力較弱的一方必須更充分地發揮自己的物質和精神力量。如果我們觀點一致，就很容易出現這個結論，所以它也可以用它來檢查我們的思考是否合乎邏輯。一七五九和一七六〇年腓特烈大帝對道恩的戰役，一七六一年對勞東的戰役以及一六七三年和一六七五年蒙特庫科利對杜倫尼的戰役，都是兵力較弱的一方充分發揮物質和精神力量的典範。[1] 我們的觀點也主要是從這些戰役中得出。

就像不該從這四個對立的概念中推斷出錯誤的原則和規定一樣，我們也不能期望那些一般情況（如基地、地形等）在實際上有某些重要性和決定

1　在荷蘭戰爭（一六七二至一六七八年）中，一六七三年，德意志的蒙特庫科利率領軍隊行動，渡過萊茵河占領了波昂，順利地與奧倫治公爵威廉三世率領的荷蘭軍隊會師，造成兵力上的優勢，迫使杜倫尼率領法軍退出荷蘭。一六七五年，蒙特庫科利為了要占領史特拉斯堡，與杜倫尼展開戰鬥達三月之久。七月二十七日杜倫尼中流彈身死，法軍暫時退出阿爾薩斯。

性影響。預期的成果越小，地點和時機方面的細節就越重要，而一般的要素則不是那麼重要，在這種風險低的行動中，它們對當前局勢產生不了什麼作用。一六七五年杜倫尼的軍隊背後緊靠萊茵河，分布在十五里寬的戰場上，而作為退路的橋樑卻在最右側，從一般人的眼光來看，還有比這更荒唐的排兵布陣嗎？[2] 然而這種布陣卻達到了目的，還被認為是高度的技巧和智慧。這種讚賞不無道理，但只有注意細節，並且確定它們在具體情況下的作用，我們才能理解這種成功和技巧。

所以，機動調度沒有什麼規則可言。沒有什麼方法或一般性的原則可以決定這一行動的價值。靈活度、準確性、秩序、服從性和勇敢的精神，這些都有助於在具體的情況下取得成果。至於最後的勝利，主要也是看雙方在這幾個方面的消長。

2　一六七五年六月，杜倫尼率法軍在奧滕海姆附近渡過萊茵河，進至奧芬布克附近，為了阻止蒙特庫科利前進，杜倫尼將自己軍隊的右翼延伸至奧滕海姆附近的萊茵河畔。這時，只有一座橋樑可作退路，而且位於他的最右翼。

第十四章
進攻沼澤區、洪氾區和林地

沼澤地，也就是不可通行的草地，它只有少數幾個大堤。我們在講述防禦時說過，沼澤區會阻礙戰術進攻。因為它很寬，所以不能用砲火驅逐對面的敵人，也不能自己構築通道。所以人們在戰略上總是避免進攻沼澤區，盡量繞過去。如果低地國充滿了耕地，通道也較多，那麼防禦者的抵抗力就相對較強，但比較不利於決定性的戰鬥，可以說是完全不適合。另一方面，例如荷蘭的低地區容易遭到洪水淹沒，這時防禦者的抵抗力最強，任何進攻都無能為力。荷蘭在一六七二年的戰爭就說明了這一點。當時法國軍隊在攻克了所有要塞後（除了洪氾區），還有五萬兵力。他們先是由孔代指揮，後來由盧森堡指揮，兩人都沒能攻破洪氾區，儘管當時只有約兩萬荷蘭軍隊在防守洪氾區。然而，布倫瑞克公爵指揮的普魯士軍隊在一七八七年對荷蘭軍隊作戰時取得了截然不同的結果，當時普魯士軍隊以不占優勢的兵力和很少的代價就攻破了洪氾區。我們必須從別的方面來找原因。當時的防禦者由於政治觀點不同而造成分裂，不能統一指揮全軍。當時普軍能成功突破洪氾區的最後一道防線，攻至阿姆斯特丹城下，源於一個很小的原因，因此並不能從中得出一般性的結論。這個很小的原因是哈勒姆海沒有設防。正是利用了這一點，公爵繞過了防線，繞到了阿姆塞爾溫的背後。假如荷蘭人在海面上部署幾艘軍艦，公爵就絕不能攻到阿姆斯特丹城下，因為他當時已經無計可施了。這種情況對議和會產生什麼影響，不是我們現在要討論的問題，但是洪氾區的最後防線不能被攻破卻是事實。

冬天當然是洪氾區防禦的天然敵人，一七九四年和一七九五年法國軍隊就證明了這一點。但是，只有非常寒冷的冬天才能造成這種作用。

難以通過的森林也是一種可以加強防禦的手段。如果森林不寬廣的話，

進攻者就可以藉由幾條相隔不遠的道路通過森林，到達容易通行的地區。因為森林並不像河流和沼澤地那樣絕對不能通行，所以森林中各個地方的戰術防禦效力不會很大。但是，像在俄羅斯和波蘭，大片的地方都幾乎被森林覆蓋，進攻者無法通過，因此陷入困難的境地。在這種情況下，進攻者在補給方面會面臨很多困難；而且在昏暗的森林裡，到處都可能出現敵人，進攻者會很難展現出他的兵力優勢。這對進攻者來說肯定是最糟糕的情況。

第十五章
進攻戰區：尋求決戰

　　與這個題目有關的大部分問題我們在第六篇「防禦」中已經研究過了，足以說明進攻這個領域。

　　「獨立的戰區」這個概念與防禦的關係更密切。一些主要的問題，如進攻對象、勝利的影響範圍，在第六篇中已有過探討。關於進攻性質中最本質的問題，我們將在闡論戰爭計畫時加以研究。儘管如此，在這裡還有幾點內容要說，我們再次從尋求決戰的會戰講起。

　　進攻的首要目標就是勝利。進攻者必須創造別的優勢來對抗防禦者的必然優勢，例如最常用的就是心理優勢，進攻者要讓自己感到是主動、前進的一方。這種心理優勢在大多數情況下都被高估了，而且不能長久存在，也經不起實際的考驗，尤其是當防禦者採取了正確和恰當的行動，進攻者就不具有心理優勢。我們得消除人們對突襲和出敵不意的錯誤看法。人們常常認為它們是取得勝利的法寶，然而，如果沒有特定的條件，這兩個手段也無法奏效。關於正確的戰略突襲，我們在其他地方已有過論述。如果進攻者沒有物質方面的優勢，那麼他就得在精神方面占有優勢，以便來對抗防禦者的必然優勢。若是進攻者物質、精神兩方面的優勢都沒有，那麼進攻就沒有重心，當然也無法成功。

　　謹慎是防禦者的保護神，勇敢和自信則是進攻者的保護神。這並不是說一方可以缺少另一方應該具有的特點，而是說謹慎與防禦有更緊密的關係，勇敢與自信則與進攻有更密切的關係。所有這些特點對雙方來說都是必須的，因為軍事行動不同於數學運算，是無法準確預知結果的。所以我們就必須信任那些最適合於達到我們目標的指揮官。防禦者在精神方面表現得越軟弱，進攻者就應該越大膽。

　　要取得勝利，就要讓敵人的主力部隊和自己的主力作戰。這一論斷對於進攻者來說比較容易接受，因為進攻者就是去尋找已經駐紮在陣地上的防禦者。在講述防禦時我們已經說過，如果防禦者布防錯誤的話，進攻者就不用去找防禦者，因為他可以確信，防禦者會來找他，這樣就可以在敵人缺乏準備的情況下和敵人作戰。在這種情況下，一切都取決於能否正確判斷出最重要的道路和方向。在講述防禦時我們並未說明這一點，本章將會進一步闡述。

　　我們在以前已經討論過進攻的目標以及勝利的目的。如果進攻目標在戰區之內，在可能取得的勝利範圍之內，那麼攻擊的方向自然取決於通往這些目標的道路。但是我們不能忘記，進攻目標通常只有與勝利相關才有意義，所以在考慮進攻目標時必須一直考慮到勝利。因此對進攻者而言，不只是單純地達到進攻的目標，而是要以勝利者的身分達到目標。進攻者的進攻方向不是要朝著進攻目標本身，而是要朝著敵人前往這一目標時將要經過的道路。這條道路對我們來說是直接的攻擊目標。在敵人到達目標之前向敵人發起進攻，把它和這個目標隔開，在這種情況下打敗敵人，就能取得很大的勝利。例如說敵人的首都是要進攻的目標，在首都與進攻者之間並沒有防守部隊，這時若是直接進攻首都是不合理的。較好的辦法是向連接敵人軍隊和首都的道路進軍，並盡力取得勝利，然後就可以很輕易地占領敵人的首都。

　　如果進攻所能取得的勝利範圍之內沒有大目標，那麼敵軍和鄰近大目標之間的交通線就特別重要。每個進攻者都要問自己這個問題：如果我在會戰中獲勝，我要做什麼？會戰獲勝後所要占領的目標自然就是進攻的方向。假如防禦者正確地布防在這個方向上，那麼進攻者就別無選擇，只能發動進攻。假如防禦者的陣地十分堅固，進攻者就面對現實，繞過敵人的陣地。如果防禦者沒在正確的地方設防，進攻者仍應該向這個方向前進，直到他與目標的距離和防禦者與目標的距離相同；如果這時防禦者仍不向他的側方移動，進攻者就應該轉向防禦者與目標之間的道路，在那裡與敵人交戰。如果敵人一直保持不動的話，進攻者就應該轉向敵人軍隊，從背後向敵人發起攻擊。

在進攻者通往目標的所有道路中，大的通商要道總是最好和最自然的選擇。如果路上有大的拐彎，就必須在這些路段中選擇較直的道路，甚至寧可選擇較小的道路，因為退路過於彎曲總是很危險的。

進攻者在進行決戰時沒有理由分散兵力。如果出現這種情況，大多是因為不明情況而犯錯。進攻者應當確保各縱隊能同時作戰，在此前提下向前推進，如果敵人自己分散了兵力，那麼情勢就對進攻者有利，這時進攻者才能分散兵力，這可以說是戰略上的佯攻，其目的是確保進攻者的優勢。只有為了這個目的才可以分散兵力。

在進攻中，進攻者在實施戰術包圍時把軍隊分為幾個縱隊是安全和必要的，包圍是很自然的進攻手段，除非是緊急情況，否則不能放棄這一手段。但是包圍只屬於戰術範圍，因為在進行大規模戰鬥時，戰略包圍完全是浪費兵力。只有在進攻兵力十分強大，勝局已定的情況下，才能實施戰略包圍。

然而進攻也需要謹慎，進攻者要確保自己的背後和道路的安全。進攻者必須盡可能地前進，也就是說讓軍隊本身保證自己的安全。如果必須另派軍隊來保護自身安全，就勢必會引起兵力分散，削弱進攻的力量。兵力較多的軍隊在向前推進時，其正面寬度至少有行軍一天所走的距離，若是它的撤退路線沒有嚴重偏離軍隊的中軸線，軍隊本身就大致足以確保行軍路線的安全了。

進攻者在這一方面所面臨的危險，主要得看敵人的情況和特點。如果一切都處於大規模決戰的緊張氣氛之下，防禦者就沒有多大餘地去考慮攻擊對方的背後和交通線，進攻者一般來說也不用擔心。但是，一旦進攻停止，進攻者慢慢轉入防禦時，保護背後的安全就越來越有必要，並成為主要的問題。因為進攻者的背後當然比防禦者的背後更薄弱，所以在防禦者真正轉入進攻之前，甚至當他還在不停丟失國土時，就可以開始對進攻者的交通線採取行動了。

第十六章
進攻戰區：不尋求決戰

　　即使進攻者沒有足夠的決心和力量發動決戰，他還是會有一些戰略意圖，只是準備進攻的目標較小而已。如果進攻取得勝利，進攻者達到了目標，那麼隨之而來的就是整個戰役的平靜和力量上的均衡。如果在進攻中遇到一些困難，那麼進軍就會提前停止。這時就會出現隨機的臨時進攻，或者是機動性對抗。大多數戰役都有這樣的特徵。

　　這一類進攻所選擇的目標是：

　　第一，敵國的領土。占領土地能取得補給，必要時還可以徵收軍稅，減輕本國負擔，在議和談判中也可以作為籌碼。有時占領土地是為了軍隊的榮譽，在路易十四時期，法國將領指揮的戰爭就經常有這種情況。占領後能保住或者不能保住土地，這兩者之間的差別很大。當這片土地與自己的戰區相連，是自己戰區的延伸，我們通常才能保住這片土地。只有這樣的土地才能在議和談判中作為籌碼。至於其他的土地，通常只能在戰爭期間占領，到了冬天就要放棄。

　　第二，敵人的重要倉庫。如果倉庫不是很重要，就不能視為是決定整個戰役的進攻目標。占領倉庫使防禦者失去倉庫，而進攻者獲得倉庫。但是對於進攻者來說，占領倉庫的主要好處在於防禦者必須後退一段距離，放棄他本來可以守住的土地。占領倉庫實際上是一種手段，在這裡我們把它當作目的，因為它是進攻行動直接而明確的目標。

　　第三，攻占要塞。關於攻占要塞我們將專門留出一章來討論，讀者可

以參閱那一章。根據那一章的內容就能明白，在一場戰役中，
若不以徹底打敗敵人或攻占大部分敵人領土為目的，那麼要塞
就是最重要、最理想的進攻目標。我們也會比較容易理解，在
要塞很多的荷蘭，一切行動都以占領要塞為中心，甚至在大多
數情況下，逐步占領整個地區似乎不是主要的戰略進攻目標。
每座要塞都被視為獨立的單位，有其自身的價值。一般來說，
人們只考慮占領要塞是否方便和容易，而不是它的價值。即使
是不算很大的要塞，圍攻它也是重大的行動，因為這要花費很
多錢，而且總是會對整個戰役產生影響，這些都是圍攻前必須
慎重考慮的。所以圍攻要塞在這裡應該屬於戰略進攻的目標。
如果要塞的位置越不重要，或者圍攻越不確實，準備工作做得
越差，一切都是毫無規劃的，那麼這座要塞作為戰略目標的意
義也就越小，適合用弱小的兵力隨意發動圍攻。這只是為了軍
隊榮譽而做做樣子，畢竟進攻者總得有所行動才像樣。

第四，進行對己有利的戰鬥，例如遭遇戰或會戰。發起這樣的戰鬥是
為了爭奪戰利品，或者純粹為了軍隊的榮譽，有時也僅僅是為
了指揮官的榮譽心。只有那些對戰爭史一無所知的人才會懷疑
是否出現過這樣的戰爭。在路易十四時期，法軍所進行的戰爭
大多都屬於這一類。然而我們必須說明，這一類戰鬥並非毫無
作用，也不是為了滿足虛榮心而進行的遊戲。它們對於議和談
判有相當大的影響，能使進攻者直接地達成目標。軍隊和指揮
官的榮譽感是一種精神上的優勢，雖然看不見摸不到，但卻不
斷推動著整個戰役的發展。

發起這類戰鬥有兩個前提：一是要有相當大的取勝把握；二是
即使失敗了，損失也不會太大。這只能在限定的條件與目標下
進行；而且絕不能看成是由於精神力量不足而不能充分利用勝
利成果。

　　上面所提的幾個目標中，除了第三點以外，其餘的目標都可以透過小規模的戰鬥達成。進攻者不透過決定性戰鬥就能達到目標，其手段都是與防禦者戰區內的利害息息相關，包括威脅防禦者的交通線；攻擊與物資有關的目標，如倉庫、富饒的地區、水路等；攻擊與別的軍隊或軍事重鎮相聯繫的目標，如橋樑、關口等；占領敵人無法再奪回、並能讓敵人陷入困境的堅固陣地；占領大城市、富饒的地區以及可能發生武裝反抗的不安定地區；威脅敵人的弱小同盟國。進攻者若能確實切斷防禦者的交通線，防禦者就得付出很大的代價來補救。進攻者若要同時進攻這些目標，防禦者就得放棄一些小的目標，把陣地向後或向側面撤，來保護別的目標。這樣一來，某些地區、倉庫和要塞就失去了保護，進攻者就可以趁機占領它們。攻占這些地方時會發生大大小小的戰鬥，然而它們的重要性不高，只是不得已的下策，其規模不會超過一定的限度。

　　防禦者攻擊進攻者的交通線是一種反擊方式。雙方決戰時，只有戰線很長的情況，防禦者才適合去攻擊對方的交通線。而在不尋求決戰的戰爭中，防禦者更適合採用這種反擊方式。在小規模的戰鬥中，進攻者的交通線通常都不長，可是這時重要的並不是敵人的交通線被破壞得多嚴重，只要能妨礙敵人的補給，使其物資減少，就能發揮效用了。敵人的交通線不長時，防禦者也可以延長攻擊時間，來取得最大的效用。這時，進攻者一定要在戰略上保護自己的側翼。如果進攻者與防禦者持續攻擊對方的交通線，進攻者就必須用兵力上的優勢來化解先天上的弱勢。進攻者只要有足夠的兵力和決心，敢於對敵人主力部隊發起大規模進攻，那麼就可以威脅敵人，進而保護自己的交通線。

　　最後我們還要明白，在這種戰爭中，進攻者總有一個很大的優勢，那就是進攻者比防禦者更能根據對方的意圖和實力來判斷對方的行動。想提前看出進攻者要採取多大規模的行動是很困難的，而要提前看出防禦者的行動規模則要容易一些。從實際情況來看，選擇防禦一般來說代表不想有什麼積極行動。此外，大規模反擊的準備工作和一般防禦的準備工作相差很大，但大規模進攻的準備工作與小規模進攻的準備工作差別則沒有那麼大。此外，防禦者是不得不先採取防範措施，而進攻者則可以根據對方的布防再採取相應措施。

第十七章
進攻要塞

關於進攻要塞，我們在此不是要研究要塞的硬體設施，這裡要研究的是：第一，進攻要塞的戰略意圖；第二，如何選擇所要進攻的要塞；第三，如何保護進攻要塞的軍隊。

防禦者丟失要塞會削弱他的防禦力量，特別當要塞是其防禦系統中的重要一環時，情況會更嚴重。進攻者占領要塞後有多種用途，可以當作倉庫和補給站，也可以用它來保護自己的領地和營區。當進攻者最後轉為防禦時，要塞則是其防禦系統的最強大支柱。要塞在戰爭進程中的這些作用，我們在第六篇「防禦」論述要塞時已做了詳細的說明，把那裡的論述反過來看就是進攻要塞的說明。

攻占要塞在決戰與非決戰的情況下有很大的區別。在進行決戰時，攻占要塞總是不得已的辦法，人們只是為了決戰的勝利而不得不去圍攻要塞。只有勝負大局已定，危機和軍隊的緊張情緒早已消除，也就是說在平靜的局面下，占領要塞才能鞏固勝利成果。儘管此時占領要塞還需要消耗兵力，但大多已不會引起什麼危險了。危機還存在時，去圍攻要塞會增加進攻者的負擔，削弱進攻者的力量，並在短時間失去優勢。但是在一些情況下，為了保持攻勢，就不得不在有危險的情況下去進攻要塞，這時圍攻要塞是一種猛烈的進攻行為；進攻前越是勝負未定，進攻者的危機就越大。關於這方面的問題，我們將在第八篇「戰爭計畫」討論。

在作戰目的有限的戰鬥中，占領要塞通常不是要達到某種目的，其本身就是目的。占領要塞這時是獨立的小行動，和其他行動相比，它具有以下的優點：

第一，進攻要塞是一種較小、有一定範圍的行動，所以它不需要使用
　　　很多兵力，也不用擔心會遭到反擊。

第二，要塞在議和談判時是有利的籌碼。

第三·進攻要塞是一種猛烈的進攻行動，至少看起來是這樣，但它不
　　　像別的進攻手段那樣會不斷消耗兵力。

第四，進攻要塞是一種不會引起災難性後果的行動。

　　因為進攻要塞有上述的優點，所以戰略進攻在沒有重大目標的時候，就
經常把占領敵人的要塞作為目標。

　　在難以選擇該進攻哪個要塞時，可以根據以下的情況來決定：

第一，這個要塞應該要在占領後易於防守，並在以後的議和談判中可
　　　以作為有利的籌碼。

第二，圍攻手段。小規模的圍攻手段只能占領小的要塞，成功地占領
　　　一個小要塞要比圍攻一個大要塞失敗好。

第三，要塞的堅固程度。要塞的堅固程度與其重要性顯然不一定成正
　　　比。如果放著一個不太堅固的要塞不去進攻，卻把兵力浪費在
　　　進攻一個非常堅固而且並不重要的要塞上，那麼這是再愚蠢不
　　　過的事情了。

第四，要塞的武裝情況及守軍的強弱。如果要塞的武裝較差，守軍也
　　　少，那麼占領這個要塞就容易一些。但是這裡必須指出，守軍
　　　及武裝的強弱也是決定要塞重要性的因素。因為守軍和武裝
　　　是防禦者作戰力量的一部分，但堅固的工事屬於要塞本身。占
　　　領一個守軍很強大的要塞，其價值遠遠超過占領工事堅固的要
　　　塞。

第五，圍攻要塞所需物資。大多數圍攻之所以失敗，原因在於缺乏物
　　　資，而缺乏物資的原因在於運輸過於困難。一七一二年歐根圍
　　　攻朗德勒希要塞失利，一七五八年腓特烈大帝圍攻奧爾米茨失

利，這兩次失利都是最典型的例子。

第六，保護圍攻軍隊的難易程度。

保護圍攻軍隊有兩種截然不同的方式，第一是圍攻軍隊自行構築壕溝，也就是環形防衛線，第二是部署警戒線來保護。第一種方式現在已經完全過時了，但它有一個很大的優點，進攻者不會犯進攻的大忌，即分割兵力，而使進攻力量減弱。然而這種保護方式會由於其他方面的原因使進攻者力量大減，這些原因是：

第一，圍繞要塞所築建的陣地通常會使軍隊的戰線過長。

第二，防守要塞的軍隊，以及敵人增援的軍隊，原來不過是和我軍對峙的軍隊，在這種情況下卻成為在我軍營地中的敵軍，它依靠要塞的保護，不易受到傷害、不可征服，所以能產生比平常大得多的作用。

第三，環形防衛線只是單純的防禦形式，而且正面向外的防線是所有防禦陣型中最不利、最弱的，特別不利於有效的出擊。環形防衛線的防守者只能躲在工事裡防禦。這種情況下當然會減少兵力，還不如派出三分之一的兵力組成警戒線。

自從腓特烈大帝以後，人們就普遍偏愛進攻（其實通常是形式）和機動調度，而排斥塹壕工事，所以環形防衛線會過時一點都不令人意外。環形防衛線減弱了戰術防禦的效果，這不是環形防衛線的唯一缺點，但一般人對環形防衛線的偏見，與這個缺點有密切關聯。環形防衛線只能保護它所能包含的範圍，其餘的地方若不專門派兵守護，就等於送給了敵人。可是派兵保護就要分割兵力，這正是進攻者所要盡力避免的。在這種情況下，為了運送圍攻所需要物資，進攻者得花費一番心力。如果軍隊的數量較大，圍攻所需的物資較多，而敵人在戰場上的兵力又較強，那麼就不能指望用環形防衛線來保護物資運輸了。不過在荷蘭除外，因為要塞之間的距離很近，它們互相聯繫，也聯繫著戰區的其他部分，共同組成一個完整的體系，交通線路也因此大大縮短了。在路易十四以前的時代，軍隊的布防還沒有戰區這個概念。特別是在三十年戰爭期間，軍隊漫無目的地移動，發現敵人某個要塞沒有駐

軍，他們就圍攻這個要塞，物資夠用多久就圍攻多久，直到敵人的援軍趕來為止。在那時使用環形防衛線是合理的。

環形防衛線以後可能只會在很少的情況下使用，也就是與上述類似的情況，比方戰場上的敵人很弱，或者戰區這個概念比圍攻更不受重視時。這時集中兵力才是理所應當的行動，因為這樣做肯定可以大大增加圍攻的力量。

在路易十四時期，康布雷和瓦朗謝訥兩地的環形防衛線都沒有發揮什麼作用。前者由孔代防守，被杜倫尼突破，[1] 後者由杜倫尼防守，被孔代突破。但是我們也看到，在其他許多戰例中，即使防禦需要緊急增援，而且防禦方的指揮官很有魄力，他還是不敢貿然進攻環形防衛線。例如一七〇八年，維拉爾就不敢進攻里爾環形防衛線內的聯軍。[2] 腓特烈大帝一七五八年在奧爾米茨，一七六〇年在德勒斯登，雖然沒有構築真正的環線防衛線，但是建立了一個與環形防衛線本質相同的防禦體系，他是用同一支軍隊進行圍攻和保護自己。一七五八年在奧爾米茨，因為奧地利軍隊還離得很遠，所以腓特烈敢這麼做，但當他在多姆斯塔特爾損失了運輸部隊後，他又為這種做法感到後悔了。一七六〇年在德勒斯登，他之所以這麼做，是因為他輕視帝國軍隊，另一方面是因為他急於攻占德勒斯登。

最後提到環形防衛線的缺點，在決戰失利的時候，我方很難保住攻城武器。如果決戰的地點離圍攻地點較遠，敵軍趕到時需要一天以上的時間，那麼在圍攻軍隊停止圍攻時，可以在敵人趕到的一天前帶輜重撤離。

部署警戒線碰到的首要問題是，要在離圍攻地點多遠的地方部署？在

1　孔代和杜倫尼都是法國的統帥。一六四九年起，以孔代為首的貴族集團與當時的首相馬扎然發生衝突。孔代率兵反抗政府，政府派杜倫尼前往討伐。一六五五至一六五七年，雙方在法國北部作戰，開始互相圍攻，互有勝負，最後孔代被擊敗，逃往西班牙。以後，孔代又率西班牙軍隊與法國政府軍作戰。一六五九年法國和西班牙締結和約，孔代恢復了名譽返回巴黎。路易十四親政後，孔代又被重用。

2　一七〇八年奧地利、英國和荷蘭聯軍攻里爾，歐根親王率一部分聯軍圍攻，馬爾波羅公爵率一部分聯軍在圍攻防衛圈上保障圍攻部隊的安全。維拉爾率領法軍趕來解圍，沿圍攻防衛圈移動，企圖尋找弱點進行攻擊，但聯軍工事堅固，維拉爾不敢貿然進攻。結果，里爾的守軍投降。

大多數情況下，這取決於地形條件和與圍攻部隊聯繫的陣地位置。很明顯就能看出，警戒線離要塞較遠，那就可以保護圍攻行動不受干擾；若是距離較近，不超過幾里，那麼圍攻要塞的軍隊和掩護的軍隊就可以互相支援。

第十八章
進攻運輸部隊

　　攻擊和保護運輸部隊是戰術問題，但我們在此討論這個問題，只是要盡力證明它們也有戰略上的層面。在這個問題上，可以把進攻和防禦綜合起來討論的東西不多，而且進攻才是主要內容，否則的話，我們在探討防禦時就會討論。

　　一個中型運輸部隊有三、四百輛車，不管車上裝的是什麼，部隊至少都有兩里長，更大的運輸部隊當然更長。平常派出那麼點兵力哪能夠保護這麼長的運輸部隊呢？運輸部隊缺乏靈活性，行動緩慢，而且每一單位都要單獨保護，因為如果遭到攻擊，那麼整個運輸部隊就會堵在路上，並且陷入混亂之中。考慮到這些情況，我們就會進一步考慮，怎樣才能保護運輸部隊？換句話說，遭到攻擊的運輸部隊都如何不被洗劫一空？鄰近敵人的運輸部隊如何不受攻擊？所有戰術上的辦法都不夠實際，比如滕佩霍夫建議定時調整運輸部隊的前進速度，以縮短部隊的長度；沙恩霍斯特的辦法較好，他建議把運輸部隊分成幾個縱隊。但總之，這些建議都無法完全補救運輸部隊的根本缺陷。

　　問題的癥結在於，大多數的運輸部隊都需要透過戰略形勢獲得保護，而且要比其他會遭到敵人進攻的軍隊更安全，這樣，很小的防禦手段就能發揮很大的作用。運輸部隊總是在我方軍隊的後方活動，或者在離敵人很遠的地方活動。所以敵人只能派較小的軍隊去進攻運輸部隊，要留下較多的軍隊來作掩護，以免自己的側翼和背後受到增援運輸部隊的軍隊攻擊。再考慮到運輸部隊的車輛很難搬走，進攻者大多只能砍斷挽具、拉走馬匹、引爆炸藥車等等，這樣做會使整個運輸部隊停下來並且陷入混亂，但是並不能真正消滅運輸部隊。由此可見，運輸部隊的安全主要是依靠戰略形勢，而不是負責保

護的部隊。當然，勇敢的防禦部隊雖然不能直接保護運輸部隊，卻能破壞敵人的進攻體系。所以攻擊運輸部隊並不容易，也不是萬無一失的，其實相當困難，結果也很難預料。

接著談到進攻運輸部隊會面臨的危險。進攻運輸部隊可能會遭到敵人軍隊的報復。正是因為人們有這種顧慮，所以不敢貿然攻擊運輸部隊。不明其中奧妙的人就在尋找原因，為什麼保護運輸部隊的兵力少得可憐，卻能讓人敬而遠之。要想明白這個原因，想想腓特烈大帝在一七五八年著名的撤退就會明白。當時腓特烈大帝在圍攻奧爾米茨後通過波希米亞撤離，一半的軍隊分成許多小隊來保護由四千輛車組成的輜重隊。是什麼阻止了道恩去進攻這支運輸部隊呢？道恩害怕腓特烈大帝用另一半軍隊來進攻他，把他捲入一場他不願意進行的會戰中。是什麼讓勞東在齊斯博維茨不敢大膽地進攻一直在他側面的運輸部隊呢？他害怕遭到報復。勞東的軍隊距離主力五十里，而且與主力的聯繫已被普魯士軍隊完全切斷，所以勞東認為，如果沒有受道恩牽制的腓特烈大帝用大部分兵力來進攻他，他就會慘敗。

當戰略形勢使運輸部隊反常地在軍隊的側面或者前面活動時，它才真正面臨很大的危險。如果這時敵人的形勢允許出兵，運輸部隊就會成為有利的進攻目標。在一七五八年那次戰爭中，奧地利軍隊在多姆斯塔特爾進攻普魯士運輸部隊，就因此取得了圓滿的結果。當時通往尼斯的道路在普魯士陣地的左側，腓特烈大帝的軍隊因為攻城和對抗道恩受到很大的牽制，所以奧地利軍隊一點都不用為自己擔心，可以非常從容地進攻普魯士的運輸部隊。

歐根在一七一二年圍攻朗德勒希時，曾經從布香經過德南運送攻城物資，也就是在戰略陣地的前面運送物資。在這種非常困難的情況下，為了保護運輸部隊，他都採取了哪些措施，又遇到怎樣的困難，這些都已經為人們所知悉。這種困難的局面後來直到戰役發生劇變才結束。

因此，我們得出的結論是：從戰術方面來看，進攻運輸部隊似乎很容易，但是從戰略方面來看卻並非如此，除非敵人的交通線反常地暴露出來，進攻運輸部隊才會獲得重大的成果。

第十九章
進攻舍營的敵人軍隊

　　我們在討論防禦時沒有提到這個問題，是因為舍營不是一種防禦手段，只是軍隊的待命狀態，而且戰備情況很差。就戰備情況而言，我們在第五篇第十三章〈舍營〉中對軍隊的這種狀態已做了足夠的說明。

　　討論舍營的敵人，要把他們當成特殊的進攻目標，這是因為這是一種很特殊的進攻形式，另一方面，它也是能產生特別效果的戰略手段。這裡所談的並不是進攻敵人個別的舍營地，或是分布在村子裡的小股敵人軍隊，因為這些進攻部署完全是戰術上的問題。這裡所談的是進攻多個敵人的舍營地，所以進攻的目的並不在於去攻占單個營地，而在於阻止敵人軍隊集中。

　　進攻舍營中的敵人就意味著進攻尚未集結的軍隊。如果進攻能使敵人軍隊無法到達預定的集結地點，而只能在較遠的後方集結，那麼這個進攻就是成功的。在危急的時候，敵人集結地點後移的距離通常會有好幾天的行程，很少只有一天的行程，因而喪失的國土面積是很大的。這是進攻者能得到的第一個利益。

　　進攻敵人整個軍隊，在剛開始時也可能是同時進攻敵人的幾個舍營地，當然不可能一下子就攻擊很多個舍營地，因為這樣會使進攻者的戰線過長、兵力分散，在任何情況下都不能這麼做。進攻者只能攻擊進攻路線上最先碰到的舍營地，儘管如此，這樣的進攻也很少能取得很大的勝利。因為一支大部隊的動向很難不被別人發覺。但是我們並不能因此忽視這樣的進攻方式，它所取得的成果是進攻者能獲得的第二個利益。

　　第三個利益是進攻者能迫使敵人進行分散戰鬥，使敵人受到重大損失。一支大部隊在通常情況下並不是以營為單位來集結，而是先集結成旅，或者是師，甚至是集團軍，這樣軍隊就不能很快地趕到集結地點。當他們在中途

遇到敵人軍隊時，就得投入戰鬥。就算遇到的敵人較弱、很容易打敗，但在取勝的同時也失去了時間。對於一支只想盡快趕到集結地點的軍隊來說，在這種情況下的勝利意義不大，這一點很容易理解。而且他們被打敗的可能性很大，因為他們沒有時間去組織有力的抵抗。如果進攻者有計畫地發起進攻，迫使敵人進行分散戰鬥，就會有重大收穫，成為總體戰鬥的重要成果之一。

最後第四個利益，也是整個行動的拱心石，是使敵人軍隊暫時陷入混亂，並且士氣低落，即使完成集結也不會有什麼作為。通常情況下，這樣的軍隊一旦被攻擊，連領土都守不住，還得徹底修改作戰計畫。

以上這些就是進攻敵人舍營地所能取得的特殊成果，也就是說，使敵人不能毫無損失地在預定地點集結。攻擊所取得的成果大小不同，有時成果很大，有時則微不足道。即使攻擊成功、也取得很大的成果，但還是比不上一次大會戰所取得的成果。一方面是因為所獲得的戰利品不如會戰所獲得的多，另一方面是因為精神效應不夠大。

我們必須要記住這個結論，以免對攻擊舍營地的期待過高。有些人認為這種攻擊是最有效的進攻，看看前面的詳細分析和戰爭史上的例子，就會明白事情根本就不是這樣。

這一類攻擊中最光輝的例子之一是洛林公爵一六四三年在圖林根進攻朗超將軍的法軍營地。[1] 共有一萬六千人的法軍損失了將軍和七千名士兵。這是一次徹底的失敗，原因在於法軍未設任何警戒哨所。

杜倫尼一六四四年在梅爾根特海姆（法國人稱此地為馬里恩塔爾）遭到襲擊，從結果來看也是一次慘敗，杜倫尼八千人的軍隊損失了三千人，主要原因在於杜倫尼忍不住集中軍隊進行了不適當的抵抗。[2] 這種襲擊不見得每次

1　三十年戰爭中，洛林公爵所率的軍隊於一六四三年十一月二十四日奇襲圖林根附近的法軍，法軍統帥朗超因傷被俘，圖林根的守備部隊於次日投降。

2　在三十年戰爭中，梅爾西伯爵率領巴伐利亞軍隊於一六四五年五月五日在梅爾根特海姆擊敗杜倫尼指揮的法軍。本文中的一六四四年可能是一六四五年之誤。

都能得到類似的結果，但造成這種結果的原因多半在於沒有充分考慮，而不是在於襲擊本身，因為杜倫尼本來也是可以避開戰鬥，而去和較遠舍營地中的軍隊會合。

第三個有名的襲擊是一六七四年杜倫尼在阿爾薩斯對大選帝候、帝國將軍布爾農維爾和洛林公爵指揮的聯軍襲擊。[3] 杜倫尼得到的戰利品很少，聯軍損失了不超過二、三千人的兵力，這對於共有五萬兵力的軍隊來說不是什麼重大損失。但是聯軍卻認為不能再冒險在阿爾薩斯進行抵抗，就撤退到萊茵河對岸去了。而這種戰略上的結果正是杜倫尼所需要的。但人們並不能把這一結果歸因於襲擊行動，與其說杜倫尼襲擊了敵人的軍隊，還不如說他改變了敵人的作戰計畫。聯軍統帥的意見不一致、軍隊又靠近萊茵河等，這些都是原因之一。人們在通常情況下都誤解了這次襲擊，所以它還是很值得人們仔細研究。

一七四一年，奈伯格襲擊了腓特烈大帝軍隊的舍營地，取得的成果僅僅是迫使腓特烈大帝變換作戰前線，用尚未完全集結的兵力進行莫爾維茨會戰。[4]

一七四五年，腓特烈大帝在勞西次襲擊了卡爾親王的舍營地，奧地利軍隊因此損失了二千人。能取得這一成果，是因為腓特烈大帝重點攻擊重要的營地，即亨內斯多夫營地。這一行動的結果是卡爾親王通過勞西次退回了波希米亞。但是在他沿易北河北岸又回到薩克森時，當然沒有碰到什麼阻礙。所以說，如果腓特烈大帝不進行克塞爾斯多夫會戰，他就不能取得什麼重大的成果。

一七五八年，斐迪南公爵襲擊了法國軍隊的舍營地，結果是法軍損失了

3　一六七四年，神聖羅馬帝國向法國宣戰，杜倫尼率法軍轉戰於阿爾薩斯，十二月二十九日奇襲米爾豪森附近的帝國軍隊和布蘭登堡軍隊，迫使聯軍退出阿爾薩斯。

4　一七四○年秋冬，腓特烈大帝率普魯士軍隊侵入西里西亞。一七四一年四月奧地利統帥奈伯格率軍隊進抵尼斯河畔的尼斯城。腓特烈大帝急忙將分散在各地的軍隊集中起來，於四月十日在莫爾維茨與奧軍進行會戰，最後奧軍失敗。

幾千人，不得不退到阿勒爾河的另一岸。這次襲擊所造成的精神影響更深遠一些，影響到法軍後來放棄整個西發利亞。[5]

從這些例子的襲擊效果來看，只有前兩個例子能等同於獲勝的會戰。那兩場戰鬥的軍隊數量較少，而且缺少警戒哨所，對於進攻方非常有利。其他四個例子儘管都是成功的襲擊，可是其造成的效果不可能與會戰的效果相提並論。這些效果都只是在敵人意志薄弱時取得的。一七四一年的那次襲擊，由於敵人的意志並不薄弱，所以也未取得什麼效果。

一八〇六年，普魯士軍隊計畫襲擊法國軍隊在法蘭克尼亞的舍營地，這次襲擊應該能取得很好的結果。當時拿破崙不在軍中，法軍的舍營地非常分散。在這種情況下，普魯士軍隊可以下定決心，迅速地襲擊敵人，使法軍受到一些損失，並把他們趕到萊茵河的另一邊。普魯士軍隊當時能做的就是這麼多，不可能獲得更大的勝利，例如說越過萊茵河去追擊敵人，或者獲得更大的精神優勢，使法軍以後不敢再到萊茵河右岸來；這些想法是不切實際的。

一八一二年八月初，當拿破崙的軍隊在維捷布斯克休整時，俄軍曾想從斯摩棱斯克出發去襲擊法軍的舍營地。但是俄軍在中途卻喪失了勇氣。這對俄軍來說是一種幸運。因為當時拿破崙的中央軍隊比俄軍多一倍以上，而且他自己是一個很有魄力的統帥。損失幾里土地對法軍不會造成什麼影響，而俄軍在附近卻找不到有利而在一定程度上可以鞏固形勢的地形。這並不是缺乏鬥志而將要結束的戰役，而是進攻者徹底打垮敵人的史無前例的計畫第一步。襲擊敵人舍營地好處不大，不可能化解俄軍在兵力和其他方面的劣勢，因此違背俄軍的根本利益。俄軍的這個例子也說明，要是沒有明確認識這種進攻方式，就很可能錯誤地使用它。

至此為止我們所談的內容，是把進攻舍營中的敵人作為一種戰略手段。

5　一七五七年冬，法軍在漢諾威境內紮營過冬，一七五八年二月，普魯士斐迪南公爵率軍隊突然襲擊法軍營地，法軍退過阿勒爾河，由於害怕敵人切斷退路，在三月底繼而退過萊茵河，放棄了全部西發利亞。

從這種進攻的性質來看，它不僅是戰術問題，在一定程度上也是戰略問題。這種進攻通常情況下是在很寬的前線上進行的，進攻的軍隊在集結之前就能進攻敵人，在大多數情況下他們也會這麼做，所以整體的進攻是由個別的戰鬥組成，因此我們也得用幾句話談談如何最合理地組織這種進攻。

這種進攻的第一個要求是，得在相當寬的前線上進攻敵人的舍營地。只有這樣才能攻擊好幾個舍營地，隔斷它們與別的舍營地的聯繫，並且像預期的那樣，使敵人陷入混亂之中。此外，還要根據具體的情況來決定進攻縱隊的數量和相隔距離。

第二個要求是，各進攻縱隊要朝向同一個預定的會合地點。因為敵人最終還是會集中兵力，所以我們也要集中兵力。進攻縱隊的會合地點，可以是敵人交通線上的某一點，也可位於敵人的撤退路線上，當然最好是位於能隔斷敵人撤退路線的有利地形上。

第三個要求是，各進攻縱隊在和敵人遭遇後，必須下定決心，英勇無畏地進攻敵人。因為這時的整體形勢對進攻者有利，值得冒險行動。各進攻縱隊的指揮官因此一定要有很大的自由度和決斷的權力。

第四個要求是，在敵人首先占領陣地進行抵抗時，要一直採用迂迴的方式對付他們的戰術計畫，因為只有分割和隔斷敵人才能取得重大的成果。

第五個要求是，各縱隊由各兵種組成，騎兵不能太弱，最好把騎兵預備隊分配到各個縱隊去。但千萬不能認為，騎兵預備隊在這種行動中能發揮極大的效力。事實上，隨便一個村莊，一座很小的橋樑，一片很小的叢林都能讓騎兵止步。

第六個要求是，從進攻的性質看，最前方的軍隊不能推進得太遠，但是接近敵人時例外。一旦戰鬥在敵人舍營地內打響，也就是說襲擊的目的已經達到，那麼由各兵種組成先頭部隊就得盡可能遠地向前推進，因為迅速的進軍可以使敵人更加混亂。只有這樣，進攻者才能俘獲敵人在倉皇退出舍營地時落在後面的輜重、大砲和後勤人員。最前方的進攻隊伍應該以迂迴包圍和分割敵人兵力為主。

第七個要求是，最後必須確定進攻隊伍失利時的撤退路線和會合地點。

第二十章
牽制性進攻

從詞義上看，牽制性進攻是為了把敵人調離重要地點而對敵人國土發起的進攻。當進攻者的主要目的是為了調離敵人，而不是占領所進攻的目標，這種進攻屬於特殊形式的進攻，而不是一般的進攻形式。

牽制性進攻當然也有進攻目標。只有當這個目標很重要時，敵人才會派兵增援，如果這一行動未能使敵人調動軍隊，那麼占領這一目標也是補償進攻所付出的代價。

這種進攻的目標可以是要塞、大倉庫、富有的大都市（特別是首都），也可以是能徵收各種軍稅的地方，或者是對敵國政府不滿的地方。

很容易就能看出，牽制性進攻是有利可圖的行動。但情況並非總是如此，牽制性進攻有時反而有害。牽制性進攻的主要前提是，我方投入牽制的兵力一定要少於敵方從主要戰場調離的軍隊。如果敵人調離的軍隊和我方投入的兵力一樣多，那麼這一行動就不再是牽制性進攻，而成為一種次要進攻了。由於形勢有利，有時候投入很少兵力的次要進攻也能取得很大的成果，例如輕易就占領一個重要的要塞，這一類進攻也不能被稱為牽制性進攻。如果一個國家在與另一個國家交戰時遭到第三國進攻，這種進攻一般也被稱為牽制性進攻。然而，這類進攻與普通進攻的區別，只是在於進攻方向不同，實在並沒有理由要給它一個專門名稱，因為在理論上專門的名稱只是用來表示專門事物的。

要想用較少的兵力吸引敵人較多的兵力，無疑需要一些特殊條件。隨便派軍隊到沒去過的地方，這樣做就不能吸引敵人。

如果進攻者派出一千人的軍隊，去占領主要戰區以外的敵方地區，以便在那裡徵收軍稅等等，那麼當然敵人只用一千人的兵力不能阻止對方的行

動。如果敵方想確保這一地區的安全，就必須派出更多的軍隊。但是，這時就有一個問題，防禦者是否可以不去保護本區的安全，而是派出同樣多的兵力去占領對方的地區以求得平衡呢？如果進攻者要在這種進攻中獲得利益，他在事先就得確定，他在敵人地區能得到的東西要多於敵人在他自己的地區能得到的東西，或者是他對敵人造成的威脅要大於敵人對他的威脅。如果是這種情況，那麼投入兵力很少的牽制性進攻就肯定能使敵人調動較多的兵力。另一方面，投入牽制性進攻的兵力數量越多，能從中獲取的利益也就越少，當防禦者兵力上升到五萬人的時候，不僅可以有效地抵抗五萬敵人的進攻、保護一個中等地區，甚至可以抵抗更多的敵人。所以，如果投入到牽制性進攻中的兵力很多，那麼能否從中得到好處就很值得懷疑，投入牽制性進攻的兵力越大，其他有利於這種進攻的因素就越重要。

　　有利於牽制性進攻的因素是：

　　　　第一，進攻者能夠派軍隊投入牽制性進攻，而其主要進攻不會因此而
　　　　　　減弱。
　　　　第二，牽制性進攻能夠威脅防守者非常重要的據點。
　　　　第三，受牽制性進攻所威脅地區內的敵國居民對本國政府不滿意。
　　　　第四，受牽制性進攻所威脅的地區是一個能供給大量作戰物資的富饒
　　　　　　地區。

　　在實施牽制性進攻時，若確認一下是否具有這些有利條件，能否保證取得成果，那麼就會發現，能進行這種進攻的機會並不是很多。

　　這裡還有一個重要問題，每次牽制性進攻都會給沒有戰爭的地區帶來戰爭，這就或多或少會引起居民的敵對力量。如果敵人把民兵引入戰爭，那就能充分發揮這種潛在的敵對力量。

　　如果一個地區突然受到敵人威脅，此前又沒有什麼防禦準備，那麼有才能的當地官員就會使用一切可能的手段來防止禍害，這是十分自然的事情，歷史上屢見不鮮。這樣就會引起新的抵抗力量，因此展開游擊戰。

　　每一次牽制性進攻都必須事先考慮到這個問題。這樣才不會自掘墳墓。

　　英國軍隊一七九九年對荷蘭北部和一八〇九年對瓦爾赫倫島的軍事行動，[1] 都必須執行牽制性進攻，因為英軍當時除此之外別無選擇。但是，毫無疑問，這種進攻增強了法國人的抵抗。在法國任何地點登陸都會引起這種後果。若是能夠威脅法國的海岸線，肯定會帶來很大的好處，因為這樣會牽制法國防守海岸線的大部分兵力。然而，要用很大的兵力登陸法國，前提是能獲得當地反對法國政府的居民支持。

　　戰爭中進行大決戰的可能性越小，牽制性進攻就越是可行，當然從中獲得的成果也就越小。牽制性進攻便只是使靜止的軍隊動起來。

　　以下列舉牽制性進攻的實施要點：

　　第一，牽制性進攻也可以是真正的進攻，其行動特點是大膽和迅速。

　　第二，牽制性進攻也可以只是做做樣子，也就是佯動。只有熟悉環境和軍隊特性的聰明人才知道該採用什麼樣的特殊措施。兵力大量地分散在這時是必要的，也是很自然的情況。

　　第三，如果兵力不少，而且退路也受到一定地點的限制，那麼組建一支可以支援牽制性進攻的預備隊就非常必要。

1　第二次反法聯盟戰爭中，約克率領英俄聯軍三萬五千人於一七九九年八月在荷蘭北部登陸，初戰勝利，但於九月十八日在貝爾根被法軍戰敗。聯軍企圖渡過馬斯河沒有成功，最後從海路退走。一八〇九年威靈頓率英軍在西班牙與法軍作戰時，另一支英軍於七月底在荷蘭的瓦爾赫倫島登陸，繼而占領全島，於十二月撤離該島。

第二十一章
入侵

　　我們對於這個題目所能談的，幾乎只有解釋詞義了。我們經常在現代著作中發現這個概念，他們甚至還自命不凡地用這個詞來表示其特殊意義。「入侵戰爭」就經常出現在法國人的著作中。他們用這個詞來表示深入敵人國土的進攻，並且想把這個概念對比有步驟的進攻（即蠶食敵人的邊境）。然而這是一種不合邏輯的語言濫用。進攻要停在邊境上呢，還是深入敵人國土？是先占領要塞呢，還是先找到敵人主力、追擊敵人主力？這些都不是取決於行動方式，而是由當時的具體情況決定，至少在理論上是這樣。在某些情況下，深入敵後的進攻要比在邊境上的進攻更有步驟、更謹慎，然而在多數情況下，深入敵後的進攻不是什麼特別行動，只是成功的猛烈進攻，與一般進攻沒有區別。

第二十二章
勝利的頂點[1]

並不是在每一次戰爭中勝利者都能徹底打垮敵人。在大多數情況下，勝利有一個頂點。無數的經驗都充分證明了這一點。因為這個問題對於戰爭理論有著非常重要的意義，也是所有戰爭計畫的立足點。這一問題從表面上看有許多相互矛盾的地方，就像光線呈現出七彩顏色那樣，所以我們要仔細觀察這一問題，探討其內在的規律。

勝利通常來自於所有物質和精神方面的優勢總和。毫無疑問，勝利會加大這種優勢，否則人們就不會去追求勝利和用很大代價去換取勝利。勝利本身與其所帶來的戰果會增大優勢，但是這種優勢並不能無限增大，在多數情況下只能到達某一點，增大的程度很有限，比方說會戰勝利的全部戰果只是增加了精神上的優勢。現在我們研究一下這種情況是怎麼出現的。

在軍事行動中，雙方會不斷遇到增強和削弱作戰力量的因素。問題在於誰占優勢。一方力量減弱，就意味著另一方的力量增強，所以從中可以看出，在軍隊前進和撤退時都存在著增強力量和削弱力量這兩股洪流。

說明產生這種變化的根本的原因，就能說明了在另一種情況下引起這種變化的原因。

前進時會使軍隊力量增強的主要原因有：

第一，敵人的軍隊遭到了損失，這種損失通常比我方的損失大。

第二，敵人固定的作戰力量，如倉庫、補給站、橋樑等遭到損失，而

1　據原編者注，本文可能是克勞塞維茨為修改第七篇草稿而寫的。

我方則沒有損失相關設施。

第三，從我們進入敵人的地區起，敵人就開始喪失國土，最後喪失了補充新作戰力量的源泉。

第四，我們則獲得了一部分能補充作戰力量的源泉，也就是說，我們可以消耗敵人的物資。

第五，敵人的各部分軍隊失去了內部的聯繫，並且不能有序活動。

第六，一些敵人的同盟國與敵人脫離，另一些國家則反過來支持我們。

第七，敵人失去了勇氣，甚至放下了武器。

在前進時削弱軍隊力量的主要原因有：

第一，我們不得不圍攻、封鎖或監視敵人的要塞，或者敵人在我們勝利之前採取了同樣的行動，並且在撤退時撤回了這些軍隊。

第二，從我們進入敵人的地區起，這個地區的性質就發生了變化，成了有敵意的地區。而我們必須占領這個地區，這樣它才會屬於我們。但是這一地區給我們的整個戰爭機器帶來很多困難，並影響戰爭機器發揮作用。

第三，隨著軍隊的推進，我們會遠離自己的物資供應地，而敵人離供應地會越來越近，這樣我軍就不能補充已消耗的作戰力量。

第四，敵國受到威脅時，盟國會來保護它。

第五，隨著危機感增大，敵人會更加努力，而勝利一方的努力程度則會下降。

這些有利和有害的因素可以同時存在，在一定的程度上會有交集，然後沿著各自的方向繼續發展。只有使作戰力量增強的第七點原因和使力量削弱的第五點原因是相矛盾的，它們不能共存、是相互排斥的。僅從這個方面就能看出，勝利所帶來的後果是多麼的不同，它可以使敵人暈頭轉向、不知所措，也能讓敵人發揮更大的力量。

接下來對使軍隊力量增強的主要原因作進一步分析：

第一，敵人軍隊在遭受到一次失敗後，作戰力量最初的損失可能是最大的，以後則逐日減少，直至和我方軍隊的損失持平；但是敵人的損失也可能是與日俱增的。這是由當時的形勢和情況所決定的。在一般情況下我們只能這麼說，一支優秀的軍隊遇到的通常是第一種情況，一支糟糕的軍隊則經常遇到第二種情況。除了軍隊的精神狀態外，政府的精神狀態也發揮了非常重要的作用。在戰爭中正確區分這兩種情況是非常重要的，這樣就不至於在應該採取行動時停頓下來，反之亦然。

第二，對固定的作戰力量來說，其損失也同樣是逐漸減少或者增加的，這取決於它們所處的位置和狀況。不過，這個問題在今天已經無法和其他問題相比了。

第三，第三種優勢肯定會隨著軍隊的推進而增大。然而，在軍隊已深入敵人腹地，也就是說已占領了敵人四分之一到三分之一的國土，這種優勢才有意義。另外，我們還要注意到這些地區在戰爭中的內在價值。

第四，第四種優勢也同樣會隨著軍隊推進而增加。但是第三種和第四種優勢對於作戰軍隊的影響很少能很快被感覺到，它們是緩慢地間接發揮作用。因此不能為了這兩種優勢而把弦繃得過緊，也就是說，不能讓自己處於太危險的境地。

第五，第五種優勢也是只有當軍隊已深入敵人腹地，或是敵人的國土形狀使進攻者容易把幾個地區和主要部分隔離開時，才值得考慮。這時被隔離開的地區就如同被切斷的四肢一樣，很快就失去了生機。

最後，第六種和第七種優勢至少在軍隊推進時很有可能會增加，我們在以後還會探討這兩種的情況。

我們現在來進一步分析作戰力量削弱的原因：

第一，在大多數情況下，隨著軍隊的推進，會出現越來越多圍攻、封
　　　鎖和包圍敵人的要塞。在這種情況下的力量削弱，會對軍隊的
　　　當前狀況產生很大的影響，很容易就能抵銷所有的優勢。最
　　　近，人們開始用很少的兵力來封鎖要塞，或者是用更少的兵力
　　　來監控它，而敵人也必須派兵保護要塞。要塞依然是敵人重要
　　　的安全保障。防守要塞的軍隊通常有一半是非正規軍。進攻者
　　　要想封鎖交通線附近的要塞，就得留下比防守要塞的部隊多一
　　　倍的兵力，要想正式圍攻較大的要塞，或者要使其斷糧，甚至
　　　得用上較小的兵團。
第二，第二種原因是要在敵國建立戰區。隨著軍隊的推進，就會越來
　　　越有這方面的需要。由此所造成的力量削弱，即使不會對當前
　　　的軍隊狀況產生影響，但是對軍隊長期狀況的影響要超過第一
　　　個原因。

　　那些被占領的敵國地區才是我們的戰區。我們在戰區的野外地區或大城
市布防少數軍隊，並在後方據點留下守備軍隊。儘管這些守備軍隊很少，但
是仍然會嚴重削弱進攻力量。不過，相較而言，這種削弱還是最次要的。

　　每一支軍隊都有戰略側翼，也就是交通線兩側的地方。因為敵人也有
戰略側翼，所以人們感覺不到戰略側翼的弱點。但是只有在自己的國家才會
這樣。如果進入敵國，人們就能感覺到戰略側翼的弱點了。因為，對一條很
長、只有少數兵力保護或完全沒有保護的交通線來說，再小的進攻都會獲得
一定的戰果。在敵國的領地中，這樣的進攻到處都會出現。

　　軍隊越深入敵後，側翼就越長，危險也就越大。不僅因為側翼很難保
護，而且道路細長、缺乏保護的交通線也使敵人的進攻欲望大大增強。在軍
隊撤退時，喪失了交通線會帶來嚴重的後果。

　　這些會產生一種效果，即前進的軍隊每前進一步，就背上一種新的負

擔。如果軍隊在剛開始沒有獲得很大的優勢，那麼它在進行軍事計畫時就會遇到越來越多阻礙，進攻力量就越來越弱，到最後會對自己的處境感到不安全和憂慮。

第三，第三個原因是軍隊的前進會造成它與物資供應地的距離增大，而不停削弱的作戰力量得不停補充。出征的軍隊就如同油燈的火苗，燈油越少，離火苗越遠，火就越小，直到完全熄滅。

當然，被占領地區的財富可以大大抵銷這一劣勢。可是不能完全抵銷，因為一些要件必須要從本國提供，特別是人力。在一般情況下，由敵國提供的物資，不如由本國提供的那樣迅速和可靠，也不能很快滿足臨時需求，各種誤解和錯誤也不能盡早發現和解決。

在最近的戰爭中形成了一種風氣，即一國的君主不親自指揮軍隊，也不在軍隊附近，這對整體運作是非常不利的，因為來回請示和詢問會嚴重浪費時間，即使軍隊統帥權力很大，也難以處理廣闊範圍內的一切問題。

第四，政治結盟的變化。如果勝利所引起的政治效應的變化對勝利者不利，那麼其不利的程度大體上與進軍的程度成正比。如果政治變化對勝利者有利，那麼有利程度也大體上與進軍程度成正比。這時的一切由現存的政治結盟、利益、慣習和政策方向，以及君主、大臣、寵臣和情婦的性格等等來決定。一般說來，如果大國被打敗，那麼小同盟國就會很快與它脫離關係，因此，勝利者會隨著每一次戰鬥變得更強大。如果戰敗的是小國，那麼就會出現許多保護者；如果戰敗的小國生存受到了威脅，那些曾幫助勝利者打擊這個小國的國家，就會認為這樣做太過分，反而會來幫助這個小國。

第五，軍隊前進會引起敵人更大的反抗。有時敵人會因為恐懼和暈頭轉向而放下手中的武器，有時則滿懷著巨大的熱情，拿起武

器，在第一次失敗後發起更強烈的抵抗。人民和政府的性格、國土的自然環境以及盟友都是推測敵人可能採取哪種措施的依據。

僅僅第四和第五種原因就影響很大，足以使得人們所要制定的戰爭計畫大不相同。有人由於膽怯和刻板的行動計畫而喪失了最好的進軍時機；有人則由於性急而撲通一聲落入陷阱，像是被救上來的落水者那樣驚慌失措。

勝利者在取勝以後，危險就不存在了，但為了鞏固勝利成果，他還需要繼續努力。但這時勝利者卻往往容易鬆懈，這一點我們在這裡特別要指出來。全面地研究這些不同而相互對立的原則後，無疑會得出這個結論：戰爭開始時進攻者所擁有的優勢，或者是進攻者在勝利中所取得的優勢，在一般情況下會因為戰果的擴大和戰爭的推進而減弱。

這裡自然就會出現一個問題，如果是這種情況，那麼是什麼使勝利者繼續追求勝利、繼續推前呢？這真的能叫作「乘勝追擊」嗎？如果在取得優勢的時候就止步不前，就不會破壞現有的優勢，這麼做難道不更好嗎？

這些問題自然得這樣回答：作戰力量上的優勢並不是目的，而是手段。戰爭的目的如果不是徹底打敗敵人，至少也要占領敵人的一塊國土，這對軍隊的當前狀況雖然沒有什麼好處，但是對戰爭的全局狀況以及議和談判很有好處。我們想徹底打敗敵人的話，也必須明白，每推進一步都會破壞現有的優勢，但並不能因此認為我們占有的優勢勢必會在敵人失敗前喪失殆盡。敵人的失敗可能在我們的優勢完全喪失前就出現了。如果我們還能用最後一點優勢打敗敵人，那麼不使用這最後一點優勢就是錯誤的。

不管是原有的優勢，或者是從戰爭中獲得的優勢都只是手段，而不是目的，所以這些優勢必須轉化為行動。但是人們必須明白優勢在哪裡，以免錯估形勢，不僅得不到優勢，還會全軍陷入不堪的境地。

在戰略進攻中，戰略優勢會逐漸喪失，這一點我們不需要引用特殊的戰例來證明；但此一現象大量出現，使得我們有必要去研究其內在原因。在拿破崙出現之後，我們才算認識了文明國家新的戰爭型態，是到敵人被打垮為

止都還盡可能一直保持優勢。在拿破崙之前，在戰爭中，勝利的軍隊總是尋求與敵人的力量達到平衡，如果這一目標達到，戰爭也就結束，勝利方的軍隊就停止活動，有時甚至還會撤退。這種勝利的頂點，在現在所有不以打垮敵人為目標的戰爭中也會出現，而且現在大多數的戰爭還是這樣。因此，從進攻轉向防禦的轉折點是每個戰爭計畫都必須確定的自然目標。

然而，投入的作戰力量超過這一目標不僅無效，不會獲得任何戰果，而會造成負面效果，並引起敵人的反擊。從最一般的經驗來看，這種反擊常常造成很大的損失。這種現象很常見，也符合自然規律，很容易為人們所理解，所以我們就不必再詳細論述它的原因了。主要的原因有，在剛占領的陣地上進攻者來不及構築工事，或者進攻者因為並未獲得預想的戰果，卻遭到很大損失。這裡產生了一種不尋常的，兩種極端精神要素的交互作用：一方面情緒高漲至逞強好勝的程度，一方面又低落至沮喪不堪的狀態。這些精神要素也造成了非常重要的作用，會使軍隊撤退時的損失增大。在這種情況下，如果這時進攻者只是把他掠奪的東西歸還回去，而沒有喪失自己的國土，那就應該感謝上天保祐了。

接下來我們必須解決一個看起來矛盾的問題。

人們會認為，只要軍隊在進攻中向前推進，那麼它就還保有優勢。在到達勝利的頂點後，軍隊的進攻必須轉為防禦，轉為一種比進攻更有利的作戰形式。如此看來，進攻者突然變成較弱一方的可能性似乎是非常小的，然而這種危險卻是實際存在的。看一看歷史就不得不承認，出現這種劇變最危險的時刻往往就是進攻減弱、逐漸過渡到防禦的時候。我們探討一下其中的原因。

我們認為防禦是一種占有優勢的作戰形式，其原因是：

第一，可以利用地形；

第二，可以在已構築工事的戰區中防守；

第三，可以得到民眾的支持；

第四，可以以逸待勞。

很明顯，這些原因並不是在每一次戰爭中都程度相同，所產生的作用當然也不可能每一次都完全相同。所以，每次防禦總不可能完全相同，也並不總是比進攻更有優勢，特別是由進攻逐漸減弱而演變來的防禦。如果這時防禦者的前線離自己的後防基地很遠，就更沒有優勢。這種情況下，防禦只占有四個原因中的第一個，即可以利用地形，第二個原因在多數情況下都不存在了，第三個原因變成了不利的因素，而且第四個原因也大大削弱了。我們現在只對第四個原因做些簡單說明。

若交戰雙方覺得彼此的力量是均衡的，整個戰爭通常產生不了什麼結果。因為這時應該有所行動的一方缺乏必要的決心，而防守的一方則想以逸待勞。如果某方發動進攻破壞這種均勢，造成對方的損失，對方也得被迫採取行動。在敵人的土地上進行防禦比在自己的國土困難，它一定會帶有進攻的元素，這也減弱了它的防禦性質。道恩可以承受腓特烈大帝在西里西亞和薩克森待一陣子，但是他絕不會容忍腓特烈大帝待在波希米亞。

很明顯，防禦行動和進攻行動交織在一起，其固有的有利因素都已大大減弱，所以這種防禦和進攻相比較，已經沒有優勢可言了。

沒有一次防禦戰爭全部由防禦組成，也沒有一次進攻戰爭全部由進攻組成，除了雙方軍隊在戰爭期間都處於防禦狀況之外，每一次進攻不是以議和談判而告終，就是以防禦告終。

由此可見，正是防禦減弱了進攻的效力。這並不是胡說八道，進攻會轉化為不利的防禦，這一點對進攻來說是最有害的因素。

這樣就說明了進攻和防禦這兩種作戰形式原本的優勢差異是如何逐步縮小。我們還想要說明這種差異如何完全消失，如何在很短的時間裡攻守易位。

我們以自然界的情況來輔助說明，那麼問題就會更簡單一些。在自然界中，每一種力量要發揮作用都需要時間。緩慢、逐漸發揮作用的力量就能讓物體停止運動。但是，如果時間不夠，這種力量就無法影響運動的物體。這種現象正好說明了精神世界的現象。我們的思路導向某一個方向後，不是每

個充分的理由都能改變或停止我們的思路。要想使思路變化，就需要時間、冷靜的心和不斷地思考。在戰爭中也是如此。一旦人們決定朝一個目標前進，或者是扭頭奔向避難所，這時人們就很難察覺到可以使他們採取另一行動的因素，而且行動還在進行中，人們很容易在此洪流中越過雙方均勢的界限，越過勝利的頂點。進攻者在精神力量的支持下，儘管已是精疲力竭，但還是覺得停下來比繼續前進更困難，就像是馱著東西上山的馬一樣。這樣就清楚說明了勝利者是如何越過勝利的頂點。勝利者若是在勝利的頂點上停下來轉為防禦，那麼他還能取得戰果、保持勢力均衡。所以，在制定戰爭計畫時，確定勝利的頂點非常重要。進攻者因此不至於採取力所不及的行動，造成太大的負擔。防禦者則可以利用勝利者在越過勝利的頂點後所造成的不利情形。

指揮官在判定勝利的頂點時，要考慮一切情況，遠或近的情況都要考慮，推測最重要情況的發展方向和價值。他要推測敵人在受到第一次打擊後會變得更團結，還是像易碎的波隆那瓶那樣，一傷及表面就全部粉碎；他要推測敵人的補給枯竭、交通線被切斷後會受到多大影響，才會到無法活動的程度；他要推測敵人在遭到打擊後是一蹶不振，還是像受傷的公牛那樣暴怒起來；他要推測其他的國家是感到恐懼還是憤怒，以及哪些政治聯盟會解散或建立。這一切要像射手打中目標那樣正確，這樣的智力活動是很複雜的。千百條歧路會使判斷走向不同的方向，即使沒有判斷失誤，危險和責任也會讓人舉棋不定。

所以，大多數指揮官都不願靠目標太近，寧願離目標較遠就停下來；而那些很勇敢、很有進取心的指揮官常常卻越過了目標，因而也沒有達到目的。只有那些用少量手段成就大事業的人才能順利到達目標。

第八篇
戰爭計畫

第一章
引言

　　我們已經論述過戰爭的性質和目的，並從總體上描述了戰爭的概念，指出戰爭與周圍事物之間的聯繫。這樣在本篇一開始就有了正確的前提。我們在研究這個問題時碰到的各種困難，以後將進一步研究。打垮敵人、消滅敵人軍隊是整個軍事行動的主要目標，根據這個結論，我們在緊接著的一章中說明軍事行動所使用的唯一手段就是戰鬥。透過這種方式，我們獲得了正確的立足點。

　　研究戰爭行動時，除了戰鬥之外，最值得關注的就是戰事中出現的顯著條件和形式。我們可以透過它們的自然屬性，以及戰爭史所提供的經驗來準確判斷它們的價值，也可以從那些混雜不清的含糊概念中區分它們，使大家認識到軍事行動最主要的目標是消滅敵人。我們現在從戰爭的整體上研究戰爭計畫和戰役計畫，因此要回到本書首篇的觀念。

　　以下幾章包含了最本質的戰略內容，也就是戰略中最廣義、最重要的部分。在進入戰略的最深層次時，所有問題都將交織在一起，我們的研究工作將更加困難。

　　一方面，戰爭行動看起來是多麼簡單，人們可以聽到那些最偉大的指揮官用多麼簡單和樸素的語言談論它們，當他們談到操縱和運轉由成千上萬個零件組成的龐大戰爭機器時，就像是談個人的行動一樣，使得整個戰爭的巨大行動就像是兩個人的搏鬥。他們的動機有時是簡單的幾個想法，有時是感情上的激昂，他們的手段卻又是多麼輕鬆而有把握。

　　然而另一方面，有很多東西需要仔細研究。戰爭中出現的問題範圍很廣，幾乎無所不包，很多的行動方式需要選擇。若把這些東西系統化，明確而完整地總結出來，我們就能透過理論找出採取某種行動的充分理由。但這

樣一來，我們不免感到擔憂，惟恐會陷入僵化的教條主義中，拘泥於幾個死板的概念，永遠也不能成為具有敏銳眼光的偉大指揮官。如果我們陷入那樣的困境，那麼是否進行研究就無關緊要，甚至不研究理論反而會更好。理論若過於輕視人的才能，那麼這種理論很快就會被人們忘記。指揮官的敏銳眼光、簡練地處理問題以及把整個戰爭行動看作是一個人的行動，這些是出色戰爭指揮的靈魂所在。只有透過這種方式，智力活動的自由性才得以充分表現。如果人們想要支配軍事行動，而不是被軍事行動所支配，那麼這種智力活動的自由性就是必要的。

我們應該沿著最初確立的觀念繼續探討下去，否則一定會失敗。理論應當簡明地解釋眾多事物，使其易於理解；理論應該像拔掉雜草那樣清除錯誤的見解，說明各個事物之間的聯繫，區分重要和不重要的東西。當各種想法自然地聚合成真理，自然地形成規則時，理論就應當把它們提煉出來。

理論的用處就是使人們在研究各種基本概念時有所收穫和得到啟示。理論並不能提供解決問題的公式，也不能把解決問題的途徑侷限在死板的原則中。理論使人們了解到更多的事物和它們之間的關係，然後使人們進入到更高的活動領域，並根據正確的判斷力來採取行動。這種能力是各種力量共同作用而形成的，是來自立即的判斷與反應，而不是固定的推理。

第二章
絕對戰爭和現實戰爭

　　戰爭計畫包括整個戰爭行動，並且使戰爭成為一個有最終目的的行動，所有特殊目的都歸於這一最終目的之中。人們如果不知道能夠利用戰爭達到什麼目的，以及在戰爭中要達到什麼目標，那麼至少在理智上就不能開始戰爭。這個既定目的和目標的主要思想確定了作戰的一切方針，確定了軍事手段的規模和兵力的數量，並且影響到軍事行動中最小的環節。

　　我們在第一章中已經說過，打垮敵人是軍事行動自然的目標。如果從嚴格的概念來推論，是不可能得出其他的結論。交戰雙方都有打垮敵人的想法，因此在戰爭中就不會出現停火和真正的平靜，直到交戰的一方被真正打垮為止。

　　在第三篇第十六章〈軍事行動中的間歇〉中，我們已經說明，敵對因素是如何作用於人以及其他組成戰爭的一切要素，也說明敵對因素會因為戰爭機器的內部原因而被阻斷或壓抑。但是這種壓力還不能說明戰爭為何從原始狀態過渡到現在隨處可見的形式。大多數的戰爭看起來都是雙方虎視眈眈，每一方都用武器來保護自己和威脅對方，一有機會就打擊對方。所以這種戰爭不是兩個意圖相互毀滅力量的直接衝突，而是兩個獨立因素之間的緊張對峙，只在一些小的戰鬥中發生衝突。

　　什麼樣的障礙阻止這兩個因素發生全面衝突呢？為什麼戰爭沒有按理論的邏輯那樣進行呢？這些障礙是戰爭在政治社會面所涉及到的事物、勢力和關係。在這許多關係的作用下，絕對無法只根據兩三個前提推導出結論，而是深藏在無數的作用之中。人們在處理大小事情時，通常總是依據一些主觀的想法，而不是嚴格的邏輯推理，所以並不了解自己尚未掌握清況，大有不識廬山真面目的感覺。

即使發動戰爭的人清楚這些情況，一刻都沒有忘記自己的目標，但同僚與人民卻不一定了解，這樣就會出現惰性，而需要有一種力量來克服，但在大多數情況下克服的力量都不夠強大。

交戰雙方至少有一方會缺乏這種力量，這就使戰爭不像是按其概念應有的形態，而變成了一種不純粹、沒有內在聯繫的東西。到處都能發現這樣的戰爭。如果人們不能親眼目睹具有絕對形態的戰爭，那麼就會懷疑所謂戰爭中絕對、本質性的東西有什麼現實意義呢？在法國大革命的短暫序曲之後，無所顧忌的拿破崙很快把戰爭推到絕對戰爭的程度。拿破崙指揮的戰爭總是毫不停頓地前進，直到敵人被打垮為止，對方也幾乎毫不停頓地發動反擊。這一現象及其從中得出的所有觀念，都把我們引回到戰爭的原始概念中，這是很自然和合乎邏輯的。

人們是否應該只注意戰爭的原始概念、只用它來評判一切戰爭，不管現實戰爭與原始概念的戰爭差別有多大？是否應該從原始概念中推導出所有理論呢？現在我們必須回答這些問題。除了原始概念所說的那種形式，戰爭可能有別的形式嗎？如果不能確定這一點，就不能對戰爭計畫提出合理的意見。

如果戰爭只是原始概念所說的那樣，那麼戰爭理論在各個方面都會更具有必然性，更加清晰而肯定。但是我們又如何解釋自亞歷山大大帝、羅馬人直到拿破崙時期的一切戰爭呢？如果我們不想為自己的狂妄感到羞愧的話，就不能否定這些戰爭。我們不得不承認，在以後的十年還會有與這一理論不相符的戰爭出現。這些理論的邏輯無懈可擊，但是在具體情況卻不堪一擊。因此人們必須明白，戰爭的形式不只是純粹由概念決定，也是由戰爭中包含及夾雜的所有因素決定。這些因素包括戰爭中各方面的自然惰性和摩擦，以及作戰人員行動不徹底、知識不完備和沮喪怯懦的情況。我們必須知道，戰爭及其形式是從當時具有主導作用的想法、感覺和具體情況產生的。我們不得不承認，就算拿破崙所指揮的絕對戰爭也是如此。

戰爭及其形態不是從戰爭所涉及的所有情況的總和，而是來自於當時具有主導作用的情況。因此我們能推斷出，戰爭是以可能性和概然性、幸運和

不幸為基礎，嚴格的邏輯推理在這裡幾乎沒有作用，甚至是累贅之物。我們也因此了解，不同的戰爭具有程度上的差異。

理論雖然不具有絕對價值，但它的職責在於首要說明戰爭的絕對形態，把它看作是普遍的基準點，使那些希望從理論中學到東西的人永遠不會忘記，並且把它作為判斷自己所有希望和憂慮的基本尺度，在必要的情況下，盡可能地使戰爭達到絕對形態。

這一主要觀點是我們思想和行動的基礎，即使我們行動的動機和原因來自不同的範疇，這一主要觀念也會表現出一定的基調和特點，就像是畫家上底色就能給畫定下基調。

現在的戰爭理論能做到這一點，應該歸功於最近的幾次戰爭。這些具有警示作用的例子說明，鬆開了束縛之後的戰爭帶有多麼大的毀滅力量。如果沒有這些例子，空喊理論是沒有用的，沒有人會相信目前大家所經歷的事情是可能發生的。

如果普魯士在一七九八年預先知道它在遭到失敗後會遇到如此強大的反擊，歐洲原有的均勢狀態因此被打破，那麼它還會冒險用七萬軍隊進攻法國嗎？如果普魯士在一八○六年想到，戰爭中的第一槍會成為點燃地雷的火星，然後把它自己炸到了半空中，那麼它還會用十萬軍隊對法國發動戰爭嗎？

第三章
戰爭的內在聯繫與目的[1]

一、戰爭的內在聯繫

　　既然戰爭可以被視為有兩種形態，一種是絕對形態，另一種是多少不同於絕對形態的現實形態，對於戰爭的結果就有了兩種看法。

　　在戰爭的絕對形態中，一切都是因為必然的原因而發生的，一切都很快地緊密聯繫在一起，這其中根本就不存在空洞、中性的元素。在這種形態的戰爭中，內部有多種相互作用（見第一篇第一章）；依次進行的一系列戰鬥，嚴格說來都有內在的聯繫（見第一篇第二章）；每次勝利都有其頂點，超過了就會落敗（見第七篇第四、第五章和第二十二章）。這種形態的戰爭具有這些自然屬性，所以它只有一個最終的結果。在這之前，一切都處於模稜兩可之間，沒有得也沒有失，只有最後的勝負才能決定一切。因此，戰爭是不可分割的整體，各部分（各個結果）只有和整體相聯繫才有價值。一八一三年，拿破崙占領了莫斯科和半個俄羅斯，這一切成果只有得到了他所期望的和約之後才有價值。然而這些只能是其戰爭計畫的一部分，仍然還缺少另外一部分，即消滅俄國的軍隊。如果拿破崙在取得其他戰果的同時，也消滅了敵人的軍隊，那麼肯定能夠締結他所希望的和約。但由於拿破崙疏忽了第二個部分，所以就喪失了良機。這不但浪費了他的軍事成果，而且導向毀滅性的結局。

　　戰爭中的各個結果是互相聯繫的，另一方面，它們卻又是各自獨立存

1　本章標題為譯者所加。

在的；這就如同賭博一樣，前幾局的輸贏對後幾局的輸贏並沒有什麼影響。具有決定作用的是各個結果的總和，人們可以把單個結果像籌碼一樣累積起來。

第一種看法可以從事物的本質看出正確性，第二種看法可以從歷史看出正確性。沒有遇到什麼困難就獲得一些很小、很一般的好處，這種情況很常見。戰爭的形勢越緩和，這種情況就越多。第一種看法在戰爭中很少完全成立，而第二種看法就算不需要第一種看法補充，也很少在戰爭中完全適用。

如果我們認為第一種看法是正確的，就會認為每一次戰爭從一開始就是一個整體，軍隊的指揮官在採取第一個行動時，就應該明白以後所有行動要達到的目標。如果我們贊同第二種看法，那麼就會去追求次要的利益，而把其他的東西留在以後解決。

以上兩種看法，很難說哪一種錯的，所以在理論上不能否定任何一種看法。實際上運用時，它們的區別在於：第一種看法是基本觀點，一切應以它為基礎，而第二種看法是在具體情況下對第一種看法的修正。

腓特烈大帝在一七四二、一七四四、一七五七和一七五八年從西里西亞和薩克森向奧地利發起進攻時，他自己很明白，不能像進攻西里西亞和薩克森那樣長期占領敵境。他並不打算打垮奧地利，而是要達到次要的目標，即贏得時間和力量，他也不會為了這個次要目標而去冒特別大的危險。儘管普魯士在一八〇六年，奧地利在一八〇五年和一八〇九年確定的目標還更微小，即把法國人趕到萊茵河對岸去，他們還是得去評估，從行動的第一步直到議和談判的這一段時間裡，無論情況是或好或壞，有可能出現的一系列事件。如果普魯士和奧地利事先不能考慮到這些，那麼就不能順利到達目標。不管是要確定在沒有危險的情況下能取得多大的勝利，還是要確定在哪裡阻止敵人取得勝利，都必須做這樣的考慮。

仔細觀察歷史就能看出這兩種情況的不同之處。在十八世紀，在西里西亞戰爭時期，戰爭純屬政府的事情，民眾被認為是一種盲目的力量。而在十九世紀初，交戰雙方的民眾已經足以影響勝負了。與腓特烈大帝相對抗的指揮官，都是些按照命令行事的人，小心謹慎就是他們的性格特點；而奧地

利和普魯士的敵人，幾乎可以說就是戰神本身。

這些不同的情況難道不會形成不同的觀察嗎？在一八〇五、一八〇六和一八〇九年的戰役中，人們不是應該注意到，毀滅的風暴已經要撲面而來了嗎？基於這種情況而確定的行動和計畫，難道不是應該完全不同於以占領幾個要塞和較小地區為目標的行動和計畫嗎？

儘管普魯士和奧地利在準備戰爭時就已經感覺到了政治氣氛中的暴風雨，但是卻沒有採取相應的行動。它們也不可能做到這一點，因為它們當時還不能從歷史中清楚地看到這一點。正是一八〇五、一八〇六和一八〇九年以及以後的戰爭，使我們能比較容易地推斷出新的、具有強大衝擊力的絕對戰爭概念。

因此，根據前述理論，在每一次戰爭中，首先要根據政治上的勢力和關係判斷出採取行動的可能性，然後根據這種可能性確定戰爭的特點和規模。如果依此得出的戰爭特點越接近於絕對戰爭，戰爭中各個行動的聯繫就越緊密，也就越有必要在採取第一個步驟時就考慮到最後一個步驟。

二、戰爭的目的和投入的力量

給敵人施加多大的壓力，這要由敵我雙方政治要求的大小來決定。如果雙方都明白對方的政治要求，那麼使用力量的尺度就是相同的。這種政治要求並不總是能明顯看出，這也許就是雙方在戰爭中採取不同手段的第一個原因。交戰國的位置和情況不同，這可能是第二個原因。交戰雙方政府的決心、特點和能力也很少相同，這可能是第三個原因。這三個原因使人們無法確定會碰到多大力量的抵抗，也就不能確定在戰爭中人們應該使用的手段和可以提出的目標。

在戰爭中由於投入的力量不足，非但得不到任何戰果，還會造成很大的損失，所以交戰雙方都盡力在兵力上勝過對方，這樣就產生了一種相互作用。

如果在力量投入方面可以確定極限的話，那麼這種相互作用就能把交戰雙方引向這個極限。但是這樣就使人們不去考慮政治要求的大小，戰爭中所使用的手段也就與戰爭目的沒有關係。在大多數情況下，由於內部情況的阻

礙，雙方無法最大限度地投入力量。因此，戰爭雙方通常採取折衷的方式，行動時會採取的原則是，投入的力量只為了達成政治目的，而且目標要明確。為了落實這種原則，我們必須放棄絕對的勝利，也不去考慮那些遙遠的可能性。

　　在這裡，智力活動已經離開了嚴格的科學、邏輯和數學領域，從廣義的詞義上來說，已經成了一種藝術，也就是說成了一種能力，從一大堆無法看清楚的事物中找出最重要、最有決定性的東西。我們直覺地比較所有的事物和條件，更快地排除那些與主要情況沒關聯的事物，從而在短時間內找出最重要的事物，而不是使用嚴謹的邏輯推論來達成。

　　為了確定作戰手段的規模，我們必須考慮到雙方的政治目的；必須考慮到敵國與我國的兵力和運用情形；必須考慮雙方政府和人民的特點及能力；必須考慮其他國家的政治結盟以及戰爭對這種關係的影響。這些關係錯綜複雜，牽連到的事物千差萬別，要周詳考慮非常困難。只有天才銳利的眼光才能很快找出正確的答案來，僅在理論上是不可能去掌握它們的，這一點不難理解。就這一層意義而言，拿破崙說得完全正確：這是一道連牛頓那樣的人都會被嚇退的代數難題。

　　複雜的情況、廣泛的關係以及缺少正確可靠的尺度，都使得人們很難找出正確的結論。然而我們不能不看到，這一問題無可比擬的重要性雖然不會增加它的複雜性和困難程度，但是卻能增加解決它的無上光榮。對普通人來說，危險和責任感不會提高他們的精神自由和精神活動，反而會減弱他們的思維活動；但對有些人來說，卻會使他們的判斷更迅速、更準確。毫無疑問，我們這裡指的是一些少見的偉大人物。

　　只有總體觀察各種情況，包括當時的具體特點，才能判斷即將到來的戰爭、可以取得的目標，以及在戰爭中實施的手段。每一次戰爭的判斷都不可能完全客觀，是由君主、政治家和指揮官的智力特點和感情特點所決定，不管這些特點是不是集中在一個人身上。

　　觀察各個國家產生於具體時間和環境的普遍情況，就能了解問題的普遍性，就更適合於進行抽象的研究。讓我們粗略地回顧一下歷史。

　　半開化的韃靼人、古代的共和國、中世紀的封建領主和商業城市、[2] 十八世紀的國王，以及十九世紀的君主和民眾，這些人所進行的戰爭型態都不相同，所使用的戰爭手段也不同，要追求的目標也不同。

　　韃靼族為了尋找新的居住地，常常攜帶妻兒老小全部出動，所以他們在人數上比任何別的軍隊都要多。他們的目標就是要征服敵人或趕走敵人，如果他們的文明程度更高，就很快能打敗所有的敵人。

　　古代的共和國，除了羅馬以外面積都很小，而它們的軍隊就更小了，因為大多數的民眾都被排除在外。[3] 這些國家數量很多，相隔又太近，這些很小、獨立的部分形成一種自然規則，形成一種自然的勢力均衡。均勢狀態阻礙這些小國家採取重大的行動，使它們之間的戰爭侷限於掠奪一些平地和占領幾個城市，以便今後對這些地方施加影響。

　　但羅馬共和國是個例外，尤其是在羅馬共和國的晚期。為了爭奪物資和建立同盟，長期以來，羅馬共和國用少量的軍隊進行小規模的戰爭，逐漸變得強大起來。但更多是透過與鄰近的國家結盟，使鄰近的民族逐漸與自己的民族融合在一起，而不是透過真正的征服。在用這種方式把自己的力量擴展到整個義大利之後，它才真正開始了征服活動。迦太基滅亡了，西班牙和高盧被征服了，希臘屈服了，羅馬的統治延伸到了亞洲和埃及。這一時期它擁有龐大的軍隊，但而且它財源豐富，維繫軍隊不會花費太多的力氣。它與古代的共和國不一樣，也與過去的自己不一樣，成了獨一無二的大國。

　　亞歷山大大帝所進行的戰爭，就其方式來說也是獨一無二的。他的軍

2　十到十一世紀，在西歐隨著手工業與農業的分離和商業的逐漸活躍，開始出現以手工業和商業為中心的城市。這些城市是在教會或世俗封建主的領地上產生的，它們受封建主的束縛和管轄，遭受嚴重剝削。從十一世紀到十二世紀，這些城市為了擺脫領主的統治和取得自治，曾進行各種不同方式的鬥爭。到十二世紀，在法國、英國和德國已有不少城市獲得獨立和自治，它們設立自己的高等法院，鑄造貨幣，建立軍隊。

3　在歐洲，古代各奴隸制共和國的自由民常按農田收入的多少劃分為幾個等級，享受不同的政治權利。例如古代雅典共和國的自由民分為四個等級。第一、二級享有很大的政治權利，必須服兵役；第三級享受的權利較小，是軍隊的主要組成部分——重步兵；第四級人數最多，但長期被剝奪擔任任何職務的權利（包括兵役），只是在後期才用他們組成輕步兵。

隊人數較少，以組織完善著稱。他用這支軍隊摧毀了一些亞洲國家的腐朽統治。他毫不停頓、無所顧忌地在遼闊的亞洲進軍，直到印度為止。共和國是做不到這一點的。只有國王親自指揮的軍隊，才能如此果敢快速，這時國王本人就像是他自己的僱傭軍隊長一樣。

中世紀大大小小的君主國都是用封建軍隊來進行戰爭，一切行動都是短暫的，在短時間裡無法完成的，就是無法執行的行動。這種封建軍隊是由封建從屬關係組成。維繫它們的紐帶，一半是法定的義務，一半是自願的同盟，整個軍隊更像是邦聯體。武器裝備和戰術都是以武力自衛和個人戰鬥為基礎，所以不適合較大兵力的組織作戰。這樣的情況在歷史上還從未有過，國家的結構是如此鬆散，每個成員是如此的自主。所有這些使這一時期的戰爭具有特定的形式。這些戰爭進展迅速，軍隊很少在戰場上停留，戰爭目的大多數在於懲罰，而不是打垮敵人；他們只是掠奪敵人的牲畜，燒掉敵人的城堡，然後就打道回府。

大的商業城市和小的共和國使用僱傭兵進行戰爭。僱傭軍酬勞極高，在人數上很受限制。他們所發揮的戰鬥積極性並不高，更談不上把全部的精力投入到戰鬥中，他們大多只是做做樣子而已。總之，仇恨和敵對情緒已經不再能使雙方國家採取行動，而是變成了談判的籌碼。戰爭中的大部分危險已不存在，戰爭的性質已完全改變，根據戰爭的性質而延伸的一切，再也不適用這種戰爭了。

封建領地制度以後逐漸演變為統治整片領土，國家的職能更為明確，勞力義務變成了物質義務，大多數的義務改為支付金錢，封建的軍隊被領取軍餉的士兵所取代。僱傭軍是過渡形式，也曾經是大國依賴的工具。然而這段時間並不很長，很快短期的僱傭兵就變成了長期領軍餉的士兵，各國的軍隊變成了基於國家財力基礎上領取軍餉的常備軍。

軍隊漸漸地向常備軍這個方向發展，很自然地三種類型的軍隊會以多種方式並存。在亨利四世時期，已經是封建軍隊、僱傭軍和常備軍同時並存。[4]直到三十年戰爭時還有僱傭軍，甚至到了十八世紀，還存在著一些人數很少的僱傭軍。

　　除了軍隊形式不同外，各國的政治形態也不相同。歐洲當時基本上分裂為若干小國，有些是不穩定的共和國，有些是很小、政府權力受到很大限制，統治並不鞏固的君主國。這樣的國家根本就不是真正的統一體，只是由不同的力量鬆散聯繫在一起的結合體，不能夠根據簡明的邏輯法則採取行動。

　　我們必須依據這樣的觀點來觀察中世紀的外交政策和戰爭。德意志皇帝五百年來多次出兵義大利，[5] 但從來就沒有徹底占領義大利，甚至從來就未曾有過這種想法。假如這只是他們觀念錯誤，只是時代風氣使然，那麼一切就容易解釋。但是更理智來看，這種情況是由上百種重要因素形成的，這些因素雖然人所共知，卻不能像當事人那樣了解得那麼透徹。從這片混亂中浮現出來的大國，還需要時間成長，要把力量用在鞏固和發展自身實力，所以很少發動對外戰爭。即使這些大國發動了對外戰爭，也只會表現出自身體系的鬆散。

　　英國對抗法國是最早的這一類戰爭。當時法國還不是一個真正的君主國，而是一個由公國和侯爵領地組成的結合體。英國雖然更像一個統一體，但是它仍然用封建軍隊進行戰爭，而且國內也不穩定。

　　在路易十一時期，法國朝著內部統一的方向邁出了一大步，在查理八世時已成為能夠占領義大利的強國。到了路易十四時期，法國及其常備軍已經發展到了很高的程度。

　　西班牙在斐迪南二世時期就開始了統一，透過偶然的聯姻在卡爾五世時期迅速形成一個由西班牙、勃艮第、德意志和義大利組成的強大的西班牙王國。[6] 這個超級大國用金錢完成了內部統一方面，它的常備軍是第一支能與法

4　亨利四世（一五五三至一六一○年）在位期間（一五九四至一六一○年），法國早已建立了常
　　備軍（法國常備軍最初建立於一四四五年），但歐洲的其他一些國家，有的還使用僱傭軍（如
　　義大利的一些國家），有的則還保留封建軍隊（如德意志神聖羅馬帝國）。
5　十到十三世紀，德意志的封建主為了掠奪義大利的城市，對義大利進行多次遠征。後來，雖
　　然德意志神聖羅馬帝國已經衰落，內部封建割據加劇，但這種遠征卻一直延續到十六世紀。
6　十五世紀，歐洲伊比利半島上有兩個重要國家——卡斯提亞和亞拉岡。一四六九年，亞拉
　　岡王子斐迪南和卡斯提亞公主伊莎貝拉聯姻。一四七四年，伊莎貝拉即位為卡斯提亞女

國常備軍相抗衡的軍隊。在卡爾五世退位以後，這個西班牙巨人分裂成兩個部分，即西班牙和奧地利。[7] 此後因為奧地利得到了波西米亞和匈牙利而實力大增，成為一個強國，並把德意志聯邦像拖船一樣拖在自己後面。[8]

在十七世紀末路易十四時期，像我們在十八世紀所見到的那種常備軍，在當時已經發展到了頂峰。這種軍隊是以招募和金錢為基礎。當時的國家已經完成了真正的統一，各國政府也把臣民的義務變成了繳納錢財，國家的全部實力都集中在自己的金庫上。隨著文化的迅速進步和政府統治的不斷改善，國家實力和以前相比大大增強。法國在當時能派出幾十萬常備軍作戰，其他的強國也能派出相應數量的軍隊。

其他國家的情況也有了變化。歐洲分成了幾十個王國和幾個共和國，如果其中兩個國家進行大規模的戰爭，肯定不會像以前那樣影響到二十個別的國家。政治結盟的形式依然多種多樣，但是，人們現在可以從各個方面觀察它們了，並且以此做出評估。

各個國家大多都變成了體制簡單的君主國，封建莊園的權力和影響已經消失。政府成了完全的統一體，對外可以代表國家。在這種情況下，有獨立意志的指揮官和英勇善戰的軍隊就能夠使戰爭形態符合戰爭概念。

在這一時期也出現了三個類似亞歷山大大帝的人物：古斯塔夫・阿道

王；一四七九年，斐迪南即位為亞拉岡國王。兩國合併後形成統一的西班牙王國，一五一六年斐迪南死後無嗣，外孫哈布斯堡家族的卡爾繼承西班牙王位，稱卡爾一世（一五一六至一五五六年）。卡爾從母親方面繼承了西班牙王位和那不勒斯王國、西西里、薩丁尼亞等領地，以及在美洲的殖民地，從父親方面繼承了奧地利王位和所謂「勃艮第遺產」（包括尼德蘭、盧森堡和法蘭琪一康堤等地區）。一五一九年，卡爾當選為神聖羅馬帝國的皇帝，稱卡爾五世。後來，他又在義大利戰爭中打敗法國，奪取了米蘭和其他地區，組成疆土遼闊的西班牙王國。

7　神聖羅馬帝國皇帝卡爾五世（即西班牙國王卡爾一世）於一五二一年將德意志領地交給弟弟斐迪南管理，一五五六年復將帝位讓與斐迪南（稱斐迪南一世）；將西班牙王位讓與自己的兒子腓力（即位後稱腓力二世）。於是帝國分為西班牙和奧地利兩個國家。

8　卡爾五世的弟弟斐迪南之妻安娜是匈牙利國王路易二世的妹妹。一五二六年路易二世死後無嗣，斐迪南被選為波希米亞國王（一五二六年十月二十二日）、匈牙利國王（一五二六年十二月十六日）。一五五六年，卡爾五世將神聖羅馬帝國帝位讓與斐迪南。於是，奧地利成為神聖羅馬帝國成員中最大的一個國家。

夫、卡爾十二世和腓特烈大帝。他們都試圖用人數不多但組織完善的軍隊把小國建成大的王國，並且打敗所有的敵人。假如他們也與亞洲國家交過戰，那麼他們所扮演的角色就更像亞歷山大大帝了。無論如何，人們都讚賞他們在戰爭中的冒險精神，並把他們看作是拿破崙的先驅。

但是在戰爭中獲得的力量和成果，也會在其他方面再次失去。

軍隊是靠國庫來維持。君主幾乎把國庫看作是他的個人錢櫃，或者至少是政府的，而不是人民的東西。與其他國家的關係，除了一些商業活動外，大多只涉及國庫或政府的利益，而不是人民的利益，這種看法在當時很普遍。政府把自己視為巨大財產的占有者和管理者，努力使財產增加，臣民對此卻沒有多大興趣。在韃靼人出征時，整個部族都參與作戰，而在古代的共和國和中世紀，參戰的是大多數的公民（指具有公民權利的人）。但在十八世紀，人民根本就沒有直接參與作戰，而只是透過全民的良好品德或缺陷對戰爭產生間接影響。

政府與人民切割，把自己看作是國家的代表，之後戰爭就成為各國政府之間的事情，國庫裡的金錢以及國內外的無業遊民就是各國鬥爭的工具。交戰雙方在戰爭中所使用的手段因此受到了很大的限制，因為雙方都能判斷對方的作戰規模和持續時間。這樣，戰爭中最危險的方面就不存在了，不再出現極端的行動，難以預期的連鎖效應都不存在了。

人們可以大概知道敵人有多少錢、財富和信用，也可以知道敵人有多少軍隊；在戰爭期間這些東西是不可能遽增的。了解敵人的整個作戰力量，人們就可以確保自己免遭徹底失敗。如果人們明白了本身實力的侷限性，就會去追求較小的目標。因為明白自己不會遭受嚴重的失敗，所以人們也就不去冒險爭取達到最大的勝利。這時，必然性已經不能驅使人們採取行動，只有勇氣和榮譽感驅使著人們去追求勝利，然而這在當時的政治環境下中會受到很大的阻力。即使國王親任軍隊統帥，也不得不小心翼翼地運用戰爭工具。一旦軍隊被擊潰，就不能再重建，除了軍隊以外他們一無所有。所以人們在採取行動時要特別慎重，只有在出現了大好時機、能取得決定性的勝利，才使用這種代價很高的作戰手段。創造這樣的機會就是統帥們的作戰藝術。在

這樣的機會沒有出現以前，軍隊沒有採取行動的理由，也就是所有的行動動機似乎都靜止下來。進攻者原來的動機也消失在謹慎和猶豫之中。

這樣的戰爭就其實質而言，已經變成了一種紙牌遊戲，洗牌的是時間和偶然性。就其功用而言，戰爭變成一種強硬的外交，一種有力的談判方式，會戰和圍攻是重要的外交文書。即使是榮譽感最強的人，其目標也不過是尋求適當的利益，以便在以後的議和中作為籌碼來使用。

我們已經提過，戰爭的基礎若過於狹窄，則它的形態就會受到很多限制且規模會較小。即使那些出色的統帥和國王，如古斯塔夫·阿道夫、卡爾十二世和腓特烈大帝，他們優秀的軍隊都未能脫穎而出、超出一般的水準之上，因而也就不得不滿足於一般的戰果。這其中的原因在於歐洲存在著政治上的均勢。以前的歐洲存在著許多小國，它們之間是直接、自然的關係，由於距離較近，交往頻繁，所以就產生了親戚關係和個人友誼，這樣就可以阻止個別國家迅速強大起來。可是現在的國家變大了，國家中心之間的距離變遠了，要阻止個別國家強大起來就只能透過各國日益發展的外交事業。政治利益、政治上的吸引力和排斥已經發展成了一個非常發達的系統，若是沒有政府的參與，歐洲就不會出現槍砲聲。所以，現在新的亞歷山大大帝除了要有一把利劍之外，還得有一支好筆。即使如此，他在征服別的國家時還是不會有太大的進展。

路易十四曾經想打破這種均勢狀態，在十七世紀末，他甚至不顧普遍反對意見，依然用傳統的方式進行戰爭。他的軍隊雖然是最強大、最富有的王國軍隊，然而就其性質而言，與其他的王國是沒有區別的。

在韃靼人時代，古代各民族時期以及中世紀，掠奪和破壞敵國土地是很重要的手段，然而這已不符合時代精神了，應該把這種行為看作是無益的野蠻行為。這種行為很容易遭到對方報復，而且它是針對敵國臣民，而不是敵國政府，這樣不會帶來什麼成果，只會使敵國人民的文化程度永遠處於落後狀態。所以戰爭不僅在其運用的手段上，而且在其目標上，都越來越侷限於軍隊本身。軍隊依靠要塞和構築好的陣地就能形成國中之國，在其之內的暴力因素便慢慢消失。

整個歐洲都為這個趨勢而感到高興，而且把它看作是思想進步的必然結果。問題是，思想再怎麼進步也不會出現矛盾的論點，就像二乘二永遠不會等於五。儘管如此，這種變化對廣大民眾來說還是有幫助，但使得戰爭更加成為政府的事，民眾越來越不會積極參與。在這一時期，如果一個國家是進攻者，那麼它的作戰計畫大多是占領敵人的某個地區；如果它是防禦者，那麼它的作戰計畫就是阻止敵人占領自己的地區；而各個戰役計畫就在於占領要塞，或者是防止敵人占領自己的要塞。只有在會戰是無法避免的時候，軍隊才尋求並進行會戰。如果會戰並非不可避免，還出於尋求勝利的心理而發起會戰，那麼就會被認為是魯莽的行動。一般情況下，一次戰役只進行一次圍攻，最多進行兩次就結束了，而冬季已被認為是雙方軍隊的休戰期。在冬季的軍營中，一方的不利狀態絕不會成為另一方的有利條件，雙方的接觸幾乎完全停止，冬季也就因此成為一次戰役和另一次戰役之間明顯的分界線。

如果雙方的力量十分均衡，或者進攻方較弱，這時也不會出現會戰和圍攻，戰役中所有的行動就是保住某些陣地和倉庫，或者是逐步占領敵人的某些地區。

只要戰爭普遍這樣進行，那麼戰爭威力就直接和明顯地受到限制，這個道理明瞭易懂。十八世紀開始，軍事藝術只注意戰爭的個別問題，而沒有更進一步考慮戰爭的開端和結局，於是就出現了各種各樣關於偉大和完美的統帥的說法，甚至連道恩元帥也被當成偉大的統帥。事實上他唯一的功勞是讓腓特烈大帝大獲全勝，而使得瑪麗亞·特蕾莎壯志未酬。其實當時也有人具備統觀全局的見解，認為擁有優勢兵力就應該爭取積極的成果，否則一味地玩弄戰術技巧會把戰爭引向不利的局面。

法國大革命爆發時就改觀了。奧地利和普魯士原來還想運用它們外交式的戰爭藝術進行戰爭。不久，這種戰爭藝術就不夠用了。兩國統帥按照傳統的方式觀察局勢，期待看到弱小的法國部隊。但是，在一七九三年出現了意想不到的情況。戰爭突然又成為了人民的事情，成為全部以公民自居的三千萬人的事情。在這裡我們不研究產生這種偉大現象的詳細原因，只討論具有決定意義的結論。由於人民參加了戰爭，所以不是政府和軍隊，而是全體人

民以其本身的力量來決定勝負。這時，戰爭中能使用的手段和能採取的行動已經沒有一定的界線了，投入到戰爭中的力量再也不會遇到任何阻力，他們的敵人也因此面臨最險峻的危機。

　　整個大革命戰爭在還沒有使人充分感覺到它的威力，還沒有使人完全認識它就已經過去了。革命的將領們沒有毫不停頓地向最後的目標前進，沒能摧毀歐洲的君主王朝。德意志的軍隊偶爾還能夠抵抗和幸運地阻擋住對方勝利的洪流。原因還是在於法國的軍事技術尚不完善，從普通的士兵到將領們以及督政府的領導上都可以看出這些問題。

　　當這一切在拿破崙手中都趨於完善之後，這支依靠全體人民力量的軍隊就信心百倍地踏遍歐洲，在任何舊式軍隊面前從沒有過猶豫。但反抗的力量及時地甦醒了。在西班牙，戰爭變成了人民的事情。在奧地利，一八〇九年政府首先採取了異乎尋常的措施，組織了預備隊和後備軍，政府的所作所為比它以前認為可能做到的事情還要多。俄國在一八一二年仿效了西班牙和奧地利，雖然它的設施與方法較為陳舊，但由於這個國家幅員遼闊，這些方法還是能奏效，並逐漸地帶來成果。在德意志，普魯士首先奮起行動，戰爭變成了人民的事情，即使人口減少了一半、嚴重缺乏金錢和貸款，但兵力還是比一八〇六年多了一倍。德意志的其他各邦也都先後仿效了普魯士。奧地利所做的努力雖然比一八〇九年小，但是也出動了相當大的兵力。如果把參加戰爭的和傷亡的人員都計算在內，德意志和俄國在一八一三和一八一四年兩次對法戰爭中大約共使用了一百萬人。

　　因此，各國作戰的實力也提高了，雖然還沒有達到法軍的水準，主要原因仍是因為不夠積極勇敢，但是總體來說，戰役已經不是按照舊的方式，而是按照新的方式進行了。八個月後，戰場已經從奧德河轉移到塞納河，驕傲的巴黎不得不第一次低下頭來，可怕的拿破崙也被捆綁著倒在地上。[9]

9　一八一三年八月，奧地利、普魯士、俄國、瑞典等國組成第六次反法聯盟。十月，在萊比錫會戰中聯軍取得了對拿破崙的決定性勝利，一八一四年初進入法國作戰，三月底進入巴黎。四月十一日，拿破崙遜位，被囚於厄爾巴島。

　　自從拿破崙出現以後，戰爭本來是各國的事情，後來就變成全體人民的事情，於是戰爭的性質完全改變，或者更準確地說，戰爭更接近本質，更接近絕對完美的形態。在政府與其臣民的狂熱催動下，戰爭中所使用的手段已經沒有明顯的限度了。隨著手段增多，可取得的戰果範圍也增大了。人們的熱情極為強烈，作戰的威力也大大提高，打垮敵人成為了軍事行動的主要目標。只有當敵人俯首稱臣時，才會停止行動並有目的地進行談判。

　　於是戰爭因素從一切因循守舊的桎梏中解脫了出來，爆發出它原有的力量。各國的人民都參加了這項重大活動，一方面是因為法國大革命對各國產生的影響，另一方面是因為他們遭到了法國人的威脅。

　　那麼，這種情況是否將一直存在呢？將來歐洲的所有戰爭是否都會動用全國力量，只是為了各國人民的重大切身利益，或者政府又會逐漸脫離人民呢？這是很難確定的，我們不想武斷地做出結論。不過，人們會同意，當人們還沒意識到某種可能性時，才存在那些桎梏，桎梏一旦被打破，就不容易再重新出現。往後各國再發生重大的利害衝突時，敵對情緒只能用今天這樣的戰爭方式來解決。

　　我們對歷史的考察到此為止。這種考察並不是要為每個時代規定一些基本原則，而僅僅是想指出，每個時代的戰爭都有時代特徵，各有其特有的條件和限制。儘管有人處心積慮地根據哲學原理來制定戰爭理論，然而每個時代依然保留有自己的戰爭理論。所以在判斷各個時代發生的事件時，必須考慮各個時代的特點，只有那些不拘泥於細節、從全局出發觀察事物、深入了解每個時代特點的人，才能正確地了解和評價指揮軍隊的方式。

　　但是，受國家和軍隊的特殊條件所限制的作戰方法，必然會帶有一些普遍性的元素，甚至是普世皆然的原則，這是理論首先所應該研究的。

　　近來，戰爭轉變為絕對的形態，普遍適用和必然性的元素急遽增加。但是，戰爭不可能永遠保持這樣的規模，曾開闢出來的空間仍有可能再度限縮。如果理論只研究絕對戰爭，那麼戰爭性質由於外來影響而發生的變化，都會被排斥在外或者斥責為錯誤，這不可能是理論的目的。理論應該是研究現實情況下的戰爭，而不是研究理想狀態下的戰爭。因此理論在考察、區別

和整理各種事物時，都要考慮產生戰爭各種情況的多樣性；在確定戰爭的大致輪廓時，應該考慮時代和當時情況的需要。

　　綜上所述，進行戰爭的人提出的目標和採取的手段，是根據他所處的具體情況，同時又具有時代和一般情況的特徵，還要符合於由戰爭性質必然得出的一般結論。

第四章
明確的戰爭目標（一）：打垮敵人

　　戰爭目標從概念上說應該是打垮敵人，這是我們的論述所依據的基本觀點。

　　什麼叫打垮敵人呢？打垮敵人並不總是需要占領敵國的全部國土。假如聯軍在一七九二年攻占了巴黎，那麼法國大革命戰爭很有可能在當時就結束了，[1] 聯軍甚至根本不需要擊敗法國軍隊，因為這些軍隊在當時還不夠強大。與此相反，在一八一四年，如果拿破崙還有大量的軍隊，聯軍即使占領了巴黎，也不能達到目的。但是拿破崙的軍隊在當時絕大多數已經被消滅了，所以在一八一四和一八一五年占領巴黎就決定了一切。拿破崙在一八〇五年粉碎奧地利軍隊、在一八〇六年粉碎普魯士軍隊，同樣的，假如一八一二年他能夠在占領莫斯科前後，完全粉碎卡盧加路上的十二萬俄軍，[2] 就算還有大片俄國國土沒有占領，只要他占領俄國首都，就有可能迫使對方議和。一八〇五年決定一切的是奧斯特里茨會戰，在會戰之前，雖然拿破崙占領了維也納以及奧地利三分之二的國土，但這並沒有能夠迫使對方簽訂和約。另一方面，在這次會戰之後，儘管法國沒有占領任何匈牙利的領土，卻能迫使對方簽訂和約。徹底擊潰俄軍在這次會戰中是必要的最後一擊。亞歷山大皇帝在附近沒有另外的軍隊，所以在這次會戰失敗，他必然要協議停火。假如俄軍

1　一七九二年，普魯士和奧地利聯合反對法國，企圖扼殺法國大革命。七月，普魯士布倫瑞克公爵率領普奧聯軍侵入法國，曾到達夏隆附近。九月，法軍在瓦爾密砲戰中獲勝，普奧聯軍退至萊茵河東岸。

2　一八一二年博羅迪諾會戰後，俄軍主力約有十二萬，退出莫斯科後集結在通往卡盧加的公路上。

在多瑙河畔和奧軍會合，和奧軍同時被擊敗，那麼拿破崙也許就不需要占領維也納，在林茨就可以簽訂和約了。此外，即使占領了敵國全部國土也未必能夠解決問題。一八〇七年，法軍在埃勞對普魯士的盟友俄軍所取得的勝利是值得懷疑的，這一勝利並沒有引起決定性的作用，而在弗里德蘭所取得的勝利卻像一年前在奧斯特里茨所取得的勝利一樣，造成了決定性的作用。[3]

在這種情況下，這種結果也不是由一般的原因所決定。具有決定意義的常常是一些當時不在現場就觀察不到的具體原因，以及許多永遠無人提及的精神要素，甚至是一些在歷史中只被當作軼事趣聞、微小細節和偶然的事件。

理論上我們只能再次強調，重要的是觀察兩國的主要特徵。這些特徵會形成整體所依賴的重心，即力量和移動的中心。所有的打擊都必須集中在敵人的重心上。

小的總是取決於大的，不重要的總是取決於重要的，偶然的總是取決於本質的。我們必須遵循這一點來進行研究。

亞歷山大大帝、古斯塔夫‧阿道夫、卡爾十二世和腓特烈大帝，他們的重心是軍隊，假如他們的軍隊被粉碎了，那麼也就無法發揮自己的才幹了。那些被國內的派別弄得四分五裂的國家，它們的重心大多是首都。那些依賴強國的小國，它們的重心是同盟國的軍隊。在同盟中，重心是共同的利益。在民兵中，重心是領導人和民意。應該要打擊這些目標。如果敵人由於重心受到打擊而失去平衡，那麼勝利者就不應該讓對方有時間重新恢復平衡，而應該沿著這個方向繼續打擊，換句話說，一定要打擊敵人的重心，而不是以整體打擊敵人的部分。以優勢的兵力和風細雨般地占領敵人的一個地區，只

3　一八〇七年戰役是延續普魯士與法國的一八〇六年的戰役，但普魯士軍隊這次得到俄軍的支援。當時，普魯士的領土已幾乎全部丟失。在法軍進攻下，普軍退至科尼斯堡，俄軍退至埃勞。二月，法軍與俄普聯軍於埃勞發生激戰，法軍損失較俄軍為大，但俄軍於夜間突然撤退，次日拿破崙占領戰場並宣告勝利。克勞塞維茨認為法軍這個勝利不是真正的勝利。六月十四日，俄軍在弗里德蘭會戰中戰敗，這才對七月簽訂提爾西特和約產生了決定性的作用。

求比較可靠地占領這個小地區而不去爭取巨大的成果，這樣是不能打垮敵人的。只有不斷尋找敵人力量的核心，投入全部力量去打擊，以求獲得全勝，這樣才能真正打垮敵人。

不管敵人的重心是什麼，戰勝和粉碎敵人的軍隊是最可靠的開端，在任何情況下都是會戰的主軸。

因此從大量的經驗來看，打垮敵人可以主要採取下列幾個辦法：

> 第一，如果軍隊是敵人的重心，那麼就毫不猶豫地粉碎這支軍隊。
> 第二，如果敵人的首都不僅是國家權力的中心，而且也是各個政治團體和黨派的所在地，那麼就占領敵人的首都。
> 第三，如果敵人主要的盟國比敵人還強大，那麼就有效地打擊這個盟國。

到目前為止，我們都把敵人當作一個整體來考慮。可是，我們現在理解，打垮敵人就必須粉碎敵人重心上的抵抗力量，因此我們先拋開原先的觀念，去研究作戰的敵人不止一個的情況。

如果兩個以上的國家聯合起來反對一個國家，那麼從政治上看，它們所進行的是一次戰爭。不過，這種政治上的統一體合作的緊密程度是不同的。問題在於，是否每一個國家都有各自的利益和追求利益所需的力量，或者某些國家只依附於其中一個國家的利益和力量。小國依附於大國的程度越高，就可以把所有的敵人看成是一個，把主要的行動簡化為一次主要的打擊。只要有具體的計畫，它就是取得成果最有效的手段。

因此，我們可以提出這樣一個原則：若戰勝其中一個敵人就能戰勝其餘敵人，那麼打垮這一個敵人就是最重要的目標，因為這樣就擊中了整個戰爭的全部重心。

以上論點並非沒有例外。在極少數情況下，我們不能把幾個重心歸結為一個重心。在這種情況下，戰爭有兩個以上的目標，而且敵人各自獨立、各自有優勢。所以在這種情況下重點就不在於打垮敵人。

現在，我們來進一步討論打垮敵人這個目標在什麼情況下才是可行和適宜的。首先，就兵力數量來說：

第一，足以使我們能夠獲得一次決定性的勝利；

第二，足以使我們能夠經受得起必要的兵力消耗，直到敵人不能與我方相抗衡。

其次，我們在政治上必須確保這樣的勝利不會招致新的敵人，不致於為了對付他們而前功盡棄。

一八〇六年，如果法國徹底打垮了普魯士，它就得面對俄國的全部兵力。這也沒有問題，因為它的實力足以在普魯士土地上抵抗俄國。

一八〇八年，法國在西班牙也可用同樣手段對付英國大軍（但無法對付奧地利）。一八〇九年，法軍在西班牙的戰力大大減弱，要不是在物質和精神上對奧地利占優勢的話，那恐怕它就不得不完全放棄西班牙了。[4]

因此人們要考慮周詳，免得前功盡棄，就像前兩級的訴訟已獲勝，卻在最後一級輸掉，甚至還要負擔訴訟費。

在估計軍隊的戰力及其能發揮的作用時，人們常常認為時間也是一種力學單位，可作為評估實力的標準。所以需要兩年時間完成的工作，加一倍力量在一年內就可以完成。這種見解完全錯誤，可是它卻時隱時顯地成為人們制定戰爭計畫的依據。

軍事行動像世界上的任何一種事物一樣，需要一定的時間。毫無疑問，人們不可能在八天之內從維爾那步行到莫斯科。但是，在力學上時間和力量

4　一八〇八年三月，法軍侵入西班牙，在西班牙人民積極反抗下，法軍損失慘重。以後，法軍增兵達二十萬人，十二月五日攻陷了馬德里。英軍自葡萄牙進入西班牙支援西班牙人，但最後仍被法軍擊退。一八〇九年，奧地利趁法軍陷於西班牙作戰之際，向法軍宣戰。在雷根斯堡和瓦格拉木會戰中，奧軍均戰敗，十月簽訂維也納和約，作者認為，在這次戰役中，法軍如果不是在物質力量和精神力量方面都占有優勢，那麼要想戰勝奧軍就恐怕不得不放棄西班牙了。

之間的那種相互關係，在軍事行動中是根本不存在的。

　　時間是交戰雙方都需要的，問題在於哪一方可以從時間取得優勢。權衡雙方的實際情況後，顯然弱者者占有時間優勢。這當然不是根據力學的法則，而是根據心理學的法則。妒嫉、猜忌、憂慮，有時還有義憤，這些都是弱者的助力，一方面會幫他們招來盟友，另一方面又會削弱和瓦解敵人的同盟。因此，時間對被入侵者有利。其次，我們已經談過，對最初勝利的利用需要消耗巨大的力量。這種力量的消耗不是一次就完結，而是像維持大家庭一樣持續不斷。國家的資源可以使我們攻占敵人的地區，但不見得負擔得起占領所需要的大量消耗。在這種情況下，補給會越來越困難，最後可能完全消失。這樣一來，時間就足以使局勢轉變。

　　一八一二年拿破崙從俄國人和波蘭人那裡掠奪的金錢和財富，也不足以使他建立一支數十萬人的軍隊派往莫斯科。

　　但是，如果所占領的地區十分重要，而且有一些地點有重要意義，以至於占領這些地點後，對方的麻煩就會像病毒一樣自動蔓延。那麼在這種情況下，占領者即使不採取其他行動，也是所得多於所失。如果被入侵者得不到外來的援助，那麼時間因素就會對入侵者有利，尚未被占領的地方自然就會淪陷。可見，時間也能成為入侵者的助力。不過，只有被入侵者已不再進行反攻，局勢不可能逆轉，時間才有利於入侵者。也就是說，入侵者已不用再擔心時間問題，因為他已經完成了主要的任務，最大的危險已經過去，敵人已經被打垮。

　　前面的論證是要說明入侵行動必須越快越好。如果行動時間超過了應有的限度，行動只會變得更困難。如果說這種看法是正確的，那麼只要有足夠的力量占領某一地區，就應該一鼓作氣地完成，而不應該有中間停頓。當然，中間停頓不是指集中兵力和採取某些管理措施所需的短暫時間。

　　上述觀點指出速戰速決是進攻戰的重要特點，這種觀點已經從根本上打破了一種見解，這種見解認為，緩慢而有步驟地占領比不停頓地進攻更有把握和更為謹慎。然而對至今一直贊同我們觀點的人來說，這裡的主張看起來像是奇談怪論，與人們最初的看法相抵牾，也與在其他書籍中出現過千百

次、根深柢固的偏見對立。因此，讓我們進一步探討那些與我們對立的武斷觀點。

近處的目標當然比遠處的目標容易達到，但是，如果較近的目標不符合我們的意圖，在這裡停頓並不會使我們比較容易走完下半段的路程。小的跳躍要比大的跳躍容易，但是，想跳過寬溝的人不會只跳一半就停下來，那一定會掉進溝裡去。

進一步探討有步驟的進攻，就會發現通常包括以下步驟：

第一，奪取進攻中所遇到的敵人要塞；

第二，籌備必要的物資；

第三，在倉庫、橋樑、陣地等重要地點加強工事；

第四，在冬季或紮營時休整軍隊；

第五，等待來年補充作戰力量。

為了達到這些目的，人們把整個進攻劃分為若干階段，並確定若干停歇點。他們認為這樣就可以獲得新的基地和補充戰力，就好像自己的國家與人民跟在軍隊後邊一樣，每一次進軍都可以獲得新的力量。

這些極好的階段目標也許能使進攻戰更順利，但是卻不能保證取得戰果，而且，大多只不過是用來掩飾統帥心情矛盾或政府缺乏進攻決心的藉口。對此我們以相反的順序予以批駁。

第一，雙方同樣都需要補充戰力，甚至敵人要比我方更為迫切。此外，在一年內所能徵集的軍隊和在兩年內所能徵集的軍隊在數量上是差不多的，在第二年內所能增加的兵力，與總數相比是微不足道的。

第二，敵人在我們休息的同一時間內也得到了休息。

第三，加強城市和陣地的工事不是軍隊的事情，因此不能成為停頓的理由。

第四，從目前所採取的補給方法來看，軍隊在停頓時比在前進中更需要倉庫。當進軍很順利時，常常可以把敵人的物資占為己有，到了貧窮的地區，就可以用這些物資來解決補給不足的問題。

第五，奪取敵人的要塞不能看作是暫停進攻，而是積極的進攻。因此，奪取要塞時表面上的停火狀態，與我們這裡所說的情況不同，這種停火並不是進攻力量的停止和減緩。但是，對某個要塞進行圍攻、封鎖或監控，要根據當時的具體情況來決定。我們必須先確定進行封鎖時繼續前進是否有危險。如果不會遇到危險，而且還有力量繼續進攻，那麼最好是把圍攻延遲到整個進攻行動的最後。因此，人們不應該只想到保住已奪取的東西，而忽視了更為重要的東西。不可避免地，前進時一定會失去已獲得的成果。

所以我們認為，在進攻時劃分階段、設立停歇點或暫停行動都不合理。若真的不可避免時，也只能看作是不得已的手段。它們不會使我們更有把握地取得成果。我們得嚴格遵守普遍真理。在我們力量薄弱時，往往不可避免要暫停行動，但通常再次行動也不能達到目標。如果第二次進軍可以達成目標，那麼也就沒有必要暫停行動。如果我們的力量從一開始就遠不足以達到預定的目標，那麼無論如何也不會達到目標。

所謂普遍真理就是這樣，我們透過它來證明，時間的延宕對進攻者並不有利。但是，政治關係可能逐年變化，正是由於這種原因才經常出現了與真理相違背的情況。

以上所談的可能讓人以為我們偏離了軍事理論的主軸，而只注意進攻方面。我們的本意絕非如此。當然，那些以徹底打垮敵人為目標的人，絕不會依賴防禦手段，因為後者只是用以確保已獲得的東西。我們再次強調，無論在戰略上還是在戰術上，不可能出現毫無積極因素的防禦。此外，防禦者一旦在防禦行動中得到優勢，一定要在所及的能力範圍下轉為進攻。因此，打垮敵人也是防禦的目標之一，不管是否為主要目標。有些統帥儘管抱有打垮

敵人的遠大目標，但在開始時卻寧願採用防禦的形式。一八一二年的戰役就可以證明這種情形。亞歷山大皇帝大概沒有想到，後來他居然能徹底打敗敵人。這難道是不可能的嗎？俄國人在戰爭開始時採取防禦形式難道不是很合理的嗎？

第五章
明確的戰爭目標（二）：有限目標

我們在前一章中已經說過，只要能打垮敵人，就應該把它作為軍事行動的絕對目標。現在要探討假如不具備實現這一目標的條件，那還會有什麼其他的目標？

打垮敵人的前提條件是，我方必須在物質或精神上占有很大的優勢，具有遠大的眼光與冒險精神。若不具備這些條件，軍事行動的目標只能有兩種：或者是奪取敵國的一小塊土地；或者是保衛本國的國土，等待更有利的時機。後一種通常是防禦戰的目標。

在具體情況下究竟應該選擇哪一種目標，關鍵前面已經提到：等待更有利的時機。但得確定將來有這樣的時機，我們才有理由等待，並準備進行防禦戰。相反，如果未來沒有更多的優勢，反而是敵人形勢看好，那麼我們就只能採取進攻戰，並充分利用當前的時機。第三種情況也許是最常見的，即雙方都不能從等待中獲得什麼好處，無法從未來的前景中找到行動的依據。在這種情況下，在政治上有動機與主要目的的一方應該採取進攻戰。因為他們正是為了這個目的而準備戰爭，無謂地浪費時間是一種損失。

要採取進攻戰或防禦戰，其判斷標準與作戰雙方的兵力沒有任何關係。把兵力作為主要的根據似乎有一定的合理性，然而這會導致錯誤的決策。我們這個簡單的邏輯推論，正確性是不會有人質疑的，但它在具體情況下是否會變得不合理？設想一個小國與一個兵力很強大的國家發生衝突，而且這個小國也預見到自己的處境會逐年惡化。如果不能避免戰爭，那麼它應該充分利用形勢還不是特別糟糕的這一段時間。簡單地說，它只有發動進攻一途。這麼做並不是因為進攻本身會帶來什麼好處，相反，進攻可能使兵力的差距更大。這麼做只是因為不得不在情勢變壞之前徹底解決問題，至少暫時取得

一點利益，這種說法並非不合理。如果這個小國確信敵人很快會向它進攻，那麼它就可以而且應該準備好防禦措施，以便取得最初屬於防禦的利益。以上決策使得小國不會落入情勢逐年惡化的處境。

　　其次，設想一個小國和一個大國交戰，而且未來的情況對它們的決策沒有什麼影響，如果這個小國有積極的政治目的，那它只能選擇進攻。既然這個小國敢於提出積極的目標來對抗較強的國家，那如果敵人不採取行動，它就必須主動攻擊。等待是荒謬的，除非這個小國在行動時改變了政治決策。這種情況其實很常見，使得戰爭因此具有不確定性，並時常令研究者感到非常困惑。

　　在研究有限目標時，可以區分為有限目標的進攻戰和有限目標的防禦戰。接下來會以專門的章節來研究這兩種戰爭。但在這之前我們必須先談談另一個問題。

　　現在目前為止，我們只是從國內的因素來研究不同的戰爭目標。就政治意圖而言，我們只關心它是否有積極的目的。從戰爭本質來看，政治意圖的其他一切與戰爭無關。這一點在第一篇第二章〈戰爭中的目的和手段〉時已經談過。雙方的政治目的、政治要求的規模和整個政治狀況，事實上都對戰爭產生最有決定性的影響。我們將在下一章專門研究這個問題。

第六章
政治與戰爭目標

一、政治目的對戰爭目標的影響

　　一個國家對待另一個國家，絕不可能如對待本國事務那樣認真。當其他國家有事時，它只會派出一支兵力不強的援軍。如果這支援軍失利了，它也會認為已經盡到義務，於是就盡可能地尋求脫身之計。

　　在歐洲政治中有一種慣例，加入攻守同盟的國家得承擔相互支援的義務，但不考慮戰爭的對象是誰、敵人投入多少力量，只是彼此約定派出一定且兵力有限的軍隊。在履行這種義務時，盟國並不認為自己與敵人處於真正的戰爭中，也不認為這種戰爭必然以宣戰開始、以締結和約告終。而且，就是同盟的概念也並不是在任何情況下都十分明確，在實際應用時也不是固定不變。

　　假如盟國能把約定的一萬、二萬或三萬援軍完全交給正在作戰的國家，讓它根據自己的需要來使用，就像是它的僱傭軍，那麼事情就會步上軌道，戰爭理論也就不至於幾乎無法發揮作用了。然而，實際上遠非如此。援軍通常都有自己的統帥，他只按照本國政府的意志行事，而本國政府下達的目標總是模稜兩可。

　　當兩個國家一起與第三個國家進行戰爭時，它們也不必然會把第三個國家看作必須要消滅、要爭個你死我活的敵人。它們常常像做生意那樣，根據可能冒的風險和得到的利益投入三、四萬兵力作為股金，彷彿在這次交易中

1　本章標題為譯者所加。

除了這點股金外不能再承擔任何的損失。

　　一個國家為了一些沒有什麼重大關係的事情去援助另一個國家時，就會產生這種情形。甚至當兩個國家的共同利益重疊時，也不會毫無保留地援助對方。盟國通常也只提供條約規定的少量援助，而把其餘的軍事力量保留起來，以便給將來政治上的特殊考量使用。

　　這種對待盟國的態度十分普遍。到了現代，極端的危機驅使某些國家回到正軌（如反抗拿破崙的國家）。過去那種曖昧的態度是異常現象，因為戰爭與和平在本質上沒有模糊地帶。但是儘管如此，這種態度並不是缺乏理性或純粹的外交習慣，而是源於人類所固有的侷限和弱點。

　　最後我們談到，當一個國家單獨對其他國家作戰時，政治因素對戰役的進行也有強烈的影響。

　　如果目標只是要消滅敵人的少量軍隊，它就會滿足於透過戰爭取得一個不大的等價物；而且不用付出很大的努力就可以達到這個目標。敵人差不多也會這麼想。一旦有一方發現自己的估計有些錯誤，發現自己原來不比敵人強，甚至比敵人弱的時候：比如軍費或其他物資短缺，在精神上缺乏足以激起更大幹勁的動力。那麼它只好拖延時間，希望未來發生對他有利的事件，但這種希望是毫無根據的。在這種情況下，戰爭就會像病入膏肓的病人那樣苟延殘喘。

　　這樣一來，戰爭中的相互作用（每一方都想勝過對方）、暴力性和無節制性，都消失在動機脆弱所造成的停頓狀態中，雙方都想在縮小的作戰區域內安全活動。

　　我們不得不承認政治因素對戰爭具有這樣的影響，而且這種影響無遠弗屆。甚至還有些戰爭的目的僅僅在於威脅敵人，而且隨時準備好要談判。

　　戰爭理論若要成為嚴謹的科學，它顯然得面對一個問題。戰爭概念中的一切必然的規律，在這裡都已經不成立，也失去成立的一切根據。然而，凡事總有解法。軍事行動中的緩和因素越多、動機越弱，行動就越少越消極，就越不需要指導原則。這樣，整個軍事藝術就演變成純粹的小心謹慎，其主要任務在於維持搖擺不定的均勢，避免突然發生不利的變化，以免虛假的戰

爭演變成真正的戰爭。

二、戰爭是政治的一種工具

到目前為止，我們探討了戰爭的性質與個人和社會團體的利益相對立的情況。有時從這一方面、有時從另一方面進行探討，以免忽視這兩個對立因素。這種對立的根源存在於人的本身，因此無法透過哲學的思考解決。現在，我們要尋找這些矛盾因素在實際情況中，由於部分地相互抵銷而結成的整體特性。我們得明確指出這些矛盾，並分別研究各個不同的因素，否則本來在一開始就可以討論這種一致性：戰爭只不過是政治活動的一部分，絕不是什麼獨立的東西。

人們常常認為，戰爭只是由各國政府和人民之間的政治活動引起的。但是，人們通常又以為戰爭一爆發，兩國政治活動即告中斷，變成完全不同的狀態，並受自身的規律支配。

與此相反，戰爭不過是政治活動的延續，可說是另一種政治手段。同時可以指出，政治來往並不因戰爭而中斷，也不會變成完全不同的狀態。無論使用什麼樣的手段，政治活動實質上總是繼續存在。而且，戰爭事件所遵循並受其約束的主要路線，是貫穿於整個戰爭直到議和為止的政治過程。難道還有其他的可能性嗎？難道隨著外交文書的中斷，各國人民和政府之間的政治關係也就中斷了嗎？戰爭不正是表達政府與人民意圖的另一種文字和語言嗎？當然，戰爭有它自己的語法，但並沒有自己的邏輯。

由此看來，戰爭絕不會離開政治活動。如果離開政治來考察戰爭，那麼，所有線索就會被割斷，而且會推論出毫無意義的和毫無目的的論點。

即使是徹底的戰爭，雙方不受約束地發洩彼此的敵對情緒，也必須探究它的政治因素。我們在第一篇第一章〈什麼是戰爭〉談過，所有作為戰爭基礎和決定戰爭方向的因素，如雙方的兵力、同盟者、人民和政府的特點等，不是都帶有政治的性質嗎？它們與整體政治活動緊密結合而不可分割。同時在現實中，戰爭並不像理論所指的那樣會朝著極端前進。戰爭是矛盾而不完整的，不可能跟隨自身的規律發展；它只是整體的一部分，而這個整體就是

政治。由此便能說明我們前面的結論。

運用戰爭手段時，政治領導者總是偏離從戰爭本質中推論出的嚴密結論，也很少考慮到最終的可能性，而只考慮最直接的可能結果。即使戰爭過程中有大量無法預知的情況，就像賭博一樣，各國政府還是會設法用技巧和敏銳贏得勝利。

這樣一來，政治就把戰爭這個摧毀一切的要素變成一種單純的工具。戰爭本來是一把可怕的戰刀，得用全身力氣才能舉起做致命一擊，政治讓它變成了輕便的利劍，有時甚至變成比賽用劍，交替地進行衝刺、虛刺和防刺。

於是，天性膽怯的人類為什麼涉入戰爭，這個矛盾就可以從政治來解開，只要我們願意從這個角度來考察戰爭。

戰爭從屬於政治，那麼戰爭就會帶有政治的特性。政治越是雄心勃勃與強硬，戰爭也就越波瀾壯闊，甚至可能達到絕對形態的高度。

因此，當我們這樣看待戰爭時，絕不能忽視絕對形態的戰爭，還應該經常不斷考慮到它。

根據這樣的看法，戰爭才具有一致性，才能把所有戰爭視為同一類的事物；而且只有這樣，在判斷時才能有正確而恰當的立足點，作為制定和評價大的作戰計畫時的依據。

當然，政治因素並不能深入到戰爭的每一個細節中去，部署哨兵和派遣巡邏隊就不涉及任何政治因素。但是，政治因素對制定整個戰爭計畫和戰役計畫，甚至對制定會戰計畫，卻是不可缺少的。

我們沒有從一開始就提出這些論點，是因為太多細節無助於理解整體，而且會偏離主軸。但當我們要開始討論整個戰爭與戰役的計畫時，就不能不提及政治因素。

在生活裡，最重要的莫過於找出立足的觀點以便理解和判斷事物，並且堅持這一觀點。只有從單一觀點出發，才能將大量的現象納入整合的視野之中，而不至於陷入矛盾之中。

制定戰爭計畫時不能有兩個以上的立足點，例如一會兒根據士兵的觀點、一會兒根據行政長官的觀點、一會兒根據政治家的觀點等等，但問題

是，政治是否是唯一的立足點呢？

我們都同意，政治集中和協調政府與人民的一切利益，甚至包括倫理學家所設想的精神價值。因為政治本身不是別的，無非是這一切利益的代表。至於政治有時方向錯誤，為統治者的野心、私利和虛榮服務，這不是本章所要討論的問題，因為軍事藝術在任何情況下都不能作為政治的導師。在這裡，我們只能把政治看作整個社會一切利益的代表。

現在問題僅僅在於，在制定戰爭計畫時，政治觀點應該讓位給純粹的軍事觀點（假設這種觀點存在），讓政治觀點完全消失，還是讓政治觀點繼續主導，而軍事觀點從屬於它？

若戰爭是單純由敵對情緒引起的生死鬥爭，政治觀點才可能隨著戰爭的爆發消失。然而，我們前面已經說過，現實戰爭無非呈現政治現況。政治觀點從屬於軍事觀點是荒謬的，因為戰爭是由政治引發的。政治是頭腦，戰爭只不過是工具，不可能是相反的情況。因此，軍事觀點一定從屬於政治觀點。

第三章〈戰爭的內在聯繫與目的〉已經談過，從現實戰爭的性質來看，只能從政治因素和條件來考量戰爭的特點和主要輪廓。在大多數情況下，戰爭是一個不能分割的有機整體。也就是說，各個部分的活動都必須出自於整體考量。這樣一來就很清楚，戰爭路線的最高指導原則不是別的，就是政治觀點。

從這一觀點出發而制定的戰爭計畫就會像鑄模那樣完整，對它的理解和評價就更容易和合乎情理，它的說服力就更強，它所依據的理由就更充分，更富有歷史意義了。

從這一觀點出發，政治利益和軍事利益之間的衝突就不再那麼理所當然。就算出現了這種衝突，也是由於人的認識能力不完善所造成的。如果執政者提出了不能以戰爭來實現的目標，那麼他就是不了解它所要使用的工具，也就違背了常理。如果要政治能正確地判斷戰爭的進程，那麼決定符合戰爭目標的事件以及發展方向，就一定完全是政治的功能。

簡而言之，軍事藝術在其最高的層次上轉化成了政治，當然這種政治不

是透過外交文書，而是透過打仗進行。

　　根據這一觀點，人們不可以只從軍事的角度評估大規模的戰爭事件或計畫，這樣做甚至是有害的。在制定戰爭計畫時，有些政府會向軍方咨詢，只從軍事觀點來判斷，那確實是荒謬的。有些理論家認為要把現有的戰爭物資交給統帥，讓統帥制定一個純軍事的戰爭或戰役計畫，那就更荒謬了。一般的經驗告訴我們，儘管今天的戰爭變得非常複雜，而且有了很大的發展，但是，戰爭的主要輪廓仍然是由政府決定。用專業術語來說，就是只是由政治當局，而不是由軍事當局來決定。

　　這完全是很容易了解的道理。如果沒有透徹了解政治因素，就不可能制定出具體的戰爭計畫。當人們在談論政治對作戰的有害影響時，他們所表達的意思並不準確，他們討論的應該是政治本身，而不是政治所產生的影響。如果政治的目標很明確，那麼政治就只會對戰爭產生有利的影響。若產生不利的影響，一定就是政治上的錯誤。

　　當執政者想用某些戰爭手段得到與目標不相符合的成果時，政治才會對戰爭產生有害的影響。人若不熟悉某種語言，用它表達思想時就會詞不達意。政府也常常會做出不符合自己本來意圖的決定。這種情況經常發生，於是人們就感覺到，在進行政治活動時必須對軍事情況有一定的了解。

　　在繼續論述之前，必須先澄清一種常見的誤解，這種見解認為，當君主不兼任首相時，一個埋頭於公文的國防大臣，或者學識淵博的軍事專家，甚至能征善戰的士兵就因此可以承擔首相的重責大任。絕非如此，我們認為，熟悉軍事情況不應該是首相的主要素質。至於軍事知識，還是可以用其他方式彌補的。法國的軍事活動和政治活動從來沒有比福開兄弟和舒瓦瑟爾公爵當權時更糟的了，儘管這三個人都是優秀的軍人。

　　如果戰爭完全與政治意圖相符合，而戰爭手段又完全符合政治目標，只是缺乏一個既是政治家又是軍人的統帥，那麼就只有一個好辦法，那就是讓最高統帥成為內閣的成員，以便內閣能參與統帥的決策。但是，內閣（即政府）要設置在戰場附近，從而在決定各種事情不會浪費很多的時間，這才是可行之道。

　　一八〇九年奧地利皇帝就這麼做，一八一三、一八一四和一八一五年反法聯盟各國的君主也這麼做，而且證明完全有效。

　　在內閣中，除了最高統帥外，任何其他軍人的介入都是極端危險的，很難產生理智和聰明的行動。法國的卡諾於一七九三、一七九四和一七九五年在巴黎指揮作戰是例外，因為只有革命政府才執行恐怖政策。

　　現在我們以回顧歷史來結束本章。

　　上一世紀九〇年代，在歐洲的軍事藝術中出現了一種驚人的變革，使那些優秀的軍隊喪失了部分作用；同時，人們在戰爭中取得了一些過去難以想像、規模巨大的戰果，於是自然就認為一切錯誤都應該歸咎於軍事藝術。軍事藝術過去一直於被侷限在狹窄的理論範圍裡，儘管今天人們所理解的軍事藝術超出了以往的範圍，但肯定不會因此違背戰爭的本質。

　　那些觀察事物比較全面的人，把這種現象歸咎於幾個世紀以來政治對軍事藝術所產生的不利影響，它使軍事藝術成為半吊子，甚至只是虛張聲勢。事實的確如此，而且這種情況不是偶然的，也無法避免。另一些人認為，奧地利、普魯士、英國等國帶領的政治潮流才是關鍵所在。

　　然而，真正的衝擊是來自軍事或是政治？換言之，這種不幸究竟是政治對戰爭的影響呢，還是政治本身的錯誤呢？

　　很明顯，法國大革命所產生的巨大效應，不只是因為採用了新的作戰方法和觀點，也來自徹底改變的國家政策，全新的政府特點和人民狀況。至於其他各國政府未能正確地認識到這一切，用老式的作戰方式與那些壓倒一切的新力量相抗衡，所有這些都是政治的錯誤。那麼，若以純軍事的觀點來看待戰爭，是否能找出並修正這些錯誤呢？不可能。就算真的有一位聰明的戰略家，憑著敵對因素的性質就能推導出一切結果，並預測未來的可能發展，事情也相當不可能循著他的推測前進。

　　當各國政府能正確地估計法國的覺醒和歐洲的政治新關係時，才能預見到戰爭的新輪廓，才能確定戰爭手段的規模以及最佳途徑。

　　因此，法國大革命在二十年間所取得的勝利，主要是與之對立的各國政府的政治錯誤所造成的。

　　當然，這些錯誤在戰爭期間才暴露出來，而且與原先的政治期望完全相違背。之所以發生這種情況，並不是因為不了解軍事藝術，而是因為他們當時所仰賴的軍事藝術是出自於他們的世界觀，屬於當時的治國方針之一，並作為政治的工具長年使用。這樣的軍事藝術自然與政治有同樣的錯誤，因此不能糾正政治的錯誤。戰爭確實在本質上和形式上發生了一些重大的變化，使戰爭更接近絕對形態，但是，這並不是因為法國政府已擺脫政治的束縛，而是因為法國大革命在全歐洲引起政治上的變革。新的政治環境產生出和以往不同的作戰手段和作戰力量，因而展現難以想像的威力。

　　因此，就連軍事藝術的實際變革也是政治變革的結果，這不但證明兩者不可分離，而且有力地證明兩者是緊密結合的。

　　再次強調，戰爭是政治的工具之一，不可避免地具有政治的特性，必須用政治的尺度來衡量。因此，就主要方面來說戰爭就是政治本身，政治在這裡以劍代替了筆，但並不因此就不再按照自己的規律思考了。

第七章
有限目標的進攻戰

就算不以打垮敵人為目標，仍然還有其他直接的積極目標，也就是占領敵人的一部分領土。

占領敵人的領土有以下的好處：可以搶走敵人的資源，從而削弱它的戰力，進而補強我們的力量，等於是讓敵人供應我們戰爭資源。此外，在簽訂和約時可以把占領的地區看作籌碼，除了自己占有這些地區，還可用它來交換別的利益。

占領敵人國土是十分合理的，不過攻下以後必然得防禦這片區域，這會使進攻者感到憂慮。除此之外，這種手段本身沒有什麼錯誤。

在第七篇第五章〈進攻的頂點〉中，我們已經詳盡地說明占領土地如何減弱敵軍的實力，也說明進攻後會演變出的危險形勢。

占領敵人的地區後，我方戰力所受到的影響，主要取決於所占領地區的地理位置。這個地區若是如同我國國土的補充部分，也就是說被我們的國土所包圍，或者和我們的國土相連接，它就會位於我軍主力前進的方向上，我軍的損失就越小。在七年戰爭中，薩克森是普魯士戰區的自然延伸，腓特烈大帝的軍隊占領這個地區不僅兵力沒有受損，反而得到增強，這是因為薩克森距離西里西亞比距離布蘭登堡公國還要近，同時還能掩護布蘭登堡公國。

一七四〇和一七四一年腓特烈大帝一度占領了西里西亞，這一行動並沒有讓他的軍隊有所損失，因為西里西亞就其地形、位置和邊界的狀況來看，在奧地利人沒有占領薩克森以前只是奧地利一個狹長的突出部分，而且這個兩國發生接觸的狹窄地點又位於兩軍發起主要進攻的方向上。[1]

相反，如果占領的地區位於敵國其他各地區的中間，位置偏遠、地形不利，那麼進攻軍隊戰力就會受到影響，敵人不僅很容易取得勝利，甚至可以

不戰而勝。

　　每一次奧地利人從義大利進入普羅旺斯，總是沒有經過會戰就被迫撤退了。[2] 法國人在一七四四年沒有打敗仗就撤出波西米亞，這對他們來說還是幸運的。[3] 腓特烈大帝於一七五七年在西里西亞和薩克森曾獲得輝煌的勝利，但一七五八年用同一支軍隊卻沒有守住波西米亞和摩拉維亞。[4] 總之，占領敵國地區後削弱了戰力，因而不能守住所占領地區，這種例子非常多。

　　是否把占領敵人地區作為目標，這主要取決於我們能否守得住這個地區，或者是否值得派出兵力進行暫時的占領（入侵、牽制性的進攻），特別要確保不會遭到猛烈的反擊而失去重心。至於在具體情況下考慮哪些細節，我們在第七篇第二十二章〈勝利的頂點〉已經談過了。

　　還有一點必須補充說明。占領土地不一定能彌補我們在其他方面所遭到的損失。當我們占領敵人的地區時，敵人可能在其他地點採取同樣的行動。而且，只要我們的行動不具有關鍵的影響，敵人也不會被迫放棄他的行動。因此，是否採取行動就取決我們在其他地方的損失是否會超過在這裡的利益。

....

1　西里西亞在當時本來屬於奧地利，是奧地利王國伸向東北一個狹窄的突出部分，西鄰薩克森，北鄰普魯士，東鄰波蘭，與波希米亞之間隔有蘇臺德山，第一次西里西亞戰爭（一七四○至一七四二年）結束後簽訂布雷斯勞和約，西里西亞歸普魯士所有。
2　普羅旺斯是法國東南部邊疆的濱海地區，與北義大利接壤，阿爾卑斯山是它的天然屏障。奧地利軍隊曾多次從北義大利方向侵入普羅旺斯，但由於退路容易被切斷，奧軍每次都被迫退出。例如一七九二年，奧地利和皮埃蒙特軍隊曾占領普羅旺斯地區的尼斯和阿爾卑斯山口。十月一日，法軍的一個師渡過瓦爾河後，奧地利和皮埃蒙特軍隊便退到薩歐爾熱附近。又如一八○○年五月，梅拉斯指揮的奧軍將法軍逐過瓦爾河，侵入普羅旺斯，但由於拿破崙率另一支法軍越過阿爾卑斯山，奧軍不得不退出普羅旺斯。
3　這裡的一七四四年可能是一七四二年之誤。在奧地利王位繼承戰爭中，法軍於一七四一年十一月進入波希米亞，占領布拉格。一七四二年夏，普魯士單方面與奧地利簽訂布雷斯勞和約，退出戰爭。法軍鑑於自己遠離本國孤軍作戰，危險極大，於是迅速從波希米亞退到萊茵河西岸。
4　一七五七年，腓特烈大帝在薩克森的羅斯巴赫會戰和西里西亞的勒登會戰中均取得了勝利，但在一七五八年率領同一支軍隊在摩拉維亞圍攻奧爾米茨時卻失敗了，以致一直退到西里西亞。

　　就算雙方的地區價值相同，我們的地區被占領的話，所遭受的損失也總是大於占領敵人地區所獲得的利益。因為占領敵人的地區會使我方的一些軍隊成為守備軍，因而不再能產生很大作用了。不過，對敵人來說情況也是這樣。因此，理論上這一點不能證明應該保護自己地區甚於占領敵人地區。但事實上正好相反，保護自己的地區總是首要的考量，但假如反擊可以帶來顯著的利益，我國的嚴重損失才能透過反擊彌補或抵銷。

　　綜上前述可以得出，不同於以敵國的核心為目標，這種目標較小的戰略進攻必須對主力部隊無法顧及的其他地點進行防禦。因此，這種小型進攻也不可能在時間上和空間上充分集中兵力。如果我們只是想在時間上集中兵力，那麼就必須選擇適當的地點同時採取進攻，但後果是我們也必須投入大量的兵力防禦主力部隊顧及不到的地點。這樣一來，在這種小目標的進攻戰中，所有的行動就沒有輕重之分。所有行動不可能匯整成一個有單一目標的主要行動，整個軍事行動就會分散，所受的摩擦也因此而增大，偶然事件隨時隨地都有可能發生。

　　事情常常往這樣的趨勢發展，這種趨勢牽制著統帥，使他焦頭爛額。統帥越是自信、越是有辦法、擁有的兵力越強大，就越能力圖擺脫這種趨勢，使某一地點具有關鍵意義，即使這樣做有較大的危險。

第八章
有限目標的防禦戰

我們先前說過，防禦戰的目標不可能是絕對消極的。即使是力量最弱的防禦者，也肯定擁有可以影響和威脅敵人的手段。

這種目標就是疲憊敵人。敵人追求的是積極目標，他任何一個沒有成功的行動（不但兵力損失而且沒有帶來其他成果）都算是退縮。被入侵的一方所遭到的損失並不是無謂的，因為他的目標就是據守，而這個目標已經達到了。人們似乎可以說，單純的據守就是防禦者的積極目標。假如人們可以肯定，進攻者嘗試數次之後必然會感到疲憊，會因此而放棄進攻，那麼這種看法也許是對的。然而，事態卻未必如此發展。只要看一下兵力消耗的情況就可以知道，防禦者整體上仍然處於不利的位置。所謂進攻受到削弱，只是在戰役可能出現轉折點的情況下是如此。假如不可能出現這種轉折點，就算雙方的損失相等，防禦者還是處於較弱的一方，他的土地和資源很可能被進攻者掠奪。由此可見，進攻者不可能放棄進攻。若進攻者一再進攻，而防禦者除了防禦以外不採取其他任何行動，那麼進攻方遲早會成功，而防禦者則沒有辦法避免這種危險。

在現實中，若兵力較強的一方力量用盡，由於戰力疲累而提出議和，這種情況在大多是因為意志不堅定造成的，不能把它看作是防禦的最終目標。

這樣一來，我們只好從等待的概念中尋找防禦的目標，而等待本來就是防禦固有的特徵。這包括等待局勢發生變化，當局勢不能透過內部手段（即抵抗行動）改變時，就只能期待外力影響。這無非指的是政治環境的改變，或者是防禦者有了新的盟國，或者是原來反對他的同盟瓦解了。

在防禦者兵力弱小而不能發動任何較強的反擊時，等待就成為當前的行動目標。不過，根據防禦的概念，並非每一次防禦都是這樣。防禦是更為有

效的作戰形式，所以在發動反擊行動時，也可以利用防禦的優勢。

我們必須區分以下兩種情況，因為它們對防禦有不同的影響。

在第一種情況下，防禦者的意圖是盡可能長期地占有並保持國土完整，這樣可以贏得的時間最多，贏得時間也是達到目標的唯一途徑。他的積極目標可以是在議和時得到想要的條件，但這不能列入戰爭計畫中。防禦者必須保持戰略被動，他唯一的目標只有抵抗住敵人的進攻，即使他在某些地區上取得優勢，也必須把優勢轉移到別的地區去，因為各處的情況都很緊急。如果他連這樣的機會都沒有，那麼只能去爭取很小的利益，獲得暫時喘口氣的機會。

就算防禦者的兵力不多（前提是防禦的目標和本質不變），他也可以採取一些小規模的進攻行動，如入侵、牽制性進攻、進攻個別的要塞等，但這時的目的主要是獲得暫時的利益，用來補償以後的損失，而不是永久的占領。

但在第二種情況下，防禦中已經含有積極的意圖，也帶有較多的積極性質，而且若是反擊的力度越大，積極的性質就越多。換句話說，越是主動地採取防禦，以便將來有把握地反擊，那麼就越能夠大膽地給敵人設下圈套。最大膽、效果最好的圈套是向本國腹地撤退，這也是和上一種防禦方法差別最大的手段。

只要回憶一下腓特烈大帝在七年戰爭和俄國在一八一二年所處的不同處境就可以明白這一點了。當戰爭開始的時候，腓特烈大帝已經完成戰爭準備而占有一定優勢，這為他奪取薩克森創造了有利條件。此外，從戰區位置來看，薩克森像是自然的延伸地帶，因而占領薩克森非但沒有使他的兵力分散，反而增強了他的軍隊。在一七五七年戰役開始時，他曾試圖在戰略上繼續進攻，在俄國人和法國人到達西里西亞、布蘭登堡公國和薩克森戰區以前，這並不是不可能的。這次進攻最後以失敗告終，他被迫在以後的戰役中採取防禦，並放棄波西米亞，還得在自己的戰區裡清除敵人的勢力。他得先對付法國軍隊，再用同一批兵力向奧地利人進攻。這樣的優勢只能歸功於他成功的防禦。

一七五八年，當敵人已經縮小了對他的包圍圈，而且兵力對比已經開始對他不利時，他還試圖在摩拉維亞進行一次小規模的進攻。他想在敵人還沒有完全準備好以前占領奧爾米茨，他沒打算長期擁有這個地方，更不是計畫將其作為繼續前進的基地，而是作為抵抗奧地利進攻的外圍工事。奧地利人因此不得不在這次戰役的後一階段收復這個地方，甚至不得不進行第二次戰爭。然而，腓特烈這次進攻也失敗了。於是他放棄了發動任何真正的進攻，因為他感覺到這只會使他更居於劣勢。他把兵力集中部署中心地帶（薩克森和西里西亞），這樣就縮短移動距離，以便及時增援受到威脅的地點，在不可避免時進行會戰以及進行小規模的入侵，接著靜靜地等待，積蓄力量等待有利時機到來，這就是他戰爭計畫的概況。在實施這個計畫的過程中，他的行動越來越消極。因為他發現即使勝利也要付出很多的代價，於是就力求付出較少的代價來應付局勢。這時一切都在於贏得時間，在於保住他原來占有的地方，他越來越珍惜土地，甚至進行全線戒備防禦。普魯士亨利親王在薩克森和國王自己在西里西亞山區的布防都是全線戒備。從腓特烈大帝給達爾讓斯侯爵的信中可以看到，他多麼迫切地盼望冬季休戰期的到來，當他沒有遭到重大損失就進入冬季休戰期時又是多麼地高興。

有人因此責難腓特烈，還說他這樣做會打擊士氣。這種指責是十分輕率的。在我們看來，腓特烈不能把最後希望寄託在邦策爾維茨營壘、亨利親王在薩克森的陣地和腓特烈大帝在西里西亞山區的陣地，像拿破崙這樣的人很快就會瓦解這種戰術上的圈套。但我們不應該忘記，由於時代改變了，戰爭已經變得完全不同了，已經有新的組成元素，過去能產生作用的陣地現在已經無效了。同時，在這裡還要考慮敵人的特點。用來對付奧地利的道恩與俄羅斯的布圖爾林這些人的戰爭手段，連腓特烈自己都不覺得有多麼出色，在當時卻已經展現他最高的智慧了。

結果證明這種看法是正確的。腓特烈透過等待達到了目的，而且避開了危險，以免他的軍隊遭到毀滅。

一八一二年戰役開始時，俄國人的兵力比法國人少很多，比腓特烈大帝在七年戰爭中更加不利。然而俄國人在戰役進程中大大增強了自己的兵力。

對拿破崙來說，整個歐洲暗地裡都是他的敵人，他不得不發揮最大限度的力量。在西班牙，消耗戰弄得他手忙腳亂。在幅員遼闊的俄國，俄軍向後撤退上百英里，使他的軍隊嚴重耗損。只要法國的進攻失敗（亞歷山大皇帝不議和或者他的臣民不叛變，法國的進攻又怎麼會成功呢？），俄國就有可能猛烈地反擊，徹底毀滅敵人，帶來巨大的戰果。俄國人無意中執行了這個絕妙的戰爭計畫，即使是最聰明的人也制定不出比這更好的戰爭計畫。

當時沒有人是這麼想的，甚至認為這個計畫是荒謬的，但在現在我們沒有理由否認這種計畫的正確。如果我們想從歷史中學習，那麼就必須把發生過的事情看作是將來也可能發生的事情。任何一個有判斷力的人都會同意，拿破崙向莫斯科進軍後發生的重大事件，並非是一堆偶然的事件。假如俄國人一開始就在邊境防禦，雖然還是可能讓法軍失去光彩，讓幸運之神離他們而去，但不會帶來這麼巨大而有決定性的成果。俄國得到的偉大勝利是用犧牲和冒險換來的（這種犧牲和冒險太大了，對大多數國家來說是不可能執行的）。

因此，人們永遠只有透過積極的手段，也就是以決戰為目標，而不是以單純的等待為目標，才能取得重大的戰果。即使在防禦中，也只有投入龐大的資源才能獲得具體的成果。

第九章
以打垮敵人為目標的戰爭計畫

詳細地論述了幾種不同戰爭目標之後，現在就來研究和這些目標相對應的三種不同的戰爭整體部署。根據我們以前所做的論述，有兩個主要原則貫穿在整個戰爭計畫之中，並且確定具體行動的方向。

第一個主要原則是：把敵人的力量歸結為幾個重心，最好是歸結為一個重心；再把打擊重心歸結為幾次主要行動，最好是歸結為一次；最後，確保所有次要行動從屬於主要行動。總之，第一個主要原則就是盡可能地集中行動。

第二個主要原則是盡可能地迅速行動，如果沒有充分的理由，就不要停頓，不要走彎路。

我們先來研究第一個主要原則。能否把敵人的力量歸結為一個重心，取決於下列條件：

第一，取決於敵人軍隊的政治結盟。如果敵人是一個國家的軍隊，那麼歸結為一個重心通常是沒有困難的。如果敵人是同盟國的軍隊，但他們只是履行同盟的義務，並不是為了本身的利益而作戰，那麼很容易就能把它們歸結為一個重心。如果敵人是具有共同目的的盟國聯軍，那麼一切就取決於它們的友好程度。這些我們在前面已經談過了。

第二，取決於敵人各軍隊所在戰區的位置。如果敵人的軍隊在一個戰區內集中成一支軍隊，那麼它們實際上是一個整體，也就是一個重心。如果在戰區內的軍隊屬於不同的國家，那麼它們就不必然具有一致性。各軍隊之間若有密切的合作關係，對一支軍

隊的決定性打擊必然影響其他軍隊。如果各支軍隊布防在相鄰的幾個戰區內，這些戰區之間又沒有巨大天然屏障，那麼一個戰區就會對其他戰區產生決定性的影響。如果各個戰區相隔很遠，中間還隔有中立地區或大山脈等等，那麼一個戰區就未必對另一個戰區構成影響，或者說發生影響的可能性很小。如果各個戰區沒有位於被攻擊國家同一邊，以致這些戰區上的行動都是分頭進行，這時各個戰區之間的相互影響差不多就都消失了。

　　假如普魯士同時遭到俄國和法國的進攻，從作戰角度來看，這等於是兩個不同的戰爭，只有在議和談判時才有一致的意義。

　　與此相反，七年戰爭中的薩克森軍隊和奧地利軍隊卻被看作是一支軍隊，其中一國的軍隊遭到打擊，另一國軍隊必然會受到影響。因為對腓特烈大帝而言，這兩個戰區是在同一個方向上，而且薩克森在政治上根本沒有獨立性。

　　一八一三年，拿破崙同時和很多敵人作戰，可是對他來說，這些敵人幾乎都在同一個方向上，而且敵方戰區之間關係密切，彼此影響很大。如果拿破崙能夠集中自己的兵力在任何一個地點擊敗敵軍主力，那麼也同時決定了其他各部分敵軍的命運。[1] 假如他打敗了敵軍在波西米亞的主力，經過布拉格直逼維也納，那麼布呂歇爾就無法繼續留在薩克森了，因為人們會讓他去援救波西米亞，而瑞典王儲伯納陀特無論如何也不會留在布蘭登堡公國了。

　　與此相反，如果奧地利同時在萊茵地區和義大利對法國作戰，那個其中一個戰區的勝利就無助於另一個戰區的命運。一方面是因為瑞士和山地把

1　一八一三年八月，反法聯盟與拿破崙的和談破裂，戰爭再起。奧地利、普魯士、俄國、瑞典等國的軍隊分為三個兵團，即波希米亞兵團（主力由奧地利的施瓦岑貝格指揮）、西里西亞兵團（由普魯士的布呂歇爾指揮）和北方兵團（由瑞典的伯納陀特指揮），以優勢兵力合擊法軍。拿破崙率法軍在易北河中游德勒斯登地區企圖從內線各個擊破聯軍。

兩個戰區完全隔開了，另一方面是因為通往這兩個戰區的道路是分開的。然而，法國在一個戰區的決定性勝利卻能決定另一個戰區的命運，這是在兩個戰區裡，它的進攻方向都是指向奧地利王朝的重心維也納。而且，義大利戰區的勝利比較能影響萊茵戰區的命運，但反之不然，因為從義大利發動的進攻是指向奧地利的中心，而從萊茵地區發動的進攻是指向奧地利的側面。

由此可見，敵人兵力的分散和合作有各種不同的程度，只有在具體情況下才可以看清這一戰區對另一戰區有多大的影響，然後據此確定是否能把敵人的各個重心歸結為一個重心。

把一切力量都投入打擊敵人的重心，此原則只有在一個情況下是例外的，即次要行動可以帶來不尋常利益。在這裡還有一個前提，即我方有決定性的優勢，在進行次要行動時不會讓主要戰區受到威脅。

當一八一四年比羅將軍向荷蘭進軍時，人們事先就看出，他的三萬人軍隊不僅能夠牽制同樣多的法軍，而且能補強荷蘭人和英國人的戰力，使他們那些戰力有限的軍隊參與作戰。[2]

在制定戰爭計畫時，在第一個原則中應該遵循的第一個任務是，找出敵人的各個重心，並且盡可能把這些重心歸結為一個重心。第二個任務是，用來打擊重心的兵力要集中使用在一次主要行動上。

在這個問題上，有人也許會找出一些與前述觀點相反的理由，作為分散兵力前進的依據，這些理由是：

第一，軍隊原來的布防位置，也就是參與進攻的國家其地理位置不適合集中兵力。

如果集中兵力時要走彎路和浪費時間，而分散兵力前進並沒有太大的危

2　一八一四年戰役中，按聯軍作戰計畫，比羅將軍從漢諾威出發經荷蘭、比利時向法國北部進軍，然後併入西里西亞兵團。這一行動不僅幫助了奧倫治公爵回國復位，以及幫助了英軍上陸，而且還牽制了姆米松指揮的法軍。

險，那麼，分兵前進就是正確的。進行不必要的兵力集中會浪費許多時間，還會減弱第一次進攻的銳氣和速度，這就違反了我們提出的第二個原則。在所有能夠出其不意襲擊敵人的情況，這一點特別值得注意。

更重要的是，參與進攻的盟國不是位於一條直線上，它們不是前後重疊，而是分散地面對著要進攻的國家。普魯士和奧地利對法國作戰時，如果兩國的軍隊想集中從一個地點發起進攻，那只是浪費時間和力量，是非常不合理的做法。因為要進攻法國的心臟，普魯士人的前進方向自然是從下萊茵地區出發，奧地利人的前進方向自然是從上萊茵地區出發，在這種情況下，集中兵力肯定會減弱戰力。所以在具體情況下，要考慮兵力集中所損失的戰力是否值得。

第二，分散兵力前進可以取得更大的成果。

這裡所說的分散兵力前進是同時朝向同一個重心，因此是向心進攻。至於在一個平行線上或朝著不同方向的分頭進攻則屬於次要行動，這樣的行動我們已經談過了。

無論在戰略上還是在戰術上，向心進攻比較容易取得大的成果，如果向心進攻成功了，結果不只是打敗敵人，也讓敵人的軍隊被切斷。因此，向心進攻常常能取得較大成果，但這是用分割的兵力在較大的戰區內作戰，因而風險更大。向心和離心的關係就如同進攻和防禦的關係，較弱的形式能帶來更大的成果。

問題的關鍵是，進攻者的力量是否已足夠強大，從而能夠去追求這個巨大的成果。

腓特烈大帝一七五七年進攻波西米亞時，是從薩克森和西里西亞分兵前進。他這麼做有兩個主要原因。第一，他在冬季就是這樣布防軍隊，如果要先把軍隊集中在一個地點上再發起進攻，就收不到奇襲的效果。第二，這種向心進攻能夠從側面和背後威脅奧地利的兩個戰區。但這麼做的風險是，他的任何一支軍隊都可能被占優勢的敵軍擊潰。奧地利人若沒有用優勢兵力擊

潰其中一個兵團，那麼就只能在中央進行會戰，或因為其中某一側的壓力而被迫離開交通線，直到慘敗為止。這正是腓特烈大帝在這次進攻中希望取得的最大戰果。結果奧地利人選擇了在中央進行會戰，但是他們軍隊所在的布拉格卻處在被包圍和攻擊的威脅下。奧地利人完全處於被動地位，讓敵方有餘裕充分發揮攻勢。結果奧地利人會戰失敗了，這是一次真正的慘敗，因為三分之二的軍隊連同指揮官都被圍困在布拉格。

　　腓特烈大帝在戰役開始時能獲得如此輝煌的戰果，是因為他大膽地採取了向心進攻。腓特烈大帝準確地策畫行動，他的將領也非常努力。他的軍隊士氣高昂，而奧地利軍隊卻行動遲緩，這些足以保障他的計畫獲得成功。有這些優勢，誰又能指責他的行動過於冒險呢？人們如果不考慮到他的精神上的優勢，只把勝利歸功於進攻的形式，那是錯誤的。拿破崙一七九六年的戰役有同樣輝煌的戰果，也可以說明這一點。在那次戰役中，奧地利人因為向義大利發動向心進攻而遭到重創。除了精神力量以外，法軍的兵力比一七五七年的奧地利還少，而且奧地利的統帥所掌握的資源更多。由此可見，如果分散兵力實施向心攻擊反而使兵力較弱的敵人利用內線發揮戰力，那麼我們就不應該這麼做；如果軍隊布防的位置使我們不得不分散兵力實施向心進攻，那也只能是不得已的行動。

　　從這種角度來觀察一八一四年進攻法國的計畫，那麼就會覺得它毫無價值。當時俄國、奧地利和普魯士的軍隊集結在美茵河畔的法蘭克福附近，也就是位於法蘭西重心的直線方向上。但是為了要分別從美茵茲與瑞士攻入法國，就把軍隊分散開來。當時對方的兵力很弱，根本無法防守自己的邊界，因此這種向心進攻如果能夠成功，最多也只不過占領洛林和阿爾薩斯，另一邊同時占領法蘭琪一康堤。難道為了這麼一點好處就值得從瑞士進軍嗎？決定這次進軍的還有另外一些同樣錯誤的理由，在這裡姑且不再談論。

　　拿破崙善於用防禦來抵抗向心進攻，傑出的一七九六年戰役已經證明這一點，即使對方在人數上大大超過他的軍隊，他還是占有精神上的優勢。雖然他較晚才來到夏龍，同時又過於輕敵，但他還是差一點就把兩支尚未會合的敵軍打敗了。他在布里昂時，敵方這兩支軍隊戰力薄弱。布呂歇爾的六萬

五千人在這裡只有二萬七千人，主力軍隊的二十萬人在這裡只有十萬人。這對拿破崙來說是再好不過的機會了。而在聯軍方面，也是從行動開始的那一刻起，就迫切感到要趕緊集中兵力。[3]

據此可以認為，即使向心行動能取得更大的成果，大多也只能在軍隊原先就分散布防的情況下執行。為了發動向心進攻而讓軍隊偏離最短、最直接的進攻方向，這只有在很少的情況下才適用。

第三，戰區擴大作為分散兵力前進的理由。

當一支進攻的軍隊從一個地點前進，並且成功地深入敵國腹地時，它所控制的不限於行軍路線上的那些地區。它可以向兩側擴展，範圍取決於敵人國內是否團結和有凝聚力。如果敵國內部並不團結，民眾既脆弱又缺乏戰爭經驗，那麼我方軍隊不必花很大力氣就能占領廣闊的地區。但是，如果敵國的人民既勇敢又忠誠，那麼兩側所延伸的地區充其量只是形成一個狹長的三角形。

為了擺脫這種不利因素，進攻者需要在一定程度上拓寬軍隊的正面。如果敵人的兵力集中在一個地點，那麼在與敵軍接觸之前，進攻者可以保持這個寬度。離敵軍的布防地點越近，正面寬度就越要縮窄，這是很明顯的道理。

如果敵人的正面很寬，那麼我方的正面變寬也是合理的。不管是單個戰區或多個戰區相連，主要行動都可以同時決定次要地點的命運。

然而我們可以永遠按這個觀點採取行動嗎？在主要地點對次要地點的影

3　一八一四年戰役初，布呂歇爾率領西里西亞兵團渡過萊茵河後，將約克軍留在摩澤爾河地區，只帶二萬八千人向布里昂挺進，準備與施瓦岑貝格率領的波希米亞兵團會合。一月二十九日於布里昂附近與拿破崙率領的四萬法軍會戰，布呂歇爾戰敗，退向特蘭。此時，波希米亞兵團有十一萬人到達奧布河上的巴爾。布呂歇爾得到施瓦岑貝格派出的很大一部分援軍後，二月一日於布里昂附近的拉羅提埃與法軍再次進行激戰，由於聯軍兵力占絕對優勢，法軍敗退。

響不夠大時，我們可以冒這種危險嗎？戰區需要一定的寬度，這難道不值得特別注意嗎？

　　在這裡我們不可能把所有的行動組合都列舉出來。但是我們相信，除了少數例外的情況，主要地點的決戰將會同時決定次要地點的命運。因此，除了很明顯的例外情況，一般都應該根據這個原則採取行動。

　　當拿破崙進入俄國時，他完全有理由相信，道加瓦河上游的俄國軍隊會因主力被擊敗而敗退，因此他起初只命令烏迪諾的部隊去對付這部分俄軍，但是，維根斯坦將軍卻發動反擊，拿破崙就不得不把第六軍也派到那裡去。[4]

　　另一方面，他為了一開始就派兵去對付巴格拉季昂，但是巴格拉季昂跟著主力部隊撤退了，於是拿破崙又把派去的軍隊調了回來。[5]假如維根斯坦不必掩護第二首都的話，他可能也會隨巴爾克萊撤退。

　　拿破崙一八○五年在烏爾姆的勝利和一八○九年在雷根斯堡的勝利分別決定了義大利戰區和蒂羅爾戰區的命運，儘管義大利戰區是一個相當遙遠的獨立戰區。[6]一八○六年，拿破崙在耶拿和奧爾斯塔特取得了勝利，這也同時也化解了其他地區的威脅，主要在西發利亞、黑森和通往法蘭克福的道路上。[7]

4　一八一二年戰役初，巴爾克萊率俄國第一兵團從德里薩向維捷布斯克撤退時，把維根斯坦留在德里薩一帶掩護通向彼得堡的道路。拿破崙派烏迪諾率第二軍渡過道加瓦河向波洛次克、謝別日方向前進，以掩護主力的翼側。在克利亞斯提策附近，烏迪諾被維根斯坦擊敗，於是拿破崙派聖西爾侯爵率第六軍去支援烏迪諾。

5　一八一二年戰役初期，拿破崙率法軍主力直逼維爾那，俄國第一兵團退向德里薩，繼而退向斯摩棱斯克。法軍達武奉命向明斯克推進，企圖切斷俄國第二兵團的退路，但俄軍第二兵團在第一兵團撤退後也已經撤退。當俄軍的這兩個兵團在斯摩棱斯克會合後，拿破崙即將達武調回。

6　一八○五年，拿破崙在烏爾姆取得的勝利，打亂了奧軍的作戰計畫，迫使卡爾大公率領在北義大利的奧軍撤退。一八○九年雷根斯堡會戰後，拿破崙派勒費弗爾將軍率第七軍進入蒂羅爾地區。蒂羅爾地區的奧軍本想阻擊法軍前進，但因主力敗退，也不得不退出蒂羅爾。

7　一八○六年普魯士在布蘭登堡保存一支三萬人的戰略預備隊，準備在必要時在西發利亞另開闢一個戰場。黑森選帝侯在戰前與普魯士訂有協定：普魯士獲勝時，黑森站到普魯士一邊共同反對法國；法國獲勝時黑森嚴守中立。耶拿會戰前夕，普軍派威瑪公爵率出提林格山準備向法蘭克尼亞方向襲擾法軍後方。由於耶拿和奧爾斯塔特會戰失敗，這些計畫都沒有實現。

有許多因素會影響次要地點的抵抗，主要情況有兩種。

第一，在幅員遼闊、比較強大的國家中（例如俄國），可以延後對主要地點的決定性攻擊，不必急於把一切力量都集中到主要地點上。

第二，有些次要地點因為有許多要塞而具有特殊獨立的性質，例如一八〇六年的西里西亞。拿破崙在當時非常輕視這個地點，當他向華沙進軍時，不得不暫時把這個地點留在背後，只派他弟弟傑候姆率領二萬人向那裡進攻。

在這些情況下，打擊主要地點很有可能動搖不了次要地點，這是因為敵人在次要地點上布防了堅實的軍隊。在這種情況下，進攻者就不得不把這些次要地點看作是無法避開的麻煩，只能派適當的軍隊去對付他們，因為進攻者不可能一開始就放棄自己的交通線。

進攻方還可以更加小心謹慎，進攻主要地點和次要地點的步調應該完全一致，如果敵人不從次要地點撤退，就暫停主要的進攻。

雖然這個方法並不直接違背我們以前所說的原則，即盡可能把一切力量都集中在一個主要行動，但是這兩者的指導思想是完全對立的。按這個原則採取行動，軍隊的行動速度就會變慢，進攻力量就會減弱，偶然事件也會增加，就會損失更多時間，所以這個方法和以打垮敵人為目標實際上是完全不相容的。

假如敵人在次要地點上的軍隊以離心方式撤退，那麼進攻方的困難就會增加。在這種情況下，我們的進攻要如何維持整體性呢？

主要進攻絕不能完全受制於次要地點的情況。以打垮敵人為目標的進攻，如果沒有膽量像一枝利箭那樣射向敵人心臟，就不可能達到目標。

第四，分散兵力比較容易取得補給。

一支小部隊通過一個富有地區當然要比一支大部隊通過一個貧窮地區順利得多，但是，只要採取適當的措施，軍隊也習慣於吃苦，那麼一支大部隊通過貧窮地區也不是不可能的。因此，我們不能為了讓小部隊通過富有的地

區而改變計畫，以致陷入分散兵力的巨大危險中。

　　但我們仍然同意，把一個主要行動分成幾個行動是有根據的。如果目標非常清楚，在慎重地分析利害得失之後，再根據前述的理由之一分散兵力，那是無可非議的。

　　但是，戰爭計畫常常是由一個只注重理論的參謀總部按照慣例所制定的，就像下棋要先在棋盤上擺好棋子一樣，他們認為各個戰區要先部署好軍隊才行動。行動計畫不能只是結合各種規則和慣例、毫無彈性地去達成目標。如果今天把軍隊分開，兩週後又冒著很大的危險再把它們集結起來，只是為了顯示軍隊的訓練完美，這就是故意陷入混亂，放棄了直接、簡單和樸實的做法，也是我們深惡痛絕的。我們在第一章談過，最高統帥若不直接指揮戰爭，不把戰爭看作是具有巨大力量的個人行動，而是把整個計畫交給脫離實際的總參謀部，由若干一知半解的人憑空想像，那麼前面所說的愚蠢行為就越容易發生。

　　現在我們來研究第一個原則的第三個任務，即確保次要行動從屬於主要行動。

　　人們盡力把所有戰爭行動歸結為一個簡單的目標，並且透過一次主要行動來達到這個目標，所以交戰國發生接觸的其餘地點就失去了獨立性，那裡的行動都變成從屬的行動。假如一切行動能完全歸結為一個行動，那麼發生接觸的其餘地點就完全無關緊要了。這種情況是很少見的。因此，重點在於不要抽調過多的兵力用於次要地點而削弱主要行動。

　　再者，即使無法把敵人的全部抵抗歸結為一個重心，而是必須同時進行兩個各自獨立的戰爭，戰爭計畫也仍然必須遵循原則，把其中一個戰爭看作是主要的，並根據它來安排兵力和行動。

　　根據這個觀點，只在一個主要地點上採取進攻而在另一個地點上採取防禦是合理的。只有在特殊情況下，才需要在另一個地點上也採取進攻。其次，防禦次要地點的兵力越少越好，而且要充分利用這種抵抗形式的一切優勢。

　　如果敵人的軍隊屬於不同的國家，但仍然有一個戰區是它們共同的重

心，那麼這個原則就更為適用了。

如果次要戰區的行動也是針對主要進攻的目標，那麼在次要戰區就不能進行防禦。因為這時整體攻勢就包含主要戰區的進攻和次要戰區的進攻，而主要進攻無法掩護的地點，就沒有必要進行防禦。這時一切都取決於主力決戰，一切其他損失都會得到補償。如果兵力足夠，並且有充分的理由可以進行主力決戰，就算主力決戰可能失敗，也不用擔心其他地點上的損失。那樣只會讓主力決戰增加失敗的可能，讓我們的行動產生矛盾。

不僅次要行動應該從屬於主要行動，主要行動的優先性也應該彰顯在所有層面上。要派哪一個戰區的兵力去進攻敵軍的重心，這常常取決於外部的原因。在這裡只能指出，我們一定要努力去確保主要行動居於主導地位，這樣一切就越簡單，偶然情況也就越少。

我們繼續研究制定戰爭計畫時必須遵循的第二個主要原則，即迅速地使用軍隊。

無謂地消耗時間，走不必要的彎路都是浪費力量，是戰略上最忌諱的。尤其重要的是，進攻的唯一優點就是在戰爭開始時出敵不意。速度和衝擊力是進攻最有力的兩個元素，要打垮敵人的話，它們更是不可缺少。

因此，理論的任務是找到通向目標的最佳途徑，而不應該不斷地討論從左邊還是從右邊、向這裡還是向那裡的問題。

我們在第七篇第三章談過戰略進攻的目標，在本篇第四章談過時間的影響。據此我們可以了解，迅速地使用軍隊確實具有重要的意義。

拿破崙一直遵循這個原則，往來不同的戰區與國家時，他總是採取最短的路線。

那麼，重點在於，為什麼必須迅速而直接地實施主要行動呢？

打垮敵人的意義是什麼，我們在第四章已經從各方面盡可能地做了論述，沒有必要再重複。在各個具體情況下，不管打垮敵人的決定性因素是甚麼，起始點總是相同的：消滅敵人的軍隊。這意謂著取得巨大的勝利，並且粉碎敵人的軍隊。決戰的時間點越早，決戰的地點離我方邊界越近，勝利就越容易取得；決戰的時間點越晚，地點越深入敵國腹地，勝利就越具有決定

性的意義。這個道理在其他情況下也適用，取得勝利越容易，成果就越小；而取得勝利越困難，成果就越大。

如果我軍對敵軍的優勢還不足以確保勝利，那麼我們就應該盡快去尋找敵軍主力。雖然我方的軍隊還是有可能走很多彎路，如選錯方向、浪費時間諸如此類的錯誤。就算敵軍主力不在我們進軍的路上，而且尋找它也非常困難，我們終究還是會遇到它，因為它不會放棄對抗我們的機會。在這種情況下，我們將在比較不利的條件下作戰，這是我們必須接受的。可是，如果我們還能夠獲得勝利，那麼，這種較晚發生的會戰就更具有決定性意義。

從這裡可以得出結論，在還不能保證肯定能獲勝的情況下，如果敵軍的主力在我們的行進路線上，那麼，刻意繞過敵軍就是錯誤的，之後並不會比較容易獲勝。另一方面，當我軍占有決定性優勢時，為了以後能發動更有決定意義的會戰，我們可以刻意繞過敵軍主力。

以上所談的是完全的勝利，也就是徹底打垮敵人，而不僅僅是獲得會戰的勝利。要取得這種徹底的勝利，需要進行包圍或變換進攻方向，因為這兩種進攻形式常常能取得決定性的成果。因此，確定戰爭中所需要的軍隊數量和行動方向是戰爭計畫的主要內容。我們在〈戰役計畫〉一章中還要繼續討論這一問題。[8]

在兩軍正面相對的情況下徹底打敗敵人，也許並非不可能，歷史上也有這樣的戰例，但是，當所有的軍隊在訓練水準和機動能力方面越是接近，這種可能性就越少，將來也不大會再發生這種情況。在布林海姆，單一個村莊裡就有二十一個營被俘虜，這樣的事情現在不可能再發生。

如果獲得了巨大的勝利，就不應該喘息，不應該只想要鞏固勝利成果等等，一定要乘勝追擊。如有必要，應該發動新一輪的進攻，如占領敵國的首都、攻擊敵人的援軍或者打擊敵國的其他依靠。

當勝利的洪流把我們領到敵人的要塞面前時，圍攻要塞與否取決於我們

8　克勞塞維茨並沒有寫出那一章。

兵力的強弱情況。如果我們在兵力方面占有很大的優勢，那麼不盡早攻下這些要塞就是浪費時間。如果我們的軍隊沒有把握取得進一步的勝利，那麼我們就只能用最少的兵力來對付這些要塞，於是這些要塞就不可能被攻破。在圍攻要塞使我們不能繼續前進時，進攻通常就已達到了頂點。因此，我們要求主力部隊迅速不停歇地前進和追擊。我們已經說過，不應該等待次要地點勝利才進攻主要地點。因此在一般的情況下，我軍主力的背後只會留下一個狹長地帶是由我們掌控的，也就是我們的戰區。這樣的情況會如何削弱前面部隊的進攻力量，會給進攻者帶來哪些危險，我們前面已經談過了。這種困難，這種內在阻力是否會妨礙部隊繼續前進呢？這當然是可能的。但是，我們已經指出，在戰爭開始時，為了使背後的戰區不是這種狹長的地帶，降低進攻速度是錯誤的。我們仍然認為，只要統帥還沒有打垮敵人，只要他相信自己有充足的力量，他就應該追求這個目標。這樣做也許會增加危險，但預期的成果也會不斷擴大。當統帥到了不敢繼續前進、必須考慮自己的後方、必須向左右兩側擴展的時候，那麼就很可能已達到了進攻的頂點。於是，飛翔的力量枯竭了。如果這時敵人還沒有被打垮，就很可能就再也無法實現目標。

為了要穩步地前進而去占領要塞、關口等等地區，這些都是消極而不是積極的前進了。在這種情況下，敵人就不再逃跑，也許已經在準備新的抵抗。這時進攻者雖然還在穩步地前進，但是防禦者也同樣在行動，而且每天都取得一點成果。總之，還是重申前面的結論，經過一次必要的停頓之後，通常就不可能再發動第二次進攻。

因此，就理論上而言，要想打垮敵人，就要不停頓地前進。如果統帥發覺這樣做危險太大而放棄目標，那麼，他的確應該停止前進而向兩側擴展。如果他停止前進的目的是為了更巧妙地打垮敵人，沒有一種理論會支持這種作法。

然而，我們還不至於那樣愚蠢，認為不可能按部就班地打垮一個國家。首先要說明，這個原則並不是毫無例外的絕對真理，而是以通常的狀況作為依據。其次，要區分一個國家的是隨著歷史的發展而逐漸滅亡，還是一次戰

役被打垮的結果。我們在這裡談的是後一種情況，那樣才會出現兩軍對決的緊繃狀態，他們不是克服了那極端的負荷，就是被其中的危險吞噬。如果人們在第一年得到一點戰果，第二年又得到一點戰果，這樣也可以緩慢地達到目標。雖然這麼做不會有嚴重的危險，可是會使得危險更加擴散開來。從一個勝利到另一個勝利之間的間歇都會給敵人新的希望。前一個勝利對以後的勝利只有很小的影響或者往往沒有影響，甚至會產生不利的影響。在這種情況下，敵人就能恢復實力，甚至能發起更大的抵抗，或者得到外來的援助。但是，如果我們的進攻行動不斷地進行，那麼昨天的勝利就能帶來今天的勝利，勝利之火就會連綿不斷地燃燒起來。時間是防禦者的守護神，但每一個在接二連三的打擊下敗亡的國家，都失去了時間之神的眷顧——想想有多少例子是時間摧毀了進攻者的戰爭計畫！只要回想一下七年戰爭的結果就可以明白這一點，當時奧地利人想要從容不迫、小心謹慎地達到目的，結果完全失敗了。

　　根據上述觀點，我們絕不會認為，在向前推進的同時應該經常建立相應的戰區，使兩者保持平衡。恰恰相反，我們認為向前推進所產生的不利是不可避免的，只有當沒有希望繼續向前推進時，才應該考慮避免這種不利情況。

　　拿破崙一八一二年的例子並沒有推翻我們的論點，反而更加證明其正確。

　　這次戰役之所以失敗，並不是像一般輿論所說的那樣，是因為他前進得太快太遠，而是因為他爭取勝利的唯一手段失去了作用。俄羅斯帝國不可能真的被征服和占領，現在歐洲各國的軍隊加起來也對付不了它，拿破崙所統率的五十萬軍隊也同樣沒辦法。對這樣的國家，只有利用它本身的弱點和內部的分裂才能使之屈服。為了打擊這些政治要害，就得去動搖這個國家的心臟。拿破崙得發動強有力的進攻，一舉拿下莫斯科，才能動搖俄國政府的勇氣以及人民的忠實和堅定。在莫斯科締結和約是他在這次戰役中唯一合理的目標。

　　他率領主力向俄軍主力進攻，後者只好撤退，經過德里薩營地一直退到

斯摩棱斯克。他還迫使巴格拉季昂隨俄軍主力一起撤退，並且打敗了這兩支軍隊，占領了莫斯科。他在這裡採取的行動與以往的做法相同，這種作戰方式讓他成了歐洲的統治者，它也是唯一有效的方式。

拿破崙在過去歷次戰役中都展現偉大統帥的才華，在這次戰役中我們也不應該指責他。

以結果來評判事件的得失是正當的，因為這是最響亮的判準（參閱第二篇第五章〈批判〉），但是當一個判斷完全出於結果，其中就沒有任何智慧可言。找出戰役失敗的原因並不等於批評這次戰役，只有證明統帥沒有預先看到或忽視失敗的原因，才可以指責這位統帥。

僅僅因為拿破崙在一八一二年的戰役中遭到強烈的反擊，就認為這次戰役是荒謬的；假如這次戰役取得了勝利，他又認為這次戰役是最卓越的行動。這種判斷一點意義也沒有。

大多數批評者認為，拿破崙應該在立陶宛停下來，確保要塞的安全。事實上，除了位於軍隊側面很遠的里加之外，那裡幾乎沒有要塞，博布魯伊斯克只是一個不重要的小地方。這樣，拿破崙就不得不在冬天進行悲慘的防禦行動。這些批評者恐怕又會叫嚷起來：這可不是從前的拿破崙！在奧斯特里茨和弗里德蘭，在敵國最後一座城牆上打上征服烙印的拿破崙，在俄國怎麼不發動主力會戰呢？他怎麼會猶豫不決，沒有占領敵國首都——那個沒有設防、準備棄守的莫斯科——而讓這個核心存在下去，在它的周圍聚集起新的抵抗力量呢？千載難逢的良機擺在他的面前，襲擊這個遠方的巨人，就像襲擊鄰近的城市一樣，或者像腓特烈大帝襲擊又小又近的西里西亞一樣。他沒有利用這個有利條件，反而在通往勝利的路上停了下來，難道是凶神絆住了他的雙腳嗎？大多數批評者就會這樣評論拿破崙。

一八一二年的戰役沒有成功，是因為俄國的政府穩固，人民忠誠又堅定，也就是說，這次戰役根本不可能成功。發動這次戰爭才是拿破崙的錯誤，至少結果證明他的估計有誤。但如果要進攻俄國，那麼，也只有這種作戰方式。

拿破崙在東部並沒有像他在西部那樣進行耗費時間和資源的防禦戰，而

是試圖用唯一的手段來達到目的：大膽的進攻，迫使驚惶失措的敵人議和。在這種情況下他要冒全軍覆沒的危險，這是他在這次賭博中所下的賭注，是實現巨大希望所必須付出的代價。如果說軍隊損失過大是他的過錯，那麼這種過錯並不在於推進太遠（因為這就是他的目的，是不可避免的行動），而是在於戰役開始得太遲，在於採取了浪費兵力的戰術，在於沒有周詳考慮補給和撤退的路線。此外，他從莫斯科撤退的時間也太遲了。

俄軍為了阻止拿破崙撤退，曾先於敵人趕到別烈津納河，這並不能作為有利的證據來反駁我們的觀點。第一，這一點正好表明，要真正切斷敵人的退路是多麼困難，被切斷退路的敵軍在最不利的情況下最後還是開闢了退路。雖然俄軍的這個行動的確使拿破崙的處境更糟，但這並不是拿破崙失敗的原因。第二，俄軍的行動能奏效，多半歸功於俄國的地形條件。假設沒有橫在大道前面的別烈津納河的沼澤地，而且四周也沒有茂密的森林，通行也不那麼困難，那麼要切斷法軍的退路就更加不可能了。第三，為了防止退路被敵人切斷，讓軍隊在一定的寬度上推進，這種辦法我們以前就駁斥過了。如果採用這種方法，讓中間的部隊向前推進，用左右兩側的部隊進行掩護，那麼任何一側的部隊失利，都會迫使前面的中間部隊得回頭來援助，在這種情況下進攻還會取得什麼成果嗎？

拿破崙並不是不關心側翼。為了對付維根斯坦，他留下了占優勢的兵力。在圍攻里加時他動用了相當於一個軍的兵力，這遠超過實際所需。他在南方有施瓦岑貝格率領的五萬人，這支軍隊超過了托爾馬索夫的兵力，甚至可以和契查哥夫的兵力相抗衡。此外，他在後方的中心地帶還有莫羅率領的三萬人。甚至在十一月，俄軍兵力已經大大增強，法軍兵力大為削弱的決定性時刻，對於在莫斯科的法國兵團而言，其背後俄軍兵力的優勢還不是很大。維根斯坦、契查哥夫和薩肯的兵力總共是十一萬人，而施瓦岑貝格、雷尼埃、莫羅、烏迪諾和聖西爾實際上也有八萬人。即使是最謹慎的將軍，恐怕也不會在進軍時派出比這更多的兵力去掩護自己的側翼。拿破崙在一八一二年渡過尼曼河時的兵力是六十萬人，如果他沒有犯我們指出的那些錯誤，就有可能帶回來二十五萬人，而不是與施瓦岑貝格、雷尼埃和麥克唐

納再次渡過尼曼河的五萬人；但是即使是這樣，這次戰役依然是失敗的，不
過在理論上就沒有什麼好批評他了。因為在這種情況下，損失的兵力超過總
兵力的一半並不是什麼罕見的事情。這個損失之所以引起關注，也只是因為
損失的絕對數量太大。

關於主要行動、發展趨勢以及不可避免的危險就討論至此。關於次要行
動，首先要指出，所有的次要行動應該有一個共同的目標，但是這個目標不
應該妨礙每個部分的活動。如果有三支軍隊分別從上萊茵地區、中萊茵地區
和荷蘭進攻法國，目的是在巴黎會師；如果在會師以前每一支軍隊都要盡量
完整地保存戰力而不得冒任何危險，這樣的計畫就是有害的。執行這樣的計
畫時，三支軍隊的行動必然會相互牽制，在前進時必會遲緩、猶豫不決和畏
縮不前。最好是給每支軍隊適當的任務，一直到它們自然地會合成一個整體
時，才讓它們統一行動。

把軍隊分成幾個單位，行軍幾天後再把它們集中起來，這種做法幾乎在
所有的戰爭中都會出現。然而從根本上說，這種做法是毫無意義的。如果要
分兵前進，就必須有確實的理由與所要達成的目標，不能像跳方塊舞那樣，
只是隨性地分開與組合。

因此，當軍隊向不同的戰區進攻時，應該給各支軍隊各自的任務，它們
應該盡力完成自己的任務。這時重點在於各自發揮戰力，而不在於獲得什麼
成果。

如果敵人的防禦與我們預期的不同，我們的軍隊無法完成任務，那麼這
支軍隊的失敗也不應該影響其他軍隊的行動，否則我們一開始就會失去了獲
得最終勝利的機會。只有我方的多數軍隊或主力部隊已經失敗，其他部分才
必然會受到影響，也就是說整個計畫都失敗了。

對於那些本來擔任防禦任務，在防禦成功後轉為進攻的軍隊來說，它也
不能影響其他部隊，除非統帥要把多餘的兵力轉移到主要的進攻地點去，而
這取決於戰區的地理分布狀況。

然而，整個進攻的幾何形式和一致性在這種情況下會變成怎樣呢？與作
戰單位相鄰的各支軍隊其側翼和背後會有什麼情況呢？這正是我們要強調的

問題。用幾何學上的四方形看待一次大規模的進攻，這就陷入了錯誤的理論體系。

我們在第三篇第十五章〈幾何要素〉中已經指出，幾何要素在戰略上沒有像在戰術上那麼有用。特別在進攻時，更值得關注的是在各個地點實際取得的勝利，而不是各個勝利逐漸形成的幾何形式。

在戰略的廣闊範圍內，軍隊各個部分所形成的幾何位置當然完全由最高統帥來決定的，任何一個下級指揮官都無權過問他同僚的任務，他只能根據指示盡力去完成自己的任務，這在任何情況下都是確定無疑的。如果實際執行的結果嚴重不協調，那麼最高統帥還是可以進行補救。這樣就可以避免分散行動所造成的弊病。那些弊病是，疑慮和推測經常掩蓋現實，並且滲入了事件發展中，每個偶然的不幸不僅影響到個別部分，同時也擴大到整體。下級指揮官的個人怯弱和憎惡感可能會過度增長。

如果人們沒有長期認真研究戰爭史，沒有區分重要和不重要的事物，沒有預期人性弱點的全部影響，就會認為上述看法是錯誤的。

有經驗的人都知道，在分成幾個縱隊進攻時，各單位要準確地一致行動，在戰術範圍內就已經極為困難，在戰略範圍內就更加困難，或者根本是不可能的。如果各單位保持一致的行動是取得勝利的必要條件，那麼戰略進攻就應該徹底拋棄。但是，這不是我們能決定的。一方面，某些情況還是會迫使我們採取戰略進攻，另一方面，各單位在作戰過程中保持一致行動也是不必要的，在戰術上不必要，在戰略上更沒有必要。因此在戰略範圍中，不必在意各單位要一致行動，而是要盡量讓它們各司其職。

至於如何適當地分配任務，在這裡做一個重要的補充。

一七九三年和一七九四年，奧地利軍隊的主力在尼德蘭地區，普魯士軍隊的主力在上萊茵地區。奧軍從維也納前往康得和瓦朗謝訥時，會穿過從柏林到蘭道的普魯士道路。表面上，奧地利有比利時各省作為防禦地點，也不擔心來自法屬法蘭德斯的攻擊，但是這些並不能解釋當時的安排。考尼茨侯爵死後，奧地利大臣屠古特為了要集中兵力而放棄了尼德蘭。奧地利人離法蘭德斯很遠，比到阿爾薩斯的距離要遠一倍，在軍隊人數受到嚴格限制，

一切都要靠現金維持的時代，距離並非是一件小事。但是屠古特大臣顯然抱有另外的想法，他企圖顯示局勢非常危急，從而迫使下萊茵地區的國家如荷蘭、英國和普魯士共同合作，因為這些國家在尼德蘭在有共同的防守利益。然而他失算了，因為當時的普魯士政府絕對不會上當。不管怎麼說，這件事情的過程表明政治利益對戰爭進程的影響。

　　普魯士在阿爾薩斯沒有什麼要防禦的，也沒有什麼要占領的。一七九二年，普軍在騎士精神的影響下經過洛林向香檳進軍，但是當形勢轉為不利時，普魯士繼續作戰的興趣就只剩下一半。如果普魯士軍隊是在尼德蘭，那麼它們就能與荷蘭合作，它們在一七八七年征服荷蘭，幾乎把荷蘭看作自己的領土。普軍在尼德蘭就可以掩護下萊茵地區，於是就掩護了普魯士王國最靠近戰區的那部分領土。同時，普魯士在這裡就可以得到英國的支援，它們之間的同盟關係就比較鞏固，就不那麼容易陷入英國籌劃中的陰謀。

　　因此，如果奧地利軍隊主力布防在上萊茵地區，普魯士軍隊的全部兵力布防在尼德蘭，而奧軍在尼德蘭只留下一個普通的軍，那麼結果就會好得多。

　　在一八一四年，假如用巴爾克萊將軍代替敢作敢為的布呂歇爾來統率西里西亞兵團，而讓布呂歇爾留在主力軍隊中受施瓦岑貝格的指揮，那麼這一戰役也許就會徹底失敗。在七年戰爭中，如果勇敢的勞東所在的戰區不是在普魯士王國最難以攻破的西里西亞地區，而是在神聖羅馬帝國軍隊所駐紮的地區，那麼整個戰爭的情況也許就完全不同了。[9]

　　為了進一步認識這個問題，我們來檢視下列情況的主要特色。

　　　　第一種情況，其他國家和我們共同作戰是因為它們是我們的同盟國，
　　　　　　而且也是為了它們自己的利益。
　　　　第二種情況，盟國的軍隊前來作戰是為了援助我們。

....

9　七年戰爭中，奧地利的勞東將軍主要在西里西亞作戰，克勞塞維茨假設勞東在帝國軍隊的活動地區薩克森、巴伐利亞一帶作戰，戰果可能要好得多。

第三種情況，指揮官的個人特點。

在前兩種情況下，可能有人會猶豫，是像一八一三年和一八一四年那樣，把各國軍隊混合起來，使各個兵團都有各國的部隊，還是盡可能把各國軍隊分開，讓它們獨立地行動好呢？很明顯第一種方法最為有利，但前提是各國的關係要非常良好，而且有共同的利益，但這種情況很少出現。在各國軍隊混合編組的情況下，各國政府就很難追求私利；指揮官自私的想法造成的負面影響，就只會發生在下級指揮官身上，而且範圍就限制在戰術層面。但當各國軍隊獨自運作時，這種負面影響就涉及到戰略範圍，進而能產生決定性的作用。但是，我們說過，如果採用第一種方法，各國政府必須具有罕見的犧牲精神。在一八一三年，緊急的情況迫使各國政府採取了這種方法，當時俄國皇帝的兵力最多，而且對扭轉戰役的貢獻也最大，但值得讚揚的是，他並未在虛榮心的驅使下使俄國軍隊獨立作戰，而是把它們交給普魯士和奧地利的司令官指揮。

如果各國軍隊不能夠統一運作，那麼分開作戰當然要比半分半合好一些。最糟糕的情況是，不同國家的司令官在戰場一同指揮作戰，例如在七年戰爭中，俄軍、奧軍和帝國軍隊就經常這樣。在各國軍隊完全分開作戰的情況下，任務就可以完全分開，各國軍隊自己承擔責任，設法取得更大的成果。如果各國軍隊合作較密切，甚至是在一個戰區內，那麼情況就不是這樣了。此外，一支軍隊的不良意圖也會影響另一支軍隊的戰力。

在上述三種情況中的第一種情況下，各國軍隊要獨自運作不會有什麼困難，因為每個國家已經根據本身的利益設定了目標。在第二種情況下，前來支援的軍隊可能沒有自己的利益與目標。如果前來支援的軍隊的兵力適合的話，它可以完全處於從屬地位。奧軍在一八一五年的戰役末期和普軍在一八〇七年的戰役中就是這樣。[10]

---

10 此處一八一五年戰役可能是一八〇五年戰役之誤，因為在一八一五年戰役中反法聯盟的軍隊
　沒有援助和被援助的區別。一八〇五年戰役中的奧地利和一八〇七年戰役的普魯士都受俄軍

　　將帥的個人特點則需要具體分析，但是我們可以提出一點意見。我們經常任命最小心謹慎的人來擔任從屬部隊的指揮官，但應該派最敢作敢為的人來擔任才對。我們指出過，在分開行動時想取得戰略上的成果，最重要的就是每一單位都積極充分發揮自己的力量。只有這樣，某一地點發生的錯誤才可以被其他地點所取得的成果化解。當指揮官是行動迅速和敢作敢為的人，他的意志和內心的欲望使他不斷前進，這才能取得最大的戰果。僅僅是客觀、冷靜的行動是很難使軍隊充分發揮作用的。

　　最後還要指出，只要情況許可，就應該依照地形特色、指揮官及部隊的特點指派任務。應該讓常備軍、訓練有素的部隊、大量的騎兵、謹慎而明智的年老指揮官在平地上行動；民兵、游擊隊、亡命之徒、敢作敢為的青年指揮官在森林地、山地和關口作戰；讓長途前來支援的軍隊在資源豐富的地區作戰。

　　至此，我們從各方面討論了戰爭計畫，接著分析了以打垮敵人為目標的戰爭計畫，並特別強調戰爭計畫的目標，指出作戰安排時應遵循的原則。我們想使讀者清楚地知道在戰爭中要實現的目標和具體作為。我們想強調必然和普遍的原則，但也要留意特殊和偶然的事物。但是一定要遠離那些任意、沒有根據、瑣碎、牽強附會或者太過細微的事物。如果滿足這些要求，那麼就完成了理論的任務。

　　在這裡沒有談到繞過河流、利用制高點來控制山地、避開堅固的陣地、尋找敵國的缺口以及其他的問題，誰要是對這一點感到奇怪的話，那麼他就是還沒有理解本書的重點，還沒有從總體上理解戰爭。

　　在前幾章中我們已經從總體方面論述了這些細節，在大多數情況下，它們的作用都要比人們所以為的還要小。在以打垮敵人為目標的戰爭中，它們就更不應該產生更大的作用，也不應該影響整個戰爭計畫。

援助，而且在戰役末期都主要依靠援軍進行戰爭。奧地利在一八〇五年的奧斯特里茨會戰失敗後和普魯士在一八〇七年的弗里德蘭會戰失敗後，都與法國簽訂了和約，俄軍即退出戰場。

關於最高指揮部的組織結構，我們將在本篇的最後闢專章討論。[11] 現在讓我們用一個例子來結束這一章。

如果奧地利、普魯士、德意志聯邦、尼德蘭和英國決定對法國作戰，而俄國保持中立（這種情況這一百五十年來經常出現），那麼它們就可以進行以打垮敵人為目標的進攻戰。不管法國多麼強大，它仍然可能陷入這樣的境地：它的大部分國土被敵軍占領，首都被敵人拿下，作戰物資出現短缺。除了俄國之外，沒有一個大國能給法國有力的支持，西班牙離得太遠，所處的位置也極為不利，義大利各邦又太腐敗無能。扣除在歐洲以外的領地，反法聯盟的人口加起來超過七千五百萬，而法國只有三千萬人口。保守估計，如果要對法國發動全面開戰，各國能提供下列這麼多的軍隊：

奧地利 二十五萬人

普魯士 二十萬人

德意志各邦 十五萬人

尼德蘭 七萬五千人

英國 五萬人

總計 七十二萬五千人

如果聯軍確實能動員這麼多軍隊，那肯定就遠超過法國所能派出的軍隊。即使在拿破崙統治時期，法國也從來沒有過那麼多軍隊，如果還要分出一部分兵力來守衛要塞、建立補給站以及監視海岸線等等，那麼毫無疑問，聯軍在主要戰區就有巨大的兵力優勢，而這正是打垮敵人的主要基礎。

法蘭西帝國的重心是它的軍隊和首都巴黎，聯軍的目標是在幾次主力會戰中打敗法國軍隊和占領巴黎，把法軍的殘餘兵力趕過羅亞爾河。法蘭西王朝的心臟地帶在巴黎和布魯塞爾之間，從國境到首都只有一百五十里。反

---

11 克勞塞維茨並未寫出那一章。

法聯盟的國家，例如英國、尼德蘭、普魯士和北德意志各邦，都有適合進攻這一地區的駐軍地點，有的就在這個地區附近，有的在這個地區的背後。奧地利和南德意志只要從上萊茵地區出發就可以很順利發動進攻。它們自然的進攻方向是指向特魯瓦、巴黎或者奧爾良。分別從尼德蘭和上萊茵地區出發的這兩路進攻都是最自然、簡潔、順暢和有效的路線，都是對敵軍重心的打擊；絕大部分的法軍很有可能分布在這兩個地點。

但有兩個因素會導致這個計畫變得太複雜。

奧地利人可能不願意讓它在義大利的省分毫無防備。他們得掌握那裡的局勢，絕不希望只透過攻擊法國心臟地帶的軍隊間接掩護義大利。鑒於義大利的政治狀況，奧地利人這個次要考量也是無可非議的，但不能因此就打算從義大利進攻法國南部。這樣一來，就得在義大利留下大量的軍隊，但就算在戰役的第一階段失利，也不需要這麼多軍隊。我們不能違背一致行動、集中兵力的原則，所以在義大利只能留下扣除主要行動之外的兵力。如果想在隆河附近征服法國，那就好像是想抓住刺刀尖舉起步槍。進攻法國南部也不能作為次要行動，這只會激起反對我們的新勢力。進攻遙遠的地區一定會引起某些效應，並對我們產生不利的影響。所以，留在義大利以保障安全的軍隊數量太多而且無所事事時，從義大利進攻法國南部才是正確的。

我們再強調一次，留在義大利的軍隊應該越少越好，只要能夠確保奧地利軍隊不至於在一次戰役中喪失整個義大利就已經足夠了。從這個目標來看，留在義大利的兵力五萬人就夠了。

另外要考慮到法國是一個臨海的國家。由於英國在海上占有優勢，法國擔心其整個大西洋沿岸受到攻擊，所以它或多或少要派兵加強海岸防守。不管法國的海岸防守多麼薄弱，它的邊防線至少得變成原來的三倍，這樣就少不了要抽調出大量兵力。如果英國派二萬到三萬人在海岸登陸以威脅法國，也許可以牽制二倍到三倍的法軍。法國不僅需要派出軍隊，而且艦隊和海岸砲臺也需要金錢和火藥。假設英國為了這一目的所使用的兵力是二萬五千人。這樣，我們的戰爭計畫綱要是：

首先在尼德蘭集結兵力：普魯士二十萬人、尼德蘭七萬五千人、英國二

萬五千人、北德意志各邦五萬人，總計三十五萬人。

其中大約五萬人駐守邊境要塞，其餘三十萬人向巴黎進軍，與法軍進行主力會戰。

其次，二十萬奧地利軍隊和十萬南德意志各邦軍隊集結在上萊茵地區，以便與從尼德蘭方面進攻的軍隊同時進攻塞納河上游地區，然後向羅亞爾河推進，與法軍進行主力會戰。這兩支從不同方向進攻的軍隊也許可以在羅亞爾河會合成一支軍隊。

這樣就確定了主要的重點。接下要來的討論，將有助於澄清一些誤解。

第一，統帥一定要主動尋求主力會戰，在優勢兵力和有利條件下取得決定性的勝利。另一方面，統帥應該在圍攻、包圍、防守等方面盡量少用兵力。舉例來說，一八一四年，施瓦岑貝格一進入敵國就四處分散進攻，反法聯軍所以沒有在頭兩個星期就潰敗，只是因為法國當時已經無力作戰了。進攻應該是一支用力射出去的箭，而不是一個逐漸膨脹而最後破裂的肥皂泡。

第二，聯軍應該讓瑞士自我防禦。如果瑞士保持中立，那麼我們在上萊茵地區就有一個很好的集結地點。如果瑞士遭到法國的進攻，它就會保護自己，瑞士在許多方面的條件是有利於抵禦法國進攻的。最愚蠢的看法是認為，既然瑞士是歐洲地勢最高的國家，所以它能在地理上對戰爭產生決定性的影響。事實上，這只在許多有限的條件下才成立，而這些瑞士根本就不具備。

若法國的心臟地區遭到進攻，法軍就不可能從瑞士向義大利或施瓦本進行猛烈的進攻，而瑞士的高海拔地形也不具有任何決定性的影響。制高點在戰略方面的優勢主要表現在防禦上，對進攻來說，制高點只有在第一次攻擊才能發揮作用。如果不了解這一點，就是沒有對這一問題進行透徹的思考。未來在統帥會議上，如果有位學識淵博的參謀嚴正地說出這番自視聰明的話來，那麼我們現在就先預告，那絕對是毫無價值的推測。希望在這樣的會議上能有位身經百戰、頭腦清楚的軍人，挺身堵住這個參謀的嘴巴。

第三，在這兩路進攻軍隊之間的地區，我們幾乎可以不去管它。六十萬大軍集中在離巴黎一百五十到二百里的地方準備進攻法國的心臟，這種情況

下，難道還要去考慮萊茵河上游的柏林、德勒斯登、維也納和慕尼黑嗎？這當然是沒有意義的。至於是否需要掩護橫向的交通線呢？這就值得討論了。人們容易合理地推論，掩護交通線像進攻一樣重要，所以也要同樣多的兵力。此外，原先聯軍是基於各國的位置，只好分成兩路前進。但這些人反而提出不必要的三路前進，然後也許又變成五路或者七路，於是又回到老一套的戰爭思維。

在我們所說的兩路進攻中，每一路都有自己的目標。投入到進攻中的兵力很有可能大大超過對方的兵力。如果每一路進攻都十分有力，那麼就能互蒙其利。如果敵人的兵力沒有平均分布，我們的某一路進攻失利的話，另一路進攻的勝利也足以化解這一失利。至於兩路軍隊的聯繫，取決於兩者的距離，但不可能也不必要大小事都通報。因此，直接或者緊密的聯繫是沒有多大價值的。

假如敵國的心臟地區被攻擊，它就沒辦法派出很大的兵力來破壞我方兩路軍隊的共同行動。倒是機動部隊可能會煽動當地居民，這樣敵人不用消耗正規部隊就達到這一目的。為了應付這種情況，只要從特里爾向漢斯方向派出一個以騎兵為主的軍，有一萬至一萬五千人就夠了。這個軍足以擊敗任何機動部隊，並跟著主力部隊前進。它不用包圍或監控要塞，而只要從要塞之間通過；也不必駐守固定的營地，如果遇到兵力占優勢的敵人，它可以向任何方向撤退。它不會遇上任何危險，即使損失慘重，對整個戰役來說也影響不大。這樣的一個軍足以成為聯繫兩路進攻的中間環節。

第四，在義大利的奧地利軍隊和英國登陸部隊所進行的是次要行動。這兩個部隊可以隨心所欲設定它們的目標。只要它們不停滯不前，基本上這兩個部隊就達到目的了。但是不管在任何情況下，主要進攻中的任何一路都絕對不能依靠這兩個次要行動。

我們確信，如果法國採取傲慢態度，像過去一百五十年那樣壓制歐洲，那麼我們每一次都可以用這種方式打敗法國，讓它受到懲罰。只有在巴黎那一邊、在羅亞爾河上，我們才能使法國接受歐洲的和平。各國只有團結攻打法國，才能展現七千五百萬人對三千萬人的自然優勢。一百五十年來，從敦

克爾克到熱那亞的各國軍隊像一條帶子那樣圍著這個國家，各國軍隊有著
五、六十個各自獨立又無關緊要的目的，當中沒有一個足以克服普遍存在的
問題，特別是在聯軍中反覆出現的惰性、摩擦和外部利益。

　　讀者自己也會看到，德意志邦聯目前的這種部署，與我們在上述例子中
所說的部署是多麼的不同。德意志各邦成了德意志力量的核心，而普魯士和
奧地利卻受到這個核心的影響，失去了它們應有的重要性。一個邦聯在戰爭
中是很脆弱的核心，不可能具備一致性的行動與士氣，也無法經由合理的制
度選出有威信、負責任的指揮官。

　　奧地利和普魯士自然是德意志帝國進攻力量的兩個中心，是支撐點，
是刀劍的刃口；它們是久經戰爭考驗的君主國家，有明確的目標與獨立的軍
隊，在各強之間具領導地位。德意志的軍事組織應該順著這些特點，而不是
追求空洞的統一。在這樣的情況下，統一是完全不可能的，為了追求不可能
做到的事情而忽視了可能做到的事情，那才是愚蠢至極的。

別冊
戰爭原則

克勞塞維茨在一八一○年、一八一一年和一八一三年為王太子殿下講授軍事課的內容提要

一、呈高迪將軍閣下批閱的授課提綱

我認為，王太子殿下透過我的講授所要得到的軍事知識，只應該是基礎知識，以便幫助王太子殿下理解近代的戰爭史。基於這樣的宗旨，授課重點是讓王太子對戰爭有一個明確的概念，而且講授的範圍不能太廣泛，不能過分耗費王太子的精力。因為要想完全掌握一門科學，就必須在一個長時間內把自己的精力和時間主要用在這門科學上，而這對於王太子似乎為時尚早。

基於這些考慮，我選擇了下面的講授方法，我覺得這種方法最適合一個年輕人的自然思考階段。

我將致力於以下兩點：首先，確保王太子理解所有課程，否則，這位最好學的學生很快就會感到無聊，注意力分散，並對課程產生厭惡情緒。其次，在任何問題上，都不讓王太子產生錯誤的概念，否則，就會使進一步的講授或者他的自學造成許多困難。

為了達到第一個目的，我將經常設法把講授的內容與人們的理解方式盡可能緊密地結合起來，除此之外也盡量不拘泥於枯燥的理論和學校式的教學形式。

現在，我把倉促擬定的授課計畫呈閣下審閱，如有不合尊意之處，懇請給予更正。

要想理解戰史，除了必須具備兵器和兵種的基礎知識外，主要是必須對所謂應用戰術（或稱高等戰術）和戰略有一定的了解。實際上，戰術，即戰鬥學，是主要的課程，這一方面是因為小規模的戰鬥在戰爭中具有決定性的作用，另一方面是因為戰術的大部分內容都需要講授。戰略，即運籌、聯

繫各個小規模戰鬥以服務於整個戰爭局面的學問，更多取決於一種與生俱來的、並且在實踐中趨於完善的判斷力。但是，在這裡我們至少必須弄清楚在戰略中出現的各種情況，並且將它們互相聯繫起來。

我們在此講授的內容比較概括，其中關於野戰堡壘建築的章節在談戰術防禦理論時講授，而永久性堡壘的建築在談戰略時或者是在談完戰略之後講授，是最恰當的。

戰術本身包含有兩種不同的內容。一種是不了解整體的戰略聯繫也可以理解的內容，如各種小部隊，從步兵連、騎兵連一直到由各兵種組成的旅，在各種地形上的部署和戰鬥方式。另外一種是與戰略概念有聯繫的內容，如整個軍和兵團在戰鬥中的行動、前哨、小規模軍事活動等；因為在這裡出現了陣地、會戰、行軍等概念，如果對整個戰爭局勢的聯繫沒有一定的了解，就無法理解這一切。

因此，我將把這兩種內容分開講授，先對戰爭做概略的論述，然後再談戰術，即小部隊在戰鬥中的行動，一直談到整個軍和兵團的一般部署（戰鬥隊形）為止，以便對整個戰役再做一個概述，進一步指出事物之間的聯繫，然後再談戰術的其他方面的問題。

最後，以敘述一個戰役的過程來開始講解戰略，以便從這個新的角度來考慮各個問題。由此得出下面的授課順序：

（一）兵器

火藥、明火槍、線膛槍、火砲及其附件。

（二）砲兵

關於平射裝藥和曲射裝藥的概念。

火砲的操作。

砲兵連的編制。

火砲和彈藥的費用。

火砲的效力；射程；命中率。

（三）其他兵種

騎兵，輕騎兵，重騎兵。

步兵，輕步兵，重步兵。

編組；任務；性能。

（四）應用戰術或高等戰術

關於戰爭、戰鬥的一般概念。

小部隊的部署和戰鬥方式。

在各種地形上的步兵連，有砲兵時和無砲兵時。

在各種地形上的騎兵連，有砲兵時和無砲兵時。

步兵連和騎兵連的聯合行動。

步兵連和騎兵連在各種地形上的聯合行動。

一個由若干個旅組成的軍的戰鬥隊形。

一個由若干個軍組成的兵團的戰鬥隊形。

不要把上述最後兩點與地形聯繫起來，否則就會出現陣地的概念。

對一個戰役的較為詳細的敘述。

戰役開始時兵團的編組。

兵團在行軍和占領陣地時需要採取的警戒措施，如前哨、巡邏、偵察、分遣隊、小規模的軍事活動。

兵團選擇的陣地應該使兵團能夠在陣地上進行自衛。

戰術防禦；防禦工事。

在下列情況向敵人攻擊：戰鬥本身的行動；會戰；撤退；追擊。

行軍：江河防禦；渡河；安置崗哨；宿營。

（五）戰略

從戰略的角度對一個戰爭局勢和對一場完整戰爭的概述。

決定戰爭取勝的因素是什麼。

作戰計畫。

作戰線：兵團的給養組織。

進攻戰。

防禦戰。

陣地：安置崗哨；會戰；行軍；江河防禦和渡河。

宿營。

冬營。

山地戰。

戰爭的理論體系等等。

對永久性堡壘的建築和圍攻，在講解戰略的前後講解。

二、最重要的作戰原則

（給王太子殿下授課的補充材料）

　　儘管這些原則是我經過長期思考和不斷研究戰爭史的結果，但因為是倉促之間寫出來的，所以在形式上還有待批評指正。此外，出於簡明扼要的考慮，這裡只是突出了那些最重要的問題。因此，這些原則本身並不能使殿下系統、完善地掌握一套軍事方面的理論，只能對殿下在這個領域的獨立思考產生促進作用，並為殿下的思考提供一條思路。

（一）作戰的一般原則

　　戰爭理論主要是研究怎樣能夠在決定性的地點保持兵力和物質條件上的優勢，當做不到這一點時，戰爭理論則會教人們去估計各種精神方面的要素，比如說敵人可能犯的錯誤，一次大膽的行動所造成的影響等等，當然也包括我方悲觀失望情緒的作用。這一切絕不在軍事理論的範圍之外，因為軍事理論無非就是對戰爭中可能遇到的各種情況所做的一種理性思考。人們必須最經常地考慮到其中最危險的情況，並且對此做最充分的準備。這樣就會

產生有理智作根據的英明決斷，這種決斷是任何過分冷靜、謹慎小心的人都不能動搖的。

　　誰要是對上述一切向殿下做不同的解釋，誰就是一個書呆子，他的見解對殿下只能是有害的。在一生中未來的重大關鍵時刻，在會戰的混亂情況下，殿下將會清楚地感覺到，在最需要幫助的場合，在枯燥的數字使您束手無策的場合，只有上述見解才能解燃眉之急。

　　當然，在戰爭中，人們不論是透過物質上的還是精神上的優勢，總是力求使自己具有獲勝的可能性。但是，這一點並不總是能夠做到的；在這種情況下，如果人們沒有更好的辦法，往往只好不顧這種可能性而採取行動。相反，如果我們在這時悲觀絕望，那麼我們就恰恰在最需要的時候、在一切看起來都對我們不利的時候，失去了理智的思考。

　　因此，即使自己沒有獲勝的可能性，也不該認為採取行動是不可能的或者是不理智的；如果我們沒有更好的辦法，而且兵力又少，那麼，盡可能把一切安排妥當，就始終是理智的。

　　在戰爭中，首先受到考驗的是人們是否具有沉著和堅定的性格，而在上述情況下人們是很難保持沉著和堅定的；但是，如果沒有它們，人們即使有最卓越的才智也會一事無成。因此，為了在上述情況下能夠保持沉著和堅定，人們必須樹立起光榮犧牲的思想，不斷地增強這種思想，並且要把這種思想變為習慣。殿下，請您相信，一個人如果沒有這種堅定的決心，就是在最幸運的戰爭中也不會做出什麼偉大的事業來，更不用說在最不走運的戰爭中了。

　　在最初幾次西里西亞戰爭中，正是這種思想支配著腓特烈大帝的行動；他在引人注意的十二月五日之所以在勒登向奧軍發起了進攻，就是因為他有這種思想準備，而不是因為他估計到用斜形戰鬥隊形最有可能擊敗奧軍。

　　對殿下而言，那些您在一定場合可能選擇的一切軍事行動和採取的一切措施中，往往只有最大膽的和最小心謹慎的這兩種選擇。有些人認為，理論總是勸告人們要小心謹慎，這是錯誤的。如果理論要對人提出勸告，那麼，按照戰爭的本質來說，它應該勸人選擇最堅決、最大膽的行動和措施；但

是，理論在這裡讓統帥根據自己的勇氣、敢作敢為的精神和自信心的大小進行選擇。因此，請殿下不要忘記，任何沒有膽量的統帥是絕不會成為偉大統帥的。

（二）戰術或戰鬥學

戰爭是由許多單次戰鬥組成的。儘管這種組合可能有好壞之分，而且會對戰爭的成果產生很大的決定作用，但戰鬥本身還是比組合更為重要。因為，只有勝利的戰鬥組合才能產生好的結果。戰爭中最重要的東西永遠是一種在戰鬥中戰勝敵人的藝術。在這一點上殿下應給予足夠的重視和充分的考慮。下列原則我認為是最重要的。

I. 一般原則

1. 防禦的一般原則

（1）　在防禦中，部隊應該盡可能長時間地保持隱蔽的狀態。防禦者除了自己進行進攻外，隨時都有可能遭到進攻，也就是說，他是處於防禦狀態的，因此他必須始終盡可能將部隊隱蔽起來。

（2）　不要把所有的部隊同時投入戰鬥。否則，在戰鬥的指揮過程中，指揮官的智慧和才能就不可能得到發揮，只有保持一部分部隊處於隨時可調動的靈活狀態，並在適當的時候利用它們，戰鬥才可能發生新的轉機。

（3）　不必過多地，甚至無須去為前沿戰線（即作戰的正面戰線）的長短擔憂。戰線的長短本身是無關緊要的，因為前線部隊的縱深密度（即重疊分布的部隊數量）都受到戰線長短的限制。部署後面的部隊隨時可以機動，或用來增援原來戰鬥地點的戰鬥，或派往其他鄰近的陣地上去。這一條是從上述第二條推論出來的。

（4）　當敵人攻擊我方正面陣線的一部分時，通常同時進行迂迴和包圍戰術，所以，我方部署在後面的部隊就能夠對付敵人的這種行動，從而彌補地形障礙所造成的依托不足的缺陷。如果把這些部隊也部署在作

戰正面的戰線上，以擴展其長度，那麼敵人就可以很容易地包圍我們。與之相比，前一種部署方式更為妥當，這一條也是對上述第二條的進一步說明。

(5) 如果在後方部署的部隊較多，那麼只需要把一部分部隊部署在前線的正後方，其餘的部隊應該部署在其側後方。部隊從側後方的陣地上，還可以攻擊敵人對我方進行包圍的各個縱隊的側翼。

(6) 一條主要的原則是：絕不要採取完全消極的防禦，而要從正面或側面攻擊敵人，甚至當敵人正在進攻我方的時候也要這樣做。在一定的戰線上進行防禦，目的僅僅在於誘使敵人展開兵力來進攻這段防線，這樣我們就可以調遣部署在後面的其他部隊轉入進攻。正如殿下有一次非常正確地說過的那樣，防禦工事對防禦者所產生的作用，不應該是使他像躲在一堵圍牆後面那樣更安全地進行防禦，而是應該使防禦者更成功地攻擊敵人，恰恰是這一點必須應用到所有的被動防禦中去。被動防禦始終只是一種手段，它使我們能夠在我們預先選中並部署好部隊（即做好準備）的地方對敵人進行有利的進攻。

(7) 這種防禦中的進攻，既可以在敵人真正向我們進攻時進行，也可以在他向我們行軍的時候進行。我們也可以在敵人開始進攻時把自己的部隊向後撤退，誘使敵人進入一個對他來說陌生的地區，然後再從各方面襲擊他。在第五個原則中提到的縱深部署部隊的戰略（即只把三分之二、二分之一，或者更少的兵力部署在正面戰線上，把其餘的兵力盡可能隱蔽地部署在正後方或側後方）對於上述所有的防禦進攻術是非常適用的。因此，這種縱深部署部隊的方式具有無比重要的意義。

(8) 如果有兩個師，那麼與其把它們並列部署，不如將它們重疊部署；如果有三個師，那麼至少要把一個師留在後面；如果有四個師，一般說來兩個師在後；如果有五個師，至少兩個師在後面，在某些情況下也可以把三個師留在後面，等等。

(9) 在進行被動防禦的地點，我們必須利用防禦工事，但只利用那些非常堅固的、完全封閉的防禦堡壘。

（10）在戰鬥計畫中，必須確定一個大的目標：如攻擊敵人的一個大縱隊，並徹底戰勝它。如果我們選擇一個小的目標，敵人卻在實現一個大的目標，那我們顯然是目光短淺。在賭博中人們通常用銀幣來賭銅錢。

（11）如果防禦者在自己的防禦計畫中確定了一個大的目標（例如消滅敵人的一個縱隊，等等），那麼他就必須堅定意志、竭盡全力去實現這一目標。在大多數情況下，進攻者不會在同一個地點上去實現他的目標；當我們攻擊他的右翼時，他就會力圖用他的左翼來贏得重大的利益。如果我們比敵人先鬆懈下來，追求目標的毅力比敵人的毅力小，那麼，敵人就會完全達到他的目標，獲得全部利益，而我們只能得到一半的利益。這樣，敵人就占了優勢，就會得到勝利，而我們卻不得不放棄已經獲得的一半利益。殿下仔細讀一讀雷根斯堡和瓦格拉木會戰的歷史，就會發現這個道理是正確和重要的。

在這兩次會戰中，拿破崙皇帝以軍隊的右翼進攻，用左翼防禦。卡爾大公也採取了同樣的措施。但是，拿破崙在進行這一切時是非常果斷和堅毅的，而卡爾大公卻不是那麼堅決，在行動中經常半途而廢。卡爾大公獲勝的部隊所得到的都是很小的利益，而拿破崙皇帝在同一段時間內在另外的地點上取得了決定性的利益。

（12）請允許我再總結一下上述最後兩個原則。把這兩個原則結合在一起所得出的結論，在今天的軍事理論中被看做是所有致勝因素中最重要的一條，這個結論就是：「用堅強的意志不懈地去追求一個偉大的、具有決定意義的目標。」

（13）如果這樣做沒有成功，危險當然就會增大。但是，以縮小目標為代價來換取更多的小心謹慎卻不是我們所提倡的。正如我在一般原則中已經說過的那樣，這是一種錯誤的小心謹慎，這是與戰爭的本質相違背的：在戰爭中，為了達到偉大的目標就必須敢於大膽地行動。如果我們在戰爭中冒險做一件事情，沒有因為懶惰、怠慢和輕率而尋求和運用那些在我們實現目標的過程中削弱我們的手段，那麼這才是正確的小心謹慎。拿破崙皇帝的小心謹慎就是如此，他在追求遠大的目標

時，從來沒有由於小心謹慎而產生恐懼的心理，以致半途而廢。

殿下只要回憶一下歷史上為數不多的獲勝的防禦戰役，就會發現，其中最出色的防禦戰都是在這裡提出的這些原則指導下進行的，因為這些原則就是從戰爭史的研究中得來的。

正當斐迪南公爵在陶滕豪曾利用堡壘進行被動的防禦戰的時候，他卻突然出敵不意地出現在明登的戰場上，並轉入進攻。

在羅斯巴赫，腓特烈大帝也是在出敵不意的地點和時間向敵人發動進攻的。

在里格尼茨，奧軍白天剛剛搞清楚這位普魯士國王所在的陣地，而夜間卻在另一個陣地上遭到了他的襲擊。國王用全部兵力攻擊敵人的一個縱隊，並在其援軍趕來以前就擊敗了這個縱隊。

在霍亨林登，莫羅在正面有五個師，在正後方和側後方共有四個師。他繞過敵軍的正面並先攻擊了敵人的右翼縱隊。

在雷根斯堡，達武元帥受命進行被動防禦，而拿破崙自己卻以右翼發動了進攻，並徹底擊敗了敵人的第五軍和第六軍。

在瓦格拉木，奧軍本來是防禦者，可是，由於奧軍在第二天用絕大部分的兵力攻擊了拿破崙皇帝，所以也可以把拿破崙看做是防禦者。拿破崙用他的右翼繞過奧軍的正面進攻並擊敗了奧軍的左翼；他不顧自己在多瑙河畔十分薄弱的左翼（只有一個師），利用強大的預備隊（它們被縱深部署著）使奧軍右翼的勝利沒有對他在羅斯巴赫河畔取得的勝利發生影響。此外，他還用這些預備隊奪回了阿德克拉。

並不是所有上述原則都能在這裡列舉的會戰中明顯地體現出來，但是，所有這些原則都屬於積極防禦的範疇。

腓特烈大帝指揮下的普魯士軍隊的靈活機動性是他取得勝利的一個手段，而現在我們不能再寄希望於這種手段了，因為其他國家的軍隊至少具有與我們同樣大的靈活機動性。另一方面，在那個時代，迂迴的戰術還不是很普遍，因而縱深部署的戰略戰術也不如今天那麼至關重要。

2. 進攻的一般原則

（1）　力求集中占據很大優勢的兵力攻擊敵人陣地的一點，即敵軍的一部分
　　　　（一個師，一個軍），與此同時使敵軍的其餘部分也處於不安定的狀
　　　　態（即牽制它們）。只有這樣我們才能在兵力相當或較少的情況下，
　　　　在戰鬥中占有優勢，也就是說我們才有獲勝的可能性。如果兵力很
　　　　少，那麼只能用很少的兵力在其他的地點牽制敵人，以便在決定性的
　　　　地點上集中盡可能多的兵力。腓特烈大帝之所以能取得勒登會戰的勝
　　　　利，無疑是因為他把自己並不多的兵力部署在一小塊地方上，這樣，
　　　　與敵人比較起來，他的兵力是非常集中的。

（2）　主要的攻擊目標應該指向敵人的一個側翼，其方法是從正面和側面攻
　　　　擊這一側翼，或者乾脆繞到敵人的背面，從背後進行攻擊。只有成功
　　　　地切斷敵人的退路，才能取得重大的成果。

（3）　即使兵力很大，也只能選擇一點作為主要的攻擊目標，只有這樣才能
　　　　在這一點上集中更多的兵力。因為要完全包圍一個兵團，只有在極少
　　　　數情況下才是可能的，或者，在擁有巨大的物質優勢或精神優勢的前
　　　　提下才是可能的。我們也可以從敵人側翼的一點切斷敵人的退路，這
　　　　就可以帶來很大的成果。

（4）　從根本上而言，怎樣最有把握地獲得勝利，也就是最有把握地把敵人
　　　　逐出戰場是最主要的事情。戰鬥的計畫必須圍繞這一點來制定，因為
　　　　利用頑強的追擊很容易使一場勝負未決的戰鬥變成具有決定意義的勝
　　　　利。

（5）　用主力攻擊敵人的側翼時，應該力求對敵人進行向心攻擊，也就是說
　　　　使敵人感到自己處於四面包圍之中。即使敵人在這裡有足夠的兵力可
　　　　以向各個方面形成對抗，在這種情況下，他們也比較容易喪失勇氣，
　　　　遭到更多的損失，陷入混亂的境地等等，總之，我們有希望較快地擊
　　　　敗敵人。

（6）　採用如圖所示的包圍敵人的方法時，進攻者在正面上要比防禦者展開
　　　　更多的兵力。

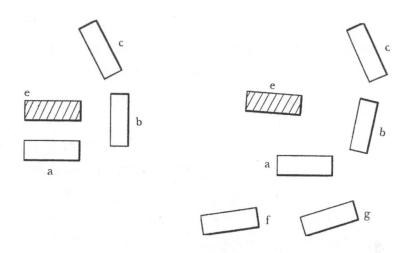

　　如果a、b、c各支部隊要向敵軍的e部分進行包圍進攻，那麼我們當然要並列部署這幾支部隊。但是，我們在正面展開的兵力絕不要過多，以至於不能確保足夠而意義重大的預備隊兵力。否則，就是一個極大的錯誤，如果敵人對這種包圍戰術已有一定的準備，我們就會失敗。

　　如果a、b、c各支部隊是攻擊敵軍e部分的部隊，那麼f、g部隊就應該控制在後面作預備隊。有了這些被縱深部署的部隊，進攻者就能對攻擊地點不斷地進行新的攻擊，而且，當他的部隊在另一個側翼被擊敗時，也不致被迫立即停止這裡的攻擊，因為他擁有對付敵人的預備隊。法軍在瓦格拉木會戰中就是這樣。當時，在多瑙河畔與奧軍右翼對峙的法軍左翼兵力很弱，並且被徹底擊敗了。法軍甚至在他們的中心陣地阿德克拉的兵力也不多，在會戰的第一天法軍就被奧軍擊敗了。但是，這一切對法軍而言都無關緊要，因為法國皇帝在其右翼縱深部署了部隊，並從正面和側面攻擊奧軍的左翼，這樣他就可以用一個強大的騎兵和騎砲兵縱隊將奧軍逼向阿德克拉。在那裡，他雖然沒有完全擊敗奧軍，但是畢竟把它們阻擋住了。

（7）　在進攻中，如同在防禦中一樣，也必須選擇敵軍具有如下意義的部分作為攻擊目標，即擊敗敵軍這個部分的力量就會給我們帶來決定性的利益。

（8） 在進攻中，如同在防禦中那樣，在目標已經達到或者一切手段都已經用盡以前，絕不應該鬆懈下來。如果防禦者採取了主動行為，在其他地點向我們進攻，那麼，我們除了在毅力和膽量方面超過他以外，就沒有其他辦法取得勝利。如果他採取的是被動防禦，我們當然就不會有大的危險。

（9） 應該絕對避免構成連綿不斷的很長的戰線，這種戰線只能導致現在已經不適用的平行攻擊。各個師雖然都是按照上級的規定行動的，相互之間是協調一致的；但是它們又是各自獨立進行攻擊的。現在，一個師（八千人至一萬人）不再編成一線，而是編成兩線、三線乃至四線；由此可見，已經不再有連續不斷的戰線了。

（10）用下述方法來使各個師或軍在進攻中保持一致是沒有必要的，這種方法就是：力圖從一個地點來指揮各個師或軍，使它們雖然在相隔很遠、甚至被敵人分割的情況下，仍然保持聯繫和協調一致等等。為了共同產生作用而採用這種方法是錯誤和拙劣的。這種方法會遇到千百次偶然適用的情況，卻不可能取得重大的成果，而且肯定會被勇猛的敵人徹底擊敗。

正確的方法是給每個軍或師的指揮官分別規定他們各自部隊的行軍大方向，確定他們各自要對付的敵人和所要取得的勝利。

每個縱隊的指揮官在發現敵人時，都有權力命令他們各自部隊全力以赴向敵人進攻。我們不可以要求他們百戰百勝，否則就會優柔寡斷，難以做出決斷，但是，他們必須在需要的時候命令自己的部隊全力以赴、不顧犧牲地投入戰鬥中去。

（11）一個組織有素的獨立的軍，可以在相當長的時間（幾個小時）內抵抗占據極大兵力優勢的敵人的進攻，它不會在頃刻之間就被消滅。即使它確實過早與敵人發生了戰鬥，就算是被打敗了，對整體來說，他所進行的戰鬥也不是徒勞無益的。因為敵人為了對付這個軍展開了兵力並削弱了兵力，這就為我方其他部隊的進攻提供了有利的條件。

至於具體如何組織這樣的一個兵團，我們以後再談。

由此可知，要想各個部隊相互配合，發揮整體的優勢，只有使每支部隊都具有一定的獨立性，各自對付敵人，並且不惜犧牲地攻擊敵人。

（12）進攻戰最主要的原則之一就是出敵不意。越能用奇襲的方式進攻，就越能取勝。防禦者可以透過祕密的措施，利用隱蔽部署的部隊做到出敵不意，而進攻者只有透過突發的、出人意料的進攻才能成功地做到出敵不意。

不過，這種現象在現代戰爭中是很少見的。其原因一方面在於現在人們有了更好的警戒措施，另一方面在於現代的戰爭進行得很快，作戰中很少出現可以使一方鬆懈下來而另一方有機會進行突襲的較長間歇。

在這種情況下，除了總是具有可行性的夜襲（如在霍克齊）以外，還可以當部隊正在敵人的側方或後方行軍時，突然向敵接近，這樣，也會造成出敵不意。更有甚者，我們可以在距離敵人很遠的情況下，以非凡的速度及緊張程度出其不意地追上敵人，以達到奇襲的效果。

（13）與其他所能採取的行動相比，採取真正意義上的偷襲（如在霍克齊的夜襲）對兵力弱小的小部隊而言是最合適不過的。但是，對於不像防禦者那樣熟悉地形的進攻者來說，這種攻擊會遇到許多意外情況。人們對地形和敵人的了解越不確切，遇到的意外情況就越多，因此，在一些情況下，這種攻擊被看做是最後掙扎用的手段。

（14）進行夜襲的時候，一切部署都必須比在白天更為簡單和集中。

Ⅱ. 使用軍隊的原則

1. 如果不能不用火器（假如可以不用它，為什麼還不厭其煩地攜帶它呢？），那就必須用火器來拉開戰鬥的帷幕，至於騎兵，則必須在我方的步兵和砲兵已經大量殺傷敵人之後再使用。由此可以得出下面的結論：

（1）騎兵應該部署在步兵後面。

（2）不要在戰鬥剛開始就輕易地使用騎兵。只有當敵人已經陷入混亂或倉

促地撤退，使我們有了勝利的希望時，才可以大膽地派遣騎兵追擊敵人。

2.　砲兵的火力比步兵的火力更具有威力。一個有八門六磅砲的砲兵連所占的作戰正面還不到一個步兵營的作戰面的三分之一，其人數不到步兵營的八分之一，但其火力效果肯定相當於一個步兵營的火力效果的兩至三倍。然而，砲兵也有缺點，它不像步兵那樣便於行動。一般說來，最輕便的騎砲兵也是如此，因為它不像步兵那樣在任何地形上都可以使用。因此，砲兵向來就是被集中在最重要的地方，因為它不像步兵那樣可以在戰鬥過程中向這些地方集中。在大多數情況下，一個有二十至三十門火砲的砲兵連，對它所在地點的戰鬥能產生決定性的作用。

3.　根據上述的和其他的一些明顯特點，可以得出關於使用各個兵種的以下規則：

（1）　在一開始作戰時就投入砲兵，而且向來都是投入絕大部分的砲兵。只有在大部隊中，才把騎砲兵，甚至步砲兵編入預備隊中。戰鬥開始時，必須在一個地點上集中較多的砲兵。例如用一個砲兵連的二十或三十門火砲防禦主要地點，或者轟擊我們要攻擊敵人的那部分陣地。

（2）　接著開始使用輕步兵（不管是狙擊兵、獵兵還是使用燧發槍的步兵），主要目的就是為了不要一開始就投入過多的兵力，而應該先試探一下面前敵人的兵力（因為敵人的兵力情況很少是一目瞭然的），應該觀察一下戰鬥的發展趨勢，等等。

如果能以這一部分兵力組成的火力線與敵人保持均勢，而且情況又不急迫，那麼，急於使用其餘的兵力是不對的。應該盡量透過這部分兵力的戰鬥牽制敵人，使其疲憊不堪。

（3）　如果敵人投入戰鬥的兵力很多，以致我們的火力線不得不後撤，或者不能再支持下去了，那麼，我們就應該把整個步兵線調上來，在距離敵人一百步至二百步的地方展開，並根據當時的情況決定是向敵人射擊還是攻擊。

（4）　這就是步兵的主要任務。但是，如果我們事先就足夠充分地縱深部署

了部隊，預備隊的步兵仍能形成第二道戰線，那麼，我們就可以控制這個地方的戰鬥。第二線步兵應該盡可能組成縱隊留在決定勝負的時刻使用。

（5）　在戰鬥中，騎兵應部署在榴霰彈和明火槍的射程以外地方。但是，它必須處於隨時能夠投入戰鬥的位置，以便能及時地捉住戰鬥的每一個勝利時機，乘勝出擊。

4.　人們只要或多或少地嚴格地遵守這些規則，就會注意到下面這個重要的原則，即：不要帶著賭博的僥倖心理孤注一擲地把所有兵力一次投入戰鬥中。這樣做的同時，我們就會失去控制戰鬥發展趨勢的一切手段。應該用少量的兵力牽制敵人，盡量使它疲憊不堪，而把大部分兵力留在最後決定勝負的時刻使用。一旦投入這部分兵力，就應該大膽、果敢地指揮它們進行戰鬥。

5.　必須事先制定好一種適合於整個戰役或整個戰爭的戰鬥隊形，也就是說要事先安排好部隊在戰鬥前和戰鬥中的部署方式。在戰爭中沒有時間重新對部隊進行部署時，就可以直接採用這種戰鬥隊形。因此，這種戰鬥隊形應該主要適合於防禦。它有可能會使軍隊的作戰方式成為一種固定模式，這種固定模式是非常必要和有效的，因為通常情況下大部分將領和小部隊的指揮官都沒有學過專門的戰術知識，而且在指揮作戰方面也沒有什麼突出的天分。由此就產生了一種特定的作戰方法，以便那些缺乏戰術知識的低層將領採納和應用。據我所知，這在法國軍隊中極其尋常。

6.　根據以上關於各兵種使用的原則，一個旅的戰鬥隊形大致應該如下圖。
a、b是輕步兵線，由它開始戰鬥，在複雜的地形上也可以作前衛。緊接著調遣砲兵c、d，目的是使其占據有利地形。在尚未就位之前，砲兵應該部署在第一線步兵後面。e、f是第一線步兵，它的任務是向敵人開進和射擊，這裡共有四個步兵營。g、h是幾支騎兵團。i、k是第二線步兵，它是預備隊，留在決定戰鬥勝負的時刻使用。l、m是第二線步兵的騎兵。依此類推，一個大的軍也應該用類似的方法部署。只要遵照上述原則，

至於戰鬥隊形是否恰好就是這樣，或者稍有不同，那是無關緊要的。例如，按照一般的部署方法，騎兵g、h可以部署在l、m線上，只有當這個位置距離前方太遠時，才調到前面去。

7. 兵團是由若干個這樣有自己的指揮官和司令部的獨立軍組成。正如作戰的一般原則所規定的那樣，它們可以並列部署或重疊部署。在這裡還必須注意一點：如果騎兵不是很少，那就應該組成一個專門的騎兵預備隊，這個預備隊當然應該部署在後面。它的任務是：

（1）當敵人從戰場上撤退時，就向他攻擊，並攻擊其掩護撤退的騎兵。如果我們能夠在這個時刻擊敗敵人的騎兵，而敵人的步兵又不能奇蹟般英勇地作戰，那麼我們就必然會取得巨大的成果。小隊騎兵在這種場合是不可能達到這一目的的。

（2）即使敵人是在沒有戰敗的情況下撤退，或者是在會戰失敗後第二天繼續撤退的，應該更為迅速地追擊他。騎兵行軍比步兵快，並且更能給撤退的敵軍造成一個望而生畏的印象。在戰爭中，追擊的重要性僅次於戰勝敵人。

（3）如果想進行（戰略上）大規模的包圍敵人，並且由於繞道而需要使用行軍較快的兵種，那麼就要用騎兵預備隊來完成任務。

為了使騎兵預備隊在一定程度上具有更大的獨立性，應該給它配備為數可觀的騎砲兵，因為只有幾個兵種的聯合才能產生較大的力量。

8. 軍隊的戰鬥隊形與戰鬥有緊密聯繫；戰鬥決定了軍隊的行軍次序。行軍的次序基本上是這樣的：

（1） 每一個獨立的軍（旅或師或者其他）都各自組成獨立的縱隊，有自己的前衛和後衛；但是，這並不妨礙幾個軍在一條道路上按先後次序行軍，從總體上形成一個縱隊。

（2） 各個軍按照正常的戰鬥隊形行軍。就像它們在駐止時的戰鬥隊形那樣，在行軍時它們之間也是相互並列和重疊的。

（3） 各個軍內部的行軍次序始終保持不變，即：給輕步兵配備一個騎兵團擔任前（後）衛，其次是步兵，然後是砲兵，最後是其餘的騎兵。
　　不管是向敵人行軍（在這種情況下，這種次序本來就是合理的），或者是與敵人平行行軍（在這種情況下最好把本來的重疊部署改為並列隊形行進），都保持這種行軍次序。當部隊向敵人進軍時，一定要把騎兵和第二線步兵從我方的左翼或右翼調到部隊前面去。

III. 利用地形的原則

1. 在作戰中，地形（地貌、地區）能提供兩點優勢。
　　第一種是妨礙敵軍通行，使敵人或者不可能向這個地點前進，或者迫使他降低行軍速度，始終保持縱隊行進等等。
　　第二種是為我軍的隱蔽部署提供天然屏障。
　　這兩點優勢都很重要，但是我覺得第二種比第一種更為重要。至少有一點是肯定的，那就是人們更經常地利用第二種優勢，因為多數情況下即使在最簡單的地形上，我們也可以或多或少地隱蔽部隊。
　　從前人們只知道利用第一種優勢，很少利用第二種。現在，由於各國軍隊的靈活機動性都增強了，人們已經很少利用第一種優勢了，正因為如此，勢必要充分地利用第二種優勢。第一種優勢只有在防禦中才能體現出來，而第二種優勢在進攻和防禦中都能體現出來。

2. 地形作為妨礙通行的屏障，其優勢主要表現在下列兩點上：（1）鞏固側翼戰線；（2）加強正面戰線。

3. 鞏固側翼戰線的地形，必須是完全不可通行的，例如大河、湖泊、泥濘的沼澤等。但是，這樣的地形是少見的，因此能絕對安全地鞏固側翼戰線的地形是很少的；而現在和過去相比就更少了，因為現在軍隊的行軍更為頻繁，部隊不再長久地停留在一個陣地上，必然要在戰區內使用更多的陣地。

如果妨礙通行的屏障不是完全不可通行的，那麼它實際上就不能作為鞏固側翼的手段，而只能用於加強部隊正面力量。在這種情況下，部隊必須部署在屏障的後面，於是這個屏障就發揮出妨礙敵軍通行的作用。

雖然這種利用地形優勢來保障側翼安全的方法是有利的，但是必須防止以下兩種情況的發生：第一，完全依靠側翼的這種堅固性，而不在後面部署強大的預備隊；第二，使自己的兩翼完全陷於這些屏障的包圍之中。由於這些屏障不能徹底保障側翼的安全，所以不能排除側翼被襲擊的可能性，如果真是這樣，它們就會導致極為不利的防禦。因為有了這些天然屏障，我們就容易掉以輕心，而不是在側翼轉入積極防禦。結果就導致了我們不得不採用所有防禦形式中最為不利的形式，即從落在後面的兩翼a、d和c、b進行防禦。

4. 上述觀點又與縱深部署部隊的戰略戰術有緊密關係。側翼的地形越不利，就越需要在後面部署部隊，以便對繞到我方側翼的部隊進行包圍。

5. 所有不能從正面通過的地形，如集鎮，用荊棘、樹籬和壕溝圍起來的園

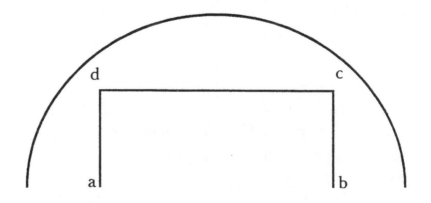

地，沼澤地，以及所有必須費一些力氣才能爬上的山嶺，都屬於那種雖然能夠通過，但要付出很大氣力才能慢慢通過的地形障礙。在戰鬥中，這些障礙能夠增強部署在它們後面的部隊的力量。至於森林，只有當森林生長得雜亂茂密，而且地勢濕窪時，才能算做是這樣的障礙。普通的高大樹木組成的森林是與平原一樣易於通過的。但是，森林可以隱蔽敵人這一點卻是不容忽視的。如果把部隊部署在森林裡，那麼雙方都有這種不利。把部隊部署在森林的後方或側方是很危險的，因而也是一個重大的錯誤；只有當通往森林的道路很少時，才可以這樣做。為了阻止敵人通行而設置的鹿寨所產生的作用是不大的，它們很容易就會被清除掉。

6. 由此可見，人們可以試圖在部隊的一個側翼利用這些地形障礙，使用少數兵力在這裡進行相對較強的抵抗，而在另一個側翼進行既定的進攻。把堡壘與這些地形障礙結合起來使用是非常適宜的，因為，如果敵人通過了地形障礙，那麼堡壘可以用砲火保證兵力不強的部隊不至於受到優勢兵力的襲擊，或在突襲之下被擊退。

7. 進行防禦時，正面戰線的每個妨礙通行的地形障礙都具有很大的價值。
基於這種考慮，人們才去占領山嶺。因為在高處部署部隊對於發揮武器的效能來說往往沒有重大的影響。當我們位於高處時，敵人要向我們接近就不得不費力地向上攀登，所以他只能緩慢地前進，他的隊形就會因此混亂，當他到我們面前時就已經是精疲力竭了。這就是地形的優勢，它能在雙方勇氣和兵力相同的情況下，產生決定性的作用。不過，有一點特別不容忽視，即敵人全速奔跑著進行迅猛的攻擊所產生的精神影響是很大的。跑步向前的士兵往往會感覺不到危險，而站著不動的士兵卻會因此而失去鎮靜。因此，把第一線步兵和砲兵部署在山上，始終是非常有利的。
如果山地很陡，或者山坡起伏不平，而不能對敵人進行有效的射擊（這種情況是常見的），那麼我們就沒有必要把第一線兵力部署在山頂上，最多只用狙擊兵占領這些地方。整個部隊的部署應該能產生如下的效

果：當敵人到達高處並重新集合時，要使它遭到我方最有效的火力攻擊。

所有其他妨礙通行的地形障礙，如小河、小溪、狹路等等，都可以用來攻破敵人的正面；敵人通過這些障礙以後，必須重新整頓隊伍，他的行動就會因此而受到拖延。所以，應該用最有效的火力控制這些地形障礙。如果砲兵多，那麼最有效的火力就是用榴霰彈進行射擊（其射程可達到四百至六百步），如果這個地點的砲兵少，那麼最有效的火力就是用燧發槍進行射擊（其射程可達到一百五十至二百步）。

8. 從中可以得出下面這條規律：應以最有效的火力控制所有能夠加強我軍正面力量而妨礙敵軍通行的地形障礙。但是，有一點必須特別指出，即絕不可以僅限於使用這種火力進行抵抗，而是必須始終備有相當大的一部分兵力（三分之一到二分之一），以縱隊形式部署，以便隨時進行白刃戰。如果我方兵力很弱，那麼就要把火力線（狙擊兵和砲兵）移近，使它們能以火力控制地形障礙區，其餘的部隊則以縱隊形式盡可能隱蔽地向後撤退六百步到八百步。

9. 另一種利用正面的地形障礙的方式是：把部隊部署在這些地形障礙後面稍遠的地方，使它們正好處於砲兵的有效火力範圍之內（一千步至二千步），當敵人的各個縱隊通過時，就從各個方面襲擊它們。（斐迪南公爵在明登就曾用過類似的方法。）

地形障礙有助於實現積極防禦，而積極防禦（關於這種防禦我們在前面已經談過了）有了地形障礙就可以在部隊的正面進行。

10. 在以上的論述中，我們把地形障礙看做是構成幾個連續的較大陣地的主要組成部分。現在，還有必要對單個的地點做一些說明。

各個孤立地點一般只能利用堡壘，或有利的地形障礙進行防禦。這裡暫且不談堡壘，至於能夠孤立防守的地形障礙只能是：

（1） 孤立的陡峭高地。

在這裡，堡壘同樣是不可缺少的，因為敵人總是能夠在防禦者的一面展開較大範圍的攻擊，而防禦者最後常常會遭到背後攻擊，因為他不

可能強大到在各個方向上都能構成正面戰線的程度。

（2）　隘路。

所謂隘路是指敵人只能從一個地點通過的狹窄道路，如橋樑、堤道、陡峭的峽谷等都是。

關於所有這些隘路，必須指出，有些隘路是進攻者絕對不能迂迴繞過的，如大河的橋樑，防禦者為了盡可能有效地封鎖渡河點，可以大膽地把全部兵力部署在這裡；有些隘路是敵人能夠迂迴繞過的，如小河的橋樑和大部分的山中隘路。在這裡防禦者有必要保存相當大（三分之一到二分之一）的兵力，以防敵人的包圍進攻。

（3）　集鎮、村莊、小城市等等。

如果部隊非常勇敢，士氣旺盛，那麼，利用房屋進行防禦就可以以寡敵眾（這在其他情況下是不可能的）。如果對單個的士兵信心不大，那麼，最好還是只用狙擊兵占領房屋、庭院等等，用火砲封鎖入口，使絕大部分的部隊（二分之一至四分之三）呈密集的縱隊隱蔽在這些村鎮和城市裡面，或者在它們的後面，用以攻擊突入的敵人。

11. 在大規模作戰中，這些孤立的地點有時可以充當前哨，這時多半不是進行絕對的防禦，而只是單純地要使敵軍的行進變得滯緩；有時這些孤立的地點在兵團的作戰計畫中產生重要的作用。為了贏得實施積極防禦措施所需要的時間，往往有必要堅守一個偏遠的地點。既然這個地點很偏遠，那麼它自然也就是孤立的了。

12. 關於孤立的地點還有必要說明兩點。第一，在這些地點後面必須備有部隊，以便俘獲被我方擊退的敵軍；第二，如果有人把這樣一種防禦方法納入自己的作戰計畫中，那麼，即使地形障礙很有利，他也絕不應該對此抱有過大的希望；相反，奉命進行這種防禦的人則必須具有在最不利的情況下也要達到目的的決心。這裡需要有一種堅決果斷和不怕犧牲的精神，而這種精神只能來源於遠大的抱負和追求事業的熱情。因此，必須派遣具有這種高貴精神的人去防守這些孤立的地點。

13. 至於利用地形作為掩護我軍部署和向敵人進軍的手段，就無須進一步說

明了。

不要把兵力部署在要防禦的山上（直至現在仍然常有這種情況發生），而是部署在山後；不要使部隊位於森林前面，而應在森林中或後面（只有當我們對森林或灌木林能夠進行觀察時，才可以部署在森林的後面）。要使部隊保持縱隊隊形，以便能更容易地使其隱蔽起來；要利用村莊、小叢林和各種高地來隱蔽部隊；在前進時，要選擇複雜的地形，等等。

在耕作地區，幾乎沒有一個地方是很容易被觀察到的，因而防禦者只要巧妙地利用障礙，就一定可以隱蔽他的大部分部隊。而進攻者要隱蔽他的行軍情況卻是比較困難的，因為他只能沿著道路前進。

要利用地形隱蔽部隊，就必須使這一措施與預定的目的和作戰計畫協調一致，這是不言而喻的。這裡最主要的問題是，不要完全打亂戰鬥隊形，但是小的改變是允許的。

14. 如果我們把以上關於地形的論述總括起來，那麼，對於防禦者來說，在選擇陣地方面以下幾點是最重要的：

（1）　部隊的一個側翼或兩個側翼在地形上必須有所依托；

（2）　在其正面和側翼有開闊的視野；

（3）　其正面有妨礙通行的地形障礙；

（4）　部隊必須隱蔽部署；

（5）　在其後有複雜的地形，因為在失利的情況下，這可以增加敵人追擊的困難；但不要在部隊後方太近的地方有隘路（如在弗里德蘭），因為這會妨礙自己的行動和引起混亂。

15. 如果有人認為，在戰爭中所占領的每個陣地都應該具有所有這些有利條件，那就是書呆子的見解。在戰爭中所占領的陣地並不是每一個都同樣重要。陣地遭到敵人攻擊的可能性越大，陣地就越重要。只有在最重要的陣地上，人們才力求獲得所有的有利條件，對於其他陣地來說，其有利條件則可以多一些，也可以少一些。

16. 進攻者對於地形的考慮，可以主要歸納為以下兩點：一方面不要在過分

複雜的地形上選擇攻擊地點；另一方面，要盡量在最不容易被敵人觀察到的地區前進。

17. 我想用一個原則來結束關於利用地形的論述，這個原則對於防禦者而言極為重要，應該被看做是整個防禦理論的基礎，這個原則就是：

絕不要把一切希望都寄託在有利的地形上，因此也絕不要受到有利地形的引誘而陷入消極防禦中去。

因為，如果地形確實對我們非常有利，使進攻者不可能正面出擊，那麼敵人就會繞過這個地形到我們的後方來（這是永遠可能的），這樣一來，最有利的地形也變得毫無意義了；我們就會被迫在完全不同的情況下，在完全不同的地方進行會戰，結果就好像我們根本沒有打算利用最有利的地形一樣。如果地形不是那麼有利，而進攻者還可能在這種地形上進行攻擊，這個地形的優勢也絕不能抵銷消極防禦帶來的害處。因此，一切地形障礙只應該用來進行局部地區的防禦，以便用少量的兵力進行相對來說較強的抵抗，其最終目的是為其他地點的進攻贏得獲取真正勝利的寶貴時間。

（三）戰略

戰略就是為了服務於戰役和達到戰爭最終目的，而對組成戰爭的各個小戰鬥進行的一種結合。

如果人們懂得如何戰鬥，以及如何取勝，那麼需要說明的問題也就不多了。因為把勝利的成果結合起來是容易的，只要有熟練的判斷力就可以做到，不像指揮戰鬥那樣需要專門的知識。

因此，可以把戰略上為數不多的、主要是以國家和軍隊的狀況為基礎的原則簡單扼要地歸納為幾點。

I. 一般原則

1. 作戰有三個主要的目的：
（1） 戰勝並消滅敵人；

（2）　奪取敵人的物資來源地和其他補充來源地；

（3）　獲取民心。

2.　為了達到第一個目的，就要始終把主要進攻目標指向敵軍的主力，或者指向敵軍一個非常主要的部分，因為只有先打敗敵人的主力軍，才能去實現其他的兩個目標。

3.　為了奪取敵人的物資來源，應該把自己的進攻指向這些力量最集中的地方，如首府、倉庫、大的要塞等。在通往這些地方的道路上，人們將遇到敵軍的主力或敵軍非常重要的一個部分。

4.　透過大的勝利和占領首府都能贏得民心。

5.　為了達到上述各項目的，必須遵循的首要原則是：盡最大努力調動我們可以動員的一切力量。在這方面表現出來的任何鬆懈心理都會使我們達不到目標。即使取得勝利的可能性很大，如果不盡最大努力使自己完全有把握取勝，那也是極不聰明的。因為這種努力絕不會產生不利的結果。即使國家的負擔因此而加重了，也不會產生不利，因為這種負擔會因此而消除得更快。

這樣做所產生的精神影響具有無限的價值，它能使每個人都有勝利的信心。這是使民心迅速振奮起來的最好的手段。

6.　第二個原則是：在將要進行的主要進攻地點上盡量集中兵力，為了在這個主要地點更有把握地取勝，寧可在其他地點上忍受不利的狀況，因為主要地點的勝利將消除其他一切不利。

7.　第三個原則是：不要喪失任何時間。如果我們從延遲行動中得不到特別重大的利益，那麼盡快行動就是很重要的。如果我們行動迅速，就能使敵人的許多措施在其準備過程中遭到破壞，也就能首先獲得民心。

出敵不意在戰略上產生的作用比在戰術上重要得多；它是獲取勝利的最有效的方法。法國皇帝（編按：即拿破崙）、腓特烈大帝、古斯達夫‧阿道夫、亞歷山大大帝都是由於行動迅速而得到極大聲譽。

8.　最後，第四個原則是：竭盡全力利用我們所取得的成果。對被擊敗的敵人進行追擊本身就是在獲取勝利的果實。

9.　第一個原則是其他三個原則的基礎。如果人們貫徹了第一個原則，那麼
　　人們就可以大膽地去實現其他三個原則，而不會孤注一擲了。第一個原
　　則為在後方不斷形成新的力量創造了條件，而利用新的力量可以使任何
　　不利的情況重新好轉起來。

　　那種可以稱之為聰明的謹慎就表現在這裡，而不是表現在小心翼翼的前
　　進上。

10.　在當代，小的國家不適合進行征服性的戰爭。但是，就進行防禦戰而
　　言，小國家也具有無窮無盡的手段。因此我堅信，誰能為了保障穩定的
　　兵源而動員一切力量，誰能利用一切可能利用的手段進行準備工作，誰
　　能把自己的兵力集中在主要的地點上，誰能在這樣做了之後堅決果敢地
　　追求偉大的目標，他就做到了戰略指導在大方面所能做的一切。如果他
　　在戰鬥中並不處於絕對的不利地位，那麼，敵人付出的努力和毅力比他
　　付出的努力和毅力的差距越大，他獲得勝利的可能性就越大。

11.　在貫徹這些原則的時候，作戰的形式終究是無關緊要的。不過，我還是
　　想用幾句話把其中最重要的一點闡明一下。

　　在戰術上，人們總是力求包圍敵人，確切地說是包圍我們主要進攻的那
　　一部分敵人，這一方面是因為兵力的包圍攻擊比平行攻擊有利，另一方
　　面是因為只有這樣才能切斷敵人的退路。

　　如果我們把前面關於敵人和陣地的論述應用到敵人的戰場（因而也應用
　　到敵人的給養）上，那麼，對敵人進行包圍的各個縱隊或兵團，在大
　　多數情況下彼此會相距很遠，以至於不能參加同一個戰鬥。而敵人卻可
　　以處於這些縱隊或兵團的中央，並有可能逐個地對付它們，這樣，敵
　　人只要用一支軍隊就可以各個擊破它們。腓特烈大帝在一七五七年和
　　一七五八年進行的戰爭就提供了這方面的例子。

　　由於戰鬥是主要的、具有決定性意義的，所以，採取包圍攻擊的一方在
　　兵力上如果不具有決定意義的優勢，就會由於各個縱隊分別進行會戰而
　　失去包圍所帶來的一切利益，因為破壞給養所產生的效果很慢，而會戰
　　勝利所產生的效果卻很快。

因此，在戰略上，特別是當雙方兵力相當，甚至比敵方兵力更弱時，被敵人包圍的一方比包圍敵人的一方處境更為有利。

在這一點上約米尼上校是完全正確的。比羅先生之所以用許多虛構的真理論證了相反的觀點，其原因僅僅在於，他高估了破壞敵人給養所能產生的效果，他同時又十分輕率地否定了會戰勝利必然會產生的效果。

戰略包圍用於切斷敵人的退路，當然是非常有效的。但是，這個目的在必要時透過戰術迂迴也能達到。不過，只有當自己在物質上和精神上都占有很大的優勢，並且在派出進行迂迴的部隊之後在主要地點上仍有足夠的兵力時，進行戰略迂迴才是可取的。

法國皇帝在物質上和精神上往往（幾乎可以說是始終）占有優勢，但是，他從未進行過戰略迂迴。

腓特烈大帝只是在一七五七年進攻波西米亞時進行過唯一的一次戰略迂迴。他確實用這一方法迫使奧軍直至退到布拉格才發動第一次會戰。然而，沒有取得決定性勝利就占領直到布拉格的波西米亞地區，對他又有什麼益處呢？後來科林會戰迫使他又放棄了這些地方。這就證明，會戰決定一切。在施威林到來之前，他在布拉格顯然有遭到奧軍全部兵力襲擊的危險。假如他率領全部兵力通過薩克森前進，那就不會遇到這種危險了。這樣，第一次會戰也許就會在艾格爾河畔的布丁發生，而這次會戰也會與布拉格會戰一樣具有決定性的意義。普魯士軍隊在西里西亞和薩克森是分散冬營的，這無疑是腓特烈大帝發起這次包圍進攻的原因。

在這裡應該指出重要的一點：在大多數情況下，上述這類決策因素比部隊的外在部署形式更為關鍵，因為便捷的作戰方式才能加快取勝的速度。軍隊作為一個龐大的機器，其行動所受的摩擦已經很大，在沒有必要的情況下不應該再增加其摩擦。

12. 在上面闡述的應該盡量集中兵力在主要地點上這一原則指導下，人們就會放棄戰略包圍的想法，並且順理成章地採取適當的部署部隊形式。因此，我可以說，戰略包圍這種形式的利用價值是很小的。但是，有一種情況例外。如果敵人在一個貧困的地區十分費力地設置了許多倉庫，而

且他的作戰完全取決於這些倉庫，那麼在敵方側翼進行的戰略活動就可以取得與會戰相似的成果。在這種情況下，甚至可以不必用主力去進攻敵人的主力，而是直搗敵人的基地。不過，這還需要有兩個條件：

（1）　敵人離基地很遠，在其受到威脅的時候，他會被迫進行遠距離的撤退。

（2）　在敵人主力前進的方向上，我們可以利用天然的和人工的障礙，以少量的兵力就能使敵人的前進非常困難，因而敵人不能在這裡以占領我們的土地來補償他在基地的損失。

13.　部隊的給養是作戰的一個必要條件，因而對作戰有很大的影響，主要表現在給養條件制約著部隊的密集程度，它同時也影響到對敵作戰的戰線選擇上。

14.　如果條件允許，部隊的給養費用可以在作戰地區透過徵收辦法就地解決。

在現代戰爭類型中，軍隊作戰的地區比過去大得多了。

把軍隊組成若干獨立的部隊就可以就地解決給養的費用問題，而避免了按照老辦法把軍隊（七萬到十萬人）集中在一個地點上的不利，因為一支按照現代編制組織起來的獨立部隊，遇到兵力強兩三倍的敵人也可以抵抗一段時間；之後其他部隊就會趕來，即使這支部隊真正被擊敗了，它所進行的戰鬥也不是徒勞無益的。關於這一點，我們在另一個地方已經作了說明。

因此，現在各個師和軍彼此間都是分開的（或者並列或者按先後順序）進入戰場。如果它們是屬於一個兵團，那麼它們相互的間距只要保證能夠參加同一次會戰就可以了。

這樣一來，部隊的給養沒有倉庫也可以得到保障。部隊本身的合理組織（包括它的司令部和後勤部）也能使給養問題更容易得到解決。

15.　如果不存在比給養更為重要的因素（例如敵人主力的位置），就應該選擇最富庶的地區作戰，因為便利的給養有助於迅速行動。比給養更重要的因素只能是我們所尋找的敵人主力所在的位置以及我們所要攻占的首

都和要塞的位置。其他一切因素，如兵力的部署形式（關於這一點我們已經談過了）通常是無關緊要的。

16. 雖然採用了這種新的給養方式，但是，人們還是不能取消所有的倉庫。即使當地有足夠的物質，一個英明的統帥為了以防萬一，也為了在個別地點能夠集中更多的兵力，一定會在自己的後方設置一些倉庫。這是無損於目的的小心謹慎。

II. 防禦

1. 所謂防禦戰，從政治的角度來看，就是為了維護本國的獨立而進行的戰爭；從戰略的角度來說，就是旨在為了抗擊敵人而做好準備的我方戰區內與敵人作戰的戰役。不管在這個戰區內進行的會戰是進攻的還是防禦的，都不改變防禦戰的涵義。

2. 戰略防禦主要是在敵人占優勢的條件下採取的。當然，作為戰區主要設施的要塞和堡壘也能夠提供很大的有利條件。此外，熟悉地形和掌握完善的地圖也應該看做是有利條件。對於一支兵力較小的軍隊而言，或者對於一支依靠一個較小的國家、或由較少資源維繫的軍隊而言，擁有這些有利條件比沒有這些有利條件更具有抵抗敵人的能力。

   此外，還有下面兩個原因能夠促使人們選擇防禦戰。

（1） 戰區周圍的地區在給養方面能給作戰造成非常大的困難。在這種情況下，如果我們採取防禦戰，就可以避免這種由給養供應帶來的不利影響，而敵人卻不得不承受這種不利的影響。例如現在（一八一二年）俄軍的情況就是這樣。

（2） 敵人在作戰能力上占優勢。在一個我們既熟悉又有準備的、各種外在條件都對我們有利的戰區內，作戰是比較容易的，因為在這裡不會同時犯很多錯誤。當自己的部隊和將領由於作戰能力差而不得不選擇防禦戰的情況下，人們通常願意把戰術防禦與戰略防禦結合起來，也就是在有準備的陣地上進行會戰，這同樣是因為可以少犯錯誤。

3. 在防禦戰中也和在進攻戰中一樣，必須有一個遠大的目標。這個目標無

非就是消滅敵人軍隊。達到這一目的的辦法可以是一次會戰，也可以是使敵人軍隊的給養發生極大困難，從而使敵人產生沮喪情緒，不得不撤退，而在撤退中又遭到重大損失。威靈頓指揮的一八一〇年和一八一一年戰役就是這樣的例子。

因此，防禦戰並不是消極地去等待事件的發生；只有當從等待中能夠得到明顯的、具有決定性意義的利益時，才可以進行等待。在大規模戰鬥爆發前出現的那種猶如暴風雨到來之前的平靜，對防禦戰來說是最為危險的，因為進攻者正在集結新的兵力準備進行大規模戰鬥。

假如奧地利人在阿斯波恩會戰以後像法國皇帝那樣把兵力增強三倍（這當然是能夠做到的），那麼瓦格拉木會戰以前的一段平靜時期對它們而言是非常有用的（也只有在上述前提條件下才是如此）。由於他們沒有這樣做，所以喪失了這段時間。當時，只有利用拿破崙的失利形勢去鞏固阿斯波恩會戰的勝利，才是更聰明的做法。

4. 要塞的任務是誘使敵軍以其大部分兵力進行圍攻。因此，必須利用這個時機打擊敵軍的其餘部分。會戰應該在要塞後面，而不是在要塞前面進行。但是不能像但澤被圍攻時班尼格森所做的那樣，悠閒地坐視要塞被敵人奪去。

5. 大的江河，也就是架橋非常困難的江河，如維也納以下的多瑙河和萊茵河的下游，都可能構成天然的防線。但是，不可以為了完全阻止敵人渡河而沿江河平均地分布兵力，這是十分危險的。人們應該監視江河，在敵人渡過江河以後，趁他還沒有把全部的兵力集結起來並且其兵力還限制在靠河的一個狹窄地帶時，就從各方面攻擊他們。阿斯波恩會戰就提供了這樣的範例。而在瓦格拉木會戰中，奧軍卻毫無必要地讓法軍占領了很多地方，以至於法軍渡河本身的不利被抵銷了。

6. 山地是可以用來構成良好防線的第二種地形障礙。一種方法是把防線設置在山地的後面，只用輕裝部隊占領山地，在一定程度上像監視敵人渡河那樣監視山地；一旦敵人以獨立的縱隊從幾個隘口出來時，就用全部的兵力攻擊敵軍的某一個縱隊。另一種方法是把兵力部署在山地裡面。

在這種情況下，只用小部隊防守各個隘口，而把軍隊的很大一部分（三分之一到二分之一）留作預備隊，以便用優勢的兵力攻擊突入我方陣地的敵軍縱隊中的一個。因此，不要為了完全阻止敵人縱隊的突入而分散這支強大的預備隊，而是從一開始就決定用它來攻擊那些我們認為最強的縱隊。如果用這種辦法擊潰了敵軍的一個重要部分，那麼已經突入的其他縱隊就會自行撤退。

大多數山地的形狀是：在群山中或多或少有一些高的平地（臺地），這個平地四周的斜坡被許多形成通路的陡峭的山谷所割裂。因此，防禦戰在山中可以找到能迅速向左右移動的地方，而進攻者的各個縱隊卻被陡峭的、不可通行的山脊相互隔開。只有在這樣的山地，才能進行很好的防禦。如果山地內部地形複雜，不便於通行，以至於防禦戰的部隊不得不分散，互相沒有任何聯繫，那麼，用主力防守這種山地就是危險的措施。因為在這種情況下一切有利條件都為進攻戰所有，他可以用巨大的優勢兵力攻擊各個地點。任何隘口，任何地點都不會堅固到進攻者用優勢兵力在一天內不能攻陷的程度。

7. 關於山地戰必須指出：在山地戰中，一切都取決於部下和各級指揮官的機智，其中士兵的戰鬥精神尤為重要。在這裡他們並不需要具有太大的靈活應變能力，但是戰鬥精神和對事業的忠誠卻是他們必不可少的品德，因為在這裡每個人都要或多或少地獨立行動。因此，民兵武裝組織特別適合進行山地戰，因為它雖然沒有戰鬥的應變能力，但充分具備戰鬥精神和對事業的忠誠。

8. 最後，關於戰略防禦還必須指出，由於防禦本身比進攻更為有效，所以戰略防禦只適用於奪取最初的重大成果。如果這個目的已經達到，但是和平卻沒有立即到來，那麼進一步的成果只能透過進攻來取得。誰要是永遠只防禦而不進攻，誰就會陷入消耗自己的人力物力的不利境地。任何一個國家在這種情況下都只能支撐一定的時間，如果一個國家遭到敵人進攻而不進行還擊，那麼它最後肯定要衰弱和失敗。我們應該以防禦開始戰爭，以便能夠更有把握地以進攻結束戰爭。

III.進攻

1. 戰略進攻是直接實現戰爭目的的，即直接消滅敵人，而戰略防禦只是間接地實現部分的戰爭目的。因此，在戰略的一般原則中已經包含了進攻的原則。這裡只有兩個問題還需要進一步說明。

2. 第一個問題是部隊和武器的不斷補充。這個問題對於靠近補充來源的防禦者來說是比較容易的。進攻者雖然在大多數情況下是一個較大的國家，但其部隊必須從遠方調來，或多或少都要費上一番周折。為了保證兵力，他必須早在兵力匱乏之前就採取徵集新兵和運輸武器的措施。在他的作戰線的各條道路上必須經常不斷有前進的部隊和往前線運送的必需品；並且在這些道路上必須建立兵站來加快運輸。

3. 即使在最有利的情況下，即使是精神上和物質上都占有極大的優勢，進攻者也必須估計到出現重大不利的可能性。因此，他必須在作戰線上設置一些據點，以備容納其被敵人擊敗的部隊，如築有營壘的要塞或者單純的營壘。

   大的江河是可以把追擊的敵人阻擋一段時間的最好手段。因此，必須加強防守渡河點（由堅固的多面堡構成的橋頭）。

   為了守護這些據點以及最重要的城市和要塞，必須根據敵人襲擊的可能性和當地居民的戰備程度留下相應數量的部隊。這些留守部隊與調來的增援部隊一起組成新的部隊，在前方軍隊獲得勝利的時候，這些部隊就可以跟隨著前進；相反，在前方部隊失利的時候，它們就部署在築有工事的據點裡掩護撤退。

   法國皇帝在其後方軍隊的部署上，一直是極為謹慎地採取這種措施的，所以他所進行歷次最大膽的軍事行動，也並不像表面上看起來那樣冒險。

（四）上述原則在戰爭中的運用

軍事理論的基本原則本身是極其簡單的，很容易為具有普通常識的人所理解。即使這些原則在戰術上比在戰略上需要更多的專門知識作基礎，這

種知識的範圍也是很有限的，它與其他科學比較起來並不是那麼複雜和聯繫廣泛。因此，這裡並不需要淵博和高深的學問，甚至也不需要特殊的理解能力。如果說在這裡除了一般判斷力以外還需要一種特殊才能的話，那麼可以斷言，這就是詭詐或計謀。長期以來，有人堅持完全相反的看法，但是這種看法只是出於對軍事理論的盲目崇拜和軍事著作家的虛榮心。我們只要毫無偏見地思考一下就會認識到這一點，而且經驗也使我們對這一點確信無疑。在革命戰爭中，就有許多人證明自己不愧為能幹的統帥，往往是第一流的統帥，但他們並沒有受過專門的軍事教育。至少孔代、華倫斯坦、蘇沃洛夫以及其他許多人，他們是否受過專門的軍事教育是很值得懷疑的。

指揮作戰本身會有許多困難，這是毫無疑問的，但困難不在於理解真正的作戰原則需要專門的學識或偉大的天才，這些原則是每個沒有成見的、稍有軍事常識的、具有健全頭腦的人都能理解的。即使是在地圖上或紙上運用這些原則，也不是什麼難事，因為制定一個完善的作戰計畫並不是什麼偉大的傑作。全部的困難在於：

在實踐中完全遵循既定的原則。

請殿下注意到這一困難，就是最後這一段論述的目的。而使殿下對此有一個清晰明確的概念，則是我想透過這篇文章所要達到所有目的中最主要的目的。

整個作戰過程好像是一部具有很大摩擦的組合機器的運轉，所以在紙上很容易就制定出來的計畫只有經過巨大的努力才能實施。這樣，統帥在發揮自己的自由意志和才能時，每時每刻都會遇到摩擦；於是一方面需要有獨特的精神力量和智力去克服這種摩擦，另一方面有許多好的想法會由於這種摩擦而無法實現。因此，對那些用較複雜的方式也許能獲得較大效果的事情，也必須採用簡單易行的方式。

要把產生這種摩擦的原因一一列舉出來，也許是不可能的，但是最主要的原因是下列幾點：

1. 我們對敵人的狀況和措施真正了解的情況，總是比制定計畫時設想的情況少得多。因此，在實施既定的決策時，我們便會顧慮重重，擔心自己

的設想會有很大的錯誤造成很大危險。一種在處理關係重大的事情時往往很容易產生的膽怯心理就會支配我們，而從這種膽怯到猶豫不決，從猶豫不決到半途而廢，就只差很小的、很不明顯的一步了。

2. 我們不僅不能確切地知道敵人的兵力，而且傳聞（透過前哨、間諜或者偶爾得到關於敵人的一切情報）也誇大了敵軍的人數。很多人天生就是膽怯的，因此經常會誇大危險。於是，所有這些影響都會促使統帥對當前的敵人兵力做出錯誤的判斷，這就是猶豫不決的另一個根源。

這種不確實性究竟有多大，是很難想像的，因此，從一開始就必須對此有所準備。

如果我們事先已經冷靜地考慮過一切，並且毫無偏見地尋找和研究過可能性最大的情況，那麼，就不應該立刻放棄先前的看法，而是對新接到的情報進行分析，把幾個情報相互比較，並派人蒐集新的情報等等。這樣，錯誤的情報往往立即就被否定，或者最初得到的一些情報就得到證實。在這兩種情況下，我們都會對敵人的情況有一定的把握性，也就能根據這種把握性下決心。如果還不能對敵人的情況有一定的把握，那麼，就應該告訴自己在戰爭中不冒險就將一事無成；戰爭的性質根本不允許人們總是看清楚向前邁進的每一步；可能的事情儘管還不十分清楚，卻往往具有實現的可能性。只要其他的措施得當，某一個錯誤就不至於立即導致毀滅。

3. 我們不僅不能確切地了解敵人每時每刻的情況，而且也不可能確切了解自己軍隊每時每刻的情況。自己的軍隊也很少能集中到隨時可以清楚地觀察每個部分。如果我們在這時稍有膽怯，就會產生新的疑慮，因此我們就會等待下去，結果必然是延誤了整個軍隊的作戰行動。

因此，必須相信自己的一般措施能夠達到預期的目的，特別是要相信自己的下級軍官。我們應該選擇能夠讓人信任的人擔任下級軍官，其他任何條件都是次要的。如果我們根據所確定的目標採取了適當的措施，考慮到可能出現的失利情況，並且做了種種準備，那麼在實施中，即使遇到不利情況也不至於導致失敗，所以，我們不應該去過多地顧慮上述情

況的無把握性，而應該勇敢前進。

4.　如果統帥要竭盡全力進行戰爭，那麼下級軍官乃至整個軍隊（特別是沒有經過戰爭鍛煉的軍隊）往往會遇到在他們看來是無法克服的困難。他們會覺得行軍路程太遠太累，給養無法維持。如果我們相信所有這些「困難」（如腓特烈大帝所言），我們就會很快地完全屈服，而不能投入所有的力量和意志到行動中去，結果只能是變得軟弱而無所作為。

要想抵制這一切，就必須相信自己的見解和信念，這在當時看來往往是固執的，但是實際上卻是一種我們稱之為堅定性的東西，它表現了智慧和性格的力量。

5.　我們對戰爭中的一切後果的預料，絕不會像那些沒有親自仔細觀察過戰爭、並且習慣於戰爭想像的人們那麼精確。

有時，一個縱隊的行軍時間比我們預計的長幾個小時，而我們卻不知原因何在；有時會出現事先無法估計到的障礙；有時要想率領一支軍隊到某一個地點，但卻不得不在距離該地點幾個小時行程的地方停下來；有時我們部署的小哨所發揮的作用比預期的要小得多，而敵人的小哨所發揮的作用卻比預期的大得多；有時，一個地區的人力物力沒有我們想像的那麼大，等等。

所有這些摩擦不付出巨大的努力是無法克服的，而統帥只有透過近乎冷酷的嚴格，才能使軍隊做出這麼巨大的努力。只有這樣，也就是說，只有當他確信可能的事情一定能做到，他才能確實有把握地認為這些不大的困難不會對作戰發生重大的影響，而預定的目標也會基本實現。

6.　可以肯定，一支軍隊在戰爭中的處境絕不會像在室內考察它行動的人所設想的那樣。如果他對這支軍隊有好感，就會把它估計得比實際情況要強、要好得多（往往超過實際情況的三分之一到二分之一）。統帥在制定最初的作戰計畫時當然也是如此，而後來卻出乎意料地看到自己的軍隊逐漸減少，騎兵和砲兵毫無用處等等。在戰役開始時，旁觀者和統帥認為是可能和容易做到的事，在實施中卻往往變成了困難和不可能做到的事。如果統帥在強烈的榮譽心驅使下，仍然大膽而堅定地去實現自己

的目的，他就會達到目的。反之，一個平庸的人就會把軍隊的這種狀況當做放棄既定目標的充分理由。

馬塞納在熱那亞和葡萄牙的行動就是個很好的例證：在熱那亞，他堅強的性格，也可以說是他的嚴厲，推動部下做出了巨大的努力，因而最後獲得了成功；在葡萄牙，他至少比其他任何一個處在他這種情況下的人撤退得要晚。

在大多數情況下，敵軍的情況也是如此。華倫斯坦和古斯塔夫·阿道夫在紐倫堡，法國皇帝和本尼格森在埃勞會戰後的情況就是如此。人們往往看不到敵人的情況，只看到自己的情況，從而使人們對自己的作用看得更大一些，因為對一般人來說，感性的印象比理性的語言更有力量。

7. 不管是透過什麼方式解決部隊的給養（倉庫供給或就地徵收），總是有許多困難，因此，它對作戰措施的選擇具有決定性的影響。給養的需要往往與最有效的作戰計畫相矛盾，所以我們會被迫在本來可以獲取勝利的輝煌戰果時去籌集糧食。整個作戰軍隊就因此變得遲鈍起來，而作戰計畫也因此得不到實施。

一個將領嚴格要求他的軍隊忍受最大的勞累和困苦，一支軍隊在長期戰爭中已習慣了勞累和困苦，那麼他們就會具有很大的優越性！他們會十分迅速並且不顧障礙地去實現自己的目標。同樣是好的計畫，但結果卻是非常不同的。

8. 整體來說，在所有這些情況下，我們都應該時刻注意下面這一點。

人們在實踐中所得到的直觀印象，比事先透過深思熟慮所得到的想法要生動得多。但是，這種直觀的印象只能表示事物的表面狀態，而我們知道，這種表面狀態很少與事物的本質相一致。因此，人們會有注重直觀印象而輕視深思熟慮的危險。

這種最初的直觀印象通常使人變得膽小和過分小心謹慎，這是人的膽怯天性所決定的，而膽怯的人看問題都是片面的。

因此我們必須警惕這一點，即應該對自己事先深思熟慮的想法有堅定的信心，使自己有力量去克服那些令人動搖的某一時的直觀印象。

　　由此可見，克服實施中的這種困難，關鍵在於保證和堅定自己的信念。因此，研究戰爭史是很重要的，因為研究戰爭史就好像是身臨其境，親眼目睹事件的進程。從理論課程中學到的原則只能幫助我們研究戰爭史，讓我們注意到戰爭史中最重要的東西。

　　因此，殿下應該抱著這樣的目的去掌握這些原則，那就是：在閱讀戰爭史時驗證這些原則，並且考察一下這些原則在哪些情況下是符合戰爭進程的，在哪些情況下被戰爭的進程所修正甚至推翻。

　　此外，在缺乏親身經驗的情況下，只有透過對戰爭史的研究才能對這種情況（我稱之為整部戰爭機器的摩擦）有一個明確的概念。

　　當然，不應該滿足於主要理論，更不應該信賴史學家的論斷，而應該盡可能細緻地研究。這是因為史學家很少以記錄最真實的情況為目的。他們通常總想美化本國軍隊的行動，或者想證明事件與虛構的規則是一致的。他們不是編寫歷史，而是編造歷史。進行細緻的研究其實並不需要讀許多歷史書，詳盡地了解幾個戰鬥比泛泛地了解許多戰役更為有用。所以多讀一些雜誌上刊登的報導和日記比讀專門的歷史書更有用處。沙恩霍斯特將軍在他的回憶錄中關於一七九四年梅嫩保衛戰的紀錄，就是這種報導的無與倫比的範例。這一記載特別是關於出擊和突圍的描述，給殿下提供了一個衡量如何編寫戰爭史的標準。

　　世界上沒有任何一次戰鬥能像這次戰鬥那樣使我確信：在戰爭中，一直到最後時刻都不應該對成功有所懷疑，正確的原則永遠不可能像人們想像的那樣有規律地發揮作用，甚至在人們認為這些原則已經完全不起作用的最糟糕的情況下，它們有可能又出人意料地發揮作用了。

　　一位統帥必須具備某種強烈的感情，這樣他才能激發出自己的巨大力量。這種感情可以是凱撒身上的功名心，可以是漢尼拔身上的仇恨感，也可以是腓特烈大帝身上的那種寧願光榮失敗的豪邁感。

　　敞開您的胸懷來容納這種感情吧！在制定計畫時，您要大膽而又有謀略，在實施中要堅決而頑強，要有寧願光榮失敗的決心。這樣，命運將會在您年輕的頭上加上光榮的桂冠，它是君主應有的裝飾，它的光輝將使您的形

像留在子孫後代的心中。

三、關於軍隊內部的機構分類
（可作為第五篇第五章〈戰鬥隊形〉的說明）

　　如果我們看到實際應用中出現的數百種部隊的編制方式，就必然會做如下的考慮，即根據基本戰術的不同來編制一支軍隊的各個部分，以及其兵力的多少，這不是十分嚴格的，而是有很大的伸縮餘地。我們不必多加考慮就可以確信這些編制軍隊的標準是不可能很準確的。至於在這方面通常提出的一些看法，例如一個騎兵團軍官認為騎兵團的兵力越多越好，否則它就不可能產生作用，這種看法是不值一提的。與基本戰術有關的小部隊，如步兵連、騎兵連、步兵營和騎兵團的情況也是這樣的。較大的軍隊則情況就要複雜得多，僅僅根據基本戰術來劃分部隊已經是不夠的了，應該把高等戰術，即部署戰鬥的學問，與戰略協調起來，並以此作為協調部隊的依據。我們現在想研究一下如旅、師、軍和兵團這樣的較大的部隊。

　　我們首先簡單地談談這樣做的原理。為什麼要把軍隊編制成許多部分呢？這顯然是因為一個人只能指揮一定數量的人。一個統帥不可能逐個地把五萬名士兵都部署在適當的位置，並且逐個告訴他們應該做什麼，不要做什麼。假如這是可能的，那當然是最好的了，因為在無數的下級軍官中，不會有人給命令增加一點什麼（至少這是反常現象），而每個人都會或多或少地削弱命令原有的力量，減弱其思想原有的精確性。此外，如果一個軍隊分級很多，那麼一個命令需要很長時間才能傳達到受命者那裡。由此可見，軍隊的層層分級就產生出一個傳達命令的階梯，這是一個缺點，然而這卻是必要的。關於原理就談到這裡，現在我們開始從戰術和戰略方面來談這個問題。

　　一支或大或小的獨立的部隊，它作為一個完全獨立的整體來與敵人對抗，必須有三個基本的部分：一部分在前，一部分在後，以對付意外情況，主力部隊在中間；如果沒有這三個部分，那是不可想像的。a.b.c的關係如下：

a.

b.

c.

如果在編制作為整體的一支較大的部隊時，既要考慮到它的獨立性，又要使它的編制結構與長期的供給需要相適應，這一點當然也應該是目的，那麼這支部隊就不應該少於這三部分。然而不難看出，這樣的三個部分還不能構成正常的編制結構，因為沒有人會把兵力平均地分布在前後部分和主力部分。因此，主力部分應該至少包括兩個部分，也就是把整體分為四個部分，構成下列a.b.c.d的隊形，這樣的結構更合理一些。

a.

b.　c.

d.

顯然這還不是最恰當的隊形。現在儘管採取了縱深部署，但在戰術和戰略上使用軍隊的方式仍然是橫向的，因此就需要有右翼、左翼和中間三個部分。這樣分成的五個部分就可以說是最恰當的了，其形式是a.b.c.d.e：

a.

b.　c.　d.

e.

這種隊形已經容許主力的一個部分，在緊急情況下甚至把主力的兩個部分，分派到左邊或右邊去。如果有人和我一樣主張擁有強大的預備隊，那麼他會認為留在後面的部分與整體比較起來也許太弱。可以再增加一個部分，使預備隊約占總兵力的三分之一。於是整個隊形就是以下的a.b.c.d.e.f：

a.

b.　c.　d.

e.　f.

如果這是一支兵力很多的部隊，是一個強大的兵團，那麼從戰略上就必須指出，這個兵團差不多經常要向左右兩邊派遣軍隊，因此還可以增加兩個部分，形成下列a.b.c.d.e.f.g.h的戰略圖形。

a.

b. c. d. e. f.

g.　h.

　　由此幾乎可以得出下面的這個結論：一個整體不應少於三個部分，也不應超過八個部分。不過，這似乎是很不確定的。如果把一個兵團的軍、師、旅都確定為三個，那麼人們就可以把這個兵團分成三×三×三共二十七個旅，或者是可能出現的其他乘積，這樣就會產生很多不同的組合。

　　但是還有幾個重要問題需要考慮。

　　這裡沒有談到營和團的兵力問題，因為我們想把它留到談基本戰術時再討論。根據以上的論述，一個旅應不少於三個營。我們必須堅持這一觀點，因為這沒有什麼不合理的地方。但是，確定一個旅最多可有多少兵力卻是比較困難的。通常旅被看做是一支可以而且必須由一個指揮官直接透過口令指揮的部隊。如果以此為依據，那麼一個旅當然就不能超過四五千人。它可以根據步兵營的不同兵力，由六到八個營組成。但是我們必須同時考慮到另一個問題，並且把它作為我們研究的一個新因素，這個因素就是各兵種的聯合。現在的歐洲軍事理論家一致認為，應該在兵団以下的部隊進行這種聯合；有些人則主張在師裡，即在八千人到一萬二千人的部隊中進行這種聯合。我們暫時不想參與這個爭論，只想指出得到公認的一點：一個部隊之所以能夠獨立，重要是因為有三個兵種聯合的緣故。因此對那些在戰爭中經常要獨立作戰的軍隊來說，是非常希望有這些聯合的。

　　當然，不僅要考慮到三個兵種的聯合，而且也要考慮到兩個兵種，即砲兵和步兵的聯合。按照一般的習慣，砲兵和步兵的聯合出現得較早。現代砲兵在騎兵率先獨立的影響下，也希望獨立作戰，並且也想單獨組成一支小的砲兵軍。但是，到目前為止砲兵仍然不得不分配到旅裡。砲兵和步兵的這種聯合構成了另一種意義上的旅，現在問題僅僅在於一個砲兵連應該配備多少步兵。

　　其實這個問題比人們看起來的要容易得多。給每一千人所配備的火砲數目不是由我們隨意決定的，而是由其他的種種原因決定的，其中有些原因

和我們的關係不大。規定一個砲兵連應該有多少火砲，需要有非常充分的戰術依據。因此，人們不問某一部分步兵，例如一個旅應該有幾門火砲，而是問一個砲兵連與多少步兵編在一起。如果一支軍隊裡每一千人裡有三門火砲，並且把其中的一門留在砲兵預備隊裡，可以分配給部隊的就只有兩門火砲了，這樣，一個有八門火砲的步兵連應該配備四千名步兵。這些比例也都是最常用的比例，這就說明我們在這裡得出了正確的結果。關於一個旅的人數，根據以上所述，可以由三千到五千人組成。軍隊的劃分雖然一方面受此限制，另一方面受到兵團的兵力是一個既定數的限制，但是，人們仍可以對其進行多種劃分組合。如果現在就嚴格執行被劃分的部分應該盡量少的原則，也許還太早；因為還有幾個一般性的問題要討論，而且還要對個別的特殊情況進行特殊思考。

　　首先我們必須指出，大部隊應比小部隊分成更多的部分，因為它們必須保持一定的靈活性（上面已經提到），而小部隊分成太多部分，是不便於指揮的。

　　如果一支軍隊由兩個主要部分組成，每個部分都有自己的司令官，那麼，這就等於取消兵團司令官。每個了解這方面問題的人不需要進一步解說都會理解這一點。把兵團分為三個部分的情況也好不了多少，因為如果不把這三個部分再往下細分，部分就不可能進行靈活的運動和採取恰當的戰鬥部署，然而如果繼續劃分這三個部分就會引起這些部分的指揮官不滿。

　　部分的數目越多，司令官的權力就越大，整個部分的靈活性也越大。這是人們把部隊分成盡可能多的部分的一個原因。因為大的司令部（例如一個兵團的司令部）比小的司令部（例如軍或師的司令部）有更多的傳達命令的手段，所以一個兵團最好不要少於八個部分。如果其他情況需要，一個兵團也可以由九或十個部分組成。如果超過十個部分，要想經常十分迅速而完善地傳達命令就會很困難。我們不應該忘記，在這裡不單純是命令的傳達問題（如果只是傳達的問題，一支兵團的師的數目就可以與一個連的人數同樣多了），而且還有和傳達結合進行的許多部署和檢察的問題，對六個或八個師進行部署和檢察比對十二個或十五個師要容易一些。

與此相反，如果一個師的絕對兵力很小，而且它是一個軍的一部分，那麼這個師只能分成比上述標準數目還要少的部分，也就是說分成四個部分是非常恰當的，必要時分成三個部分也可以，而分成六至八個部分恐怕就有困難，因為在一個師裡迅速傳達命令的手段很少。

對上述標準數的這一修正我們可以得出一個結論：一個兵團不能少於五個部分，最多可以達到十個部分；一個師不應超過五個部分，可以少到四個部分。在這兩者之間還有軍，至於一個軍的兵力應有多大以及到底應不應該設軍，都取決於兵團和師的組合結果。

把二十萬人分為十個師，一個師分成五個旅，一個旅就有四千人。可見，這樣的一支軍隊只分成師也就可以了。

當然，人們也可以把這支軍隊分為五個軍，每個軍再分為四個師，每個師分為四個旅，這樣每個旅就有二千五百人。

我認為第一種分法較好，因為第一，在組織系統上少一個層次，因而傳達命令較快等等；第二，一個兵團只分為五個部分未免太少，因而太不靈活；一個軍分為四個部分也是一樣，一個旅只有二千五百人，兵力也太小。採取後一種劃分方法，一個兵團就有八十個旅，而採取第一種劃分方法只有五十個旅，比較簡單。然而，人們只是為了使直接指揮的將領從十個減少到五個，就放棄了第一種劃分方法的所有優點。

關於一般性的問題就討論到此為止。對個別特殊情況的分析往往是無比重要的，現在就談談這方面的問題。

在平原上，指揮十個師非常容易，而在複雜的山地陣地上這卻是完全不可能的。

如果一條大的江河把一個兵團分割開，那麼在河的另一岸就需要另派一個指揮官。遇到這些實際情況，一般的軍隊劃分方法是行不通的。不過，應該指出，在這些情況中有些劃分軍隊方法的缺點就會消失。當然，這裡也可能產生濫加劃分的情況，例如為了滿足某種不合理的功名心，以及出於人事關係的考慮而進行了很不恰當的劃分。正如經驗告訴我們的那樣，不管具體情況的需要如何，軍隊的劃分通常仍然是按照一般的規則進行。

四、戰術或戰鬥學講授計畫的提綱

（一）引言　確定戰略和戰術的概念界限

（二）戰鬥的一般理論（戰鬥；宿營；野營；行軍）

1. 戰鬥的性質。戰鬥中的有效要素。仇恨感和對敵情緒；變化；其他感情力量；智力和才能。
2. 戰鬥的進一步探討：獨立的戰鬥；局部戰鬥；局部戰鬥是怎樣發生的。
3. 戰鬥的目的：勝利，勝利的大小，勝利的光輝及其意義。
4. 勝利的原因，即敵人撤退的原因。
5. 戰鬥按兵器分為：白刃戰和火力戰。
6. 戰鬥的不同行動：破壞行動和決戰行動。
7. 戰鬥按積極動機和消極動機分為：進攻和防禦。
8. 戰鬥計畫。戰鬥的戰略目的。戰鬥中的目標；手段；戰鬥方式的規定；時間的規定；空間的規定；相互的作用；指揮。

注意：第一部分的提綱應該根據這種區分來制定。

（三）不結合具體情況的固定編制的戰鬥

（編組；戰鬥隊形；基本戰術）

I. 各個兵種

（1）步兵
（2）砲兵：在進攻和防禦中的功能以及由此產生的編制和基本戰術。
（3）騎兵

Ⅱ. 進攻和防禦中各兵種的聯合

1. 各兵種聯合的理論。

（1）步兵和砲兵。

（2）步兵和騎兵。

（3）騎兵和砲兵。

（4）三個兵種的聯合。

2. 由三個兵種組成的固定單位。

（1）旅

（2）師：它們的戰鬥隊形；陣地；

（3）軍：運動；戰鬥。

（4）兵團

（四）結合地形的戰鬥

1. 概論地形對戰鬥的影響。

（1）在防禦時。

（2）在進攻時。

　　注意：如果說我們的考察在這裡不符合邏輯順序，那麼這也是由實際需要引起的。地形本來應該盡早加以考察，但是，如果人們不從一開始就設想戰鬥是具有進攻或防禦這兩種形式中的一種形式，那麼就不可能考察地形，因而也不可能考察地形和戰鬥的結合。

2. 防禦的一般理論。

3. 進攻的一般理論。

4. 固定編制的防禦戰鬥。

（1）小部隊的防禦戰鬥。

（2）旅的防禦戰鬥。

（3）師的防禦戰鬥。

（4）軍的防禦戰鬥。

（5） 兵團的防禦戰鬥。

5. 固定編制的進攻戰鬥。

（1） 小部隊的進攻戰鬥。

（2） 旅的進攻戰鬥。

（3） 師的進攻戰鬥。

（4） 軍的進攻戰鬥。

（5） 兵團的進攻戰鬥。

（五）有一定目的的戰鬥

I. 防禦

1. 警戒。

（1） 哨兵。

（2） 巡邏哨。

（3） 支援隊。

（4） 小防哨。

（5） 前哨。

（6） 聯絡哨。

（7） 前衛。

（8） 後衛。

（9） 先遣部隊。

（10）行軍時的側翼掩護部隊。

（11）通信隊。

（12）監視隊。

（13）偵察隊。

2. 掩護。

（1） 單獨的哨所。

（2）　車輛縱隊。

（3）　徵糧。

3.　　防線。各種不同的目的。

（1）　在山地。

（2）　在河岸。

（3）　在沼澤地旁。

（4）　在森林中。

4.　　會戰。各種不同的目的。消滅敵人的軍隊；占領地區；單純精神方面的
　　　影響；軍隊的榮譽。

（1）　無準備的防禦會戰。

（2）　在有防禦設施的陣地上的防禦會戰。

（3）　在築壘陣地上的防禦會戰。

5.　　撤退。

（1）　敵前撤退。

　　　　在戰鬥前。

　　　　在戰鬥過程中。

　　　　在戰鬥後。

（2）　戰略撤退，即保持戰術部署的幾次連續的撤退。

Ⅱ. 進攻

1.　　按照防禦的目標來區分和論述。

2.　　按照進攻本身的目標。

（1）　襲擊。

（2）　突破。

（六）野營和宿營

（七）行軍

五、戰術或戰鬥學講授的主題思想

（一）戰鬥的一般理論

戰鬥的目的

1.　　戰鬥的目的是什麼？

（1）　消滅敵人的軍隊。

（2）　占領某個目標。

（3）　僅僅為了軍隊的榮譽而爭取勝利。

（4）　同時抱有以上兩個或三個目的。

勝利的理論

2.　　所有上述這四個目的只有透過勝利才能達到。

3.　　勝利的標誌是敵人退出戰場。

4.　　只有在下述情況下敵人才會退出戰場：

（1）　遭到重大的損失，因此害怕對方的優勢，或者認為要達到目的需要付
　　　出過大的代價。

（2）　隊形被打亂，也就是說其整體的力量受到嚴重破壞。

（3）　地形不利，害怕繼續戰鬥下去會遭到重大的損失（陣地的損失也包括
　　　在內）。

（4）　軍隊的部署形式非常不利。

（5）　遭到意外的或突然的襲擊，因而來不及進行部署和採取適當的措施。

（6）　察覺到對方在軍隊的數量上占很大優勢。

（7）　察覺到對方在精神力量上占很大優勢。

5.　在所有這些情況下，敵方統帥都可能被迫放棄戰鬥，因為已經沒有扭轉局勢的希望，更害怕局勢每況愈下。

6.　如果沒有上述原因中的某一個原因敵人就撤退，那麼撤退是沒有理由的，也就是說敵方統帥或司令官並沒有做出這樣的決定。

7.　因此，撤退可能是違背了統帥或司令官的意志發生的。

（1）　部隊由於缺乏勇氣或堅強的意志而逃避戰鬥。

（2）　部隊由於驚惶失措而潰退。

8. 在這種情況下，甚至當上述第4條中的（1）至（6）提到的各種情況對我們有利時，敵方部隊也可能違背司令官的意志承認我方的勝利局勢。

9. 這種情況在小部隊中可能而且必然經常發生，因為小部隊的整個撤退行動持續時間很短，往往等不及司令官做出決定。

10.

（1）　但是在大部隊中，這種情況只可能在部隊的各個部分中發生，而不會在整體中發生。不過，如果有幾個部分都讓敵人輕而易舉地取得勝利，那麼，對整體來說，就會從（1）至（5）所述的情況中產生一種不利的結果，它會促使統帥做出撤退的決定。

（2）　在大部隊中，對統帥來說，（1）、（2）、（3）、（4）各項中的不利情況，並不是以已經出現的所有個別不利情況的算術總和形式表現出來的，因為他的觀察絕不會這樣全面；而是當這些不利情況集中在一個狹小的範圍內，形成一個可觀的數量，因而影響到部隊的主力，或者一個重要的部分時，它們才表現出來。統帥就是根據整個行動中主要出現的這種情況做出決定的。

11.　最後，有些與戰鬥本身無關的外部原因，例如有些足以取消戰鬥目的或者顯著改變戰略關係的情報，也能促使統帥放棄戰鬥，做出撤退的決定。這可以說是戰鬥的中止，不屬於這裡的論述範圍，因為它不是戰術行動，而是戰略行動。

12. 放棄戰鬥就意味著承認敵人目前占有優勢（不管是物質上的還是精神上的），同時也意味著甘願讓步。勝利的第一種精神力量就表現在這裡。

13. 作戰一方只有離開戰場才能放棄戰鬥，所以退出戰場就是作戰一方承認放棄戰鬥的標誌，也就是在亮白旗。

14. 但是，透過這種勝利的標誌不能區分勝利的大小、意義和光輝。這三點往往是互不可分的，但絕不是相同的。

15. 勝利的大小取決於所戰勝的敵軍兵力的大小以及戰利品（如繳獲的火砲、俘虜、奪得的輜重、敵人傷亡的人員等）的多少。因此，戰勝一支小部隊，不可能取得具有重大意義的勝利。

16. 勝利的意義取決於所達到的目的的意義。占領一個重要的陣地可以使一個本身並不怎麼重大的勝利具有重大的意義。

17. 勝利的光輝表現在以較少的軍隊取得較多的戰利品。

18. 因此，勝利有不同種類，而且還有不同的勝利程度。嚴格說來，任何一個戰鬥都是有勝負之分的，但是，根據人們的語言習慣和事物的本質，只能把做出巨大努力而取得的戰鬥結果叫做勝利。

19. 如果敵人所採取的行動只是為了查明我方的真正意圖，那麼當他查明我們的意圖後就會立即讓步，這樣的情況就不能稱為獲得勝利。如果他採取了更多的行動，那就表明他確實想成為勝利者；如果他在這種情況下放棄了戰鬥，那麼就可以認為他已經被打敗。

20. 只有在一方或交戰雙方都把交戰的部隊向後撤退一些的情況下，戰鬥才能被放棄。所以，嚴格說來，雙方都堅守住戰場的說法是不成立的。不過，如果根據事物的本質和人們的語言習慣把戰場理解為主力部隊的陣地（因為只有主力部隊撤退時，勝利的最初結果才出現），那麼，當然就有未決勝負的會戰了。

戰鬥是達到勝利的手段

21. 戰鬥是達到勝利的手段。由於第4條（1）至（7）所指出的各種情況是致勝的前提條件，所以戰鬥也就以達到這些條件作為自己的進一步目的。

22. 現在，我們必須從戰鬥的各個方面來研究戰鬥。

什麼是單獨戰鬥

23. 實際上，每個戰鬥都可以分成與參加的人數一樣多的單獨戰鬥。但是，單個的人只有當他單獨地，即獨立地戰鬥時，他所進行的才是真正意義上的單獨戰鬥。

24. 戰鬥的單位從單個的人開始，隨著指揮等級的上升而擴大為各種新的單位。

25. 這些新的單位是根據戰鬥目的和計畫結合在一起的，但是結合得並不十分緊密，因而各個部分仍然保持有一定的獨立性。各部分的等級越高，這種獨立性就越大。至於各部分的這種獨立性是如何產生的，我們將在後面（第97條及其以後）論述。

26. 因此，每個整體戰鬥都是由各級單位（直到單個的人）同時進行的若干單獨戰鬥組成的。

27. 但是，整體戰鬥也可以是由連續進行的若干單獨戰鬥組成的。

28. 我們把所有單獨戰鬥都叫做部分戰鬥，把它們的整體叫做整體戰鬥；不過，我們是把整體戰鬥的概念與統一命令聯繫在一起的，因此只有受一個意志指揮的戰鬥才可以算做是同一個戰鬥（但是在哨兵線上進行的戰鬥是否同屬於某一個戰鬥，這一點是無法確定的）。

29. 這裡所闡明的戰鬥理論，既適用於整體戰鬥，也適用於部分戰鬥。

戰鬥的原則

30. 每個戰鬥都是敵對感情的表現，這種敵對感情本能地轉化為戰鬥本身。

31. 攻擊和消滅敵人的本能是戰爭的真正要素。

32. 即使在最野蠻的人身上，這種敵對感情的衝動也不是一種單純的本能，這裡面還包含有理智活動，沒有意圖的本能因此變成了有意圖的行動。

33. 這樣，感情力量就服從於理智。

34. 但是，絕不能認為感情力量完全被排除了，也不能簡單地用理智的意圖

來代替感情力量，因為感情力量即使確實完全消失在理智的意圖之中，在鬥爭過程中也還是會重新迸發出來的。

35. 由於現代戰爭不是個人對個人的敵對感情的表現，所以戰鬥從表面看來好像不包含任何真正的敵對感情，它似乎純粹是理智的行為。

36. 然而，事實並非如此。一方面，雙方絕不會沒有集體的仇恨感，而集體的仇恨感在個人身上或多或少會發生作用，因此個人會由仇恨和敵視對方，進而也仇恨和敵視對方中的個人。另一方面，在鬥爭過程中也會在個人身上或多或少地燃起真正的敵對感情。

37. 在沒有敵對感情的場合，榮譽心、功名心、自我意識和團體精神，以及其他的感情力量也會代替敵對感情產生作用。

38. 因此，在戰鬥中，僅僅是指揮官的意志，僅僅是既定的目的是很難成為推動戰鬥者採取行動的動力的，而是總有很大一部分的感情力量在發揮作用。

39. 由於戰鬥中隨時會遇到危險，在這種情況下感情力量更為重要，所以上述的感情力量的作用就更大。

40. 另外，指揮戰鬥的才能也絕不可能僅僅由純粹的理智方面的力量決定，戰鬥絕不可能是單純的計算對象：

（1） 因為戰鬥本身是一種由生命的力量、物質力量和精神力量這三者構成的衝突，人們對這些力量只能做一般的估計，而不能做精確的計算。

（2） 因為感情力量能使戰鬥成為一種表現激情的方式，一種運用較高判斷能力的活動。

41. 由此可見，戰鬥可以是運用才能和天賦的活動，而不是理智的計算對象。

42. 在戰鬥中表現出來的感情力量和天賦應該看做是獨特的精神力量，這些力量彼此很不相同，伸縮性也很大，因而經常不斷超出理智計算的範圍。

43. 戰爭理論的任務就是在理論上和實施中考慮到這些精神力量。

44. 越是充分地利用了這些精神力量，戰鬥就越有威力，也越能取得成果。

45. 技術和技能方面的一切發明創造，如兵器、組織、熟練的戰術和在戰鬥中使用部隊的原則等等，都是透過間接的途徑，既讓人的自然本能的力量得到更有效的發揮，也限制了這種本能力量的發展。但是，人的感情力量是不受這些因素支配的，如果人們過於想把它變成工具，就會奪去它的生機和力量。因此，不論是在理論的規定中，還是在經常的組織設施中，都必須處處給感情力量留下一定的活動餘地。要做到這一點，就必須在理論上有高瞻遠矚的見解；在實施中，具有非凡的判斷力。

兩種戰鬥：白刃戰和火力戰

46. 人類發明的所有武器中，那些使戰鬥者相距最近的，使戰鬥本身最近似於粗野搏鬥的武器，是最適合於發洩本能的、最自然的武器。匕首和戰斧比長矛、標槍、投石器更屬於這一類武器。

47. 用來從遠處打擊敵人的武器，更多的是屬於需要理智和技巧的工具；而且這些武器的有效距離越大，情況就越是這樣。在使用投石器時，人們還可以想像到投石時的某種仇恨感，而在用線膛槍射擊時，仇恨感就少了一些，在用火砲射擊時就更少了。

48. 有些武器界於上述兩種武器之間，但是，現代武器仍可以分為兩大類：搏鬥武器和射擊武器。前者導致白刃戰，後者導致遠距離的戰鬥。

49. 這樣就產生了兩種戰鬥：白刃戰和火力戰。

50. 兩者都以消滅敵人為目的。

51. 在白刃戰中，消滅敵人這一點是毫無疑問的；在火力戰中，只是有或多或少的消滅敵人的可能性。由於這個區別，這兩種戰鬥的意義就極不相同了。

52. 因為在白刃戰中消滅敵人這一點是毫無疑問的，所以情況不利或勇氣稍差的一方就會試圖透過逃跑來擺脫危險。

53. 在許多人進行的一切白刃戰中，對方通常很早就會逃走，以致這種戰鬥原有的殲滅能力大為減弱，這樣戰鬥的主要效果也就不表現為消滅敵人，而表現為驅逐敵人。

54. 因此，如果觀察一下白刃戰實際產生的效果，那就必須把驅逐敵人，而不是消滅敵人當做它的目的。消滅敵人變成了手段。

55. 正如白刃戰的本來目的是消滅敵人，火力戰的本來目的是驅逐敵人，而消滅敵人只是手段一樣，對敵人進行射擊是為了把敵人趕走，避免進行自己感到沒有把握的白刃戰。

56. 火力戰所帶來的危險並不是完全不可避免的，它只是在不同程度上有可能發生而已。在個人的感官印象中，這種危險並不是很大，要經過一段時間後，透過一種綜合作用，這種危險才會在個人的感官印象中變得更為清晰。因此，雙方中的任何一方都沒有必要逃避這種危險。由此可見，驅逐某一方不是立刻就能辦到的，在許多情況下是根本不能實現的。

57. 如果情況是這樣，那麼通常在火力戰結束時，就必須用白刃戰來驅逐敵人。

58. 火力戰的殲滅力隨著持續時間的延長而大大增長，與之相應的是白刃戰的殲滅力隨著勝負的迅速決出而消失。

59. 這樣一來，火力戰的一般目的就不再是驅逐敵人，而是使所用的手段直接發生作用，即消滅敵人的軍隊，而在集體戰鬥中火力戰的目的就是摧毀或削弱敵人的軍隊。

60. 如果白刃戰以驅逐敵人為目的，火力戰以消滅敵人為目的，那麼就應該把白刃戰看做是決戰的真正工具，把火力戰看做是為決戰做準備的真正工具。

61. 與此同時，白刃戰和火力戰又都具有彼此的某些作用。白刃戰也具有殲滅力，而火力戰也不是沒有驅逐力的。

62. 白刃戰的殲滅力是微不足道的，甚至常常等於零；假如不是在某些情況下透過白刃戰可以俘虜敵人的話，白刃戰的殲滅力恐怕就不能引起人們的注意了。

63. 但是，還必須指出，大多數情況下只有在火力戰已經產生了效果的時候白刃戰才能產生俘虜敵人的作用。

64. 因此，在今天的武器條件下，沒有火力戰的白刃戰，其殲滅力恐怕是微不足道的。

65. 火力戰的殲滅力透過時間的延長可以增長到最大程度，也就是達到動搖或摧毀敵人勇氣的程度。

66. 由此可見，火力戰在消滅敵人軍隊方面發揮了絕大作用。

67. 透過火力戰來削弱敵人的結果將是：

（1）　或者敵人被迫撤退。

（2）　或者為白刃戰做好了準備。

68. 如果透過白刃戰達到了驅逐敵人這個預期目的，就能夠得到真正的勝利，因為把敵人趕出戰場就是勝利。如果敵人的整支軍隊很小，那麼這個勝利就可能是對整個敵軍的勝利，並對最後決出的勝負產生決定性的作用。

69. 如果白刃戰只是在整體的各部分中進行的，或者整體戰鬥是由幾個連續的白刃戰組成的，那麼，個別部分的白刃戰成果只能看做是部分戰鬥中的勝利。

70. 假如這個部分是整體中的一個重要部分，那麼整體戰鬥就可能受到這個部分戰鬥勝利的推動，也就是說部分的勝利將直接導致整體的勝利。

71. 但是，如果白刃戰的結果沒有導致整體的勝利，那麼，它獲得的成果只能是下述利益中的一種：

（1）　奪取敵人的地區；

（2）　打擊敵人的精神力量；

（3）　破壞敵人的隊形；

（4）　破壞敵人的物質力量。

72. 因此，在部分戰鬥中，應該把火力戰看做是破壞行動，把白刃戰看做是決戰行動。至於在整體戰鬥中應該如何看待它們，我們以後再談。

兩種戰鬥形式與進攻和防禦的關係

73. 從另一種意義上說，戰鬥又是由進攻和防禦組成的。

74. 進攻具有積極的意圖，防禦具有消極的意圖。進攻的目的是驅逐敵人，防禦的目的只是據守。

75. 但是，據守並不是單純的防守，因而不是一味地忍受，在據守中還要進行積極的還擊。這種還擊就是消滅敵人進攻的部隊。因此，只能把防禦的目的看做是消極的，不能把防禦的手段看做是消極的。

76. 由於在防禦中堅守陣地的結果必然是敵人不得不撤退，所以，儘管防禦的目的是消極的，但是對防禦者來說，敵人的撤退仍然是勝利的標誌。

77. 白刃戰本來是進攻的要素，因為它與進攻有相同的目的。

78. 但是，白刃戰本身的殲滅力很小，所以僅僅採用白刃戰的進攻者在大多數情況下幾乎不能被看做是參與交戰的一方，因為與另一方（不僅僅採用白刃戰的一方）相比他的進攻力量十分薄弱。

79. 只有在小部隊中，或者單一的騎兵中，整個進攻才僅僅採用白刃戰。部分越大，參加戰鬥的砲兵和步兵越多，白刃戰的作用就越小。

80. 因此，在進攻中必須根據需要盡量使用火力戰。

81. 在火力戰中，就運用火力戰這一點來看，雙方是沒有差別的。火力戰和白刃戰相比占的比例越大，進攻和防禦的本質差別就越小。最後進攻者往往不得不採用白刃戰以決勝負。白刃戰的缺點必須透過其特有的優點以及在兵力上的優勢來彌補。

82. 火力戰是防禦戰鬥的自然要素。

83. 如果防禦者透過火力戰已經取得了有利的結果（進攻者撤退了），那麼就不需要進行白刃戰了。

84. 如果沒有得到有利的結果，而進攻者轉入了白刃戰，那麼防禦者也必須運用白刃戰。

85. 在防禦戰鬥中，當白刃戰比火力戰更有利時，絕不排斥進行白刃戰的可能性。

兩種戰鬥中的有利條件

86. 現在，我們必須對這兩種戰鬥的一般性質做進一步的分析，以便了解那

些能在這兩種戰鬥中造成優勢的條件。

87.　火力戰

（1）　使用武器方面的優勢（這種優勢來自部隊的組織和素質）。

（2）　在作為固定部署的編組和基本戰術方面的優勢。

　　　　在戰鬥中使用訓練有素的軍隊時，可以不去考慮這些條件，因為它們是軍隊本身已經具備的。但是，它們應該被看做是廣義戰鬥學的研究對象。

（3）　軍隊的數量。

（4）　部署的形式（第〔2〕項沒有包括到的內容）。

（5）　地形。

88.　由於我們只談使用訓練有素的軍隊，所以（1）和（2）兩項不屬於這裡的論述範圍，在實際考慮時它們只能被看做是既有的條件。

89.

（1）　數量上的優勢

　　　　如果兩支數量不等、由步兵和砲兵編成的部隊，互相平行地部署在同樣範圍的地區內，假設所有的射擊都是以單個的人為射擊目標，那麼命中的彈數與射擊的人數成正比。如果射擊的目標不是單個人，而是一個整體，如一個步兵營、一個橫隊等，那麼命中的彈數與射擊的人數也成正比。因此，對於戰爭中的、甚至散兵戰鬥中的射擊，大多數確實是可以做這樣的估計。然而這個靶子並不是一個完全的實體靶，而是由人和空隙組成的。空隙是隨著同一空間內的戰鬥者人數的增加而縮小的。因此，兩支兵力不等的部隊之間的火力戰的作用，取決於射擊者的人數和被射擊的敵軍人數，換句話說，數量優勢在火力戰中不具有決定作用，因為一方利用大量的射擊所獲得的利益，會由於對方的射擊更容易命中而被抵銷。

　　　　假如有五十人與一個五百人的步兵營在同樣範圍的地區內對峙，如果五十發子彈中有三十發中靶，也就是說打中了對方兵營所占的正方形地區，那麼對方的五百發子彈中就有三百發打中了五十個人所占的地

區。但是，五百人的密度是五十人密度的十倍，因此，五十人這一方的子彈命中率也是對方的十倍，所以五十發子彈打中的人數恰恰與這一方被對方五百發子彈打中的人數一樣多。

儘管這個結論不會完全符合實際情況，而且數量上的優勢也總會帶來小小的利益，但是，可以肯定地說，這個結論基本上是對的，也就是說，一方在火力戰中取得的成果很難與數量上的優勢成正比，也可以說是不受數量上的優勢的影響。

這個結論具有非常重要的意義，因為它是關於在破壞行動中如何節約兵力的理論基礎，這種破壞活動是為決戰所做的準備。而節約兵力可以說是取勝的最可靠的手段之一。

（2）　我們希望這個結論不會產生誤導。下面就舉例來說明這個問題，假設兩個人（這是能夠占領一個射擊地區的最少人數）占領與二千人一樣大的地區，那麼這兩個人就一定能取得與二千人一樣大的射擊效果。假如這二千人總是向正前方射擊，那麼情況當然會是這樣。但是，如果一方的人數太少，以致另一方可以把自己的火力集中到幾個人身上，那麼兵力多的一方當然就會取得極為不同的效果，因為單純向前方射擊的假定已經不存在了。同樣，如果一條火力線的兵力太弱，那麼敵人根本不可能與其進行火力戰，而是立刻對它進行驅逐。由此可見，人們不應該把上述結論延伸得太廣，儘管如此，這個結論仍然是很重要的。我們已經上百次看到，一條火力線能與擁有其雙倍兵力的敵方火力線相抗衡，而且不難看出，這十分有益於節約兵力。

（3）　因此可以說，雙方中的任何一方都能夠加強或減弱自己的總體火力效果，這取決於他投入的兵力多少。

90.　部署部隊的形式可以是：

（1）　部隊的作戰戰線是一條直線，部隊本身形成長、寬相同的正方形隊形，這樣的部署形式對雙方的利益是相同的。

（2）　作戰戰線是一條直線，但是部隊縱向的寬度較大，形成長方形的隊形。這樣的部署形式是有優勢的。不難理解，這種優勢是受射程限制

的。

（3）　包圍。這時，射擊產生了加倍的效果，而且作戰戰線比較長，所以這種部署形式是有利的。

　　　和（2）和（3）相反的部署形式會導致不利因素的產生。

91.　地形在火力戰中有以下的優勢。

（1）　像一堵胸牆那樣產生防護作用。

（2）　隱蔽作用，即妨礙敵人的瞄準行為。

（3）　妨礙通行，從而使敵人長時間處於我方火力控制之下，甚至妨礙敵人發揮其火力作用。

92.　在白刃戰中產生作用的有利條件，就是那些在火力戰中產生作用的有利條件。

93.　第87條中（1）、（2）項不屬於這裡論述的範圍。但是，應該指出，在白刃戰中使用武器方面的優勢不可能像在火力戰中那樣產生大的差別，與此相反，勇氣在白刃戰中有著決定性的作用。由於大部分的白刃戰是由騎兵進行的，所以第87條（2）項中所談到的問題就顯得特別重要。

94.　參戰人數在白刃戰中比在火力戰中具有更多的決定意義；它幾乎是主要問題。

95.　部署部隊的形式在白刃戰中同樣也比在火力戰中更有決定意義；與在火力戰的隊形優勢相反，部隊的作戰正面是一條直線，而其縱向寬度越小，則整個隊形越有利。

96.　地形

（1）　作為妨礙通行的障礙。這是地形在白刃戰中所產生的主要作用。

（2）　產生隱蔽作用。隱蔽自己有利於出敵不意，而出敵不意在白刃戰中是特別重要的。

戰鬥的分解

97.　我們在第23條中已經看到，每個戰鬥都是一個由許多部分組成的整體，在這個整體中各部分的獨立性是不相同的，越是往下，部分的獨立性就

越少。現在，我們就來進一步研究這個問題。

98. 實際上，我們可以把在每個戰鬥中用口令指揮的部隊，如一個步兵營、一個砲兵連、一個騎兵團等等（如果這些部隊很團結的話）看做是一個獨立的部分。

99. 當用口令不能指揮到相應的部隊單位時，則可以用命令（不管是口述的，還是書面的）代替。

100. 口令不能分等級，因為它已經是所實施內容的一部分。但是，命令卻是有等級的，可以是從接近於口令的最明確的規定一直到最一般性的指示。它不是實施內容本身，而只是一種指示。

101. 受口令指揮的各個部分都不能有自己的意志；但是，如果命令代替了口令，那麼各部分就開始有一定的獨立性，因為命令只是一般性的指示，如果命令有不足的地方，指揮官必須根據自己的意志加以補充。

102. 假如對戰鬥中同時出現和先後出現的各個部分以及事件能夠精確地予以規定，並看到它的將來，也就是說在制定戰鬥計畫時能夠像安裝一臺沒有生命的機器那樣，考慮到最小的部分，那麼，命令就不會有這種不確定性了。

103. 但是，戰鬥者始終是一群人或單個人，絕不可能是沒有意志的機器，而且他們作戰的地點也很少是一塊對戰鬥毫無影響的完全空曠的平地。因此，要事先估計到一切活動是根本不可能的。

104. 這種因計畫的不具體而產生的缺陷，是隨著戰鬥時間的延長和參加戰鬥人數的增加而增大的。一支小部隊的白刃戰差不多完全可以用具體的計畫制定出；而火力戰則相反，即使是小部隊進行的火力戰，也由於它持續時間長和臨時發生的偶然事件多，因而也不能像對白刃戰那樣為它制定出具體的計畫。另一方面，對一支大部隊（如一個有兩三千匹馬的騎兵師）進行的白刃戰來說，最初的計畫也不可能把一切都規定好，因而個別指揮官經常需要根據自己的意志對計畫進行補充。至於一次大會戰，除了會戰的開始階段外，計畫只能規定出它的主要輪廓。

105. 由於計畫的這種缺陷是隨著戰鬥時間和空間的增加而增大的，所以，通

常應該給大部隊留有比小部隊更大的活動餘地。部隊的等級越往下，對它的命令就要越具體，最具體的命令可以是（對有些部隊）用口令進行指揮。

106. 同一個部分所處的條件不同，也會使它的獨立性有所不同。同一支部隊的獨立性必然會由於空間、時間、地形、任務性質的不同而改變。

107. 整體戰鬥除了能有計畫地被分解為一些獨立的部分戰鬥以外，在下述情況下也可能不按計畫進行分解：

（1）　計畫所制定的整體戰鬥的分解程度不如預期的大。

（2）　在只用口令指揮戰鬥的場合，也可能產生計畫外的戰鬥分解。

108. 這種分解是由事先估計不到的具體情況引起的。

109. 其後果是：屬於同一整體的各部分戰鬥所取得的成果不相同（因為各個部分可能處在不同的情況下）。

110. 這樣一來，個別部分就需要做出一種在整體戰鬥中沒有考慮到的改變，這主要是由於：

（1）　這些部分戰鬥要避開地形、軍隊數量和隊形部署等方面的不利。

（2）　它們在這些方面得到了它們想利用的有利條件。

111. 其結果是：火力戰被有意無意地變為白刃戰，或者相反，白刃戰被有意無意地變為火力戰。

112. 這樣一來就必須使部分戰鬥的這種改變符合整體的計畫，其辦法是：

（1）　在不利的情況下，以這種或那種方式來補救這些改變帶來的不利情況。

（2）　在有利的情況下，這些改變只要不存在發生突變的危險，就盡量利用這種改變。

113. 因此，整體戰鬥的這種分解，即有計畫的和計畫外的把整體分解為或多或少的部分戰鬥，使整體戰鬥中同時存在各種戰鬥形式（白刃戰和火力戰，進攻和防禦）。

114. 現在，還有必要從整體方面來分析一下這個問題。

戰鬥是由兩種行動，即破壞行動和決戰行動組成的

115.

（1）　根據第72條所述，在部分戰鬥中，具有殲滅力的火力戰和具有驅逐力的白刃戰產生了兩種不同的行動：破壞行動和決戰行動。

（2）　部隊越小，這兩個行動就越簡單，即僅僅由一個火力戰和一個白刃戰組成。

116. 部隊越大，這兩種行動就必然越複雜，破壞行動必然是由一系列同時或先後進行的火力戰組成，決戰行動也必然是由幾個白刃戰組成。

117. 這樣，戰鬥的分解就會繼續下去，如果作戰的不利越多，破壞行動和決戰行動在時間上就相隔得越遠，而戰鬥分解的層次也就越多了。

破壞行動：

118. 如果整體的兵力越大，破壞敵人物質力量這一戰略目的就越為重要，因為：

（1）　整體的兵力越大，指揮官的影響就越小。在白刃戰中指揮官的影響比在火力戰中顯著。

（2）　而且在精神上的差別就越小了。在大部隊中，比如在整個軍隊中，只有民族的差別；而在小部隊中就會顯出各個部隊的差別和個人的差別，最後還會發生特殊的偶然情況，這些差別在大部隊中則會在相互之間抵銷。

（3）　最後，部隊部署的縱深程度越大，那麼用來增援戰鬥的預備隊就越多（這一點我們在後面就要談到）。因此，單獨戰鬥的數目增加，整體戰鬥的時間就會延長，在驅逐過程中產生決定作用的最初一瞬間的影響也就因此減少。

119. 從上面這一條可以看出，整體的兵力越大，就越是需要透過破壞敵人的物質力量為決戰做好準備。

120. 這種準備表現在雙方作戰的人數減少和兵力對比變得對我方有利。

121. 如果我們在精神上或物質上占有優勢，那麼，只要使雙方作戰的人數減少也就夠了，如果我們不占優勢，那麼就要使兵力對比變得對我方有利。

122. 敵人的力量被破壞表現在：

（1）　失去作戰的人員，即有傷亡人員和被俘虜的人員。

（2）　作戰人員在體力上和精神上已經精疲力竭了。

123. 如果一支部隊在幾個小時的火力戰中遭到了很大的損失，比如損失了四分之一或三分之一的兵力，那麼其餘的部分幾乎只能看做是一種燃燒過的煤渣，因為：

（1）　這些人員在體力上已經精疲力竭。

（2）　他們的子彈已經打完。

（3）　槍支已經塞滿油和泥。

（4）　很多沒有受傷的人和傷員一起離開了戰場。

（5）　其餘的人會覺得他們已經盡了這一天的義務，他們一旦脫離危險的境地，就不想再回去了。

（6）　原有的勇氣已經削弱，作戰的欲望已經得到滿足。

（7）　原來的組織和隊形已經部分地遭到破壞。

124. 上述（5）、（6）兩項的後果出現得多少，要視戰鬥是否順利而定。一支占領了一個地區或者勝利地守住了自己地區的部隊比起一支被擊退的部隊來，可以更快地重新投入戰鬥。

125.

（1）　第123條中有兩個結果需要在此加以討論。

第一個結果是節約兵力，這個結果是由於在火力戰中使用的兵力比敵人少而產生的。因為，火力戰透過對兵力的破壞不僅使敵人的一部分兵力失去戰鬥力，而且也使所有參加戰鬥的人員數量遭到削弱。這樣，在火力戰中使用兵力少的一方，當然受到的削弱也比較少。

如果五百人能夠在戰鬥中與一千人相抗衡，假定雙方損失都是二百人，那麼，一方就還剩下三百名疲憊的士兵；而另一方卻還剩下八百

名士兵，其中的三百名已經筋疲力盡，而其餘五百名還是生力軍。

（2）　第二個結果是，敵人被削弱，即敵軍遭到破壞的兵力遠遠超過敵軍傷亡和被俘的數量。敵軍傷亡和被俘的數量也許只達到整個兵力的六分之一，剩下的還有六分之五。但是，在這六分之五中，實際上只有完全沒有受損失的預備隊和那些雖然參加了戰鬥、但損失很小的部隊，可以看做是可以使用的部隊，其餘的（約六分之四）已經喪失了戰鬥力。

126. 透過上述的方法來減少敵方的有效兵力是破壞行動的首要目的，因為這樣一來能參加決戰的兵力就比較少了。

127. 但是，阻礙雙方進行決戰的並不是部隊的絕對數量（雖然部隊的絕對數量也不是不具有作用的；五十人對五十人可以立刻進行決戰，而五萬人對五萬人就不可能了），而是相對數量。如果整體六分之五的兵力已經在破壞行動中互相較量過了，那麼，即使雙方的兵力仍然完全保持著均勢，雙方的統帥仍然很可能定下決心進行決戰。這時，只要一個較小的推動力量就可以引起決戰。事實就是這樣，至於其餘的六分之一兵力，可能是一個擁有三萬人的兵團裡的五千人，也可能是一個擁有十五萬人的兵團裡的二萬五千人。

128. 雙方在破壞行動中的主要目的是為決戰行動創造優勢。

129. 這種優勢可以透過消滅敵人的軍隊來達到，也可以透過第4條中所列舉的其他條件來達到。

130. 因此，在破壞行動中，在情況允許的範圍內應該盡量利用一切可以利用的有利條件。

131. 現在，較大部隊的戰鬥總是分成幾個或多或少具有獨立性的部分戰鬥（第23條），如果我們要想利用在破壞行動中所得到的利益，那麼這些部分戰鬥就必須常常包括一個破壞行動和一個決戰行動。

132. 透過對白刃戰巧妙而有效的運用，主要可以挫傷敵人的勇氣、破壞敵人的隊形和奪取敵人的地區。

133. 這樣做甚至可以大大增加對敵人物質力量的破壞程度，因為只有透過白

刃戰才能俘虜敵人。

因此，如果我方的砲火已經使敵人的一個步兵營受到沉重的打擊，而我們已經透過刺刀衝鋒把敵人的這個營從它所在的有利陣地中驅趕了出去，並且派兩三個騎兵連去追擊逃跑的敵人，那麼，人們就會從中懂得，這個部分戰鬥的勝利是怎樣為整體戰鬥的勝利贏得了各種重大利益。當然，這得有一個前提條件，那就是這些獲勝的部隊不會因此而陷入困境，因為，如果我們的步兵營和騎兵營這時落入優勢敵軍的手中，那麼這種部分戰鬥的決戰就是不合適的。

134. 這種部分戰鬥的勝利是由下屬指揮官決定的，因此，如果一個兵團所屬的師長、旅長、團長、營長、砲兵連長等等都是有經驗的軍官，那麼，他們就能利用這種勝利為兵團造成巨大的優勢。

135. 這樣，雙方統帥都力求在破壞行動中贏得有利於進行決戰的條件，或者至少藉此為決戰做好準備。

136. 在這裡，所有條件中最重要的是繳獲火砲和占領地區。

137. 如果敵人正在防守一個堅固的陣地，那麼占領地區的重要性就增加了。

138. 這樣，雙方的破壞行動，特別是進攻者的破壞行動就已經是在小心翼翼地向著目標前進了。

139. 由於在火力戰中軍隊數量不具有決定性作用（第89條），所以，人們自然就力求用最少的兵力進行火力戰。

140. 由於火力戰在破壞行動中占主要地位，所以，人們又力求在破壞行動中最大限度地節約兵力。

141. 由於白刃戰中軍隊的數量非常重要，所以，在破壞行動中，各個部分戰鬥的決戰常常必須使用優勢的兵力。

142. 但是，一般說來，節約兵力這一原則在這裡也應該產生主要的作用，因此，通常只有那些不使用很大優勢兵力就能進行的決戰才是合適的。

143. 不合時宜地去追求決戰的後果是：

（1）　如果按照節約兵力的原則進行決戰，就會陷入優勢敵軍的包圍。

（2）　或者，如果使用了足夠的兵力，就會過早地消耗自己的兵力。

144. 進行決戰的時機是否成熟這個問題在整個破壞行動中會常常反覆出現，甚至破壞行動臨近結束而要進行主力決戰時，也會出現這個問題。

145. 破壞行動在個別地點有轉為決戰行動的自然傾向，因為在破壞行動過程中所得到的利益，只有透過已成為必要的決戰才能得到充分的利用。

146. 破壞行動中使用的手段越有效，物質上或精神上的優勢越大，破壞行動在個別地點轉為決戰行動的這種傾向就越強。

147. 但是，如果在破壞行動中取得的成果很小或者僅是消極的，或者敵人占有優勢，那麼，在個別地點出現這種傾向就是極為少見和非常微弱的。就整體來說，這種傾向就根本不存在了。

148. 對於部分和整體來說，這種自然的傾向都可能導致不合時機的決戰，但是，它絕不因此就是壞事，它是破壞行動完全必需的特性，因為沒有這種傾向很多事情就辦不到。

149. 各個部分的指揮官和整個軍隊的統帥必須判斷現有的時機對進行決戰是否有利，也就是說，判斷這個時機會不會引起敵人的還擊，因而導致消極的結果。

150. 就決戰的準備來說，或者更確切地說，就一次戰鬥本身的準備來說，戰鬥指揮的任務就是部署一個火力戰。從廣義來說，就是部署一次破壞行動，使破壞行動持續一個合適長的時間，也就是說，當人們認為破壞行動已經充分發揮作用時才進行決戰。

151. 但是，這種對決戰時機的判斷不是根據鐘錶，也就是說，不是從單純的時間關係中得出來的，而是從已經發生的情況中，從已經獲得優勢的標誌中得出來的。

152. 如果破壞行動已經取得好的成果，從而自然地轉入決戰，那麼對於指揮官來說，更重要的就是要判斷何時何地讓破壞行動轉入決戰。

153. 如果在破壞行動中轉入決戰的傾向很弱，那麼，這就是不可能取得勝利的一個相當可靠的標誌。

154. 因此，在這種情況下，指揮官和統帥大多不會發起決戰，而是接受決戰。

155. 如果在這種情況下仍然要發起決戰，那麼，進行這一決戰一定是為了執行嚴格的命令，指揮官在發布命令的同時必須利用自己所掌握的一切手段來鼓舞士氣，影響部下。

決戰行動：

156. 決戰是促使雙方中的一方統帥決定撤退的行動。

157. 我們在第4條中已經列舉了撤退的原因。這些原因可以是逐漸形成的，小的不利因素會在破壞行動中一個個地積累起來，因而統帥沒有經過真正重大的事件也會做出撤退的決定。在這種場合，專門的決戰行動就不會發生了。

158. 但是，即使一切都一直保持著均勢，一些個別的、十分不利的事件也能突然引起統帥做出撤退的決定。

159. 在這種情況下，應該把引起這一事件的敵人的行動看做是已進行過的決戰。

160. 最常見的情況是決戰時機在破壞行動的過程中逐漸成熟，以至於戰敗者撤退的決心往往是在一個特殊事件的推動下最後才做出的。因此，在這種情況下，決戰也應該被看做是已經進行過了。

161. 既然決戰已經發生，那麼它必然是一種積極的行動。

（1）　它可能是一次進攻。

（2）　但是，也可能只是因為一直被隱蔽部署的新預備隊推進。

162. 對小部隊來說，一次攻擊中的白刃戰往往就足以形成決戰。

163. 對較大的部隊來說，雖然用單純的白刃戰進行攻擊也可以形成決戰，但是，只用白刃戰進行攻擊是很難形成決戰的。

164. 如果部隊更大，那麼除此以外還要進行火力戰。例如大的騎兵部隊進行攻擊時，要有騎砲兵參加。

165. 對各兵種組成的大部隊而言，決戰不會只是一次白刃戰，而必須重新進行一次火力戰。

166. 這樣，這個火力戰就具有攻擊的特點；它是由比較密集的火力點進行

的，因而可以發揮在時間上和空間上都非常集中的效果，也就為真正的攻擊進行了短時間的準備。

167. 如果決戰不是由一次白刃戰組成的，而是由一系列同時進行和按序進行的白刃戰和火力戰組成的，那麼，像我在第115條及其後各條中已經說明的那樣，決戰就成為整體戰鬥中的一個特殊行動。

168. 在這個特殊行動中，白刃戰居於主導地位。

169. 這時，雖然在個別地點也可能出現防禦，但是，由於白刃戰居於主導的地位，進攻就隨之居於主導地位。

170. 在會戰臨近結束的時候，對撤退路線的考慮越來越重要，因此，威脅對方的撤退路線就成為決定勝負的一個重要手段了。

171. 因此，只要情況許可，在制定會戰計畫時從一開始就應該考慮到這一點。

172. 會戰或戰鬥的進展越是符合計畫的這種安排，威脅敵人的撤退路線這一手段也就越能發揮作用。

173. 另一個獲取勝利的重要手段就是破壞敵人的隊形。軍隊進入戰鬥時經過巧妙安排的隊形，在雙方長時間的相互破壞行動中會遭到很大的破壞。如果隊形被破壞和削弱到一定程度，那麼一方以集中的兵力迅速衝入另一方的陣地就能使他產生極大的混亂，使他不可能再取得勝利，而只能竭盡全力保全各個部分和恢復整體的必要聯繫。

174. 根據上述內容可以看出，如果說在準備行動中最大限度地節約兵力是主要的，那麼，在決戰行動中主要的任務則是最大限度地使用兵力去戰勝敵人。

175. 正如在準備行動中必須主要具備忍耐、頑強和冷靜的品質一樣，在決戰行動中則必須保持大膽的作戰勇氣和熱情的作戰態度。

176. 雙方統帥中通常只有一方的統帥發動決戰，另一方的統帥則是應戰。

177. 如果一切還處於均勢，那麼發動決戰的一方可能是：

（1）　進攻者。

（2）　防禦者。

178. 由於進攻者抱有積極的目的，所以他發動決戰是最自然的，而且這種情況也確實是最常見的。

179. 如果均勢已經遭到顯著破壞，那麼發動決戰的可能一方是：

（1）　處於有利地位的統帥；

（2）　處於不利地位的統帥。

180. 顯然前一種情況是比較自然的，如果這個統帥同時是進攻者，那麼這就更為自然。因此，不是由這樣的統帥發動決戰的情況是很少的。

181. 但是，如果防禦者處於有利的地位，那麼由他發動決戰也是自然的，所以後來逐漸形成的兵力對比，比原來的進攻和防禦意圖更有決定性的意義。

182. 一個雖然已明顯地處於不利地位，但仍然發動決戰的進攻者，是把決戰看做實現他原來意圖的最後嘗試。如果處於有利地位的防禦者使他有時間這樣做，那麼，進行這種最後嘗試當然是有助於實現進攻者的積極意圖。

183.

（1）　一個明顯處於不利地位的防禦者仍然發動決戰，這完全違背了事物的本質，而且應該被看做是一種絕望的掙扎。

（2）　決戰行動的成果是根據上述情況而定的，因此，通常只有根據自然情況發動決戰的一方才能取得決戰的勝利。

184. 在一切還處於均勢的場合，通常都是發動決戰的一方能夠取得勝利，因為積極因素在會戰已經臨近決定勝負的時刻，即雙方兵力都已消耗殆盡的時候，比在會戰開始時具有大得多的作用。

185. 接受決戰的統帥，可能因此立即決定撤退，避開戰鬥，但也可能繼續戰鬥。

186. 如果他繼續戰鬥，那麼這個戰鬥只能是：

（1）　作為撤退的開始，他想以此贏得進行準備的時間。

（2）　作為一次真正的戰鬥，他還希望在這一戰鬥中取得勝利。

187. 如果接受決戰的統帥所處的形勢非常有利，他就可能繼續防禦。

188.

（1）　但是，即使決戰是發動決戰的一方根據自然的即對自己有利的形勢發動的，接受決戰的統帥也必須在不同程度上轉入積極的防禦，也就是用攻擊的方式對付攻擊。這一方面是因為防禦的自然優勢（陣地、隊形、襲擊）在戰鬥過程中已經逐漸消失，另一方面是因為正如我們在第184條所說的那樣，積極因素發揮著越來越大的作用。

（2）　這裡提出的關於每個戰鬥分為兩種單獨行動的見解，初看起來可能是包含許多矛盾的。

破壞行動和決戰行動在時間上的區分

189. 人們之所以會覺得這種見解包含矛盾，一方面是由於人們對戰爭有偏見，另一方面是由於人們過於強調這兩種事物概念上的區分。

190. 人們把進攻和防禦之間的對立關係想像得太大了，認為這兩種活動是截然相反的，或者更確切地說，雖然在實際戰爭中這兩種活動並不處於對立的位置，但是人們也認為這種對立是存在的。

191. 於是把進攻者想像為自始至終都是同樣地、不間斷地力求前進的主體，而把前進運動的減弱永遠想像為只是直接由抵抗引起的，是完全被迫產生的。

192. 根據這種看法，每一次進攻似乎只有以最猛烈的突擊開始才是最自然的。

193. 由於有這樣的看法，所以人們習慣把砲兵用於準備行動，因為如果不是這樣，絕大部分砲兵顯然就毫無用處了。

194. 過去，人們通常認為單純的前進是非常合乎自然的，以至於把一槍不發的進攻看做是理想的進攻。甚至是腓特烈大帝，在曹恩多夫會戰以前也一直認為在進攻中使用火力是不適當的。

195. 雖然後來人們的這種觀點稍有改變，但是今天卻仍然有許多人認為，進攻者占領一個陣地的最重要地點越早越好。

196. 就是那些最重視火力戰的人也仍然希望立即採取進攻，在距離敵人盡可

能近的地方用幾個步兵營進行掃射，然後用刺刀衝鋒。

197. 但是，只要看一看戰爭史，看一看我們的武器就會知道，在進攻時絕對排斥火力是荒謬的。

198. 對戰鬥有了更多的了解以後，特別是親自經歷過戰鬥以後，人們就會知道，一支進行過火力戰的部隊很少能夠再用來進行有力的突擊。因此，像第196條所說的那樣重視火力戰是沒有什麼意義的。

199. 最後，在戰爭史上由於輕率地前進，而不得不在最後又放棄用重大代價取得的利益的例子很多。因此，第195條中所提出的原則是不能成立的。

200. 因此，我們認為，這裡談到的關於進攻單純性（如果我們可以用這個名詞的話）的見解是錯誤的，因為它只適用於極少數非常特殊的情況。

201. 既然在較大的戰鬥中一開始就進行白刃戰和決戰是不符合事物本質的，那麼就要把戰鬥區分為決戰的火力準備和決戰，也就是分成我們所研究的兩種行動。

202. 我們已經承認，在很小的戰鬥中（例如很小的騎兵部隊的戰鬥）可能沒有這種區分。問題是，如果部隊大到某種程度，是否最後也會沒有這種區分呢？當然，這不是說是否會不使用火力（假如是這樣，這個問題本身就自相矛盾了），而是說兩個行動的明顯界限是否會消失，以至於人們不能把它們看做是兩個分開的行動。

203. 也許有人會說，一個步兵營在衝鋒之前應該先射擊；射擊必須在衝鋒之前進行，因此就產生了兩個不同的行動。僅僅對步兵營來說情況就是這樣的，而對更大的部隊，如旅就不是這樣了。旅並沒有規定所有步兵營都一定要有射擊階段和決戰階段，它從一開始就力求達到它所接受的總體目標，而把階段劃分交給各營去解決。

204. 這樣一來，當然就無法做出統一的規定，這一點是顯而易見的。當一個營和另一個營相距很近地並列作戰時，一個營的勝敗必然會對另一個營有影響；而且，由於燧發槍的射擊效果不大，要獲得射擊效果就需要很長的持續時間，因此這種影響必然會更具有決定意義。基於這個原因，旅必須在時間上對破壞行動和決戰行動做出一定的區分。

205. 但是，更重要的一個原因是，人們在進行決戰時比在進行破壞行動時更喜歡使用新銳的部隊，或者至少是另外一些部隊。這些部隊是從預備隊中抽出來的，而預備隊就其性質來說應該是一種共同的財富，不能事先就分配到各個營裡去。

206. 正如這種在戰鬥中一般地劃分階段的需要，是從各個營轉到旅一樣，這種需要同樣也會由旅轉到師，由師轉到更大的部隊。

207. 整體越大，整體的各部隊（第一級單位）就越有獨立性，而整體對各個部分的限制也就越少。而且整體越大，在部分戰鬥中就越容易出現決戰行動。

208. 因此，一個較大部分的各次決戰不會像一個較小的決戰那樣形成一個整體，而是在時間上和空間上有更多的區分。儘管如此，破壞行動和決戰行動這兩種不同活動的顯著區別自始至終還是非常明顯的。

209. 各個部分可能很大，彼此分離得很遠，以至於它們在戰鬥中的活動雖然還是受統帥的意志指揮（戰鬥的獨立性就是由此決定的），但是這種指揮只限於做出最初的規定，或者，最多也不過是在整個戰鬥過程中做出兩三點規定。在這種場合，整個部分差不多就要完全由自己組織戰鬥了。

210. 一個部分根據自己的情況所進行的決戰規模越大，這些決戰對整體的決戰就越能起決定作用。甚至可以把這些部分想像成這樣的：在它們所進行的決戰中已經包含了整體的決戰，整體本身的決戰行動已經不再是必要的了。

211. 下面舉例來說明這個問題。一個旅在一次大會戰（參加會戰的第一級單位是軍）中，可能一開始就接受占領一個村莊的任務。這個旅為了達到這個目的，就要獨立地進行破壞行動和決戰行動。占領這個村莊可能對整體的決戰或多或少有些影響，但是，如果說它在很大程度上決定了整體的決戰，或者甚至說它本身就是整體的決戰，那是不符合事物本質的。因為一個旅在會戰的開始階段是整體的一個很小的部分，不能決定整體的決戰；相反我們卻可以把占領這個村莊僅僅看做是破壞措施，它

只能使敵人的軍隊受到削弱和損傷。

　　但是，如果我們設想一個兵力很大的軍（它也許是整個兵力的三分之一，甚至二分之一）奉命占領敵人陣地的某個重要部分，那麼這個軍就很可能變得十分重要了，以至於它能夠決定整體的勝敗，而且一旦這個軍達到了自己的目的，就不必進行其他決戰了。有時，由於距離和地形的原因，也可能在會戰過程中只能給這個軍下達很少的指示，由此必須同時把準備和決戰的任務一起交給它。這樣一來，整體共同的決戰行動就可能根本無法進行，而是分解為幾個大單位的獨立決戰行動了。

212. 這種情況在大會戰中是常見的，所以把戰鬥死板地分為兩種活動的想法是與上述這種會戰的進程相矛盾的。

213. 我們這樣肯定和重視戰鬥活動的這種區別，完全不是為了引起人們對這兩種活動的區分和界限的重視，並把這一點作為一個實際的原則來看待，而只是想把根本不同的事物在概念上區分開來，並且，這種內在的區別自然也決定著戰鬥的形式。

214. 戰鬥形式的區分在小部隊的戰鬥中表現得最為明顯，這時，簡單的火力戰和白刃戰是互相對立的。進行戰鬥的部隊越大，這種區分就越不顯著，因為分別由這兩種行動產生的兩種戰鬥形式，又在這兩種行動中交織起來了。但是這兩種行動的規模變得更大了，它們占用的時間也就更長了，因而在時間上彼此相隔得更遠了。

215. 只要決戰已經由第一級單位進行，對整體來說，這種區分也就不再必要。然而，即使如此，大體上還是會出現這種區分的痕跡，因為人們不管是認為各個單位必須同時發動決戰，還是按照一定的順序逐次發動決戰，總是力求把這些不同單位的決戰在時間上聯繫起來。

216. 因此，對整體而言，這兩種行動的區別是絕不會完全消失的，而在整體中消失的那部分，在第一級各單位中也會重新出現。

217. 對我們的觀點應該做上述這樣的理解，只有做這樣的理解，才能一方面使它具有現實意義，另一方面又可以使一個戰鬥（不管這個戰鬥是大是小，是部分戰鬥還是整體戰鬥）的指揮官注意發揮兩個行動各自應產生

的作用，以免過早行動或是貽誤時機。

218. 如果沒有給破壞行動留有充分的空間和時間，如果輕率從事，那麼就會過早行動；其後果是使決戰產生不利的結局，這種後果有時是完全無法挽回的，有時會留下嚴重的不利。

219. 如果由於缺乏勇氣，或者由於認識上的錯誤，因而沒有在時機成熟時進行決戰，那都是貽誤時機；其後果是造成兵力的浪費，也可能帶來實際的不利，因為決戰的成熟與否不僅取決於破壞行動的持續時間，而且也取決於其他條件，也就是取決於機遇。

（二）戰鬥計畫〔此一標題由譯者加上〕

戰鬥計畫的定義

220.

（1） 戰鬥計畫能使戰鬥統一起來；每一個共同的行動都需要有這種統一。這種統一本身也就是戰鬥的目的。為了使各個部分以最好的方式達到戰鬥目的，就必須根據戰鬥目的做出一些規定。因此，制定戰鬥計畫就是確定戰鬥目的，並根據這一目的實施計畫。

（2） 我們在這裡把計畫理解為給戰鬥做出的一切規定（不管這些規定是在戰鬥前、戰鬥開始時還是戰鬥過程中做出的），也就是理解為人的智力因素對物質因素產生的整個作用。

（3） 有的規定是必須而且可以事先做出的，有的規定卻是臨時做出的，這兩種規定之間顯然有很大差別。

（4） 前一種規定是真正的計畫，後一種規定可以稱之為指揮。

221. 由於臨時做出的規定大多是根據敵對雙方的相互作用做出的，所以，只有當我們研究到這種相互作用時，才能進一步研究和掌握這種差別。

222. 計畫的一部分已經固定包含在軍隊的編組中，因此許多單位歸併為少數幾個單位。

223. 這種編組在部分戰鬥中比在整體戰鬥中更為重要，在部分戰鬥中，它往

往構成整個計畫，而且部分越小，情況就越是如此。例如在大會戰中，步兵營主要是根據平時操練的隊形來部署的；但對於一個師而言，這種部署方法就行不通了，而是需要更多的專門性的規定。

224. 而在整體戰鬥中，即使是最小的部隊，編組也很少等於全部計畫，相反，為了能夠自由地進行一些特殊的部署，在計畫中往往要改變原來的編組。一個對敵人小防哨進行襲擊的騎兵連，往往要像一支大部隊那樣分為幾個單獨的縱隊。

戰鬥計畫的目標

225. 戰鬥的目的使計畫成為一個統一體；因此，可以把戰鬥目的看做是計畫的目標，也就是看做一切行動都該遵循的方向。

226. 戰鬥的目的是勝利，也就是第4條所列舉的決定勝利的各種情況。

227. 第4條所列舉的各種情況，在戰鬥中只有透過消滅敵人軍隊才能達到，因此，消滅敵人軍隊幾乎是適用於所有情況的手段。

228. 但是在大多數情況下，消滅敵人軍隊就是主要的目的。

229. 如果消滅敵人軍隊是主要目的，計畫就應該以盡量消滅敵人軍隊為目標。

230. 如果第1條所列舉的其他目的比消滅敵人軍隊更為重要，那麼消滅敵人軍隊就作為手段居於次要地位。這時，就不要求盡量消滅敵人軍隊，而只要求適當地消滅敵人軍隊。在這種情況下，就可以選擇達到目標的捷徑。

231.

（1）　在有些情況下，完全不採用消滅敵人軍隊這一手段也能夠達到第4條（3）至（7）項所說的使敵人軍隊撤退的目的，這就是透過軍事演習而不是透過戰鬥戰勝敵人。然而這不是勝利。因此，這種方法只有當人們追求的不是勝利而是其他目的的時候才可以使用。

（2）　在這些情況下，使用軍隊雖然仍以戰鬥，即消滅敵人軍隊為前提條件，但是，這個戰鬥只是可能發生的，而不是一定會發生的。因為如

果人們不是以消滅敵人軍隊為目標而選擇了其他目的時，都是以這些目的會產生效果但不會引起激烈抵抗為前提條件的。如果不存在這個前提條件，他們就不能選擇這些目的作為目標；如果估計錯誤了，計畫就必然是錯誤的。

232. 從上面這一條可以得出這樣的結論：在以大量消滅敵人軍隊為勝利條件的情況下，消滅敵人軍隊必然是計畫中的主要事項。

233. 由於軍事演習本身不是戰鬥，只是當軍事演習不成功時才使用戰鬥，所以整體戰鬥的原則也不適用於軍事演習，而且在其中產生作用的特殊因素也不能幫助戰鬥理論確立任何法則。

234. 當然在實際應用中往往會出現一些混亂的情況，但是這並不妨礙在理論上把本質不同的事物區分開來；如果我們知道了每個部分的特性，那麼以後就可以再把它們結合起來。

235. 因此，消滅敵人軍隊在任何情況下都是目的，第4條（2）至（6）項所說的情況都是在消滅敵人軍隊這一目的的指導下產生的，這之後它們才成為獨立的因素，和消滅敵人軍隊這個目的結合在一起互相促進。

236. 在這些情況中經常反覆出現的、而不是由特殊情況所引起的結果，只能看做是消滅敵人軍隊所產生的結果。

237. 因此，如果說戰鬥結合中可以做出一些完全一般性的規定，那麼這只能是關於最有效地使用自己軍隊去消滅敵人軍隊的問題。

勝利的大小和取勝的把握性之間的關係

238. 在戰爭中，當然也在戰鬥中，我們還會遇到精神力量以及由此產生的精神作用的問題，而這二者是不能透過計算來得出它們的大小，因此所使用的手段能帶來什麼成果始終是無法確定的。

239. 軍事行動中大量的偶然性使獲勝的把握性更小了。

240. 在獲勝的把握性不大的情況下，冒險就成為一個重要的要素。

241. 就一般的意義而言，所謂冒險就是根據不可能性大於可能性的事物採取行動；就廣泛的意義而言，冒險就是根據我們沒有把握的事物採取行

動。在這裡，我們應該從後一種意義上來使用這個詞。

242. 假如在所出現的各種情況中，可能性和不可能性之間有一條線，那麼人們就可以把它看做是冒險的界線，超過這條界線的冒險即狹義的冒險，是不可行的。

243. 然而，第一，這樣的一條線只是存在於想像中；第二，鬥爭不僅是一種運用智力的行動，而且也是一種需要激情和勇氣的行動。必須考慮到上述兩點，否則我們可能因為喪失冒險的機會而不能完全充分地發揮自己的力量，並且經常處於不利的地位；由於我們在大多數情況下不會超越可能和不可能之間的這條界線，所以只有透過有時超過這一界線的辦法來使冒險成為可能。

244. 如果把前提條件設想得越充分，那麼在投入同樣手段的情況下，可能獲取的勝利就越大，因此也就越想冒險，而確定的目的也就越大。

245. 人們的冒險係數越大，獲勝的可能性（即取勝的把握性）也就越小。

246. 因此，在使用同樣手段的情況下，可能取得的勝利大小與獲勝的把握性成反比。

247. 這樣就產生了有關消滅敵人軍隊的第一個問題：應該在多大程度上重視在這裡闡述的兩個對立要素？

248. 對這一點不可能做出一般的規定，這是整個戰爭中最具有特殊性的問題。因為一方面，這要根據具體情況而定，在有些情況下，即使冒很大的險也是必要的；另一方面，敢作敢為的精神和勇氣是純主觀性的東西，是不能預先加以規定的。人們可以要求一個指揮官用專門的知識來判斷他所採用的手段和所處的情況，並且不要過高地估計它們的作用，如果他能做到這一點，那麼，就該讓他自己去決定憑著自己的勇氣和手段所能做的事情。

勝利的大小和為此所付出的代價大小之間的關係

249. 有關消滅敵人軍隊的第二個問題是：人們願意為此付出多大的代價？

250. *毋庸置疑，當人們抱有消滅敵人軍隊的意圖時，通常都會考慮到如何使*

被消滅的敵方兵力超過自己為此而犧牲的兵力。但是這個條件不是絕對必要的,因為在某些情況下,如兵力占很大優勢時,僅僅使敵人軍隊減少就是利益(雖然這一利益是我們以較大的犧牲換來的)。

251. 當然,即使當我們的意圖肯定是使被我方消滅的敵方兵力超過我們為此而犧牲的兵力時,也仍然存在我方犧牲兵力的大小問題,因為勝利的大小是根據犧牲的大小來確定的。

252. 由此可見,這個問題的答案取決於我方投入到戰鬥中去的軍隊的價值大小,因而是取決於具體的情況。應該根據這些具體情況來解決這一問題,無論是盡可能地節約兵力,還是毫無顧忌地消耗兵力,這兩者都不能成為我們解決這個問題的準繩。

對各個部分的戰鬥方式的規定

253. 戰鬥計畫規定各個部分應該在何時、何地以及如何進行戰鬥,也就是說,戰鬥計畫規定戰鬥的時間、空間和方式。

254. 在這個問題上,也與在其他問題上一樣,一般情況即由純概念產生的情況可以與特殊條件下產生的情況區別開。

255. 人們經常要找出特殊的有利條件和不利條件,為的是能充分發揮有利條件和限制不利條件,所以戰鬥計畫就必然根據不同的具體情況而千差萬別。

256. 但是,根據一般情況也可以得出某些結論,儘管這些結論為數不多,而且形式非常簡單,但它們卻更為重要,因為它們關係到事物的真正本質,從而成為決定其他一切問題的基礎。

進攻和防禦

257. 戰鬥的方式只有兩種區別,這兩種區別到處都會出現,因而它們帶有普遍性:第一種區別來源於積極的意圖和消極的意圖,由此產生了進攻和防禦;第二種區別來源於武器的性質,由此產生了火力戰和白刃戰。

258. 嚴格說來,防禦似乎就是單純的抵禦進攻,因此它除了盾牌以外似乎就

不能使用任何其他武器。

259. 如果真是這樣，那就是一種純粹的消極行動，一種絕對的忍受。但是，作戰不是忍受；因此，防禦絕不能以絕對消極的概念為基礎。

260. 仔細思考一下就可以知道，即使是武器中最消極的一種火器，也還是具有某些積極和主動的特點的。而防禦和進攻使用的是同樣的武器，並且也同樣運用火力戰和白刃戰這兩種戰鬥形式。

261. 因此，我們必須像看待進攻那樣，把防禦也看做是一種鬥爭。

262. 進行這一鬥爭只能是為了爭取勝利，因此勝利是進攻的目的，也是防禦的目的。

263. 人們沒有任何理由設想防禦者的勝利是消極的。如果防禦者的勝利在個別情況下確實是消極的，那麼這是由於特殊條件造成的。這種消極性不可以歸入防禦的概念，否則這種消極性就必然對鬥爭的整個概念產生影響，使概念出現矛盾，或者根據嚴格的推論，又得出絕對忍受的荒謬結論。

264. 然而，進攻和防禦之間畢竟有一個極為重要的區別，這個區別也是唯一原則性的區別，這就是進攻者希望有所行動並且採取行動（戰鬥），而防禦者等待行動。

265. 這個原則性區別貫穿在整個戰爭領域，因而也貫穿在整個戰鬥領域，進攻和防禦之間的一切區別從根本上而言都是由這個原則性區別引起的。

266. 希望採取行動的一方，必然是想以此來達到某種目的，而且這個目的必然是積極的，因為毫無所求的意圖是不會引起行動的。因此，進攻者必然抱有一種積極的意圖。

267. 這種積極意圖不可能是勝利，勝利僅僅是手段。甚至當人們完全為了勝利本身，即單純為了軍隊榮譽的時候，或者為了利用勝利的精神力量對政治談判產生影響而尋求勝利的時候，目的也始終是勝利所產生的影響，而不是勝利本身。

268. 防禦者和進攻者都必然持有勝利的意圖，但是勝利的意圖來自透過勝利所要達到的目的；在防禦者方面這個意圖則來自戰鬥本身。進攻者的意

圖是自上而下確定的，防禦者的原則則是自下而上形成的。誰要作戰，誰就只能為了勝利而戰。

269. 那麼，防禦者為什麼要作戰呢？也就是說他為什麼要應戰呢？因為他不容許進攻者實現其積極意圖，也就是說，他首先想維持現狀。這是防禦者必要的直接意圖，至於防禦者進一步要達到的其他意圖都不是必要的。

270. 因此，防禦者的必要意圖，或者更確切地說，防禦者意圖中的必要部分是消極的。

271.

（1）　只要防禦者有這種消極性，也就是說，不論何時何地，只要防禦者所希望的是不發生任何變化，而是維持現狀，那麼，他就不會採取行動，而等待敵人行動。但是，從敵人採取行動的時刻起，防禦者就不能再透過單純的等待和不行動來達到自己的目的了；這時，他也要像敵人一樣行動起來，於是進攻者和防禦者之間的區別也就消失了。

（2）　如果把這一點應用於剛剛拉開帷幕的整體戰鬥，那麼進攻和防禦之間的全部區別似乎就在於：防禦者等待進攻者行動。但是在戰鬥的進展過程中，這種區別也就漸漸地消失了。

272. 防禦的這一原則也可以應用於部分戰鬥；整體的各個單位（部分）很可能也不希望發生任何變化，它們可能因此而決定等待。

273. 不僅防禦者的各單位（部分）可能進行等待，而且進攻者的各單位（部分）也可能進行這種等待，實際上雙方都有這種情況。

274. 但是，防禦者比進攻者更經常進行等待，這是由事物的本質決定的。這一點只有基於與防禦原則有聯繫的特殊情況才能闡述清楚。

275. 在整體戰鬥中，人們越是想把防禦原則貫徹到最小的單位，越是想把這個原則普遍地推廣到所有的單位，整個抵抗就越被動，防禦就越接近於絕對的忍耐，而我們認為絕對的忍耐是荒謬的。

276. 在什麼情況下防禦者進行等待的利益已經消失，其作用已經完全發揮出來，就好像出現了飽和點呢？這個問題我們以後再論述。

277. 現在，我們從以上的論述中只能得出一個結論，即進攻或防禦的意圖不僅對戰鬥的開始有一些決定作用，而且貫穿在整個戰鬥過程中；從而就出現了兩種不同的戰鬥方式。

278. 因此，戰鬥計畫在任何情況下都必須規定出，整體進行的戰鬥應該是進攻戰鬥還是防禦戰鬥。

279. 對執行特殊任務的那些部分，戰鬥計畫也必須規定出它們的戰鬥應該是進攻戰鬥還是防禦戰鬥。

280. 如果我們現在還不去考慮對防禦和進攻的選擇能夠產生決定作用的一切特殊情況，那麼就能得出一條關於這種選擇的法則：想阻止決戰的一方總是進行防禦，想尋求決戰的一方總是採取進攻。

281. 我們馬上就要把這個原則與另一條原則聯繫起來研究，這樣我們就能夠更進一步地認識這個原則。

火力戰和白刃戰

282. 此外，戰鬥計畫必須選擇由武器帶來的戰鬥形式，即火力戰和白刃戰。

283. 但是，這兩種形式與其說是戰鬥的分支，不如說是戰鬥的原始組成部分。它們是由武器決定的，它們相互從屬，只有結合起來才能構成完整的戰鬥力。

284. 單個的戰鬥者必須裝備有兩種武器，而各兵種之間必須緊密結合，這就證明了上述的見解是正確的，雖然這種真理只是一種近似的、符合大多數情況的真理，而不是絕對的真理。

285. 但是，把這兩個形式分開來，只使用其中的一種而不使用另一種，這不僅是可能的，而且是常見的。

286. 戰鬥計畫不可能規定兩種戰鬥形式的相互從屬關係和它們之間的自然順序，因為這些問題一般說來都是在概念中、在編組過程中和選擇操練場地的時候已經確定了的，因此它們像編組一樣是戰鬥計畫中固定不變的部分。

287. 要討論關於這兩種形式分開使用的一般性原則問題，就必須有如下的前

提條件，即承認這兩種形式的分開使用雖然是一種作用力較弱的行動方式和一種不得已的辦法，但在特定的場合中仍然是必要的。人們只是在一些特殊的情況下，才不得已把上述的兩種戰鬥形式分開使用。例如，當人們打算對敵人進行奇襲，但是卻沒有充足的時間進行火力戰，只是推測自己的部下在勇氣方面占有很大優勢的時候，就有可能採取單純的白刃戰。

時間和空間的規定

288. 關於時間和空間的規定，首先應該一般性地指出，就整體戰鬥而言，空間規定只用於防禦，時間規定只用於進攻。

289. 但是，對部分戰鬥而言，不論是進攻戰鬥計畫還是防禦戰鬥計畫，都需要對時間和空間做出規定。

對時間的規定

290. 戰鬥計畫中對部分戰鬥在時間上的規定，初看起來好像最多只有兩三點，可是仔細研究以後就會發現完全不是這樣的。在計畫中對時間的規定始終貫穿著一個極有決定意義的重要思想，即盡可能按順序使用兵力。

按順序使用兵力

291. 在各種力量共同發揮作用的場合，同時使用這些力量是一個基本條件。在戰爭中，特別是在戰鬥中，情況也是如此。由於軍隊的數量也是軍隊致勝的一個因素，所以在其他條件相同的時候，同時使用一切兵力，即在一定時間內高度集中兵力的一方，就能戰勝在這一時間內不同時使用一切兵力的敵人，而且首先是戰勝敵人已使用過的那部分軍隊。由於戰勝了敵人這部分軍隊，勝利者的精神力量就必然有所增加，戰敗者的精神力量就必然有所減少。因此，即使雙方物質力量的損失相等，也可以得出下面這個結論，即這種部分的勝利使勝利者的全部力量超過戰敗者

的全部力量，因而也就有助於整體戰鬥取得勝利。

292. 但是，上面的結論是以兩個並不存在的條件為前提的：第一，同時使用的軍隊數量沒有最大限度；第二，對於同一支軍隊而言，只要它還有兵力剩餘，就可以無限度地作戰。

293. 第一點之所以是不現實的，其原因如下：由於凡是不能發揮作用的戰鬥者都必須被看做是多餘的力量而不能被部署在作戰正面上，所以戰鬥者的數量本來就受到了戰鬥空間的限制，這樣一來，同時發揮作用的戰鬥隊形的縱深部署和正面寬度就受到限制，戰鬥者的數量也因此受到了限制。

294. 但是，對軍隊數量產生更重要限制作用的是火力戰的特性。我們在第89條第（3）項中已經看到，在火力戰中，在一定限度內使用較多的兵力只能加強雙方的火力戰的總效果。因此，當一方的這種加強已經不能得到利益時，數量對這一方就不再起作用了。這時，數量就容易達到最大限度。

295. 這種最大限度是完全根據具體情況，即根據地形、部隊的士氣和火力戰的直接目的決定的。在這裡只要說明有這種最大限度就夠了。

296. 因此，同時使用的軍隊數量有一個最大的限度，超過這個限度就會造成兵力的浪費。

297. 同樣，同一支軍隊的使用也有它的限度。我們已經看到（第123條）參加火力戰的兵力如何逐漸變成不能使用的兵力。在白刃戰中也會產生這種情況。如果說在白刃戰中軍隊物質力量的損耗比火力戰中小一些，那麼失利時軍隊精神力量的損耗卻大得多。

298. 由於所有參加過戰鬥的殘存部分都會變成不能使用的兵力，所以在戰鬥中就出現了一個新的要素，即新銳兵力比使用過的兵力具有內在的優越性。

299. 但是，這裡還需要考察另一個問題，即使用過的兵力暫時變成不能使用的兵力，也就是每次戰鬥在所使用的兵力中引起的危機問題。

300. 白刃戰實際上沒有持續時間。一個騎兵團向另一個騎兵團猛衝的一瞬

間，勝負就決定了，真正搏鬥時所用的幾秒鐘在時間上是不值一提的；在步兵和大部隊中，情況也沒有多大不同。但是，問題並沒有因此完全解決。在決戰中產生的危機狀態並沒有隨著勝負的決定而完全消失，對戰敗者進行猛烈追擊的勝利者的騎兵團，已經不再是戰場上保持完整隊形的那個騎兵團了；它的精神力量雖然增加了，但是它的物質力量和隊形通常卻是大大削弱了。只是由於敵人的精神力量遭到了削弱並且同樣也處於混亂狀態，才使勝利者保持著優勢。如果這時敵人調來另外一支精神力量還沒有受到削弱的、隊形完整的部隊，那麼，毫無疑問，在雙方部隊素質相同的情況下，這支部隊就會擊敗原來的勝利者。

301. 在火力戰中也有這樣的危機。在剛剛用火力擊敗敵方的勝利時刻，部隊仍然處於隊形混亂和力量受到顯著削弱的狀態，而且這種狀態將一直持續到陷入混亂的一切又恢復正常狀態為止。

302. 我們在這裡關於小部隊所談的一切，也適用於大部隊。

303. 在小部隊中，這種危機本來就大一些，因為危機是以同樣的程度滲透到整個部隊的，但是危機的持續時間在小部隊中卻短一些。

304. 整體的特別是整個兵團的危機最小，但是危機的持續時間也最長，在大兵團中危機往往持續許多小時。

305. 只要勝利者的戰鬥危機還沒有消失，戰敗者調來相當數量的新銳部隊就可以從勝利者的危機中找到恢復戰鬥和扭轉局勢的途徑。

306. 這是之所以要把按順序使用兵力看做是有效要素的第二個原因。

307. 既然在一系列連續的戰鬥中按順序使用兵力是可能的，既然同時使用兵力不是沒有限度的，那麼就可以得出這樣的結論：與其他力量同時使用時不能發揮作用的兵力，透過按順序使用就可以發揮作用。

308. 透過一系列連續進行的部分戰鬥，可大為延長整體戰鬥的持續時間。

309. 由於整體戰鬥的持續時間大幅度延長了，我們就必須考慮到一個新要素的產生，即意外事件，而這又是按順序使用兵力的一個新的理由。

310. 如果說按順序使用兵力，整體來說是可能的，那麼，敵人究竟怎樣使用他的兵力卻是無從知道的，因此我們判斷的只能是敵人同時使用的兵

力，而且我們對此只能做一般性的準備。

311. 但是，戰鬥的持續時間一旦延長，就必須考慮到純粹的偶然性，從事物的本質來看，這種偶然性在戰爭中比在其他任何地方都易於出現。

312. 因此，我們要根據這種意外事件對總體情況做出考慮，這種考慮無非是在陣地後方部署適當的兵力，也就是說準備好真正的預備隊。

縱深部署

313. 在所有按順序進行的戰鬥中，就產生這種戰鬥的根據而言，都需要有新銳兵力。新銳兵力可能是完全新銳的，也就是沒有使用過的兵力，也可能是已經使用過、但經過休整已經或多或少從削弱的狀態中恢復過來的兵力。不難看出，新銳兵力的新銳程度是很不同的。

314. 不論是使用完全新銳的兵力，還是使用重新恢復過來的兵力，前提條件都是把這些兵力部署在後方，即部署在火力殺傷範圍以外。

315. 在火力殺傷範圍以外對這些新銳部隊的部署也是有講究的，因為火力殺傷範圍不是驟然中止的，而是逐漸消失直到最後完全消失的。

316. 燧發槍和榴霰彈的有效射程顯然是不同的。

317. 一支部隊部署在火力線後方越遠，它在使用時就越顯得新銳。

318. 在燧發槍和榴霰彈的有效射程內的任何部隊都不能再看做是新銳部隊。

319. 由此可見，把一定兵力部署在後方有三方面的理由：

（1） 替換或增援疲憊的兵力（特別是在火力戰中）；

（2） 利用勝利者獲勝後立即遇到的危機；

（3） 應付意外的事件。

320. 所有部署在後方的兵力，不管它是哪個兵種，不管把它叫做第二線還是預備隊，也不管它是一個部分，還是一個整體，都屬於被縱深部署的兵力的範圍。

同時使用兵力和按順序使用兵力的兩極性

321. 由於同時使用兵力和按順序使用兵力是互相對立的，各有各的利益，所

以可以把它們看做是對立的兩極。而統帥在使用兵力時可能偏向兩極中的任何一極，此時人們只有正確地估計對立兩極的吸引力，才能平衡這兩種吸引力，採取適當的使用兵力的方法。

322. 選擇的任務就是要了解這種兩極性的規律，即了解兩種使用兵力的方法和條件，從而了解它們之間的關係。

323. 兵力的同時使用程度可以按以下次序遞增：

（1）　雙方的作戰正面相等時：

在火力戰中，

在白刃戰中。

（2）　一方的作戰正面較大時，即進行包圍時。

324. 只有同時發揮作用的兵力才能看做是同時使用的兵力。但是，當雙方的作戰正面相等時，同時發揮作用的可能性會受到限制。例如，三列橫隊在火力戰中還勉強可以同時發揮作用，而六列橫隊就不可能了。

325. 我們已經指出（第89條），兩條兵力不等的火力線可以互相抗衡，一方減少兵員（如果不超過一定限度）只能是削弱雙方的火力效果。

326. 火力戰的破壞力越弱，要想得到應有的效果所需要的時間就越長。因此，希望盡可能減弱火力戰的總破壞力（即雙方的火力總和），主要是想贏得時間的一方（通常是防禦者）。

327. 此外，兵力很小的一方也是這樣，因為即使雙方損失相等，他的損失相對而言還是要大一些。

328. 相反的條件將產生相反的利害關係。

329. 如果加大火力效果不能帶來特別的利益，那麼雙方都想用最少的兵力來對付敵人，也就是像我們在第89條第（2）項中已經說過的那樣，只使用有限的、但不至於使敵人立即轉入白刃戰的兵力。

330. 這樣一來，在火力戰中，由於同時使用兵力帶來的利益不大而且受限制，雙方就轉為按順序使用其餘的兵力。

331. 在白刃戰中，數量上的優勢具有決定性的作用，同時使用兵力比按順序使用兵力有利得多，以至於按順序使用兵力的方法幾乎完全被白刃戰排

除在外，只有出現了一些其他情況，按順序使用兵力才成為一種可能。

332. 白刃戰是一種決戰，而且是一種幾乎沒有持續時間的決戰，所以它是排斥按順序使用兵力的。

333. 但是，我們已經說過，就白刃戰帶來的危機而言，按順序使用兵力是非常有利的。

334. 但是，如果各個白刃戰是一個較大整體的部分戰鬥，那麼這些白刃戰的勝負就不是絕對的。因此在使用兵力時，必須同時考慮到以後可能發生的戰鬥。

335. 基於這種考慮，人們在白刃戰中就不會同時使用過多的兵力，而是酌量使用確有把握獲勝所必需的兵力。

336. 在白刃戰中，唯一的原則是：在一些難以發揮兵力作用的情況下（例如敵人的勇氣充分，地形險要等等）必須使用較多的兵力。

337. 在此需要指出的一點是：一般而言，在白刃戰中兵力的浪費不像在火力戰中那樣不利，因為在白刃戰中，只是在出現危機的時刻才不能使用部隊，而不是長時間不能使用。

338. 因此，在白刃戰中，同時使用兵力的前提條件是：無論如何都應該保證有足夠的兵力來取得勝利，按順序使用兵力根本不能彌補兵力的不足，因為在白刃戰中不像在火力戰中那樣，成果可以一個個地積累起來；但是，在兵力足以取得勝利的情況下，同時使用更多的兵力，就是一種浪費。

339. 以上我們研究了在火力戰和白刃戰中用加大兵力密度的辦法來使用大量兵力的問題，現在，我們再來研究一下在較大的作戰正面上，即在包圍的形式中可能使用大量兵力的問題。

340. 要在較大的作戰正面上把大量的兵力同時投入戰鬥，可以用以下兩種方法；

（1） 增大作戰正面，迫使敵人也延伸其正面。在這種情況下，我們並不比敵人有利，但是這樣做可以使雙方都同時使用較多的兵力。

（2） 包圍敵人的作戰正面。

341. 但是，這種能使雙方同時使用較多兵力的辦法只有在少數場合中才對一方有利，而且敵人是否同樣延伸其作戰正面是不能肯定的。

342. 如果敵人不延伸其作戰正面，那麼我方所增大的一部分作戰正面，即一部分部隊，要麼無事可做，要麼不得不去包圍敵人。

343. 能夠促使敵人同樣延伸自己的作戰正面的唯一條件是：使他對我們的包圍感到恐懼。

344. 但是，要想包圍敵人，比較好的辦法顯然是從一開始就為此做好安排，而且只能從這個觀點出發來解決較大的作戰正面的問題。

345. 使用兵力時，採用包圍形式的第一大優點是：它不僅能夠增加雙方同時使用的兵力總數，而且能使一方有可能比另一方投入更多的兵力。

346. 例如，如果一個作戰正面為一百八十步寬的步兵營，必須要向四面形成作戰正面以對抗包圍它的敵人，而且敵人是在這個營的燧發槍有效射程（一百五十步）之內，那麼敵人就有可能用八個營的兵力來對這個步兵營進行有效的包圍。

347. 由於包圍形式具有上述的特點，所以它也屬於我們這裡討論的範圍。但是，我們還必須同時考察包圍形式的其他特點，即它的另外一些利弊。

348. 包圍形式的第二個優點是：透過集中火力增強射擊的效果。

349. 第三個優點是能夠切斷敵人的退路。

350. 被包圍的兵力越大，或者更確切地說，被包圍的範圍越大，包圍的這三種優點就越不顯著，反之，兵力越小，這三點優點就越顯著。

351. 關於第一個優點（第345條）要解釋的是：不管部隊的兵力是大是小，只要它們是由同一種兵種組成的，其射程是不變的，並且包圍線與被包圍線的長度差別也是始終存在的，那麼包圍的範圍越大，這個差別的價值就越小。

352. 在相距一百五十步時，八個步兵營才能包圍一個步兵營；但是，包圍十個步兵營，只要二十個步兵營就夠了，也就是說不需要八倍的兵力，只需要二倍的兵力就夠了。

353. 但是，人們很少會應用完全的包圍形式，即形成一個圓周的包圍形式，

而只是形成部分的、通常在一百八十度以下的包圍。如果設想被包圍的兵力是一個大兵團，那就很容易看到，上述第一個優點在這種情況下是多麼微不足道的。

354. 至於第二個優點，顯而易見情況也是如此。

355. 被包圍的範圍越大，第三個優點必然也越不顯著了，這是不言而喻的（雖然在這裡還要考慮到其他的情況）。

356. 採用包圍形式也有一種特殊的缺點，這就是包圍時兵力分散在較大的空間中，它的作用因此從兩方面受到了削弱。

357. 一方面，被包圍的一方或多或少是在他的小圓的半徑上運動，而進行包圍的一方是在大圓的圓周上運動，這就使包圍者比被包圍者所通過的空間更大，而包圍者用於通過這部分空間的時間就不能再用於戰鬥。

358. 因此，被包圍的一方比包圍的一方更容易把自己的兵力運用到各個不同的地點上。

359. 另一方面，整體的統一性也會由於傳遞情報和命令需要經過較大的空間而受到削弱。

360. 包圍形式的這兩方面缺點是隨著包圍範圍的擴大而增加的。如果參加戰鬥的兵力只有兩個營，這些缺點還不是很明顯；在大兵團裡，這些缺點就很顯著了。

361. 由於半徑和圓周的長度關係是不變的，所以被包圍範圍（相當於圓的半徑）越大，包圍線（相當於圓的圓週）與被包圍線的絕對差別也就越大。在這裡，這種絕對差別是主要的問題。

362. 此外，小部隊很少甚至根本不會作側面的運動，部隊越大，側面運動就越多。

363. 最後，只要部隊處於人們可以觀察到的空間內，在傳遞命令方面就不存在差別。

364. 既然包圍正面越小，包圍的優點越顯著，並且其缺點也越小，反之，包圍正面越大，包圍的優點就越不顯著，而其缺點也就增加，那麼，可以斷定必然有一個利弊相等的平衡點。

365. 超過這一點，如果擴大包圍正面，那麼按順序使用兵力就得不到任何利益，而只能是產生不利。

366. 因此，要想使按順序使用兵力的優勢和採取較大包圍正面的利益（第341條）保持平衡，就不能超過這個點。

367. 為了找出這個平衡點，我們必須更加明確地對包圍形式的優點加以分析。達到這一目的的最簡單的辦法如下。

368. 從被包圍者的角度來看，為了避免受到包圍者的前兩種優勢（對被包圍者而言是不利因素）的影響，必須保持一定的作戰正面寬度。

369. 至於包圍者採取集中火力以增加射擊效果的方法，被包圍者只要適當地延長作戰正面就可以使它完全不起作用，例如，在遇到敵人包圍時，使作戰正面向後延伸的距離大於敵人的射程，就能產生這種作用。

370. 除此之外，在每個陣地的後面也需要為預備隊、指揮機關等部署在後面的部分留出敵人射擊不到的空間。假如它們受到三面的射擊，那麼，它們就不能完成任務了。

371. 在大部隊中，這些預備隊和指揮機關本身也很龐大，因而需要較大的空間。整體越大，作戰正面之後射擊不到的空間也就越大，因此作戰正面必須隨著部隊兵力的增加而增大。

372. 一支部隊的後方之所以需要有較大的空間，不僅是因為預備隊等部分需要較大的地方，而且是因為增加（提高）部隊安全也需要較大的地方，原因是：第一，流彈對大部隊和大輜重隊造成的損害作用比對兩三個營大得多；第二，大部隊的戰鬥持續時間長得多，那些部署在後面並未真正參加戰鬥的部隊所受的損失因而也大得多。

373. 因此，如果要為包圍正面的寬度規定一個固定的數值，那麼這個數值必須隨著軍隊數量的增加而增大。

374. 包圍形式的另一個優點（同時使用兵力的好處）使我們不能為包圍正面的寬度規定出一個固定的數值，我們只能得出一個主要的結論，即這個優點是隨著包圍正面的延伸而減小的。

375. 為了進一步說明問題，我們必須指出，較多的兵力同時發揮作用主要是

與燧發槍的射擊有關；對火砲而言，只要它能單獨發揮作用，那麼即使在被包圍者的較小的圓周上，要部署敵人用在大圓周上那樣多的火砲，也絕不會沒有空間，因為敵人的火砲絕不可能多到能構成一條連綿不斷的戰線。

376. 不要認為由於敵人的火砲不很密集，其被擊中的可能性就很小，敵人也因而就經常得到由空間較大帶來的利益，因為敵人是不可能把他的砲兵以單砲為單位平均地分配在廣大地區上的。

377. 在單純的砲兵戰鬥或者以砲兵為主要兵種的戰鬥中，較大的包圍正面當然是可以得到利益的，而且由於火砲的射程較遠，敵對雙方的交戰正面的差別也很大，所以這種利益是很大的。例如，在包圍單個的多面堡壘時就會出現這種情況。但是，對以其他兵種為主、砲兵只占次要地位的部隊來說，這種利益就不存在了，也正如我們已經指出的那樣，這時被包圍者的作戰正面也增大了。

378. 因此，在較大的作戰正面上同時使用較多的兵力所帶來的利益必然主要表現在步兵的火力戰中。這時，雙方正面的差別等於燧發槍射程的三倍（如果包圍正面已經達到了一百八十度），即約六百步。對於寬度為六百步的作戰正面而言，這就是延長了一倍，因而非常明顯；但是對於寬度為三千步的作戰正面而言，差別就只有五分之一，這就不能再認為是很具作用的利益了。

379. 因此，我們可以說，如果燧發槍射程的限制所產生的作戰正面寬度的差別消失了，作戰正面越寬就越能在同時使用兵力方面造成顯著的優勢。

380. 根據以上關於包圍的前兩個優點所做的論述，可以得出如下的結論：小部隊很難獲得必要的作戰正面的寬度，正如經驗告訴我們的那樣，小部隊大多不得不變更它們的固定隊形，以求獲得寬一些的作戰正面。一個獨立行動的步兵營是很少按照它通常的部署正面寬度（一百五十步到二百步）進行戰鬥的，而是分成連，連又分成散兵線，用一部分兵力作為預備隊，用其餘的兵力占領比它原來應占的大兩、三倍乃至四倍的空間。

381. 部隊越大，就越容易形成必要的作戰正面的寬度，因為正面寬度雖然隨

著部隊兵力的增加而增加（第373條），但是二者不是按相同的比例增加的。

382. 因此，大部隊不需要變更它的編組，而且可以在後面控制更多的部隊。

383. 在較大的部隊中，人們把控制在後面的部隊也編成固定的隊形，就像普通戰鬥隊形那樣分成兩線；通常後面還有由騎兵組成的第三線，此外還有占總兵力八分之一的預備隊。

384. 我們看到，在特別大的部隊（十萬、十五萬到二十萬人的兵團）中，預備隊也很大（占總兵力的四分之一到三分之一），這就證明，總兵力越來越超過正面的需要。

385. 我們在這裡指出這一點，只是為了結合實際經驗來論證我們所論述的這個觀點。

386. 關於包圍的前兩個優點，情況就是這樣的。至於第三個優點，情況則有所不同。

387. 前兩個優點能增強我們的力量，因而有助於我們穩操勝券，第三個優點也能產生這種作用，不過只是在敵人作戰的正面很窄的情況下才是如此。

388. 第三個優點能給敵人在正面作戰的部隊造成退路被切斷的印象（這種印象對士兵經常有很大的影響），因而影響到他們的勇氣。

389. 但是，只有當敵人的退路被切斷的危險迫在眉睫和十分明顯，以至於這種危險的印象壓倒了紀律和命令的一切約束時，士兵們才會自然而然地感到不安，其勇氣才會受到影響。

390. 在距離較遠的情況下，士兵們僅僅由於背後的槍砲聲而間接地感到退路有被切斷的危險時，他們也可能產生不安的情緒。但是，只要士氣不是已經很壞，這種不安的情緒是不妨礙士兵服從指揮官的命令的。

391. 在這種情況下，切斷對方退路這一為包圍者所占有的優勢，不應被看做是一種增加獲勝把握（即取得勝利的可能性）的優勢，而應被看做是一種可以擴大已經獲得的勝利規模的優勢。

392. 在這一點上，包圍所造成的第三個優點也受反比例原則的支配，即當敵

人的作戰正面狹小時，這個優點最顯著，隨著敵方作戰正面的加大這個優點就逐漸減小，這是顯而易見的。

393. 但是，這一點並不能妨礙大部隊像小部隊那樣保持正常的（而不是擴大）作戰正面，因為撤退絕不會在陣地的整個作戰正面上進行，它只是在幾條道路上進行，但是，大部隊撤退時不言而喻比小部隊需要更多的時間。這就要求大部隊有較寬的作戰正面，從而使進行包圍的敵人不能很快到達撤退所通過的各個地點。

394. 既然（根據第391條）包圍的第三個優點在大多數情況下（當作戰正面不太狹小時）只對勝利的規模，而不對獲勝的把握發生影響，那麼，整個優點就會隨著戰鬥者的情況和意圖不同而有完全不同的意義。

395. 當獲勝的可能性不大時，必須首先設法增大這種可能性。在這種情況下，對於那種主要用於擴大勝利規模的有利條件就不必十分重視。

396. 如果這種有利條件與獲勝的可能性完全背道而馳（第365條），那麼這種有利條件就成為了實際中的不利因素。

397. 在這種情況下，就要設法使兩種優勢（按順序使用兵力的優勢和擴大作戰正面的優勢）之間的關係較早地得到平衡。

398. 由此可見，兩個平衡點（同時使用兵力和按順序使用兵力這兩極之間的平衡點，以及作戰正面的延伸和縱深的部署這兩極的平衡點）的位置，不僅因部隊的大小而有所不同，而且也因雙方的情況和意圖不同而有所差異。

399. 所擁有的兵力較弱並且小心謹慎的統帥必然願意按順序使用兵力，而所擁有的兵力較強並且大膽的統帥必然願意同時使用兵力。

400. 不管是源於統帥的性格還是源於事物發展的必要性，進攻者要麼就是擁有較強的兵力，要麼就是比較大膽。

401. 因此，戰鬥的包圍形式（即促使敵我雙方同時使用兵力的形式）最適合於進攻者採用。

402. 被包圍的形式，即常常按順序使用兵力，因而有被包圍的危險的形式，是防禦的自然形式。

403. 包圍的形式具有迅速決戰的傾向，被包圍的形式具有贏得時間的傾向，這兩種傾向與這兩種戰鬥形式的目的是一致的。

404. 但是，就防禦的性質而言，還有另一個促使防禦者採取縱深部署的理由。

405. 防禦的最重要優勢之一就是可以享受地形優勢，而地區性的防禦則是這種優勢的一個重要表現。

406. 這樣一來，可能有人認為，為了盡量利用這種優勢就要盡可能地延伸作戰正面（實際上，這種片面的見解應該看做是促使統帥占領較寬的作戰正面陣地的最主要的原因之一）。

407. 但是，直到目前為止，我們研究探討的延伸作戰正面的原因始終是：為了迫使敵人同樣延伸作戰正面，或者是為了延伸部隊的側翼，即包圍敵人的作戰正面。

408. 只要把雙方設想為是同樣積極的作戰方，也就是不從進攻和防禦的角度來考慮問題，那麼利用較大的作戰正面進行包圍也就沒有什麼困難了。

409. 但是，地區性的防禦戰一旦和正面的戰鬥或多或少地聯繫起來，那麼正面戰線延伸的一部分就不能再利用了；因此，地區性的防禦根本不能和由作戰正面延伸出來的側翼統一起來。

410. 要想清楚地認識這一困難，就必須聯繫實際。例如：地面的天然掩蔽物使人們很難觀察到敵人所採取的措施，因此佯動很容易迷惑進行地區防禦的部隊，使它因不知道該採取何種對抗行動而無事可做。

411. 由此可知，如果防禦者的作戰正面大於進攻者展開兵力所需要的正面。那麼這對防禦者而言就是一種極大的不利。

412. 進攻者展開兵力的正面應該大到何種程度，我們以後再談。現在我們只想指出，如果進攻者所占的作戰正面太小，那麼如果防禦者要想懲罰進攻者，並不需要從一開始就採取較大的作戰正面，而只要採取積極的反包圍措施就可以了。

413. 因此，可以肯定地說，防禦者為了在任何情況下都不陷入展開兵力的正面太大的不利地位，就要在情況允許的範圍之內採取最小的作戰正面。

因為，這樣他就能在後方控制更多的兵力；而這些兵力絕不會像作戰正面過大時那樣無事可做。

414. 只要防禦者始終採取最小的作戰正面，並尋求最大的縱深部署，也就是說，始終遵循他本身作戰形式的自然傾向，那麼進攻者就一定會有相反的傾向，即盡可能延伸其作戰正面，也就是盡可能對敵人進行深遠的包圍。

415. 但是，這只是一種傾向，而不是一種準則，因為我們已經看到，這種包圍的優勢是隨著作戰正面的延伸而減少的，當包圍超過一定限度時，它就不能和按順序使用兵力的利益保持一定的平衡了。進攻者和防禦者都受這一規律的支配。

416. 這裡必須把兩種不同作戰正面的延伸區別開來：一種是由防禦者所採取的作戰正面決定的，另一種是由進攻者所延伸的側翼戰線決定的。

417. 如果防禦者的作戰正面已經延伸得很長，以至於進攻者所延伸的側翼的一切利益都已消失或者失效，那麼，就必須停止對戰線側翼的延伸。在這種情況下，進攻者必須透過另外的途徑去尋求優勢，這一點我們馬上就要談到。

418. 但是，如果防禦者的作戰正面已經小到不能再小了，那麼進攻者就有理由透過延伸其側翼和包圍來尋求優勢，這樣，這種包圍的界線就必須重新確定。

419. 這個界線是由過度的包圍所帶來的不利（第356至365條）決定的。

420. 如果不顧敵人過大延伸的作戰正面仍然力圖包圍敵人，那就會產生上述的不利；如果過度的包圍是對敵人狹小的作戰正面進行過於深遠的包圍引起的，那麼這些不利顯然還要嚴重得多。

421. 如果進攻者遭到這些不利，那麼防禦者由於作戰正面狹小而獲得的按順序使用兵力的利益就必然更有意義了。

422. 從表面上看來，採用狹小作戰正面和縱深部署的防禦者，確實還不能因此而單獨享有按順序使用兵力的利益。因為，如果進攻者也採用同樣狹小的作戰正面，並且不包圍防禦者，那麼雙方就在同等程度上享有按順

序使用兵力的利益；反之，如果進攻者包圍防禦者，那麼防禦者就必須對進攻者形成全線的正面作戰，也就是不得不在同樣大的作戰正面上進行戰鬥（在這裡可以不考慮兩個向心圓在大小上的微小差別）。但是，我們還必須考慮到以下四個問題。

423. 第一，即使進攻者同樣縮小增加的作戰正面，防禦者也始終可能把在橫向的作戰面上進行的速決戰鬥，轉變為採用包圍形式的持久的戰鬥，因為戰鬥的持久性本身就是防禦者的優勢。

424. 第二，防禦者受到敵人的包圍時，並不總是被迫在平行的作戰正面上與前來包圍的各部分敵軍進行對抗，他可以攻擊這些部隊的側翼和背面，而雙方所處位置的幾何關係恰好為此提供了最好的機會。不過，這已經是在按順序使用兵力了，因為按順序使用兵力並不一定要求人們以同樣的方式來對待在不同時間使用的兵力，或者用後投入的兵力取代先使用的兵力，有關這一點我們馬上就要詳細加以說明。如果在後方沒有部署兵力，那麼要對包圍者進行這種包圍是不可能的。

425. 第三，如果防禦者的作戰正面狹小，並在後方部署了大量的兵力，那就可能誘使進攻者進行過度的包圍（第420條），而防禦者就能夠利用部署在後方的兵力從中獲取利益。

426. 第四，防禦者由於作戰正面狹小並在後方部署有大量兵力，所以不會因其正面某些部分未受到攻擊而造成浪費兵力，這應該被看做是防禦者的一種優勢。

427. 這就是縱深部署和按順序使用兵力的優勢。這些優勢不僅能使防禦者在一定的界限內適度延伸其作戰正面，而且對進攻者來說也是如此，也就是說，這些優勢使進攻者的包圍不得超過一定的界限，但是，它們不能完全消除進攻者把作戰正面延伸到這個界限的傾向。

428. 相反，如果防禦者的作戰正面延伸得過長，這種傾向就會有所減弱，或者完全消失。

429. 在這種情況下，雖然防禦者由於沒有在後方部署兵力而無法懲罰進行包圍的進攻者，但是，進攻者的包圍利益卻實在太小了。

430. 如果進攻者根據自己的狀況並不十分重視切斷敵人的退路，那麼他就不會再去追求包圍的利益了。這樣，進行包圍的傾向就減弱了。

431. 如果防禦者展開兵力的正面很大，以至於進攻者可以讓防禦者在這個正面上的很大一部分兵力無事可做，那麼進攻者進行包圍的傾向就完全消失了，因為前者能使他獲得極大的利益。

432. 在這些場合下，進攻者就可以根本不透過延伸其正面和包圍的方法來追求自己的利益，而是透過完全相反的方法，即透過集中兵力攻擊一點的方法來獲取利益。顯而易見，這就相當於縱深部署。

433. 進攻者可以把自己的作戰正面縮小到何種程度，這取決於：

（1）　部隊的大小；

（2）　敵方作戰正面的大小；

（3）　敵方進行反攻的準備。

434. 如果進攻者的部隊較小，那麼讓敵人作戰正面上的任何一部分兵力無事可做都是不利的，因為在這種場合下一切都能觀察到，由於進攻者所占的空間小，敵人的這部分兵力可以立刻被調到其他地方發揮作用。

435. 由此可以得出這樣的結論：即使在部隊較大、作戰正面較寬的情況下，被進攻者的作戰正面也不可以太小，否則，上述的不利至少會在局部出現。

436. 不過，一般說來，如果防禦者作戰正面過寬或者消極被動，進攻者因而有理由透過集中兵力來追求利益，那麼進攻者就可以比防禦者在更大程度上縮小自己的作戰正面，這是由事物的本質決定的，因為防禦者並不準備進行反包圍這樣的積極行動。

437. 防禦者的作戰正面越寬，進攻者可以使防禦者越多地無事可做。

438. 同樣，防禦者地區性的防禦意圖表現得越強烈，情況就越是如此。

439. 最後，一般說來，部隊越大，情況也越是如此。

440. 如果把自己部隊小的特點、敵人作戰正面太寬的劣勢和地區性防禦的意圖這三者結合在一起，進攻者集中兵力就能得到最大的利益。

441. 這個問題將在論述空間的規定時進行充分的說明。

442. 我們已經（第291條及其以後各條）說明了按順序使用兵力的優點。在這裡還要指出一點，即：人們之所以要按順序使用兵力，不僅是因為這樣就可以把新銳部隊投入到同一個戰鬥中去，而且也因為這樣就可以比敵人後使用兵力。

443. 後使用兵力有一個主要的優勢，這一點將在下面說明。

444. 透過以上這些論述，我們可以看出，由於部隊的大小、兵力對比、局勢和作戰意圖，以及統帥大膽或謹慎的性格等的不同，同時使用兵力和按順序使用兵力之間平衡點的位置也就不同。

445. 不言而喻，地形對這個平衡點的位置也有很大影響。我們在這裡只是簡單提出這種影響，暫且不談地形的各種利用。

446. 儘管上述內容關係繁多、情況複雜，不可能規定出一些絕對的標準數值，但是，可以作為這些複雜多變的關係的固定點的某些因素必然還是存在的。

447. 主要的因素有兩個，也就是在同時使用兵力和按順序使用兵力這兩個方向上各有一個。第一個因素是，把一定的縱深看做是同時使用兵力的縱深。因此，為了延伸作戰正面而採取較小的縱深，只能看做是不得已的行動。這一因素決定必要的縱深部署。第二個因素是保障預備隊的安全，關於這一點我們已經談過了。這一因素決定必要的作戰正面寬度。

448. 上面提到的必要的縱深部署是一切固定編組的基礎，以後我們在詳細論述各兵種的隊形時，才能確定這個結論。

449. 但是，在我們利用這個結論得出一個最後結論以前，我們還必須闡述一下空間的規定，因為它對這一點同樣是有影響的。

空間的規定

450. 對空間的規定可以回答整體和各部分在何處進行戰鬥的問題。

451. 規定整體的戰鬥地點是一個戰略任務，不屬於我們這裡論述的範圍。我們在這裡只談戰鬥本身的部署問題，因此必須以敵對雙方相互接近為前提條件。戰鬥的一般地點不是敵人軍隊所在的地方（在進攻時），就是

我們可以等待敵人軍隊的地方（在防禦時）。

452. 至於對整體中各部分的空間規定，其中就包含著雙方軍隊在戰鬥中應該採取的幾何形式。

453. 在這裡我們暫且不談已經包含在固定編組中的幾何形式，這個問題以後再來研究。

454. 整體的幾何形式可以歸納為兩種：一種是直線式，另一種是向心圓式。所有其他一切形式都是以這兩種形式中的一種為基礎引申出來的。

455. 凡是真正想作戰的雙方，他們部隊的部署線必然是互相平行的。當一支軍隊向另一支軍隊的部署線垂直開進時，另一支軍隊就必須完全變換正面，和那支軍隊保持平行，或者至少必須有一部分部隊這樣做。但是，我軍要想發揮作用，就必須把沒有與敵人部隊對峙的那部分部隊向後延伸；這樣，就形成了向心圓或向心多角形的部署。

456. 顯然，直線式可以看做是對雙方利弊相等的形式，因為雙方的條件完全相同。

457. 但是，不能說直線式只是由直接的平行攻擊產生的（初看起來好像是這樣的），當防禦者平行地前去迎擊斜行攻擊時，也能形成直線式的部署線。在這種情況下，雙方的其他條件當然就不總是相同的了，因為新陣地往往不夠好，陣地的工事往往沒有全部建好等等。我們在這裡預先指出這一點，是為了防止在概念上產生混淆。我們認為，在這種情況下對雙方利弊相同的只是部署形式。

458. 至於向心圓（或向心多角形，在這裡對我們來說都是一樣的）的部署形式究竟有哪些特點，我們在上面已經作了詳細的說明，那就是包圍形式和被包圍形式，在此不再贅述。

459. 假如我軍在各個方面都必須和敵軍作戰，那麼，各部分空間部署的幾何形式就可以完全決定了。但是，這不是必然的，而且每次都會產生這樣的問題：要不要和敵軍的所有部分作戰？如果不需要，那麼應該和敵軍的哪些部分作戰？

460. 如果我們可以不和敵軍的某一部分作戰，那麼，我們不管是同時使用兵

力還是按順序使用兵力，都能更有力地打擊敵軍的其他部分。這樣，我們就可以用全部兵力打擊敵軍的一部分兵力。

461. 因此，我們就能在我們使用兵力的那些地點，或者比敵軍占優勢，或者至少比整體的兵力對比更占優勢。

462. 在可以不與其他地點的敵軍作戰的前提條件下，我們可以把和敵軍作戰的地點看做是一個整體。這樣，我們就可以透過在空間上更大地集中兵力來人為地增強自己的力量。

463. 不言而喻，這個手段是一切戰鬥計畫中極為重要的一個要素，是最常用的手段。

464. 因此，有必要進一步研究一下敵軍的哪些部分可以在這個意義上被看做是一個整體這個問題。

465. 我們在第 4 條中已經指出了促使作戰的一方撤退的種種原因。顯然，產生這些原因的事實或者和整個軍隊有關，或者至少和它的一個十分重要的部分有關。這個部分比所有其他部分更為重要，因而能夠同時決定其他部分的命運。

466. 在小部隊中，這些事實和整個軍隊有關，這是不難想像的，但在大部隊中，情況就不是這樣了。在大部隊中，雖然第四條（4）、（6）、（7）各項所列舉的原因也和整個軍隊有關。但是其他各項，特別是遭受的損失始終只和某些部分有關，因為在大部隊中，各個部分所遭受的損失很少是完全一樣的。

467. 那些由於所處狀況不利而撤退的部分，必然是整個軍隊的重要部分。為了簡便起見，我們把這樣的部分叫做戰敗的部分。

468. 這些戰敗的部分可能相互毗鄰，也可能平均地分布在整個軍隊。

469. 如果有人認為上述兩種情況中其中一種可能比另一種更有影響，那麼這種觀點是沒有足夠根據的。如果一個兵團中的某一個軍被徹底擊敗了，而其餘的各軍都沒有受到損傷，那麼這與損失均勻地分布在各軍的情況比較起來，有時是不利的，有時是有利的。

470. 第二種情況是以平均地使用與敵對峙的兵力為前提條件的。但是，我們

在這裡研究的是不平均地（在某一地點或某幾個地點更加集中）使用兵力的效果，因此，我們只研究第一種情況。

471. 如果戰敗的各個部分是互相毗鄰的，那麼我們就可以把它們合在一起，看做是一個整體。對於我們所談到的受攻擊或戰敗的部分或地點，都應該這樣理解。

472. 如果我們能夠確定，支配整體並能同時決定整體命運的這個部分是哪個部分，那麼由此就能確定應該把兵力集中在敵人整體中的哪個部分並且與之進行真正的戰鬥。

473. 如果我們撇開了地形的各種影響不談，那麼我們只能根據敵軍的位置和數量來確定我們要攻擊敵軍的具體部分。我們想首先研究一下被我們確定為攻擊目標的敵軍的數量問題。

474. 我們應該把下述兩種情況區別開來；第一種情況是，集中全部兵力攻擊敵軍的一個部分，根本不去對抗其餘的敵軍；第二種情況是，只用較少的兵力對抗其餘的敵軍，以便牽制它們。顯然這兩種情況都是在空間上集中兵力。

475. 在第一種情況下，我們必須攻擊的那部分敵軍有多大，顯然就是我們的正面可以小到什麼程度的問題。關於這個問題，我們在第433條及以後的幾條中已經論述過了。

476. 為了進一步研究在第二種情況下被攻擊部分的兵力應該有多大的問題，我們首先設想敵人是和我們一樣積極主動的，由此可以得出下面這個結論：如果我們以大部分兵力攻擊敵軍的一個小部分，那麼敵軍也會這樣做。

477. 因此，我們要想取得總成果，就必須使我們要攻擊的這一部分敵軍的兵力在其整個軍隊中所占的比例，大於我軍所犧牲的那部分兵力在我們整個軍隊中所占的比例。

478. 例如，我們打算用四分之三的兵力進行主要戰鬥，用四分之一的兵力牽制未受攻擊的敵軍，那麼真正受攻擊的那部分敵軍的兵力應該占總兵力的四分之一以上，即為三分之一左右。在這種情況下，如果兩處的結

果是一勝一負，那麼我們用四分之三的兵力打敗了敵軍的三分之一的兵力，而敵人用三分之二的兵力只打敗了我軍的四分之一的兵力，這顯然對我們是有利的。

479. 如果我們和敵人相比占有很大的優勢，以至於我們用四分之三的兵力就可以戰勝敵軍二分之一的兵力，那麼我們獲得總成果的把握性就更大。

480. 我們在數量上占的優勢越大，所要真正攻擊的這部分敵軍就可能越大，成果也就越大。我們的兵力越小，所要真正攻擊的那部分敵軍就應該越小，這是符合兵力較小的一方應該更加集中兵力的自然法則的。

481. 但是，不言而喻，這裡有一個前提條件，即敵人為打敗我們的薄弱部分所需要的時間，與我軍戰勝敵軍的那個部分所需要的時間大致是相同的。假如情況不是這樣，而是雙方所需要的時間有很大的差別，那麼敵人就能把他用來攻擊我軍次要部分的那部分兵力調來對付我軍主力。

482. 然而，雙方兵力相差越大，取得勝利通常也就越快。由此可見，我們是不能任意縮小我們準備犧牲的那部分兵力的，必須使這部分兵力與它所牽制的敵方兵力保持一個相當的比例。因此，兵力小的一方是不能無限度地集中兵力的。

483. 但是，第476條假設的情況在實際中是極為少見的。通常，防禦者如果以一部分兵力防守某地，那麼這部分兵力就不能像實際所需要的那樣，迅速調到另一地點對進攻者進行報復了。由此可見，進攻者在集中兵力時可以稍稍超過上述的比例，例如他用三分之二的兵力攻擊敵軍三分之一的兵力，那麼他始終保持有一定的贏得總成果的可能性，因為他其餘的三分之一兵力不大可能像防禦者的其餘兵力那樣陷入困境。

484. 假如有人想把這個推斷進一步引申下去，並且得出結論說，防禦者對進攻者較弱的部分不採取任何積極行動（這種情形是極為常見的），進攻者必然會因此而取得勝利，那麼他就得出了一個錯誤的結論。因為被攻擊的一方不在我軍的較弱部分上尋求補償，主要原因是他還有辦法把他未受攻擊的一部分兵力用來和我軍主力作戰，從而使我軍主力不能有把握地取得勝利。

485. 我們所攻擊的敵軍部分越小，這種情況就越有可能出現，這一方面是因為空間小，另一方面，特別是因為對小部隊所取得的勝利的精神影響小得多；對一小部分兵力的勝利不容易使敵人失去運用現有手段來恢復原狀的智力和勇氣。

486. 只有當敵人這兩點都做不到，也就是說既不能利用對我軍較弱部分的實際勝利以得到補償，也不能用未受攻擊的多餘兵力來對抗我軍的主要攻擊時，或者是當敵人由於猶豫不決而沒有做到這一點時，進攻者才能指望在兵力相對說來比較小的情況下以集中兵力的辦法戰勝敵人。

487. 事實上，理論說明，不僅防禦者不能相應地對付敵人集中兵力這一對防禦者而言不利的進攻形式，而且通常雙方中的任何一方，不論是進攻者還是防禦者，都可能無法正確處理這種情況。

488. 當人們在一個地點上過多地集中兵力，以便在這個地點上取得優勢時，總是同時希望以此來達到出敵不意的目的，使敵人既沒有時間把同樣多的兵力調到這個地點上來，也不能準備進行報復。要想使這種出敵不意成功，必須有一個條件，那就是較早地定下決心，也就是說要採取主動。

489. 利用採取主動這一優勢也有它不利的一面，這一點下面就要談到；在這裡我們只是指出：這個優勢不是一種在任何情況下都必然有效的絕對優勢。

490. 撇開出敵不意獲得成功的原因（即採取主動，除此之外也沒有任何其他客觀條件）不談，那麼出敵不意的成功無非就是一種僥倖；即便如此在理論上人們對此也是無可厚非的，因為戰爭本身就是一場賭博，它是不能沒有冒險的。因此，在排除其他一切條件的情況下，集中一部分兵力以期僥倖地達到出敵不意也是容許的。

491. 如果其中的一方成功地做到了出敵不意，那麼，不管成功的是進攻者還是防禦者，另一方就在某種程度上幾乎不可能透過報復行動來彌補損失。

492. 以上我們論述了被攻擊的部分或地點的兵力大小問題，現在就來談談這

個部分或地點的位置問題。

493. 如果我們撇開一切地形和其他具體條件不談，那麼我們只能把兩翼、側面、背面和中央分別看做是各有其特點的位置。

494. 兩翼的特點是：可以從這裡包圍敵人軍隊。

495. 側面的特點是：不僅可以在敵人沒有準備的地方和他作戰，而且可以給他的撤退造成困難。

496. 背後和側面一樣，只是這裡更能發揮主要作用的是：可以給敵人的撤退造成困難或者使其退路完全被切斷。

497. 但是，在敵人側面和背後採取行動時，必須有一個前提條件，那就是能夠迫使敵人在那裡使用兵力來對抗我們。如果我們在敵人側面和背後採取行動卻不一定能產生這種效果，那麼這是非常危險的，因為我們的軍隊在沒有敵人可以攻擊的地方就會無所事事。如果主力遇到了這種情況，那麼毫無疑問，我們就達不到目的了。

498. 敵人放棄側面和背面的情況雖然是極為少見的，但是畢竟還是會出現的，當敵人透過積極的反行動來補償自己的損失時，最容易出現這種情況（瓦格拉木、霍亨林登、奧斯特里茨會戰都是這方面的例子）。

499. 中央（我們所理解的中央無非是指不包括兩翼的那一部分正面）的特點是，對它進行的攻擊能夠割裂敵軍的各個部分，這種行動通常叫做突破。

500. 突破顯然和包圍相反。兩者在成功時都能大大地破壞敵人的力量，但其方式各有不同，具體表現在如下幾點：

（1）　包圍之所以有助於我方更有把握地取得勝利，是因為它能產生精神影響，也就是能削弱敵人的勇氣。

（2）　而中央突破之所以有助於我方更有把握地取得勝利，是因為它能使我方的兵力更加集中。這兩點我們已經談過了。

（3）　如果是用很大優勢的兵力進行包圍並且獲得了成功，那麼包圍就能直接導致消滅敵人軍隊。只有透過包圍取得了勝利，那麼，這樣取得的成果在最初幾天裡無論如何都會比透過突破取得的成果大一些。

（4）　突破只能間接地導致消滅敵人軍隊，而且不容易在當天就表現出很大的效果來，而是在以後的幾天裡，更多的是在戰略上表現出它的效果。

501. 另外，集中主力突破敵軍的一點，是以敵人作戰正面過寬為前提的，因為，這時用較小的兵力去牽制敵人其餘部分的兵力比集中兵力突破敵人的一點要困難得多，而且敵方也很容易調遣在主攻方向附近的敵軍來抗擊我軍的主攻。在我軍對敵軍中央進行攻擊時，兩側都有這樣的敵軍，而對某一翼進行攻擊時，僅僅一側有這樣的敵軍。

502. 由此可見，這樣的中央攻擊形式有一種危險，即：有可能遭到敵人的包圍反攻而陷入到一種非常不利的戰鬥形式之中。

503. 因此，必須根據當時的具體情況來選擇攻擊的地點。作戰正面的寬度、撤退路線的狀況和位置、敵軍的素質和統帥的特性，最後還有地形等等，這些因素在選擇攻擊地點的時候都會產生決定性的作用。這些問題我們以後再詳細研究。

504. 我們已經研究過集中主力在一個地點上真正進行戰鬥的問題，當然，這種集中也可以在幾個地點（例如在兩個甚至三個地點）上進行，這並不違背集中兵力攻擊敵軍一部分兵力的原則。不過，這個原則的力量將隨著攻擊地點的數目增加而減弱。

505. 到現在為止，我們只談到這種集中兵力的客觀優勢，即在一個主要地點上造成有利的兵力對比的優勢。但是，對指揮官或統帥而言，集中兵力還有一個主觀的原因，這就是把兵力的主要部分更多地掌握在自己的手裡。

506. 儘管統帥的意志和他的智慧在一次會戰中還能指揮整體，但是這種意志和智慧只能在很有限的程度上一直貫徹到下層各個單位中去，而且部隊距離統帥越遠，情況就越是如此。這時，下級指揮官的重要性和獨立性就增加了，而這種增加是以削弱統帥的意志力量為代價的。

507. 司令官在情況允許的範圍內保持最大的權限不僅是合理的，而且只要不發生反常現象，也是有利的。

相互作用

508. 至此，關於根據軍隊本身的特點在戰鬥中使用兵力所能闡明的一般問題，我們都已經論述過了。

509. 只有一個問題我們還需要加以考察：即雙方計畫和行動的相互作用的問題。

510. 一次戰鬥的真正計畫只能對可以預見到的一切行動做出規定，因此，戰鬥計畫大多只限於對下列三個方面做出的規定：

（1） 大的輪廓。

（2） 各種準備。

（3） 開始階段的具體行動。

511. 實際上，只有戰鬥的開始階段可以完全由計畫確定。至於戰鬥的過程只能透過新的、根據具體情況發出的指示和命令來確定，也就是透過指揮來確定。

512. 顯然，制定計畫時所遵循的原則，最好在指揮時也能同樣地遵循，因為目的和手段都是相同的。如果不能總是做到這一點，那麼這就是一個不可避免的缺陷。

513. 但是，不容否認，進行指揮和制定計畫是在性質上完全不同的兩種活動。計畫是在沒有危險的情況下從容不迫地制定出來的，而指揮卻總是在緊迫的情況下進行。制定計畫時總是從較高的立足點出發並在比較廣闊的視野裡來決定問題的，而指揮時則是根據最直接和最具體的情況決定問題的，有時甚至不是根據情況做出決定，而是為情況所左右。我們在以後再談這兩種智力活動在性質上的差別，在這裡暫且不談它們，只是把計畫和指揮作為不同階段的活動區分開來。

514. 如果假設雙方都不知道對方部隊的部署情況，那麼每一方都只能根據一般的理論原則進行自己的部署。一般的理論原則的大部分就是軍隊的編組和所謂的基本戰術，而軍隊的編組和基本戰術當然只是以一般情況為根據的。

515. 顯然，只根據一般情況進行的部署是不可能具有根據具體情況進行部署的作用的。

516. 因此，在敵人之後針對敵人情況進行部署必然非常有利，就好像是玩牌時後發制人一樣。

517. 很少或者可以說沒有一個戰鬥不是根據具體情況進行部署的。必須了解的第一個具體情況是地形。

518. 防禦者能夠更好地了解地形，是因為只有防禦者才能準確地預先知道戰鬥將在什麼地方發生，因而有時間對這個地方進行必要的偵察。關於陣地方面的全部理論（只要它屬於戰術範圍）的根源就在這裡。

519. 進攻者在戰鬥開始前也能了解地形，但了解得很不完善，因為防禦者占據著這個地方，不允許他進行詳細的偵察。不過，他從遠處所了解到的一些情況還是有助於他進一步確定計畫的。

520. 如果防禦者除了了解地形之外，還想利用地形進行地區性的防禦，那麼，由此就會或多或少產生了某種固定的詳細使用兵力的辦法。而敵人就有可能了解這種辦法，並在制定計畫時考慮到這一點。

521. 這是進攻者要考慮的第一個問題。

522.在大多數情況下，這個階段可以看做是雙方制定計畫階段的結束，以後發生的一切活動則已經屬於指揮的範疇了。

523. 在戰鬥中，如果雙方中的任何一方都不能被看做是真正的防禦者，而是同時向對方進軍，那麼作為固定部署的編組、戰鬥隊形和基本戰術，只要根據地形稍作改變，就可以代替真正的戰鬥計畫。

524. 這種情況在部隊整體兵力很小的時候是常見的，在整體兵力較大時就很少見了。

525. 但是，如果行動分為進攻和防禦，那麼從相互作用來看，在第522條所說的那個階段，進攻者顯然處於有利的地位。他雖然先採取了行動，但是，防禦者透過自己的設施也不得不將自己的大部分意圖暴露出來。

526. 正是基於這個原因，至今在理論上仍然把進攻看做是一種非常有利的戰鬥形式。

527. 如果把進攻看做是一種比較有利的，或者更確切地說，把它看做是較強的戰鬥形式，那麼就像我們以後要指出的那樣，必然導致一種荒謬的結論。這一點沒有引起人們的足夠重視。

528. 這個結論的錯誤就在於高估了第525條所指出的進攻的優勢。從相互的作用來看，這個優勢是重要的，但是相互作用並不就是一切。把地形作為一種輔助力量加以利用，從而在一定程度上加強自己的兵力，這個優勢在很多場合中有更大的意義，而且只要部署適當，在大多數場合是會具有更大的意義的。

529. 如果防禦者錯誤地利用了地形（陣地的正面太寬）和採取了錯誤的防禦方法（單純地進行消極防禦），那麼進攻者在制定計畫措施時處於後發制人這一地位，當然就會具有十分重要的意義，因為進攻實際上取得的、超出其固有限度的全部效果，幾乎完全應該歸功於這一點。

530. 但是，智力的作用並不是有了真正的計畫之後就停止了，我們必須繼續在指揮的範圍內考察相互作用的關係。

531. 指揮的範圍就是戰鬥的過程或持續時間。兵力的使用越是按照一定的順序，戰鬥的持續時間就越長。

532. 因此，要想依靠指揮取得很大的成果，就必須有很大程度上的縱深部署。

533. 在這裡，就產生了一個問題：更多地依靠計畫好呢，還是更多地依靠指揮好？

534. 忽視現有的根據，甚至當這些根據對預定的行動有一定價值時，也不對其予以考慮，這顯然是荒謬的。但是，這無非是說，計畫應該在現有根據的基礎上盡量詳細地規定行動。只有當計畫不能做出規定時，才會透過指揮對具體的戰鬥行動做出規定。因此，指揮只是計畫的一種代替，在這個意義上它也可以看做是表現了計畫所特有不可避免的缺點。

535. 但是要明白，我們這裡所指的只是有根據的計畫。一切具有具體目的的規定都不應該以任意的假定為根據，而必須以實際情況為根據。

536. 因此，在沒有根據的情況下，計畫就不應該做出任何具體的規定，因為

對某件事不做出具體的規定也就是根據一般原則來處理，就顯然要比做出不符合以後出現的情況的規定好一些。

537. 任何計畫，如果對戰鬥過程規定得過於詳盡，就必然是錯誤的和有害的，因為對具體細節的規定不僅取決於一般的根據，而且也取決於一些事先無法知道的具體情況。

538. 如果人們認識到，具體情況（偶然的和其他的情況）的影響隨著時間和空間的擴大而增加，那就可以知道，為什麼其規模非常廣闊和複雜的運動很少能夠成功，而且往往是有害的。

539. 一切非常複雜的、玩弄技巧的戰鬥計畫都具有危害性，其根源也就在這裡。這些計畫都是（往往是無意識的）以許多細小的、大多不合實際的假定為根據的。

540. 所以，與其制定一個過分詳盡的計畫，不如更多地依靠指揮來處理問題。

541. 不過，這樣做是以軍隊的（根據第532條）縱深部署，即有強大的預備隊為前提條件的。

542. 我們已經說過（第525條），從相互作用來看，進攻者的計畫要考慮得更長遠一些。

543. 相反，防禦者卻可以按照地形情況，預先確定戰鬥進程，也就是說，他可以結合實際情況，制定出更具體的計畫。

544. 假如我們堅持這個觀點，那麼我們就可以說，防禦者的計畫比進攻者的計畫詳盡得多，進攻者則必須更多地依靠指揮。

545. 但是，防禦者的這種優越性只是看起來如此，而實際上並不存在。我們不應該忘記，根據地形進行的部署只能是一些準備活動，這些準備活動只是以假定為前提條件，而不是以敵人的實際措施為根據的。

546. 只是因為這些假定的情況通常很可能合乎實際情況，而且只有當這些假定的情況符合實際情況時，它們以及根據它們所制定的計畫才具有價值。

547. 防禦者在做出假定和根據假定進行兵力部署時所必須具備的這個條件，

使防禦者的部署工作受到很大的限制，而且也使他不得不小心謹慎地制定計畫和部署兵力。

548. 如果防禦者把制定計畫和部署兵力這兩項工作做得過分詳盡，那麼進攻者就可能回避這些部署好的兵力和計畫上的安排，這樣，防禦者用在那裡的力量就變成了無用的力量，也就是造成了兵力的浪費。

549. 陣地的作戰正面延伸過大，過於頻繁地進行地區性的防禦都屬於這種情況。

550. 正是透過這兩個缺點往往能反映出下面兩個現象：一方面是防禦者的計畫由於過分詳盡而產生了不利因素，另一方面是進攻者的計畫由於規定得適當而獲得利益。

551. 防禦者只有具備了無論從哪個角度來看都非常堅固的陣地，才能制定比進攻者的計畫更詳盡、涉及面更廣的計畫。

552. 但是，如果陣地不太好，或者根本沒有陣地，或者沒有時間在陣地上構築必要的工事，防禦者就應該相應地後發制人，並且更多地依靠指揮。

553. 這個結論又表明，力求按順序使用兵力的主要是防禦者。

554. 防禦者常常會因為地形有利而制定了過於詳盡的計畫以及過分地分散了兵力，這些都會給他帶來危險，所以應該盡量避免這種情況的發生；但是，我們以前已經說過了，只有大部隊才能發揮作戰正面狹小所帶來的優勢，所以現在我們必須說，防禦者應該利用指揮，即利用強大的預備隊所提供的輔助手段。

555. 顯然，由此可得出結論說，兵力越大，防禦就越比進攻有利。

556. 因此，在指揮戰鬥的過程中首要的任務是持續戰鬥的時間、留有強大的預備隊和盡可能地按順序使用預備隊。對於一個指揮官而言，無論他的造詣如何，都必須在上述各方面的指揮中占有優勢，只有這樣他才能真正具有指揮的才能。因為，即使他具備最高超的理論，然而沒有手段也是不能充分發揮其理論作用的。如果一個人理論程度不高，但有較多的手段，那麼他在戰鬥過程中也一定會占有優勢，這是很容易理解的。

557. 此外，防禦者的指揮官還具有一個共同的優勢，這就是熟悉地形。在一

些情況緊迫的場合，指揮官往往必須不經過觀察就要迅速做出決定，這時，他因為熟悉地形而具有的優勢是顯而易見的。

558. 計畫的制定主要是針對級別較高的單位，指揮則主要是針對級別較低的單位，這是由事物的本質決定的，所以每次具體的指揮的意義是比較小的，而又是頻繁發生的。由此可見，計畫和指揮各有其不同的側重點。

559. 此外，指揮是雙方相互作用的真正領域，在指揮中相互作用是始終存在的，因為雙方是對峙狀態，所以雙方的大部分指令要麼是根據雙方的相互作用做出，要麼就是根據雙方的相互作用修改，這也是由事物的本質決定的。

560. 既然防禦者要在指揮過程中特別注意節約兵力（第553條），而且一般說來他在使用兵力上是處於有利地位的（第557條），那麼我們可以得出如下的結論，即防禦者在指揮時由於在相互作用方面所占的優勢，不僅可以補償他在制定計畫階段在相互作用方面所處的不利，而且使他在整體戰鬥過程中仍然保持在相互作用方面上的優勢。

561. 不管在具體場合雙方的相互作用關係如何，雙方都必然在一定程度上力求讓對方先採取措施，以便能夠針對對方的措施後發制人。

562. 這種意圖就是在近代的戰爭中大部隊之所以使用強大的預備隊的真正原因。

563. 我們毫不懷疑，對所有的大部隊而言，除了地形以外，預備隊是防禦的最主要的有效手段。

指揮的特點

564. 我們已經說過，制定戰鬥計畫與在戰鬥中進行指揮具有不同的特點，其原因在於人的智力在這兩種不同的情況下發揮的作用也是不同的。

565. 指揮和制定戰鬥計畫的不同之處主要表現在三個方面：根據不足、時間不足和存在危險。

566. 有些事物，只有透過人們對整體形勢和其中重要聯繫的全面觀察，它們才能顯示出其重要性，在缺乏這種全面觀察時，它們的重要性就無法顯

示出來，這時另外一些事物，即眼前的事物，自然就變得特別重要了。

567. 因此，如果說戰鬥計畫更多的是一幅幾何圖，那麼戰鬥指揮就更多的是一幅透視圖；前者更多的是一個略圖，後者更多的是一幅寫景圖。至於怎樣來補救這個缺陷，我們以後再談。

568. 另外，時間的不足除了會導致觀察不全面外，還會對人的思維活動產生影響。這時，人們很少透過比較、權衡、批判來判斷事物，而更多的是應用一種已成為習慣的隨機應變的判斷力。這一點我們也必須看到。

569. 對自己或別人所面臨的巨大危險的直接感覺會干擾單純的思考活動，這是人的天性所決定。

570. 當人們的思維判斷活動受到了各種限制和削弱，能有什麼解救的辦法呢？勇氣是我們唯一的出路。

571. 顯然，這裡需要有兩種勇氣。一種是不顧個人安危的勇氣，一種是雖然充分地估計到勝利的不確定性，但還是敢於對此採取行動的勇氣。

572. 第二種勇氣通常被人們稱為有智之勇，而第一種勇氣還沒有一個與之相應的名稱。

573. 如果要問勇氣的原始意義是什麼，那就是在危險中的自我犧牲精神。我們必須從這一點出發來考慮問題，因為一切的勇氣歸根結柢都是基於這一點的。

574. 這種自我犧牲的感情可能有兩個完全不同的來源。第一個來源是對危險滿不在乎，不管是天生如此，還是由於不怕死，或是習慣養成的；第二個來源是積極的動機，即榮譽心、愛國心或其他各種激情。

575. 只有從第一個來源產生的勇氣才可以看做是真正的、天生的或已成為天性的勇氣，這種勇氣的特點是它和人的天性已融為一體，因此永遠不會喪失。

576. 由積極的感情產生的勇氣就不是這樣。這些感情和對危險的印象是對立的，這時，關鍵就在於這兩種勇氣的對比情況。有時，這種積極的感情產生主要的作用，有時，對危險的無畏精神占主導地位。對危險的無畏精神能使我們的判斷更為冷靜，因而能使人變得頑強，而積極的感情能

使人更加敢作敢為，因而能使人具有大膽的精神。

577. 如果對危險的無畏精神能和這些激情結合起來，那就會產生最完善的個人勇氣。

578. 以上所討論的這種勇氣完全是主觀的東西，它只和個人的犧牲精神有關，因而可以稱為個人的勇氣。

579. 對個人的犧牲並不十分在乎的人，對其他人（他們由於職位關係受到他的支配）的犧牲自然也不會十分在乎。他把這些人看做是一種工具，他是像對待自己一樣對待其他人的。

580. 同樣，由於具有某種積極的感情而甘願冒生命危險的人，也會給其他人灌輸這種感情，或者他認為自己有權利要求其他人也服從這種感情。

581. 勇氣在這兩種情況下就有了一個客觀的影響範圍。它不僅影響到個人的犧牲，而且也影響到所屬部隊。

582. 如果勇氣能排除人們心靈上對危險所產生的強烈印象，那麼它就能對人的思維活動產生積極影響。這時，人的思維活動就會成為自己的活動，因為它們已經擺脫了憂慮的束縛。

583. 但是，如果人們根本不具有較強的思維能力，那麼當然也不會由於有了勇氣就產生一種較強的思維能力，更不會產生洞察力。

584. 因此，在思維能力和洞察力不足的情況下，勇氣往往會引導人們採取非常錯誤的行動。

585. 所謂有智之勇則有完全不同的來源。它是由一種信念產生的，這種信念也就是堅信冒險的必要性，或者根據一種較高的見解堅信自己所冒的危險並不像其他人看來那樣大。

586. 沒有個人勇氣也可能產生這種信念，但是只有當這種信念反過來影響到人的感情使之產生高尚的力量時，這種信念才能成為勇氣，也就是說才能使人在緊急關頭和危險中從容不迫保持鎮靜。因此，有智之勇這個名稱是不完全準確的，因為這種勇氣絕不是由智力本身產生的。至於思想能夠產生感情，以及在思考能力的不斷作用下這種感情變得更加強烈，這是任何人根據經驗都會理解的。

587. 一方面，個人勇氣為人的思維活動創造了條件，另一方面人們思維上的信念又激發和鼓舞了人的勇氣及感情力量，因此，二者相互影響，而且融合起來，在指揮中產生共同的結果。但是，這種情況畢竟是很少見的。通常，在勇氣支配下進行的行動總是帶有從勇氣的根源中產生的那些特點。

588. 如果巨大的個人勇氣與巨大的智慧相互結合起來，指揮當然就一定是最完善的。

589. 由理智的信念產生的勇氣主要是指依靠不確定的事物和依靠僥倖心理進行的冒險，個人的安危很少被考慮到，這是由事物的本質決定的，因為個人的安危不容易成為這種大範圍的思維活動的對象。

590. 因此，我們看到，在指揮中，即在緊急關頭和危險中人的感情力量必然支持思維活動，而人的思維活動又必然激發感情力量。

591. 當人們既不了解全面情況，又沒有充裕的時間這樣做，卻必須對各種紛至沓來的現象做出決斷的時候，就需要這樣一種高尚的精神。我們可以把這種精神狀態稱為軍事才能。

592. 如果我們對一個由許多大大小小的單位進行的戰鬥以及由戰鬥所產生的許多行動進行研究，那麼我們就可以看到，由個人的犧牲精神產生的勇氣在下級單位中是主要的，也就是說這種個人勇氣主要是支配小的單位，而另一種勇氣則主要是支配大單位。

593. 單位越小，行動就越簡單，這時對人的思維判斷能力的要求也就不高，但個人所面臨的危險就越大，因而越需要個人的勇氣。

594. 單位越大，個人的行動就越重要，也就越有影響，因為他所決定的問題或多或少都和整體有密切的聯繫，因此，就需要有更廣闊的視野。

595. 職位較高的人雖然視野總是比較廣闊，並且比職位低的人能更好地觀察到各種現象的聯繫，但是，他卻對全面的情況缺乏了解，因此也正是這些人不得不依靠僥倖和單純的機智來處理很多的事情。

596. 戰鬥越是向前發展，指揮的這種特性就越明顯，因為這時的情況離開我們最初所了解的情況越來越遠。

597. 戰鬥的持續時間越長，偶然事件，即出乎我們意料的事件，也越容易發生，所有的事情都脫離了常規，一切顯得混亂而紛雜。

598. 而且，在戰鬥進行的過程中，需要決定的事情不斷堆積，以至於我們沒有時間對它們進行仔細的思考。

599. 因此，在較高級的單位（特別是在個別地點和個別時刻），個人勇氣就比思考更為重要，甚至幾乎決定一切。

600. 這樣一來，在每一次戰鬥中，戰鬥組合就越來越不產生作用，最後幾乎只有戰鬥的勇氣是維持戰鬥的唯一因素。

601. 由此可見，能夠克服指揮中的困難的是勇氣和以勇氣為前提條件的人的理智思維。問題不在於我們的勇氣和理智在什麼程度上克服或者不能克服這些困難，因為對敵人來說困難的程度也是一樣的，我們的錯誤和失策在一般情況下往往會被敵人的錯誤和失策抵銷。在這裡真正重要的是：我們必須在勇氣和理智方面（特別是勇氣方面）超過敵人。

602. 但是，還有一種能力在這裡也很重要，那就是迅速而準確的判斷力。這種能力除了來自天生的才能外，主要是透過鍛煉獲得的，鍛煉能使人熟悉各種現象，發現真理，也就是可以使正確的判斷能力幾乎成為一種習慣。戰爭經驗的主要價值和它能給軍隊帶來的巨大優點就在於此。

603. 最後，我們還要指出，既然在戰鬥指揮中各種情況總是使人把眼前的事物看得更重要，那麼只有一個辦法可以彌補人們這個在觀察事物方面的缺點，即：當行動者對要採取的行動沒有把握時，必須不顧這個事實而堅決果斷、全力以赴地去實現這個行動。只要真正做到了這一點，就能夠獲得成功。指揮整體永遠應該從一個較高的立足點出發。如果由於客觀因素使這一點不可能做到，那麼，立足於一個較低的角度（如從屬的下級）並透過上述的方式也能夠把整體引導到既定的方向上去。

我們想舉一個例子來說明這個問題。如果一個師長在一次大會戰中和整體失去了聯繫，因而不能確定是否應該再進行一次攻擊，那麼，當他決定進行攻擊時，就必須將攻擊進行到底，而且力求取得一個可以補償其他地點在同一時間所產生的不利結果，只有這樣才能使自己和整體穩定

下來。

604. 這種行動就是人們在狹義上稱為果斷的行動。我們認為只有透過這種方式才可能排除偶然事件的發生，這一觀點可以使人們具有果斷的性格而避免半途而廢的處事方式，這同時也是人們在指揮大型戰役時應該具有的最偉大性格之一。

附錄

人名解釋
地名解釋
克勞塞維茨與拿破崙戰爭年表

人名解釋

第六篇————————————

切爾尼曉夫（Zakhar Grigoryevich Chernyshov，
一七二二－一七八四）

伯爵、俄國元帥。曾參加七年戰爭，率領
俄軍協同普魯士擊敗奧地利。

巴爾克萊（Michael Andreas Barclay de Tolly，
一七六一－一八一八）

公爵、俄國元帥。一八一〇年任俄國陸軍
大臣。一八一二年拿破崙進攻俄國時，任
俄軍西方兵團總司令。一八一二年八月，
總司令職務由庫圖佐夫接替。

弗拉德（Karl Philipp Josef, Prince von Wrede，
一七六七－一八三八）

侯爵、巴伐利亞陸軍元帥。他本是拿破崙
法國的盟友，直到一八一三年與奧地利簽
訂里德條約（Treaty of Ried）後，才加入反
法聯盟。

卡爾‧奧古斯特（Karl August, Grand Duke
of Saxe-Weimar-Eisenach，一七五七－
一八二八）

薩克森－魏瑪大公。歌德的密友，一八〇
六－一八〇七第四次反法聯盟戰爭期間
作為普魯士陸軍中將率軍對法作戰。

皮科洛米尼（Octavio Piccolomini，一六九八－
一七五七）

侯爵、奧地利將軍。來自義大利貴族家庭，
後加入奧地利軍隊。曾參加第一次西里西
亞戰爭、第二次西里西亞戰爭及七年戰爭。

多納（Christoph II von Dohna，一七〇二－
一七六二）

伯爵、普魯士將軍。曾參加第一次西里西
亞戰爭、第二次西里西亞戰爭，並在大耶
格爾斯多夫會戰中負傷。於一七五三年獲
黑鷹勳章。

托爾馬索夫（Alexander Petrovich Tormasov，
一七五二－一八一九）

伯爵、俄國騎兵將軍。一八一二年曾任俄
軍後備部隊司令，在俄國南方戰場作戰。

米倫多夫（Wichard Joachim Heinrich von
Möllendorf，一七二四－一八一六）

普魯士元帥。一七九四年任普法爾茨地區
普魯士萊茵部隊司令，對法軍作戰。

貝費恩（Augustus William, Duke of Brunswick-
Bevern，一七一五－一七八一）

公爵。普魯士步兵上將。在西里西亞戰爭
和七年戰爭期間，曾任駐西里西亞普軍司
令，一七五七年十一月二十二日在布雷斯

勞會戰中偵察時被俘。

亨利親王（Prince Frederick Henry Louis of Prussia，一七二六－一八〇二）
　　普魯士親王、將軍、腓特烈大帝最小的弟弟。

杜倫尼（Henri de La Tour d' Auvergne, Viscount of Turenne，一六一一－一六七五）
　　男爵、法國元帥。路易十四時期的著名統帥和戰術家。

呂歇爾（Ernst Wilhelm Friedrich Philipp von Rüchel，一七五四－一八二三）
　　普魯士步兵上將，極力反對普魯士的改革。一八〇六年耶拿會戰時指揮右翼普軍失敗，停戰後退出軍界。

拉西（Peter Graf von Lacy，一六七八－一七五一）
　　伯爵、俄國元帥。愛爾蘭人，早年在愛爾蘭軍隊服務，一六九一年轉入法軍，一六九八年轉入奧軍，一七〇〇年轉入俄軍服務。曾參加一七三六－一七三九年俄土戰爭。是七年戰爭時期的奧地利元帥拉西的父親。

阿爾文齊（József Alvinczi von Borberek，一七三五－一八一〇）
　　男爵、奧地利元帥。曾參加巴伐利亞王位繼承戰爭、俄土戰爭，拿破崙戰爭時期的弗勒律斯會戰、內爾文登會戰以及義大利戰役。

契查哥夫（Pavel Vasilievich Chichagov，一七六七－一八四九）
　　俄國海軍上將。一八一二年對法戰爭中為俄軍摩爾達維亞軍司令。

科內利斯·德·維特（Cornelis de Witt，一六二三－一六七二）
　　維特兄弟之兄。尼德蘭政治家、貴族黨的領袖。一六七二年，英法聯軍侵入尼德蘭，維特兄弟在預謀下遭憤怒的群眾殺害。

約翰·德·維特（Johan de Witt，一六二五－一六七二）
　　維特兄弟之弟。尼德蘭政治家、貴族黨的領袖。一六七二年，英法聯軍侵入尼德蘭，維特兄弟在預謀下遭憤怒的群眾殺害。

威廉三世（William III of England，一六五〇－一七〇二）
　　即奧倫治公爵。英格蘭、蘇格蘭和愛爾蘭國王。尼德蘭總督威廉二世之子，一六九二年七月承襲尼德蘭總督。

韋德爾（Carl Heinrich von Wedel，一七一二－一七八二）
　　普魯士將軍。七年戰爭期間曾在齊利曉附近為俄軍所敗。

格拉韋爾特（Julius August Reinhold von Grawert，一七四六－一八二一）
　　普魯士將軍。一八〇六年耶拿會戰時，在霍恩洛厄部下任師長，遭法軍擊敗。

馬塞納（André Masséna，一七五八－一八一七）
　　利佛里公爵、法國元帥，曾參加拿破崙的

各次戰爭。

梅拉斯（Michael Friedrich Benedikt Baron von Melas，一七二九－一八〇六）
男爵、奧地利騎兵將軍。曾多次在義大利與法軍作戰，一度取得勝利。

富凱（Ernst Heinrich August de la Motte Fouqué，一六九八－一七七四）
男爵、普魯士步兵上將。一七六〇年六月於蘭德斯胡特附近被奧地利的勞東擊敗並被俘。

富爾（Karl Ludwig August Friedrich von Phull，一七五七－一八二六）
出身德國。男爵、普魯士將軍、俄國將軍。最初在普魯士軍隊服務，一八〇六年耶拿會戰後轉投俄軍。

斐迪南（Duke Ferdinand of Brunswick-Wolfenbüttel，一七二一－一七九二）
公爵，普魯士陸軍元帥。七年戰爭時期著名統帥。

溫岑格羅迭（Ferdinand von Wintzingerode，一七七〇－一八一八）
出身德國。男爵、俄國騎兵將軍。曾參加過反對拿破崙的各次戰爭。

蒙特庫科利（Raimondo, Count of Montecuccoli，一六〇九－一六八〇）
伯爵、麥爾費公爵、著名的軍事理論家和著作家、奧地利元帥、德意志神聖羅馬帝國將軍。曾多次與法國、瑞典和土耳其作戰，屢建戰功。

盧森堡（François Henri de Montmorency-Bouteville, Duke of Piney-Luxembourg，一六二八－一六九五）
公爵、法國元帥、路易十四時期的統帥。被認為是孔代在軍事上的接班人。曾參加法荷戰爭。

第七篇

巴登（Ludwig Wilhelm von Baden-Baden，一六五五－一七〇七）
巴登侯爵、奧地利將軍、德意志神聖羅馬帝國元帥。曾參加土耳其戰爭和西班牙王位繼承戰爭。

卡爾四世（Charles IV, Duke of Lorraine，一六〇四－一六七五）
即洛林公爵。一六三四年曾在法國壓力下短暫退位。多次在德意志神聖羅馬帝國軍隊服務。

布爾農維爾（Alexander von Bournonville，一六一六－一六九〇）
公爵、德意志神聖羅馬帝國軍隊的元帥。曾參加三十年戰爭、法西戰爭。後任西班牙的加泰隆尼亞總督、納瓦拉總督。

貝雷加爾德（Heinrich von Bellegarde，一七五六－一八四五）
伯爵、奧地利元帥。一八一三－一八一五年任義大利戰區奧軍司令。一八一四年任倫巴第與威尼斯總督。

奈伯格（Wilhelm Reinhard von Neipperg，一六八四－一七七四）
伯爵、奧地利元帥。在第一次西里西亞王

位繼承戰爭期間為西里西亞戰區奧軍司令。一七四一年在莫爾維茨會戰中失敗。

朗超（Josias von Rantzau，一六〇九－一六五〇）

伯爵。三十年戰爭期間曾在瑞典和德意志神聖羅馬帝國軍隊中服務。一六三五年轉入法軍，一六四五年為法軍元帥。

維拉爾（Claude Louis Hector de Villars，一六五三－一七三四）

公爵、法國元帥。在西班牙王位繼承戰爭中為法軍總司令。

第八篇

卡諾（Lazare Carnot，一七五三－一八二三）

數學家、法國大革命時期的政治家，在組織革命軍方面曾引發卓越的作用。

卡爾五世（Karl V, Holy Roman Emperor，一五〇〇－一五五八）

德意志神聖羅馬帝國皇帝（在位期間一五一九－一五五六）。他是十六世紀歐洲最強大的君王，統治的領地包括西班牙、奧地利、尼德蘭、盧森堡等地。曾先後向法國、鄂圖曼土耳其帝國作戰。他將廣袤的國土分由弟弟斐迪南一世和兒子腓力二世統治。

布圖爾林（Aleksander Borisovich Buturlin，一六九四－一七六七）

伯爵、俄國陸軍元帥。曾參加七年戰爭。

考尼茨（Wenzel Anton, Prince of Kaunitz-Rietberg，一七一一－一七九四）

侯爵、奧地利首相。一七五五年建立各國聯盟來反對腓特烈大帝。

路易－夏爾－阿爾芒·福開（Louis Charles Armand Fouquet，一六九三－一七四七）

福開兄弟之弟。法國將軍。曾參加西班牙王位繼承戰爭。

夏爾－路易－奧古斯特·福開（Charles Louis Auguste Fouquet，一六八四－一七六一）

福開兄弟之兄。法國元帥，法國國防大臣。獲選為法蘭西學術院院士。

查理八世（Charles VIII of France，一四七〇－一四九八）

法國國王（在位期間一四八三－一四九八）、路易十一的長子。一四九四－一四九五年曾出兵遠征義大利，征服了那不勒斯王國，後在羅馬教皇軍隊、神聖羅馬帝國皇帝馬克西米利安一世的軍隊、亞拉岡國王斐迪南二世的軍隊聯合反抗下，於一四九五年退出義大利。

班尼格森（Levin August von Bennigsen，一七四五－一八二六）

俄國騎兵將軍。一八〇七年任俄軍駐東普魯士總司令。一八一二年任俄軍總參謀長，後被庫圖佐夫免職。

屠古特（Johann Amadeus von Thugut，一七三六－一八一八）

男爵，奧地利外交大臣。一七九五年曾組織英俄奧聯盟反對法國。

傑侯姆·波拿巴（Jérôme Bonaparte，一七

八四－－八六〇）

拿破崙的弟弟，西發里亞國王（在位期間
一八〇七－－八一三）。

斐迪南五世（Ferdinand V, the Catholic，一四
五二－－五一六）

亞拉岡和卡斯提亞國王。一四七九年將兩
國合併，建立西班牙王國。

華倫斯坦（Albrecht Wenzel Eusebius von
Wallenstein，一五八三－－六三四）

弗里德蘭和麥克倫堡公爵。三十年戰爭時
期德意志神聖羅馬帝國軍隊的統帥。

舒瓦瑟爾（Étienne François, duc de Choiseul，
一七一九－－七八五）

公爵，法國將軍，政治家。一七六一－
一七七一任法國軍政大臣和海軍大臣。

聖西爾侯爵（Laurent de Gouvion Saint-Cyr，
一七六四－－八三〇）

法國元帥和軍事理論家。一八一二年在對
俄戰爭中曾指揮第六軍，一八一五年和
一八一七－－八一九年期間曾兩次被任命
為法國國防大臣。

達爾讓斯（Jean－Baptiste de Boyer, Marquis
d' Argens，一七〇四－－七七一）

侯爵、法國著作家，後曾在普魯士任腓特
烈大帝的侍從官。

路易十一（Louis XI of France，一四二三－－四
八三）

法國國王（在位期間一四六一－－四八
三）。曾與勃艮第公爵大膽查理進行長期

戰爭，最後取得勝利。先後將勃艮第、阿
士瓦、皮卡爾迪、普羅旺斯和魯西永併歸
他自己統治，使法國在政治上更趨統一。

雷尼埃（Jean Louis Ebénézer Reynier，一七
七一－－八一四）

伯爵、法國將軍。一八一三年十月在萊比
錫會戰中任後衛軍司令。

薩肯（Fabian Gottlieb von der Osten-Sacken，
一七五二－－八三七）

侯爵、俄國陸軍元帥。一八一三－
一八一四年為布呂歇爾軍的副司令。

別冊

蘇沃洛夫（Alexander Vasilyevich Suvorov，
一七三〇－－八〇〇）

俄國元帥、傑出的戰術家。在第二次反法
聯盟戰爭中因一七九九年的義大利戰役和
瑞士戰役而著名，被擢昇為俄國大元帥，
封義大利公爵。

高迪（Friedrich Wilhelm Leopold von Gaudi，
一七六五－－八二三）

男爵、普魯士將軍。曾參加過反對拿破崙
的各次戰爭。一八〇九年被國王任命為王
儲的監護人。

腓特烈．威廉四世（Frederick William IV of
Prussia，一七九五－－八六一）

一八一〇年曾受克勞塞維茨教授軍事，時
為普魯士王儲。一八四〇年即王位，稱
腓特烈．威廉四世（在位期間一八四〇－
一八六一）。一八四九年革命期間，法蘭
克福國民會議擁立他為皇帝，遭其拒絕。

地名解釋

第六篇

皮爾納（Pirna）
　德國薩克森州城市，位於德勒斯登要塞的東南。七年戰爭初期，薩克森軍隊於一七五六年九月十日－十月十六日在此構築營壘。

托里斯－費德拉斯（Torres Vedras）
　葡萄牙城市。在西班牙解放戰爭（一八〇八－一八一四）中，威靈頓統率的英國西班牙聯軍於一八一〇至一八一一年冬退入構築在這裡的營壘中，抗擊拿破崙的軍隊。

克羅斯特－策芬（Kloster Zeven）
　下薩克森州地名，位於不來梅北部。在七年戰爭期間（一七五六－一七六三），法軍於一七五七年九月八日在此與英德聯軍簽訂停戰協定。

別烈津納河（Berezina River）
　第聶伯河上游的支流，在白俄羅斯境內。一八一二年十一月二十六至二十九日，拿破崙大軍的殘餘部隊從莫斯科撤退經過該河時，曾被俄軍大量殺傷。

明登（Minden）
　德國城市，位於威悉河畔。七年戰爭期間，普軍於一七五九年八月一日在此戰勝法軍。

恰斯勞（Czaslau）
　波希米亞地名。在第一次西里西亞戰爭（一七四〇－一七四二）中，普軍於一七四二年五月十七日在此戰勝奧軍。

施莫特賽芬（Schmottseifen）
　下西里西亞地名。在七年戰爭期間，普軍於一七五九年七月十日占據此地的營壘，阻擋奧軍去奧德河畔與俄軍會師。

洛迪（Lodi）
　上義大利阿達河畔的城市。在第一次反法聯盟戰爭期間（一七九二－一七九七），法軍於一七九六年五月十日在此戰勝奧軍。

科爾貝格（Kolberg）
　波羅的海港口和要塞。七年戰爭期間，此地於一七六一年六月四日至十二月十六日遭到俄軍的圍攻。

紐倫堡（Nürnberg）
　德國南部巴伐利亞的重要城市。在三十年戰爭期間（一六一八－一六四八），華倫斯坦率領皇家軍隊在此戰敗瑞典軍隊。

馬爾希（Malsch）

德國黑森林山區地名。一七九六年七月九日，法軍曾在此戰勝奧軍。

費爾特基爾赫（Feldkirch）

奧地利西部福拉爾貝克州的一個城市。第二次反法聯盟戰爭期間（一七九九－一八〇二），奧軍曾在此構築陣地，並於一七九九年三月七日和二十三日在此與法軍進行過戰鬥。

蒂羅爾（Tirol）

歷史上，蒂羅爾是神聖羅馬帝國的一部分，後被納入奧匈帝國，今為奧地利西部的一個州，因部分併入義大利，面積較過去為小。

圖林根（Tuttlingen）

德國符騰堡州多瑙河畔的一個城市。在三十年戰爭中，奧法軍隊於一六四三年十一月二十四日在此交戰，法軍落敗。

蒙特諾特（Montenotte）

上義大利的地名。一七九六年四月十二日，拿破崙曾在此戰勝奧軍。

齊利曉（Züllichau）

奧德河畔法蘭克福東南的一個城市。七年戰爭期間，俄軍於一七五九年七月二十三日在該城附近的凱村擊敗韋德爾統率的普魯士軍隊。

德里薩（Drissa）

城市名，位於白俄羅斯北部西德維納河與德里薩河的交會處。一八一二年七月九－十四日俄軍曾在此構築營壘，準備抗擊法軍。

羅布西茨（Lobositz）

波希米亞北部城市，位於易北河左岸。七年戰爭期間，奧軍於一七五六年十月一日企圖前往皮爾納營壘解救薩克森軍隊，在此地遭到了腓特烈大帝軍隊的攔擊，並為普軍所敗。

蘭德斯胡特（Landeshut）

西里西亞城市。七年戰爭期間，普魯士富凱將軍的軍隊於一七六〇年六月二十三日在此被奧軍殲滅。

第七篇

多姆斯塔特爾（Domstadtl）

摩拉維亞的城市，位於奧爾米茨東北。在七年戰爭期間，奧軍於一七五八年六月三十日在此地奇襲普軍的一個運輸縱隊。

亨內斯多夫（Hennersdorf）

即卡托利－亨內斯多夫，西里西亞的村莊，位於德勒斯登以東尼斯河與博伯爾河之間。一七四五年十一月二十三日，普軍曾在此擊敗奧軍。

里爾（Lille）

法國北部的城市。在西班牙王位繼承戰爭（一七〇一－一七一四）中，於一七〇八年八月十四日至十月二十三日被英奧聯軍圍困並占領。一七〇八年十二月八日此處的要塞也投降聯軍。

朗德勒希（Landrecies）

法國北部的一個要塞。在西班牙王位繼承

戰爭中，歐根親王於一七一二年七月十七日至八月二日率領英荷奧聯軍圍攻這個要塞，但未攻克。

梅爾根特海姆（Mergentheim）

符騰堡的一個城市。在三十年戰爭中，梅爾西率領的巴伐利亞軍隊於一六四五年五月五日在此擊敗杜倫尼率領的法軍。

斯托爾霍芬（Stollhofen）

德國村莊，位於萊茵河右岸巴登市附近。在西班牙王位繼承戰爭中，奧軍在此抵抗入侵的法軍。

德南（Denain）

法國北部的城市，位於歇爾德河畔。在西班牙王位繼承戰爭中，法軍於一七一二年七月二十四日戰勝荷軍。

霍亨林登（Hohenlinden）

上巴伐利亞的一個村莊，位於慕尼黑以東。在第二次反法聯盟戰爭（一七九九－一八○二）中，法軍於一八○○年十二月三日在此擊敗奧軍。

第八篇

布林海姆（Blenheim）

巴伐利亞的一個村莊，在赫希施泰特附近。在西班牙王位繼承戰爭中，英奧聯軍於一七○四年八月十三日在此包圍法軍二十七個步兵營和十二個騎兵連，並迫使其投降。

別冊

艾勞（Eylau）

東普魯士的城市。在第四次反法聯盟戰爭（一八○六－一八○七）中，法軍於一八○七年二月八日與普俄聯軍在此浴血奮戰。

但澤（Danzig）

要塞名，今為波蘭的格但斯克。一八○七年三月十日至五月二十二日該地曾遭到法軍的圍攻。

曹恩多夫（Zorndorf）

村莊名，位於庫斯特林附近。在七年戰爭期間，普軍於一七五八年八月二十五日在此戰勝俄軍，損失慘重。

梅嫩（Menin）

比利時城市，位於比法邊境的利斯河畔。在第一次反法聯盟戰爭（一七九二－一七九七）中，於一七九四年四月二十六至三十日為法軍包圍，突圍後為法軍佔領。

克勞塞維茨與拿破崙戰爭年表

克勞塞維茨生平

1780 ◎誕生於普魯士馬德堡附近的布爾格鎮，為排行第四的幼子，他的父親曾在腓特烈大帝時代任陸軍中尉

1792 ◎加入普魯士陸軍步兵團，擔任軍校生

1793 ◎晉升為見習軍官，參加對法戰爭，目睹美因茲城被焚

1795 ◎擔任少尉軍官，常至駐地諾伊魯平的「亨利親王圖書館」閱覽書籍

拿破崙戰爭始末

1789.7 ◎法國大革命爆發，路易十六與家族遭到囚禁

1792.5 ◎第一次反法同盟成立

1793.1 ◎法國革命政府處決路易十六，震動歐洲

1793.8 ◎法國大規模徵召所有十八至二十五歲的男子參軍

1795.4 ◎普法簽訂《巴塞爾和約》議和，普魯士退出第一次反法同盟，直到1806年才再度加入第四次反法同盟

1796.3 ◎拿破崙遠征義大利，多次擊敗奧地利和薩丁尼亞聯軍

1797.7 ◎法國與奧地利簽訂《坎波福爾米奧條約》議和，結束第一次反法同盟

1798.6 ◎拿破崙率艦隊遠征埃及，抵達亞歷山大港

1799.1 ◎第二次反法同盟成立

1799.11 ◎霧月政變爆發，拿破崙任第一執政

克勞塞維茨生平	拿破崙戰爭始末
1801 ◎進入柏林軍官學校（戰爭學院前身）就讀，接受校長沙恩霍斯特將軍指導	1801.2 ◎法奧簽訂《呂內維爾條約》議和
	1802.3 ◎法英簽訂《亞眠和約》議和，結束第二次反法同盟
1803 ◎在宮中結識未來的妻子瑪麗·馮·布呂爾女伯爵	
1804 ◎以最高成績畢業於軍官學校，奉派為奧古斯特親王的中尉侍從官	1804.5 ◎拿破崙登基，成為「法蘭西人的皇帝」，法蘭西第一帝國成立
1805 ◎首次發表軍事著作，因批評著名的軍事學者比羅而聲名大噪	1805.7 ◎第三次反法同盟成立
	1805.10 ◎特拉法加海戰，英國海軍擊敗法西聯合艦隊
	1805.11 ◎拿破崙攻占維也納
	1805.12 ◎奧斯特里茨會戰，法軍大敗奧俄聯軍
	1805.12 ◎法奧簽訂《普雷斯堡和約》議和，結束第三次反法同盟
1806 ◎晉升上尉軍官，參與耶拿—奧爾斯塔特會戰，兵敗後與奧古斯特親王一齊被法國俘虜	1806.7 ◎十六個神聖羅馬帝國的成員邦簽訂了《萊茵邦聯條約》，脫離神聖羅馬帝國
	1806.8 ◎奧地利皇帝放棄神聖羅馬皇帝的帝號
	1806.10 ◎普魯士加入反法聯軍，第四次反法同盟成立
	1806.10 ◎耶拿—奧爾斯塔特會戰，法軍大敗普軍
1807 ◎被法國釋放回國	1807.7 ◎法國與普俄簽訂《提爾西特和約》議和，結束第四次反法同盟
1808 ◎成為沙恩霍斯特將軍助手，參與普魯士軍事改革工作	1808.5 ◎西班牙馬德里發生暴動，民眾起義對抗法軍，半島戰爭開始
1809 ◎奉派至普魯士參謀本部工作	1809.4 ◎第五次反法同盟成立
	1809.10 ◎法奧簽訂《申布倫和約》議和，結束第五次反法同盟

克勞塞維茨生平

1810 ◎擔任戰爭學院少校教官，並負責
　　　普魯士王儲的軍事教育
　　　◎與瑪麗・馮・布呂爾結婚

1812 ◎完成對王儲授課用的軍事講義
　　　《戰爭原則》
　　　◎因普法結盟攻打俄國，憤而與其
　　　他三十幾位軍官轉效俄軍，任俄
　　　國總參謀部中校參謀，成為俄國
　　　軍事顧問，並參與博羅迪諾會戰
　　　◎說服輔助法軍作戰的普軍約克軍
　　　長倒戈

1813 ◎晉升俄軍上校
　　　◎返國加入普軍攻法的萊比錫會戰
　　　◎恩師沙恩霍斯特在呂岑會戰陣亡

1814 ◎恢復普魯士軍籍，仍受歧視，派
　　　駐與法國主戰場隔離的德境北部

1815 ◎晉升第三軍團上校參謀長，參與
　　　滑鐵盧戰役中的林尼會戰、瓦夫
　　　爾會戰

1816 ◎擔任格奈森瑙將軍參謀

1818 ◎晉升少將，被任命為戰爭學院院
　　　長，此後十二年主要從事研究工
　　　作

1819 ◎開始《戰爭論》的寫作

拿破崙戰爭始末

1812.2 ◎普魯士與法國締結同盟，願意派
　　　　兵兩萬支援法國征俄；沙恩霍斯
　　　　特將軍主張徵召國民軍聯俄抗
　　　　法，不為當局所用

1812.6 ◎拿破崙大軍越過尼曼河入侵俄羅斯

1812.9 ◎博羅迪諾會戰，法軍慘勝俄軍，
　　　　進占莫斯科

1812.10 ◎法軍開始撤離俄國，一路遭俄軍
　　　　追擊

1812.11 ◎法軍度過別烈津納河，遭俄軍砲
　　　　擊，死傷慘重，付出慘烈代價才
　　　　完成全線撤退

1813.3 ◎第六次反法同盟成立

1813.10 ◎萊比錫會戰，法軍被普、奧、俄
　　　　聯軍擊潰

1814.4 ◎拿破崙退位，流放厄爾巴島；波旁
　　　　王朝復辟；結束第六次反法同盟

1814.9 ◎維也納會議召開，在奧地利首相
　　　　梅特涅主持下，歐洲各國商討如
　　　　何重整歐洲秩序

1815.3 ◎拿破崙重返巴黎，展開「百日王
　　　　朝」；第七次反法同盟成立

1815.6 ◎滑鐵盧會戰，法軍潰敗，拿破崙
　　　　再次退位，流放聖赫勒拿島；結
　　　　束第七次反法同盟

克勞塞維茨生平

1827　◎大致完成《戰爭論》前六篇，最
　　　　後兩篇為草稿
1830　◎調任格奈森瑙將軍總參謀長，部
　　　　隊駐於德波邊境，監視波蘭爆發
　　　　的革命
1831　◎因在駐地感染霍亂，於布雷斯勞
　　　　辭世
1832　◎妻子瑪麗・馮・克勞塞維茨整理
　　　　遺稿出版

拿破崙戰爭始末

1821.5　◎拿破崙於聖赫勒拿島去世

左岸歷史　293

戰爭論（下）：運用之書【2019年全新修訂版】
Vom Kriege

作　　　者	克勞塞維茨（Carl von Clausewitz）	
譯　　　者	楊南芳等譯校	
總　編　輯	黃秀如	
責　任　編　輯	蔡竣宇	
封　面　設　計	黃暐鵬	
電　腦　排　版	宸遠彩藝	

戰爭論（下）: 運用之書【2019年全新修訂版】
克勞塞維茨 (Carl von Clausewitz) 著；楊南芳等譯
校.-- 三版.-- 新北市：左岸文化出版：
遠足文化發行, 2019.10
面；　公分.（左岸歷史；293）
譯自：Vom Kriege
ISBN 978-986-5727-98-7（精裝）
1.戰爭理論　2.軍事
590.1　　　　　　　　　　　　108010474

出　　　版	左岸文化／遠足文化事業股份有限公司
發　　　行	遠足文化事業股份有限公司（讀書共和國出版集團）
	231 新北市新店區民權路108-3號8樓
電　　　話	(02) 2218-1417
傳　　　真	(02) 2218-8057
客　服　專　線	0800-221-029
E－Mail	rivegauche2002@gmail.com
網　　　站	facebook.com/RiveGauchePublishingHouse
法　律　顧　問	華洋法律事務所　蘇文生律師
印　　　刷	呈靖彩藝有限公司
三　版　一　刷	2019年10月
三　版　四　刷	2023年09月

定　　　價	550元
ＩＳＢＮ	978-986-5727-98-7